"十二五"普通高等教育本科国家级规划教材

普通高等教育"十一五"国家级规划教材

电工技术基础

（电工学Ⅰ）

第2版

主编　王　英

参编　徐英雷　赵　舵　陈曾川　何圣仲

U0241067

机械工业出版社

本书分两篇论述：第1篇电路基础，主要内容有：基本元件和基本定律、线性电路的分析方法、正弦交流电路分析、三相电路分析、一阶电路的时域分析、周期性非正弦电路；第2篇电机与控制，主要内容有：磁路、变压器、电动机、电气控制。各章除了理论内容的论述，还增加了综合计算与分析，即以例题的方式加强学生对理论知识的理解与掌握；各章节有小结、选择题、思考题和习题，并且书后附有部分习题参考答案。

　　本书可作为高等工科院校非电类各专业本科生"电工技术基础"课程的教材，也可作为职业大学、成人教育大学、电视大学和网络教育等各专业的教材或辅助教材，还可供相关专业的工程技术人员学习和参考。

图书在版编目（CIP）数据

电工技术基础. 电工学Ⅰ/王英主编. —2版. —北京：机械工业出版社，2015.11（2023.2重印）

普通高等教育"十一五"国家级规划教材　"十二五"普通高等教育本科国家级规划教材

ISBN 978-7-111-51959-1

Ⅰ. ①电…　Ⅱ. ①王…　Ⅲ. ①电工技术 – 高等学校 – 教材②电工学 – 高等学校 – 教材　Ⅳ. ①TM

中国版本图书馆 CIP 数据核字（2015）第 254576 号

机械工业出版社（北京市百万庄大街22号　邮政编码100037）
策划编辑：贡克勤　责任编辑：贡克勤
版式设计：霍永明　责任校对：刘怡丹
封面设计：张　静　责任印制：郜　敏
北京富资园科技发展有限公司印刷
2023年2月第2版第6次印刷
184mm×260mm·22.5印张·615千字
标准书号：ISBN 978 - 7 - 111 - 51959 - 1
定价：45.00元

前　言

本书是为高等工科院校非电类各专业编写的电工技术基础教材，作者在参阅了国内外同类教材、相关书籍基础上，结合30多年教学经验和主持国家级电气工程基础实验教学示范中心建设改革与实践、4项国家教学成果奖的成就及"电工学"精品课程建设内容，参照《高等学校工科本科电工学课程教学基本要求》编写而成。

本书分为"电路基础""电机与控制"两篇。第1篇电路基础中有6章：基本元件和基本定律、线性电路的分析方法、正弦交流电路分析、三相电路分析、一阶电路的时域分析、周期性非正弦电路，重点对线性电路理论的基本概念、基本元件、基本定律、基本定理、基本分析方法、基本测量技能等做了深入浅出的阐述；对如何应用基本理论知识解决问题，引入了"综合计算与分析"，从综合的角度拓展运用理论知识解决问题的能力。第2篇电动机与控制中有4章：磁路、变压器、电动机、电气控制。根据本篇内容的特点，主要从应用的角度出发，讲解了变压器和异步电动机的结构、工作原理、基本控制方法，并借助经典的接触器、继电器等器件控制概念，介绍了PLC（可编程序控制器）控制技术。在电工技术基础课程的教学中，由于各个学科专业的要求不同，各院校可根据具体的授课学时和专业要求，对本书中的内容做适当的调整和选择。本书参考学时为48～64学时。

本书根据"电工技术基础"课程的特点，在注重基本知识的同时，通过例题的形式拓展教学内容，由浅入深，并且增加了"综合计算与分析"教学内容，培养学生综合分析的能力；每章后的小结中给出了本章重点，有助于自学；针对电路基础部分中的基本概念和基本知识点的学习，设置了选择题题型，循序渐进地学习；设置了各种习题题型，突出知识的重点学习；对于电机与控制部分中的知识难点的学习，设置了思考题和简答题题型，力求做到点面结合，培养学生独立思考的能力。在教材的编写中，其内容以注重电工技术基础知识为主线，其例题以注重掌握与提高理论知识为目的，其选择题以注重基本概念掌握为指导，其习题以注重综合能力培养为目标，其文笔以通俗易懂为根本，整部教材利于"教"与"学"，即教育者在知识传授中重点明确、逻辑清晰、深浅得当、易于拓展；学习者易学易阅读、易深入易提高，有助于学习者对"电工技术基础"的掌握。

"电工技术基础"是高等工科院校非电类各专业的技术基础课程，也是每一个从事电气、电力电子、信号与通信、计算机和自动控制等行业工程师的理论基础。本书可作为高等工科院校本科机械类、材料类、工程力学类、测量控制类、机电一体化类、运输物流类、土木类等非电类各专业的"电工技术基础"课程的教材，也可作为职业大学、成人教育大学、电视大学和网络教育等各类专业的教材或参考教材，还可以作为工程技术人员的学习和参考资料。

本书由西南交通大学王英任主编，徐英雷、赵舵、陈曾川和何圣仲等参编。其中，王英编写第1、2、3章，王英、赵舵、陈曾川、何圣仲合编第4、5、6章及各章的习题，王英、徐英雷、何圣仲合编第7、8、9、10章。在本书编写过程中，编者参考了众多优秀教材，受益匪浅。另外，很多"电工学"课程的前辈和同行也给予了大量的支持，编者在此表示衷心的感谢。

由于编者水平有限，书中错误和不妥之处在所难免，恳请广大读者批评指正。

编　者

目　　录

第2篇 电动机与控制

第 1 篇

电 路 基 础

（元件外形特征　选用方法　使用注意事项）

学习目的与要求

本篇主要对由线性元件组成的集中参数电路进行分析。研究线性电路基础的基本概念、基本元件、基本结构、基本定律、基本定理和基本分析方法，重点讨论了直流电路、正弦稳态交流电路、一阶电路的基本特点和基本分析计算方法，简要介绍了周期性非正弦电路的基本概念与计算。

第1章 基本元件和基本定律

提要 本章讨论电路的基本概念、基本元件、基本定律、基本的连接结构和规律；介绍构成电路的基本元件特性，即电阻元件、电容元件、电感元件、电压源、电流源和受控源；讨论电路中电压、电流受到的两类约束，即元件特性和基本定律基尔霍夫定律；论述电路元件串联、并联、星形联结、三角形联结等分析方法和等效概念，为后续各章节的知识点讨论和学习奠定了基础。

1.1 电路模型和电路变量

1.1.1 电路的基本概念

1. 电路

电路是由电气设备和电路元器件通过各种方式相互连接并提供电流通过途径的系统。电路的结构和所能完成的任务是多种多样的，简单的电路如手电筒电路，复杂的电路如电力系统、电子系统、电气控制系统等。

电路可分为线性电路和非线性电路，线性电路仅由线性元件组成，而非线性电路中至少含有一个非线性元件。线性电路最基本的特性是具有叠加性和齐次性，其含义用图 1-1 简单说明。

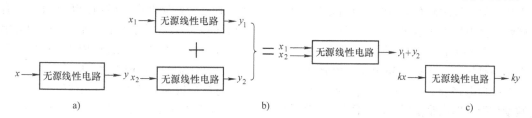

图 1-1 线性电路的叠加性和齐次性
a）线性电路 b）叠加性 c）齐次性

图 1-1 中 x 表示电路的**输入信号**（或电源信号），或称**激励**；y 表示由激励在电路中产生的**输出**，或称为**响应**；线性电路方框表示电路。例如，如图 1-1a 所示，激励信号 x 通过线性电路作用产生响应 y。

（1）**叠加性** 如图 1-1b 所示，线性电路中有两个输入信号 x_1 和 x_2，当信号 x_2 为零时，输入信号 x_1 产生的输出为 y_1；当信号 x_1 为零时，输入信号 x_2 产生的输出为 y_2；当输入信号 x_1 和 x_2 共同作用时产生的输出为 $y_1 + y_2$，即线性电路中含有若干个输入信号同时作用时，其输出等于各个输入信号单独作用时产生的输出叠加，这就是线性电路的**叠加性**。

（2）**齐次性** 若输入信号 x 产生输出为 y，则当输入信号为 kx 时，其产生的输出为 ky，即线性电路的齐次性，如图 1-1c 所示。

严格地讲，线性电路在实际中是不存在的。但是大量的实际电路在一定条件下，是可以视为线性电路的，即实际电路在一定条件下可理想化为线性电路。本篇作为电路理论的入门教材，主要研究线性电路，简称为电路。

2. 电路的作用

（1）实现电能的传输、转换及分配　例如电力系统，其示意图如图1-2所示，电路的主要作用是将发电机提供的电能传输和分配到各用电设备。

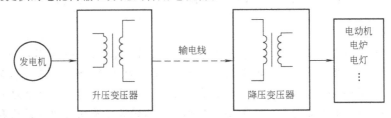

图1-2　电力系统示意图

发电机是电源，是提供电能的设备，其功能是把热能、水的势能或核能等转换成电能。

变压器和**输电线**的功能是实现电能的分配和传输。

电动机、电炉、电灯等用电设备统称为**负载**，其功能是把电能转换成为机械能、热能和光能等。

（2）实现信号的传递和处理　信号传递和处理的例子很多，如移动电话、计算机、电视机等，它们把载有语言、文字、音乐、图像信息的电磁波接收后转换为相应的电信号，然后通过电子电路对信号进行传递和处理，还原为原始信息输出到扬声器、显示器等。

1.1.2　电路模型

实际电路是由实际电气设备、电路器件等构成，这些实际部件在工作过程中往往同时产生几种物理效应。例如，一个白炽灯（见图1-3a）通电后除了发光发热（电阻性）外，在灯丝两头有电压，故两极之间有电场效应（即电容性），在灯丝中通过的电流会产生磁场，因而灯丝又有电感性。白炽灯工作中同时存在三种物理效应，但其灯丝的发热效应是主要的，而电容性和电感性较小（忽略不计），可把白炽灯理想化为只有一种发热效应的集中参数元件电阻 R，抽象化为一个电路符号图，如图1-3c所示。由此可见一个实际的白炽灯部件经过理想化为电路元件。

在线性电路分析中（后面简称为"电路分析"），不直接研究实际电路，而是研究实际电路的**数学模型**，即**电路模型**（**电路图**）。电路模型是由抽象理想化线性电路元件（简称电路元件）相互连接构成。每一种电路元件只表征一种物理效应，可以用精确的数学关系来定义。实际的器件可以根据其表现出的物理效应用一种或几种电路元件来描述。例如，一个实际的电感线圈，在一般频率下可用电路元件电阻和电感的串联组合来描述，如图1-4所示，但如果在频率较高时电场效应不可忽略，这时电感线圈有三种物理效应：发热效应、磁场效应和电场效应，其电路模型可用电路元件电阻和电感串联，再并联一个电容来描述，如图1-5所示。

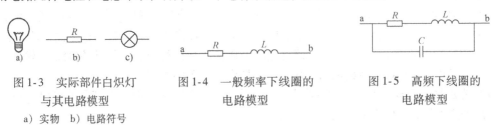

图1-3　实际部件白炽灯
　　与其电路模型
　a）实物　b）电路符号
　　c）电路等值图

图1-4　一般频率下线圈的
　　　电路模型

图1-5　高频下线圈的
　　　电路模型

由上述可见，在不同的条件下，同一实际器件所得的电路模型有所不同。电路模型主要是由实际器件在一定条件下所表现出的物理效应来决定，即电路模型的建立是有条件的，并且通过电路模型分析出的结果在一定的精度范围内可预测实际电路的特性。本篇主要讨论电路模型的分析计算，将不涉及实际器件如何建立电路模型的问题。

由于构成电路模型的电路元件都满足集中参数条件，因此，电路模型的大小和几何形状不影响电路的特性。

1.1.3 电路变量

电路变量是用来对电路模型进行描述的，电路分析任务则是计算出特定的电路变量，进而了解电路的特性和技术指标。在电路分析中主要分析可实际测量的变量——电压和电流，通过电压和电流变量可计算出电路模型中的其他物理量，如功率、电路元件参数等，因此，电压和电流又称为电路的**基本变量**。

1. 电压

电压的物理意义是单位电荷在电路中移动时所获得或失去的能量，即一定量的正电荷 dq 从电路中 a 点移动到 b 点时，能够放出的能量为 dw，则电路中 a、b 两点间的电压 u 定义为

$$u = \frac{dw}{dq} \tag{1-1}$$

式中，电压的单位为伏特（V）。

在电路分析中常用电位来表示电压，即任意两点间的电位之差称为**电压**。电路中的**电位**是相对某个参考点而定义的电压，如图 1-6 所示。图中有 3 个电路模型 N_1、N_2、N_3，设 O 点为参考点，a 点的电位为 $-V_a$，b 点的电位为 V_b，则 a、b 两点间的电压 u_{ab} 为

$$u_{ab} = V_a - V_b$$

在实际电路中，参考点通常选为大地、设备机壳或某一个公共连接点。在电路分析中，可任意选择电路中的某一点为参考点，并设定参考点的电位为零。因此，电路中各点的电位值与所选定的参考点有关，但任意两点间的电压则与参考点的选择无关。例如，图 1-6 中的参考点改选为 b 点，如图 1-7 所示，这时 b 点的电位为零，O 点的电位为 $-V_b$，a 点的电位等于 a、b 两点间的电压

$$u_{ab} = V_a - V_b = V_a$$

由于图 1-6 与图 1-7 所选择的参考点不同，同一点的电位则不同，但两点间的电压是唯一的，即电压 u_{ab} 不变。

在电路分析中定义的电压相当于物理学中的电势降落。因此，电压的方向定义为由高电位端指向低电位端，高电位端用"＋"、低电位端用"－"符号表示，也可以用双下标或箭头表示电压的参考方向。图 1-8 说明了负载上相同电压极性的三种表示方式。

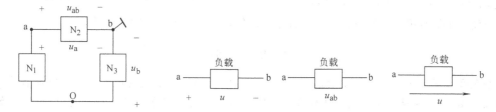

图 1-7 参考点、电位与电压   图 1-8 电压方向的表示方式

在对复杂电路进行分析计算前，电压的实际方向很难判断，这时必须假定电压的方向，即电压

的参考方向（参考极性）。具有参考方向的电压的数学表达式才有物理意义。根据参考方向计算出电压的数值，如果是正值，说明该电压的参考方向与实际方向相同；如果是负值，则表明该电压的参考方向与实际方向相反。电路中电压的参考方向是任意假设的（见1.1.4节参考方向）。

注意：电动势 E 的参考方向是在电源内部由低电位端指向高电位端，即为电位升高的方向。

人 物 简 介

亚历山德罗·伏特(Alessandro Volta, 1745—1827)，意大利物理学家，他发明了一种用以产生静电的设备，并且发现了甲烷气体。伏特仔细研究了异金属之间的化学反应，于1800年发明了第一节电池。为了纪念他，电动势（或电压）的单位用他的名字"伏特"命名。

2. 电流

电流的物理意义是电荷质点的运动，即单位时间内通过导体横截面积的电量定义为电流 i，即

$$i = \frac{dq}{dt} \tag{1-2}$$

式中，电流的单位为安培（A）。

在物理学中规定正电荷移动的方向为电流方向。在电路模型中，电流方向有两种表示方式：箭头或双下标，如图1-9所示，即电流方向为从 a 到 b。

图1-9 电流方向的表示方式

在复杂电路分析中，由于电流的实际方向很难确定，常用参考方向来表示电流的方向，即在分析计算复杂电路之前，先假定电流的方向（称为参考方向），再根据电流参考方向计算出电流的数值。如果电流值为正值，说明电流的参考方向与实际方向相同；若为负值则说明电流的参考方向与实际方向相反。注意，电流的参考方向是任意假设的（见1.1.4节参考方向）。

电流按其大小与方向是否随时间而变可分为三种电流：

1）**直流电流**。电流的大小、方向都不随时间发生变化，用大写的英文字母 I 表示。如图1-10a所示。测量仪表上标志为 DC（直流电流表）。

2）**脉动电流**。电流的大小随时间发生变化，而方向不变，用小写的英文字母 i 表示。如图1-10b所示。脉动电流电路的分析在模拟电子技术中讨论。

3）**交流电流**。电流的大小、方向都随时间发生变化，用小写的英文字母 i 或 $i(t)$ 表示。本书主要讨论正弦交流电流，如图1-10c所示。测量正弦交流电流的仪表标志为 AC（交流电流表）。

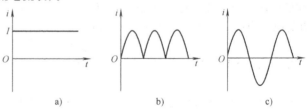

图1-10 电流的分类
a）直流电流 b）脉动电流 c）正弦交流电流

人 物 简 介

安德烈·玛丽·安培(Andre Marie Ampere, 1775—1836)，法国物理学家，1820年提出了电磁理论，奠定了19世纪该领域的发展基础。他是第一个用仪器来测量电荷流动（电流）的人。后人为了纪念他，电流的单位用他的名字"安培"命名。

3. 功率和能量

在电路分析时，经常分析电路中的能量和功率的分布和转移。因此，功率和能量是电路中的

两个重要的物理量。功率定义为单位时间内所转换的电能，用 p 表示。功率 p 与能量 w 的关系如下所示：

$$p(t) = \frac{\mathrm{d}w}{\mathrm{d}t}$$

$$w(t) = \int_{-\infty}^{t} p(\tau)\mathrm{d}\tau \tag{1-3}$$

式中，功率的单位为瓦特（W）；能量的单位为焦耳（J）。

在元件功率分析中，设元件上的电压与电流的参考方向如图 1-11 所示，即电流从电压的正极流到负极，元件所吸收的能量为

$$\mathrm{d}w = u(t)\mathrm{d}q$$

则该元件吸收的功率为

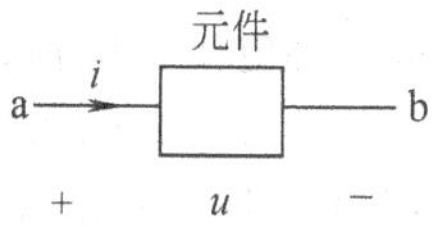

图 1-11 电压和电流表示功率

$$p(t) = \frac{\mathrm{d}w}{\mathrm{d}t} = u(t)\frac{\mathrm{d}q}{\mathrm{d}t} = u(t)i(t) \tag{1-4}$$

式（1-4）是通过元件的端电压和流过电流的乘积来定义功率的。对于计算出的值是吸收（输入）功率还是提供（输出）功率，可直接根据电压和电流的实际方向来确定。当元件的电流从电压的正极流到负极时（注意是实际方向），元件吸收功率，或者说元件是负载；当电流从电压的负极流到正极时，元件提供功率，或者说元件是电源。根据功率计算表达式直接判断功率的方向（吸收、提供）将在参考方向一节中讨论。

本教材对各变量讨论时均采用国际单位制的基本单位，国际常用词冠见表 1-1。

表 1-1 国际常用词冠

词 冠	符 号		因 子
	中 文	国 际	
giga	吉	G	10^9
mega	兆	M	10^6
kilo	千	k	10^3
milli	毫	m	10^{-3}
micro	微	μ	10^{-6}
nano	纳	n	10^{-9}
pico	皮	p	10^{-12}

人 物 简 介

詹姆士·瓦特(James Watts，1736—1819)，苏格兰发明家，因对蒸汽机的改进而闻名于世，使蒸汽机可以在工业中使用。为了纪念他，功率的单位用他的名字"瓦特"命名。

詹姆斯·普雷斯科特·焦耳(James Prescott Joule，1818—1889)，英国物理学家，因在电学和热力学方面的研究成果而闻名于世。为了纪念他，能量的单位用他的名字"焦耳"命名。

1.1.4 参考方向

在对复杂电路的分析中，电压和电流都是根据设定的参考方向进行讨论的，即任意假设电压、电流的方向称为**参考方向**。参考方向概念的引入，解决了复杂电路中电压、电流方向难以确定的问题，同时又不影响电路分析的结果。

在参考方向条件下，电路分析计算的结果存在两种情况：

1）计算结果为"＋"，说明参考方向与实际方向相同。

8

2）计算结果为"－"，说明参考方向与实际方向相反。

由于电压、电流的参考方向都是任意假设的，因此，参考电流从参考电压的正极（高电位）流到负极（低电位）时，这种电压与电流的参考方向称为**关联参考方向**。

在关联参考方向条件下（见图1-12a），如果计算的功率 $p = ui > 0$，则说明元件吸收功率；功率 $p < 0$，则说明元件提供功率。

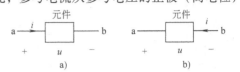

图1-12　电压、电流的参考方向
a）电压与电流关联参考方向
b）电压与电流非关联参考方向

在图1-12b中，参考电流从参考电压的负极流到正极，称电压、电流的参考方向为**非关联参考方向**。在非关联参考方向条件下，如果用式 $p = -ui$ 计算功率，计算出的功率值的判断与关联参考方向的相同，即 $p > 0$ 的元件吸收功率（负载）；$p < 0$ 的元件提供功率（电源）；如用式 $p = ui$ 计算功率，则 $p > 0$ 的元件提供功率（电源），$p < 0$ 的元件吸收功率（负载）。

例1-1　已知图1-13中的电流和电压分别为 $I_1 = 4A$，$U_1 = 2V$，$I_2 = -4A$，$U_2 = 4V$，$I_3 = 3A$，$U_3 = 5V$。试说明图1-13中各元件上的电压、电流的参考方向是否关联？并计算各元件吸收的功率。

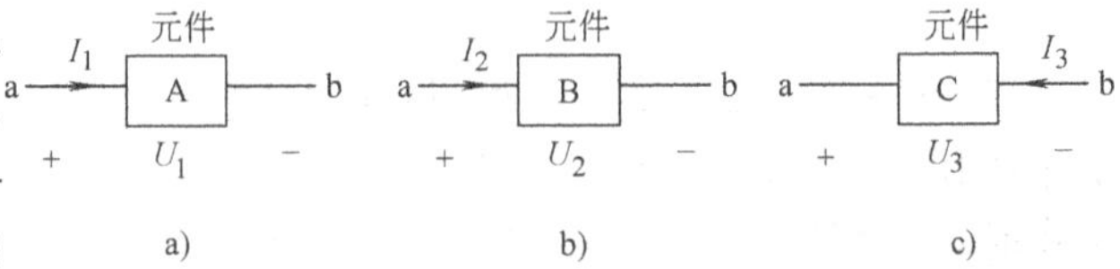

图1-13　例1-1图

解　元件A、B的电流参考方向是从参考电压的正极流到负极，因此，电压和电流的参考方向设定是关联的；元件C的电流从电压的负极流到正极，则电压和电流参考方向设定是非关联的。所以各元件功率为

元件A

$$P_1 = U_1 I_1 = (2 \times 4)\text{W} = 8\text{W}$$

元件B

$$P_2 = U_2 I_2 = [4 \times (-4)]\text{W} = -16\text{W}$$

元件C

$$P_3 = -U_3 I_3 = (-5 \times 3)\text{W} = -15\text{W}$$

由于各元件功率的分析计算是设定在关联参考方向条件下，因此，元件A功率大于零是吸收功率，为负载；元件B和元件C功率小于零，则是提供功率，为电源。

1.2　电路基本元件

电路元件（理想化线性元件）是电路分析中最基本的组成单元。每一种元件都有唯一对应的物理特性和电路符号。在分析电路元件时，关心的是元件外部特性，即 $u\text{-}i$ 关系、$q\text{-}u$ 关系、$\Psi\text{-}i$ 关系，并用数学公式和特性曲线两种方式描述电路元件的特性。

电路元件按其特性可分为有源元件和无源元件。如果一个元件在任何时刻的物理效应表征为吸收能量或能量交换，称该元件为**无源元件**，否则为**有源元件**。无源元件主要有电阻、电感和电容元件，其中电阻元件为耗能元件，电感和电容元件为储能元件。有源元件主要有独立电源和受控电源元件。

下面根据电路基本元件特性讨论各元件上电压和电流的约束关系。

1.2.1 电阻元件 R

在任意时刻，能用 u-i 平面上一条曲线来描述外部特性的元件称为**电阻元件**。它是一种反映消耗电能转换成其他形式能量物理特征的电路模型。

线性电阻元件电路符号、电压和电流参考方向如图 1-14a 所示，特性曲线如图1-14b 所示，即特性曲线在 u-i 平面上任意时刻 t 都是过原点的直线。

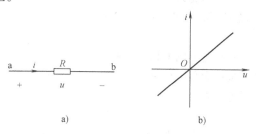

图 1-14 线性电阻元件
a) 线性电阻元件及关联参考方向
b) 线性电阻的伏安特性

在电阻元件两端电压与电流为关联参考方向时，电阻元件的欧姆定律为

$$u = Ri \tag{1-5}$$

式中，R 为线性电阻，是一个正实常数，单位为欧姆（Ω）。

本章后面章节中线性电阻元件简称电阻。

令 $G = \dfrac{1}{R}$，则

$$i = Gu \tag{1-6}$$

式中，G 为电阻元件的电导，单位为西门子（S）。

R 和 G 都是电阻元件的参数。

欧姆定律表明：电阻元件上某时刻的端电压 u 由该时刻电流 i 确定，而与过去的电流值大小无关，即 $u = Ri$，称电阻 R 为"无记忆"的元件。

如果一个电阻元件的端电压不为零值时，而流过它的电流恒为零值，则这时电阻 R 值为无穷大，即 $R = \infty$，称电阻 R 为**开路**。

如果流过一个电阻元件的电流不为零值时，而元件的端电压恒为零值，则说明电阻 $R = 0$，称电阻 R 为**短路**。

在电压和电流的关联参考方向下，电阻元件吸收的功率为

$$p = ui = Ri^2 = \frac{u^2}{R}$$

因为电阻 R 是正值，所以电阻 R 吸收的功率总是大于零，则说明电阻元件是耗能元件。

注意： 当电阻 R 端电压和电流为非关联参考方向时，如图 1-15 所示，电阻 R 元件上的电压与电流的数学关系式为

$$u = -Ri$$

例 1-2 电路如图 1-16 所示，已知电阻 $R = 4\Omega$，电压 $U = 8\text{V}$，试求电流 I 和电阻 R 所消耗的功率。

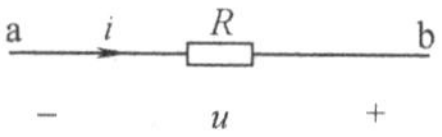

图 1-15 电阻元件及非关联参考方向

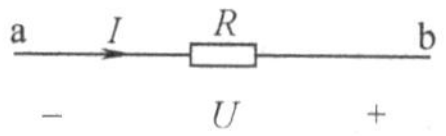

图 1-16 例 1-2 图

解

$$I = -\frac{U}{R} = \left(-\frac{8}{4} \right)\text{A} = -2\text{A}$$

$$P = -UI = [-8 \times (-2)]\text{W} = 16\text{W}$$

注意：电阻 R 两端电压 U 与流过的电流 I 是非关联参考方向，计算电流 I 时的欧姆定律式应加一个负号；$-2A$ 电流说明假设的电流参考方向与实际电流方向相反，即参考方向与数学分析计算结果结合起来才有物理意义。

功率的物理性质与参考方向的假设无关。如例 1-2 题所示，在非关联参考方向下，电阻元件上消耗功率为 16W。

在直流电路的稳态分析中，其电压、电流和功率的变量用大写字母表示。假设电压与电流参考方向是关联的，则有

$$P = UI \qquad (1-7)$$

如果一个二端元件不是线性电阻而是非线性电阻。例如，半导体二极管 VD（见图 1-17a），在一定条件下是一个非线性电阻元件，其特性曲线在 u-i 平面上如图 1-17b 所示，不是在任意时刻 t 都是过原点的直线，称为非线性电阻。

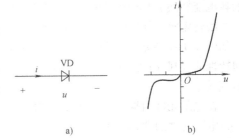

图 1-17 非线性电阻元件

a）半导体二极管及关联参考方向 b）伏安特性

人 物 简 介

乔治·西蒙·欧姆（Georg Simon Ohm，1787—1854），生于德国，经过多年的努力，由他确定的电流、电压和电阻之间的关系得到认可，并称为欧姆定律。为了纪念他，电阻的单位用他的名字"欧姆"命名。

恩斯特·韦尔纳·冯·西门子（Ernst Werner Von Siemens，1816—1892），生于普鲁士。当他因为参与争斗而入狱时，他就开始进行化学试验，致使他发明了第一个电镀装置。1837 年，西门子开始改进早期的电报，加速了电报系统的发展。为了纪念他，电导的单位用他的名字"西门子"命名。

1.2.2 电容元件 C

实际电容器是用某种绝缘介质隔开的两个理想导电极板构成。在外电路的作用下，两个极板上分别聚集起等量的正、负电荷，并在介质中建立电场而具有电场能量。将外电路移去后，电荷依靠电场吸力可继续聚集在极板上，电场继续存在。因此，电容器是一种储存电荷或者说储存电场能量的部件。

电路分析中的电容元件是表征储存电场能这一物理特征的电路模型。

线性电容元件（简称电容元件）电路符号、电压和电流参考方向如图 1-18a 所示，特性曲线如图 1-18b 所示，即特性曲线在 q-u 平面上任意时刻 t 都是过原点的直线。

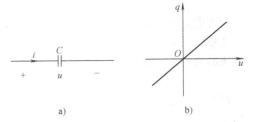

图 1-18 线性电容元件 C

a）线性电容元件及关联参考方向
b）线性电容的库伏特性

电容元件由电容电荷 q 与电容端电压 u 的正比关系来定义，即

$$q = Cu \qquad (1-8)$$

式中，比例系数 C 称为电容值，是一个正实常数，单位为法拉（F）。

实际电容值的大小常常为 $10^{-6}F$ 或 $10^{-12}F$ 数量级，即

$$1\mu F\text{（微法）} = 10^{-6}F$$

$$1\mathrm{pF}（皮法）= 10^{-12}\mathrm{F}$$

在电路分析中，主要研究电容元件的伏安关系。如果电容元件的电压 u 和电流 i 取关联参考方向，如图 1-18a 所示，则伏安关系为

$$i = \frac{\mathrm{d}q}{\mathrm{d}t} = \frac{\mathrm{d}(Cu)}{\mathrm{d}t} = C\frac{\mathrm{d}u}{\mathrm{d}t} \tag{1-9}$$

式（1-9）表明：电容 C 中某时刻的电流 i 与该时刻其端电压 u 的大小无关，而是与端电压 u 的变化率成正比。当电容 C 端电压 u 不随时间变化时，电流 i 为零，即端电压 u 为常数（直流）时，电容 C 相当于开路。电容 C 元件具有隔断直流（简称**隔直**）的作用。

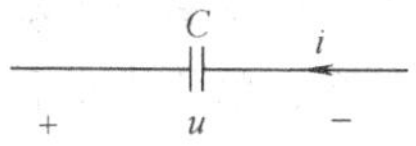

注意：式（1-9）所表示的电压 u 和电流 i 的参考方向是关联条件下的关系，当采用非关联参考方向时，如图 1-19 所示，式（1-9）前需加负号，即

图 1-19　电容元件及非关联参考方向

$$i = -C\frac{\mathrm{d}u}{\mathrm{d}t}$$

电容 C 两端的电压 u 可由式（1-9）得

$$u = \frac{1}{C}\int_{-\infty}^{t} i\mathrm{d}\xi = u(t_0) + \frac{1}{C}\int_{t_0}^{t} i\mathrm{d}\xi$$

或

$$u = u(0) + \frac{1}{C}\int_{0}^{t} i\mathrm{d}\xi \tag{1-10}$$

式（1-10）表明：电容 C 电压 u 除与 $0 \sim t$ 的电流 i 值有关外，还与 $t = 0$ 时电容元件上初始电压值 $u(0)$ 有关，因此，电容元件是一种有"记忆"的元件。

在电压 u 和电流 i 关联参考方向下（见图 1-18a），电容元件的瞬时吸收功率为

$$p = ui = Cu\frac{\mathrm{d}u}{\mathrm{d}t}$$

电容元件的瞬时吸收功率有正有负，当为正值时电容元件吸收功率，储存的电场能量增加，称这种状态为"电容充电"；当为负值时电容元件释放功率，释放充电时储存的能量，这时称为"电容放电"。由于电容不消耗能量，只储存电场能量，因此，电容元件属于储能元件。

电容元件从 $0 \sim t$ 时间内吸收的电能为

$$w = \int_{0}^{t} p\mathrm{d}\xi = \int_{0}^{t} Cu\frac{\mathrm{d}u}{\mathrm{d}\xi}\mathrm{d}\xi = C\int_{u(0)}^{u(t)} u\mathrm{d}u = \frac{1}{2}Cu^2(t) - \frac{1}{2}Cu^2(0) \tag{1-11}$$

式（1-11）表明：任意时刻电容元件的储能 w 总是大于或等于零，因此，电容元件属于无源元件。

一般实际电容器除有储能作用外，会消耗一定的电能，这时，电容器的电路模型是电容元件和电阻元件的并联组合。

如果电容元件的特性曲线在 $q\text{-}u$ 平面上不是任意时刻 t 都是过原点的直线，此元件为非线性电容元件。本教材只讨论线性电容电路。

1.2.3　电感元件 L

实际电感器通常是由导线绕制在磁性材料上的线圈构成的。当线圈中流过电流时，其周围便产生磁场，电能转化为磁场能，以磁场的形式存在。

电路分析中的电感元件是表征电流产生磁通和储存磁场能这一物理特征的电路模型。

线性电感元件（简称电感元件）电路符号、电压和电流参考方向如图 1-20a 所示，特性曲线如图 1-20b 所示，即特性曲线在 $\Psi\text{-}i$ 平面上任意时刻 t 都是过原点的直线。

电感元件由磁链 Ψ 与电流 i 的正比关系来定义，即

$$\Psi = Li \qquad (1\text{-}12)$$

式中，比例系数 L 称为线性电感值，是一个正实常数，单位为亨利（H），当电感值较小时，常用毫亨（$1\text{mH} = 10^{-3}\text{H}$）或微亨（$1\mu\text{H} = 10^{-6}\text{H}$）表示。

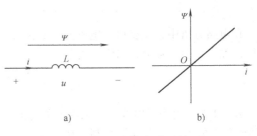

图 1-20　线性电感元件

a）线性电感元件及关联参考方向　b）线性电感的韦安特性

在电压 u 和电流 i 关联参考方向条件下，当电感元件中的电流 i 变化时，根据电磁感应定律，可得到电感元件的伏安关系

$$u = \frac{\mathrm{d}\Psi}{\mathrm{d}t} = \frac{\mathrm{d}(Li)}{\mathrm{d}t} = L\frac{\mathrm{d}i}{\mathrm{d}t} \qquad (1\text{-}13)$$

式（1-13）表明：电感 L 中某时刻的电压 u 与该时刻电流 i 的大小无关，与流过的电流 i 变化率成正比。当电感 L 中的电流为直流时，其端电压为零，电感 L 相当于**短路**。

通过式（1-13）计算电感 L 中流过的电流 i，则有

$$i = \frac{1}{L}\int_{-\infty}^{t} u\mathrm{d}\xi = i(t_0) + \frac{1}{L}\int_{0}^{t} u\mathrm{d}\xi$$

或

$$i = i(0) + \frac{1}{L}\int_{0}^{t} u\mathrm{d}\xi \qquad (1\text{-}14)$$

式（1-14）表明：电感 L 中的电流 i 除与 $0 \sim t$ 的端电压 u 值有关外，还与 $t = 0$ 时电感元件上初始电流值 $i(0)$ 有关，电感元件也是记忆元件。

在电压和电流关联参考方向下（见图 1-20a），电感元件的瞬时吸收功率为

$$p = ui = Li\frac{\mathrm{d}i}{\mathrm{d}t}$$

电感元件的瞬时吸收功率不会转变成其他形式能量而被消耗掉，而是以磁能的形式储存在电感线圈形成的磁场中，因此，电感元件属于储能元件。电感元件从 $0 \sim t$ 时间内吸收的电能为

$$w = \int_{0}^{t} p\mathrm{d}\xi = \int_{0}^{t} Li\frac{\mathrm{d}i}{\mathrm{d}\xi}\mathrm{d}\xi = L\int_{i(0)}^{i(t)} i\mathrm{d}i = \frac{1}{2}Li^2(t) - \frac{1}{2}Li^2(0)$$

说明任意时刻电感元件的储能 w 总是大于或等于零，因此，电感元件属于无源元件。

如果电感元件的特性曲线在 $\Psi\text{-}i$ 平面上不是任意时刻 t 都是过原点的直线，此元件为非线性电感元件。本教材只讨论线性电感电路。

1.2.4　独立电源

独立电源是指在电路中能独立提供能量的元件。实际的独立电源有电池、发电机、信号源等，在电路分析中，常作为电路的输入或激励。独立电源包括独立电压源和独立电流源。

1. 理想电压源

理想电压源（简称电压源）是从实际独立电压源理想抽象化得到的电路模型，该模型表征了元件提供的电压与流过的电流无关的物理特征，它是一个二端有源元件，如图 1-21 所示。

在电路分析中，主要讨论直流电压源 U_S 和正弦交流电压源 u_S，其电路符号如图 1-21 所示。

直流电压源的伏安特性曲线如图 1-22 所示。

电压源的性质：无论流过电压源的电流值大小、方向如何，其电压源的端电压总是保持为规定的 U_s 或 $u_s(t)$（直流电压源特性见图 1-22），流过电压源的电流由外接电路决定。所以理想电压源又称为**独立电压源**。

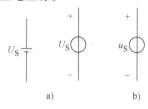

图 1-21　理想电压源

a）直流电压源电路符号　b）交流电压源电路符号

图 1-22　直流电压源伏安特性曲线

例 1-3　电路如图 1-23 所示，直流电压源 U_s =12V，各电路中的电阻值分别为 $R_1 = 2\Omega$，$R_2 = 4\Omega$，试求各元件的电流和功率。

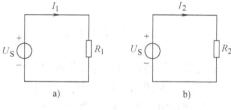

解　（1）$R_1 = 2\Omega$ 时，如图 1-23a 所示

$$I_1 = \frac{U_s}{R_1} = \frac{12}{2}A = 6A$$

电压源 U_s 的功率

$$P_{S1} = -U_sI_1 = (-12 \times 6)W = -72W$$

电阻元件 R_1 的功率

$$P_{R1} = U_sI_1 = (12 \times 6)W = 72W$$

图 1-23　例 1-3 图

（2）$R_2 = 4\Omega$ 时，如图 1-23b 所示

$$I_2 = \frac{U_s}{R_2} = \frac{12}{4}A = 3A$$

电压源 U_s 的功率

$$P_{S2} = -U_sI_2 = (-12 \times 3)W = -36W$$

电阻元件 R_2 的功率

$$P_{R2} = U_sI_2 = (12 \times 3)W = 36W$$

因为在关联参考方向条件下电压源的功率小于零，所以电压源提供功率；电阻的功率大于零，所以电阻元件吸收功率。可见，电源提供的功率等于电路消耗的功率，这就是电能量的守恒，常称为**功率平衡**。在电路分析计算中，可利用功率平衡，检验计算结果的正误。

通过例 1-3 中电流的分析计算可知，电压源中电流的大小取决于外接电路，例如：外接电阻 $R_1 = 2\Omega$ 时，电流为 6A；外接电阻值改变为 $R_2 = 4\Omega$ 时，电流为 3A，这时电压源 U_s 输出的电压值 12V 不随电流的变化而改变，或者说，电压源本身并没有对其流过的电流作任何约束。

例 1-4　如果改变例 1-3 中电阻 R_1 值，使之趋近于零，$R_2 = \infty$，试分析电压源工作状态。

解　（1）R_1 值趋近于零

此时，由于电阻 R_1 值趋近于零（即：电压源 U_s 的端口短路），根据欧姆定律可知，流过电压源的电流值 I_1 趋近于无穷大，使电压源输出的功率 $P = U_sI_1$ 很大，这样会导致电压源损坏，所以电压源在应用中是不允许工作在短路状态下的。

（2）$R_2 = \infty$ 时

$$I_2 = \frac{U_S}{R_2} = \frac{12}{\infty}\text{A} = 0\text{A}$$

此时，流过电压源的电流为零，电压源输出的功率也为零，说明电压源处于开路状态。

2. 理想电流源

理想电流源（简称电流源）是从实际独立电流源理想抽象化得到的电路模型，该模型表征了元件提供的电流与其端电压完全无关的物理特征，它是一个二端有源元件。

在电路分析中，主要讨论直流电流源 I_s 和正弦交流电流源 i_s，其电路符号如图 1-24 所示。直流电流电源的伏安特性曲线如图 1-25 所示。

图 1-24　理想电流源

图 1-25　直流电流源伏安特性曲线

电流源的性质： 无论电流源两端电压大小、方向如何，其电流源的电流总保持规定的 I_s 或 i_s (t)，如图 1-25 所示。电流源的端电压由外接电路决定。所以理想电流源又称为**独立电流源**。

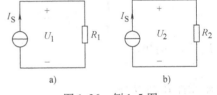

图 1-26　例 1-5 图

例 1-5　电路如图 1-26 所示，直流电流源 $I_s = 4\text{A}$，电流源外接电阻值为 $R_1 = 2\Omega$，$R_2 = 4\Omega$，试求各元件的端电压。

解　（1）当外接电阻 $R_1 = 2\Omega$ 时，如图 1-26a所示：

$$U_1 = R_1 I_s = (2 \times 4)\text{V} = 8\text{V}$$

（2）当外接电阻 $R_2 = 4\Omega$ 时，如图 1-26b 所示：

$$U_2 = R_2 I_s = (4 \times 4)\text{V} = 16\text{V}$$

由上例分析计算可知，电流源的端电压大小取决于外电路，电流源输出的电流值不随其端电压的变化而改变，或者说，电流源本身并没有对其端电压作任何约束。

例 1-6　如果改变例 1-5 中电阻值 $R_1 = 0$，$R_2 = \infty$，试分析电流源工作状态。

解　（1）当在图 1-26a 所示电路中，$R_1 = 0$ 时，电压 U_1 为

$$U_1 = R_1 I_s = 0\text{V}$$

此时，电流源两端电压为零，电流源处于短路状态。

（2）当在图 1-26b 所示电路中，$R_2 = \infty$ 时，电压 U_2 为

$$U_2 = R_2 I_s = (\infty \times 4)\text{ V} = \infty\text{ V}$$

此时，电流两端电压为无穷大，电流源输出的功率也为无穷大，将会导致电流源损坏，所以，一般不允许电流源开路，在不使用电流源时可以用一根导线将电流源短路。

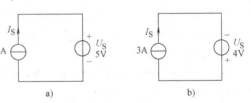

图 1-27　例 1-7 图

例 1-7　电路如图 1-27 所示，试求各元件功率，并说明是提供还是吸收功率。

解　（1）图 1-27a 所示电路的电压源功率

$$P_U = U_S I_S = (5 \times 2)\mathrm{W} = 10\mathrm{W}(\text{吸收})$$

电流源功率

$$P_I = -U_S I_S = (-5 \times 2)\mathrm{W} = -10\mathrm{W}(\text{提供})$$

（2）图 1-27b 所示电路的电压源功率

$$P_U = -U_S I_S = (-4 \times 3)\mathrm{W} = -12\mathrm{W}(\text{提供})$$

电流源功率

$$P_I = U_S I_S = (4 \times 3)\mathrm{W} = 12\mathrm{W}(\text{吸收})$$

上面各电源的功率分析计算是在关联参考方向条件下，因此，功率大于零的为吸收功率，这时电源在电路中起负载的作用；功率小于零的为提供功率，在电路中起电源作用。

3. 理想电源与实际电源

理想电源最主要特点就是电源值与外电路无关，即电压源的电压值与外电路无关，其流过电压源的电流大小（有限值）和方向可以任意改变；电流源的电流值与外电路无关，其电流源端电压的大小（有限值）和方向可以任意改变。图 1-28 为实际电源的电路模型，当图 1-28a 中电阻 $R_{S1} = 0\Omega$，或图1-28b中电阻 $R_{S2} = \infty$，即为理想电源。

实际的电源都有一些内部电阻，当电源与外电路连接时，电源内部会产生一定的内耗，如图 1-28c 和 d 所示的实际电源的伏安特性，因此，在电路分析中，用理想电压源

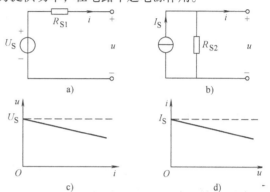

图 1-28　实际电源的电路模型和伏安特性
a）实际电压源的模型　b）实际电流源的模型
c）实际电压源的伏安特性曲线　d）实际电流源的伏安特性曲线

串联一个电阻构成实际电压源的电路模型；用理想电流源并联一个电阻构成实际电流源的电路模型，如图 1-28a 和 b 所示。可见，实际电源与外电路连接后，其值会有一定的变化。

1.2.5　受控电源

受控电源又称为非独立电源，它不同于独立电源，独立电源所提供的电量是独立量，而且是一种二端元件。受控电源所提供的电量受电路中某部分电压或电流控制，是一个非独立量，因此，受控电源可看成是一种四端元件。本教材只讨论线性受控电源（简称受控源），即受控电源与控制量成比例关系。

受控电源是实际电子器件中存在的两处信号之间的一种耦合关系模型，是分析电子电路重要的元件模型。在电路分析中，则用受控源来反映电路中某处的电压或电流能控制另一处的电压或电流这一物理现象；或表示一处的电路变量与另一处电路变量之间的一种耦合关系。与独立电源类似，受控源可分为电压源和电流源。**受控电压源**输出的电压受另一处支路的电压或电流控制，因此，有两种受控电压源电路模型，如图 1-29a 和 c 所示；**受控电流源**输出的电流受另一处支路的电压或电流控制，也有两种受控电流源电路模型，如图 1-29b 和 d 所示。

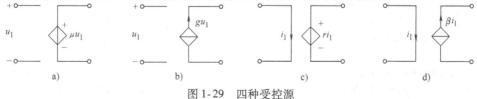

图 1-29　四种受控源
a）受控电压源电压控制电压源（VCVS）　b）受控电流源电压控制电流源（VCCS）
c）受控电压源电流控制电压源（CCVS）　d）受控电流源电流控制电流源（CCCS）

由于受控源的电量值（如：μu_1、$g u_1$、$r i_1$、βi_1）是非独立的，其值大小取决于控制量电压（u_1）或电流（i_1），在电路分析时，受控源可以作为电源处理，但必须注意其控制量在分析中不能消除。

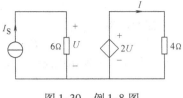

图 1-30 例 1-8 图

例 1-8 电路如图 1-30 所示，试分析计算当电流源 I_S 分别为 2A、−1A 和 0A 时电路中的电流 I。

解 （1） $I_S = 2A$ 时

$$U = 6 I_S{}^{\ominus} = (6 \times 2)\,\text{V} = 12\text{V}$$

$$I = \frac{2U}{4} = \frac{2 \times 12}{4}\,\text{A} = 6\text{A}$$

（2） $I_S = -1A$ 时

$$U = 6 I_S = [6 \times (-1)]\,\text{V} = -6\text{V}$$

$$I = \frac{2U}{4} = \frac{2 \times (-6)}{4}\,\text{A} = -3\text{A}$$

（3） $I_S = 0A$ 时

$$U = 6 I_S = 0\text{V}$$

$$I = \frac{2U}{4} = 0\text{A}$$

可见，当受控源的控制量发生大小和方向改变时，受控源也随之发生大小和方向的改变；当控制量为零时，受控源的值也为零，受控电压源为零相当于短路，受控电流源为零相当于开路。

1.2.6 开路与短路

开路与短路是电路元件的一种特殊伏安特性。

1. 开路

开路是指电路中两点间无论电压如何，其电流恒为零的物理特征，如图 1-31 所示。

1）当电阻 R 的阻值为无穷大时，即 $R = \infty$，流过电阻元件的电流恒为零，则电阻 R 相当于开路，如图 1-31a 所示。

图 1-31 开路特性

a）电阻 $R = \infty$　b）电流 $i = 0$　c）开路

2）当电流源的电流值恒为零时，流过电流源元件的电流恒为零，与元件端电压无关，电流源相当于开路，如图 1-31b 所示。

3）理想开关元件可以看成特殊的电阻元件，当它断开时，电阻无穷大，电流为零，即开路，如图 1-31c 所示。

2. 短路

短路是指电路中两点间电压恒为零，与流过的电流无关，如图 1-32 所示。

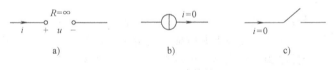

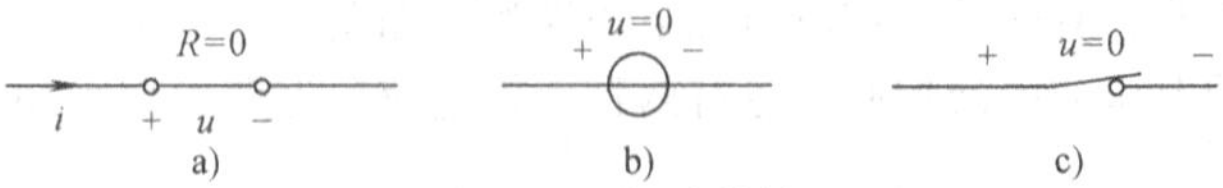

图 1-32 短路特性

a）电阻 $R = 0$　b）电压 $u = 0$　c）短路

1）当电阻 R 的阻值为零时，即

⊖ 本书述及的方程在运算过程中，为使运算简洁便于阅读，如对量的单位无标注及特殊说明，此方程均为数值方程，而方程中的物理量均采用 SI 单位，如电压 $U(u)$ 的单位为 V；电流 $I(i)$ 的单位为 A；功率 P 的单位为 W；无功功率 Q 的单位为 var，视为功率 S 的单位为 V·A；电阻 R 的单位为 Ω；电导 G 的单位为 S；电感 L 的单位为 H；电容 C 的单位为 F；时间 t 的单位为 s 等。

$R = 0$，其端电压恒为零，则电阻 R 相当于短路，如图 1-32a 所示。

2）当电压源的电压值恒为零时，与流过电压源元件的电流无关，电压源相当于短路，如图 1-32b 所示。

3）当理想开关元件闭合时，电阻为零，电压为零，即短路，如图 1-32c 所示。

1.3 基尔霍夫定律

在电路分析中，各支路的电压和电流受到两类约束：一类是元件的特性具有的约束，例如，线性电阻元件的电压和电流在关联参考方向条件下，必须满足欧姆定律 $u = Ri$ 关系；另一类是对电路中各支路电压或各支路电流之间的约束，这类约束由基尔霍夫定律体现。对各支路电流之间的约束有基尔霍夫电流定律，对各支路电压之间的约束有基尔霍夫电压定律，基尔霍夫定律与元件的性质无关。

1.3.1 支路、结点和回路

下面以电路图 1-33a 为例，讨论支路、结点和回路的概念。

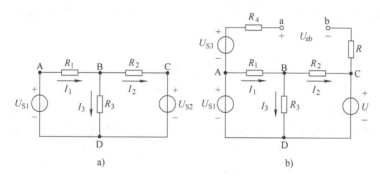

图 1-33

1. 支路

在电路分析中，把电路中没有分支的一段电路称为**支路**，支路中流过的电流称为**支路电流**。例如，图 1-33a 中有三条支路，即 BAD、BCD、BD。电流 I_1、I_2、I_3 分别为三条支路电流。

2. 结点

电路中三条或三条以上支路的汇集点称为**结点**。例如，图 1-33a 中有两个结点，即结点 B 和结点 D。

3. 回路

由支路构成的闭合路径称为回路。如果回路中不包围其他支路，则称这样的回路为网孔。例如，图 1-33a 中有三个回路，即 ABDA、BCDB、ABCDA；三个回路中有两个是网孔，即 ABDA、BCDB。

4. 虚似的回路

在图 1-33b 中，aA、bC 是支路，但 a、b 两点间是开路，不是支路，当一个回路是由开路和支路构成时，称这种回路为**虚似的回路**，即图 1-33b 中的 aABCb、aADCb、aABDCb、aADBCb 等都是虚似的回路，它们是通过设定的开路电压 U_{ab} 来虚似 a、b 两点间的支路，从而构成一个含虚似支路的回路。

1.3.2 基尔霍夫的电压定律和电流定律

基尔霍夫定律是集中参数电路的基本定律,它包括电流定律和电压定律。

1. 基尔霍夫电流定律

基尔霍夫电流定律(简称 KCL)指出:"在集中电路中,任何时刻,对任一结点,所有流出结点的支路电流代数和恒等于零"。所以,对电路中任一结点有

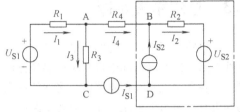

$$\sum i = 0 \qquad (1\text{-}15)$$

图 1-34 例 1-9 图

式(1-15)为 KCL 方程。

例 1-9 试列出如图 1-34 所示电路中所有 KCL 方程,并判断它们是否相互独立。

解 分析电路图 1-34 可知,图中有 4 个结点,即可列出 A、B、C、D 这 4 个结点的 KCL 方程。

由于定律中描述电流的"代数和"是根据各支路电流的参考方向是流出结点还是流入结点来确定的。因此,列每个 KCL 方程以前,先要约定电流是流出结点为正,还是流入结点为正。本题约定电流流入结点为正,流出结点则为负。根据图 1-34 中所设定的各电流参考方向,有

结点 A $I_1 - I_3 - I_4 = 0$

结点 B $I_4 + I_{S2} - I_2 = 0$

结点 C $-I_1 + I_3 - I_{S1} = 0$

结点 D $I_{S1} - I_{S2} + I_2 = 0$

通过分析上述四个结点方程可知,其中任何一个结点的电流方程都是其他三个结点的电流方程的线性组合。例如,结点 A 的电流方程可以由 B、C 和 D 三个结点电流方程相加得到,即

$$I_4 + I_{S2} - I_2 - I_1 + I_3 - I_{S1} + I_{S1} - I_{S2} + I_2 = 0$$

得

$$I_4 - I_1 + I_3 = 0$$

或

$$-I_4 + I_1 - I_3 = 0$$

因此,上述 4 个电流方程中只有三个是独立方程。也就是说,对于一个有 n 个结点的电路,可以列出 $(n-1)$ 个独立 **KCL** 方程。

另外,结点 A 的方程还可以写为

$$I_1 = I_3 + I_4$$

此式表明,KCL 也可以表述为:流出结点的支路电流等于流入该结点的支路电流,即

$$\sum i_{出} = \sum i_{入}$$

KCL 除了用于结点,还可以推广到封闭面,即任何时刻,流出封闭面的支路电流的代数和恒等于零;或者说,流出封闭面的电流等于流入该封闭面的电流。

例如,图 1-34 中电流 I_4 的计算,可直接由如图 1-34 所示的封闭面得

$$I_4 = -I_{S1}$$

注意:KCL 方程是针对电路中任意一个**结点**展开讨论,每一个结点都可以独立的设定是流入结点电流为正,还是流出结点电流为正。例如,在图 1-34 中,KCL 方程也可以这样写出

结点 A 设定流入结点为正

$$I_1 - I_3 - I_4 = 0$$

结点 B 设定流出结点为正

$$-I_4 - I_{S2} + I_2 = 0$$

结点 C 设定流出结点为正

$$I_1 - I_3 + I_{S1} = 0$$

即每一个结点的 KCL 方程与其他结点设定的是流入结点电流为正，还是流出结点电流为正无关。

2. 基尔霍夫电压定律

基尔霍夫电压定律（简称 KVL）指出："在集中电路中，任何时刻，沿着任一回路，所有支路电压的代数和恒等于零"。所以，沿电路中任一回路有

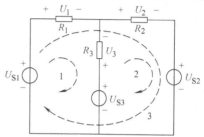

$$\sum u = 0 \qquad\qquad (1-16)$$

式（1-16）为 KCL 方程。

例1-10 试列出如图 1-35 所示电路中所有 KVL 方程，并判断它们是否相互独立。

解 首先为图中每个元件设定电压参考方向，如图 1-35 所示。通过对电路图的分析可知有三个回路，为每一个回路标定一个计算电压降的绕行方向（本题标定的都是顺时针绕行方向，如图1-35所示），列写三个回路的 KVL 方程有

图 1-35　例 1-10 图

回路 1　　　　　　　　　$U_1 - U_3 + U_{S3} - U_{S1} = 0$

回路 2　　　　　　　　　$U_2 + U_{S2} - U_{S3} + U_3 = 0$

回路 3　　　　　　　　　$U_1 + U_2 + U_{S2} - U_{S1} = 0$

通过分析上述三个回路电压方程可知，其中任何一个回路的电压方程都是其他两个回路的电压方程的线性运算。例如，回路 1 的电压方程可以由回路 2 的电压方程减回路 3 的电压方程得到，即

$$U_2 + U_{S2} - U_{S3} + U_3 - U_1 - U_2 - U_{S2} + U_{S1} = 0$$

得

$$-U_{S3} + U_3 - U_1 + U_{S1} = 0$$

或

$$U_{S3} - U_3 + U_1 - U_{S1} = 0$$

因此，上述三个电压方程中只有两个是独立方程。也就是说，对于一个有 b 条支路，n 个结点的电路，可以列出 $(b - n + 1)$ 个独立 KVL 方程。

注意：在写 KVL 方程时涉及电压参考方向和回路的绕行方向的假设，当电压的参考方向与绕行方向一致时，KVL 方程中取正号，否则取负号。例如，图 1-35 中回路 1 的 KVL 方程中，电压 U_1、U_{S3} 的参考方向与假定的绕行方向 1 一致，在 KVL 方程中取正号，而电压 U_3、U_{S1} 的参考方向与假定的绕行方向 1 相反，因此，在 KVL 方程中取负号。

电路中各个支路（或元件）电压、电流受到两类约束，即元件特性和基尔霍夫定律的约束。下面用实例综合说明元件特性和基尔霍夫定律对电路的约束。

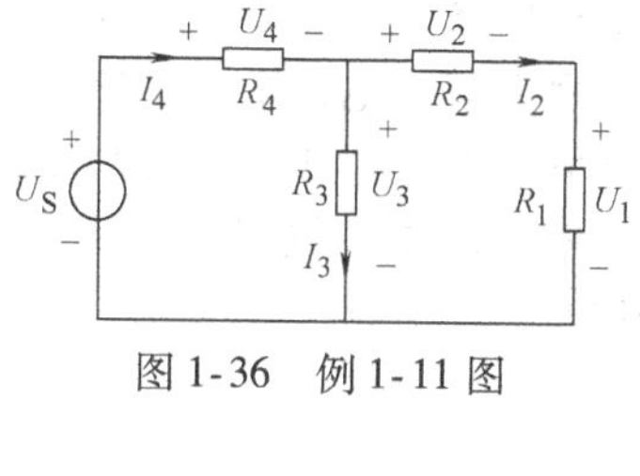

例1-11 电路如图 1-36 所示，已知各电阻为 $R_1 = 2\Omega$，$R_2 = 5\Omega$，$R_3 = 7\Omega$，$R_4 = 3\Omega$，电压 $U_1 = 10\text{V}$。试根据元件的特性和 KCL、KVL 求各支路电流和元件电压。

解 由欧姆定律得

图 1-36　例 1-11 图

$$I_2 = \frac{U_1}{R_1} = \frac{10}{2}\text{A} = 5\text{A}$$

$$U_2 = R_2 I_2 = (5 \times 5)\,\text{V} = 25\,\text{V}$$

由 KVL 得

$$U_3 = U_2 + U_1 = (25 + 10)\,\text{V} = 35\,\text{V}$$

由欧姆定律得

$$I_3 = \frac{U_3}{R_3} = \frac{35}{7}\text{A} = 5\text{A}$$

由 KCL 得

$$I_4 = I_2 + I_3 = (5 + 5)\,\text{A} = 10\,\text{A}$$

由欧姆定律得

$$U_4 = R_4 I_4 = (3 \times 10)\,\text{V} = 30\,\text{V}$$

由 KVL 得

$$U_S = U_4 + U_3 = (30 + 35)\,\text{V} = 65\,\text{V}$$

另外，电压源 U_S 的电压值也可以通过另一条路径计算

$$U_S = U_4 + U_2 + U_1 = (30 + 25 + 10)\,\text{V} = 65\,\text{V}$$

即 KVL 反映了任意两点间的电压计算与路径无关这一性质。

例1-12 电路如图 1-37 所示，已知各电阻为 R_1 = $R_2 = 2\Omega$，$R_3 = 10\Omega$，$R_4 = 3\Omega$，电压 $U_{S1} = 10\text{V}$，U_{S2} =8V，电流源 $I_S = 6\text{A}$。试求开路电压 U_{ab}。

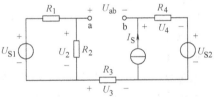

图 1-37 例 1-12 图

解 为了便于叙述分析电路的过程，在电路图中增设了电阻元件上的电压参考方向，如图1-37所示。

由于已知 a、b 间是开路，所以流过电阻 R_1 和 R_2 的电流相等，即 R_1 与 R_2 为串联关系，计算 U_2 为

$$U_2 = \frac{U_{S1}}{R_1 + R_2}R_2 = \left(\frac{10}{2+2} \times 2\right)\text{V} = 5\text{V}$$

根据 KCL 可知流过 R_3 的电流为零，则

$$U_3 = 0$$

同理，a、b 间开路使流过电阻 R_4 的电流为 I_S，因此，R_4 上的电压 U_4 为

$$U_4 = R_4 I_S = (3 \times 6)\,\text{V} = 18\,\text{V}$$

根据 KVL

$$U_{ab} = U_2 - U_{S2} - U_4 = (5 - 8 - 18)\,\text{V} = -21\,\text{V}$$

在本例中，由于 a、b 两点是开路，电压 U_{ab} 并不属于电路中任何支路。因此，计算开路电压 U_{ab} 时，是沿着一个虚拟的回路计算，即 KVL 不仅适用于支路组成的回路，还适用于虚拟的回路。

例1-13 电路如图 1-38 所示，已知各电阻值为 $R_1 = 10\Omega$，$R_2 = 5\Omega$，$R_3 = 12\Omega$，电压源 $U_S = 80\text{V}$。试求电压 U、U_2、U_3。

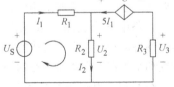

图 1-38 例 1-13 图

解 在含有受控源电路图 1-38 中，受控电流源与电阻 R_3 为串联关系，则

$$U_3 = -(5I_1)R_3$$

由 KCL 得 $\qquad$ $I_1 + 5I_1 - I_2 = 0$

由 KVL 得 $\qquad$ $R_1 I_1 + R_2 I_2 - U_S = 0$

联立求解上两式得

$$I_1 = \frac{U_S}{R_1 + 6R_2} = \frac{80}{10 + 6 \times 5}A = 2A$$

用 KVL 计算 R_2 端电压为

$$U_2 = -R_1 I_1 + U_S = (-10 \times 2 + 80)V = 60V$$

用欧姆定律计算 R_3 端电压为

$$U_3 = -R_3(5I_1) = (-12 \times 5 \times 2)V = -120V$$

受控电流源两端电压 U 为

$$U = U_2 - U_3 = [60 - (-120)]V = 180V$$

以上分析可知，受控电流源输出的电流受另一支路电流的控制，而受控电流源的端电压则由外接电路所决定，即受控电流源的电流量与受控电流源的端电压大小和方向无关。同理，流过受控电压源的电流由外接电路所决定，即受控电压源的电压量与流过受控电压源的电流大小和方向无关。

人物简介

基尔霍夫（Gustav Robert Kirchhoff，1824—1887），德国物理学家。他21岁在柯尼斯堡大学就读期间，就根据欧姆定律总结出网络电路的两个定律（基尔霍夫电路定律），发展了欧姆定律，对电路理论作出了显著成绩。大学毕业后，他又着手把电动势概念推广到稳态电路。长期以来，电动势与电压这两个概念常常被混为一谈，当时都称为"电张力"。基尔霍夫明确区分了这两个概念，同时又指出了它们之间的联系。他还与本生合作，在光谱研究中，开拓出一个新的学科领域——光谱分析，采用这一新方法，发现了两种新元素铯（1860年）和铷（1861年）。

1.4 电阻电路的等效变换

在电路分析中，常常把电路中某一部分进行简化成一个较为简单的电路。例如，如图1-39a所示电路中，右方点画线框中是一个由几个电阻构成的电路，可以把它简化成一个 R_0 电阻电路，如图1-39b所示，或者说用一个电阻 R_0 替代点画线框中电路，而替代后如图1-39a所示电路中，左部分电路的电压和电流仍维持原电路电量，这就是电路的"**等效概念**"。这时点画线框中电路端口 a-b 的电压 U 和电流 I，分别等于简化后电路端口 c-d 的电压 U 和电流 I。也就是说，端口 a-b 与端口 c-d 是具有相同端口 $u\text{-}i$ 关系的电路，称这样的电路为**等效电路**，或者说它们**互为等效**。注意，"等效"指的是电路的端电压和端口电流，它们对外电路的作用是相同的，即"**对外等效**"。

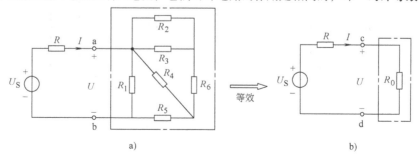

图 1-39 等效电路

图 1-39 中的**箭头符号**表示 a、b 两个电路互为等效电路，即在分析计算图 1-39a 电路中电压 U 和电流 I 时，可以用图 1-39b 电路等效替代图 1-39a 电路进行分析计算。

1.4.1 电阻的串联、并联等效变换

1. 电阻的串联

如果在电路中有 n 个电阻按顺序相联（如图 1-40a 所示），使每个电阻中流过的电流是同一个电流，则称这 n 个电阻的连接方式为**串联**。

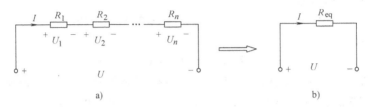

图 1-40 电阻的串联

a) n 个电阻串联　b) 等效电阻

由 KVL 有

$$U = U_1 + U_2 + U_3 + \cdots + U_n$$

由欧姆定律得

$$U = R_1 I + R_2 I + R_3 I + \cdots + R_n I = (R_1 + R_2 + R_3 + \cdots + R_n)I = R_{eq}I \tag{1-17}$$

式中，R_{eq} 称为串联电阻电路的等效电阻，其计算式为

$$R_{eq} = R_1 + R_2 + R_3 + \cdots + R_n = \sum_{k=1}^{n} R_k$$

可以用电阻值为 R_{eq} 的等效电路替代图 1-40a 串联电阻电路，如图 1-40b 所示，电压 U 和电流 I 分析结果相同。

电阻串联时，在如图 1-40a 所示的电压参考方向条件下，各电阻上的电压为

$$U_k = R_k I = \frac{R_k}{R_{eq}}U \qquad k = 1, 2, 3, \cdots, n \tag{1-18}$$

式（1-18）称为**电压分配公式**，或称分压公式，表明串联的每个电阻上的电压与其电阻值成正比。

例 1-14　电路如图 1-41a 所示，已知 $R_1 = 2\Omega$，$R_2 = 4\Omega$，$R_3 = 6\Omega$，$U_S = 24V$，试求电路中电压源流过的电流。

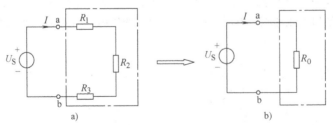

图 1-41　例 1-14 图

a) 电阻串联电路　b) 等效电路

解　图示电路 1-41a 可用图 b 等效替代，R_0 为

$$R_0 = R_1 + R_2 + R_3 = (2 + 4 + 6)\Omega = 12\Omega$$

由图 1-41b 得

$$I = \frac{U_\text{S}}{R_0} = \frac{24}{12}\text{A} = 2\text{A}$$

由图 1-41a 直接计算有

$$I = \frac{U_\text{S}}{R_1 + R_2 + R_3} = \frac{24}{12}\text{A} = 2\text{A}$$

可见，用等效电路图 1-41b 分析计算未被替代部分的电流 I 与用原电路图 1-41a 计算电流 I 结果相同，即当电路中某一部分电路用其等效电路替代后，未被替代部分的电流保持不变。

2. 电阻的并联

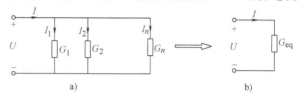

图 1-42 电阻的并联

a）n 个电阻并联 b）等效电阻

如果在电路中有 n 个电阻连接在两个公共的结点之间（如图 1-42a 所示），使每个电阻的电压为同一个电压，则称这 n 个电阻的连接方式为**并联**。

由 KCL 有

$$I = I_1 + I_2 + I_3 + \cdots + I_n$$

由欧姆定律得

$$I = G_1 U + G_2 U + G_3 U + \cdots + G_n U = (G_1 + G_2 + G_3 + \cdots + G_n) U = G_\text{eq} U \tag{1-19}$$

式中，G_eq 称为并联电阻电路的等效电导，其计算式为

$$G_\text{eq} = G_1 + G_2 + G_3 + \cdots + G_n = \sum_{k=1}^{n} G_k$$

并联后的等效电阻 R_eq 为

$$R_\text{eq} = \frac{1}{G_\text{eq}} = \frac{1}{\displaystyle\sum_{k=1}^{n} \frac{1}{R_k}}$$

可以用电阻值为 G_eq 的等效电路替代图 1-42a 并联电阻电路，如图 1-42b 所示，电压 U 和电流 I 分析结果相同。

电阻并联时，在如图 1-42a 所示的电流参考方向条件下，流过各电阻的电流为

$$I_k = G_k U = \frac{G_k}{G_\text{eq}} I \qquad k = 1, 2, 3, \cdots, n \tag{1-20}$$

式（1-20）称为**电流分配公式**，或称分流公式，表明各个并联电阻中的电流与它们各自的电导值 G_k 成正比。

例 1-15 电路如图 1-43a 所示，已知各电阻为 $R_1 = 6\Omega$，$R_2 = 6\Omega$，$R_3 = 7\Omega$，电流源 $I_\text{S} = 4\text{A}$，试求电路中电压 U。

解 图示电路 1-43a 可用图 1-43b 等效替代，R_0 为

$$R_0 = \frac{1}{\dfrac{1}{R_1} + \dfrac{1}{R_2} + \dfrac{1}{R_3}} = \frac{1}{\dfrac{1}{6} + \dfrac{1}{6} + \dfrac{1}{7}}\Omega = 2.1\Omega$$

由图 1-43b 得

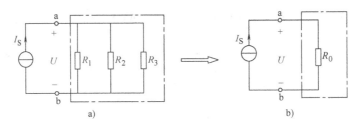

图 1-43　例 1-15 图

a）电阻串联电路　b）等效电路

$$U = R_0 I_S = (2.1 \times 4) \text{V} = 8.4 \text{V}$$

由图 1-43a 直接计算有

$$U = \frac{I_S}{\dfrac{1}{R_1} + \dfrac{1}{R_2} + \dfrac{1}{R_3}} = \frac{4}{\dfrac{1}{6} + \dfrac{1}{6} + \dfrac{1}{7}} \text{V} = 8.4 \text{V}$$

可见，用图 1-43b 等效电路分析计算未被替代部分的电压 U 与用原图 1-43a 电路计算电压 U 结果相同，即当电路中某一部分电路用其等效替代后，未被替代部分的电压均保持不变。

3. 电阻电路的等效变换

当电阻的连接中既有串联又有并联时，称为电阻的**串、并联**，或简称混联。分析这类电路时可直接用电阻的串、并联等效变换法计算。

例 1-16　电路如图 1-44a 所示，已知各电阻值为 $R_1 = R_2 = 5\Omega$，$R_3 = R_5 = 4\Omega$，$R_4 = 2\Omega$，$R_6 = 1\Omega$，$R_7 = 3\Omega$，试求 a、b 端口的等效电阻 R_0。

解　解题的关键在于分析电路元件之间的连接关系，注意"开路"和"短路"概念的运用。本题图 1-44a 中，a、b 端口为开路，所以 R_1、R_2 电阻为串联关系；c、d 点间为短路，所以 R_3、R_5 电阻为并联连接；而 R_6 与 R_7 电阻为串联方式。根据分析，画出分析计算后的等效电路，如图 1-44b 所示，并计算各等效电阻参数为

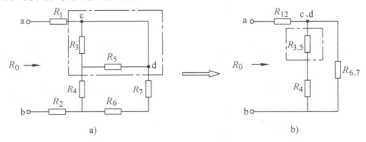

图 1-44　例 1-16 图

a）电阻串联电路　b）等效电路

$$R_{12} = R_1 + R_2 = (5 + 5)\Omega = 10\Omega$$

$$R_{35} = \frac{R_3 R_5}{R_3 + R_5} = \left(\frac{4 \times 4}{4 + 4}\right)\Omega = 2\Omega$$

$$R_{67} = R_6 + R_7 = (1 + 3)\Omega = 4\Omega$$

分析图 1-44b 可知，电阻 R_{35} 和 R_4 串联后与电阻 R_{67} 并联，再与电阻 R_{12} 串联，则有

$$R_0 = [(R_{35} + R_4) /\!/ R_{67}] + R_{12} = [(2 + 2) /\!/ 4 + 10]\Omega = 12\Omega$$

电阻的串、并联方式是电路分析中电阻元件之间的最基本的连接结构。有些电路在分析计算时，常常用画等效电路图的方法，使解题思路更清晰，更有条理性，即等效电路图也是分析求解电路各电量的有效"工具"。

例1-17 电路如图1-45所示，已知各电阻为 $R = 15\Omega$，$R_1 = 10\Omega$，$R_2 = R_3 = 3\Omega$，$R_4 = 7\Omega$，$R_5 = 5.5\Omega$，$R_6 = 6.5\Omega$，电压源 $U_S = 30V$，试求电路中的电压 U 和电流 I。

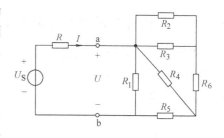

图 1-45 例 1-17 图

解 解题的方式方法很多，本题重点介绍如何运用等效变换方式求解电路。首先，最好将已知各参数标在电路图中，如图1-46a所示，再进行等效变换求解电路。如图1-46所示。

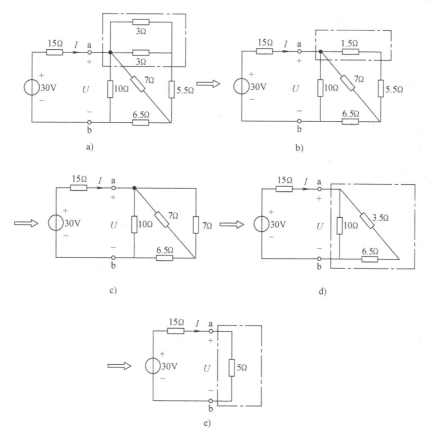

图 1-46 例 1-17 图

由图 1-46e 解得

$$I = \frac{30}{15 + 5}A = 1.5A$$

$$U = 5I = (5 \times 1.5)V = 7.5V$$

解题过程中画等效电路图的步骤多少因人而易。例如，图1-46b可直接等效为图1-46d，步骤图1-46c可省略。图1-46e是本题最简电路图，不能再将两个电阻15Ω和5Ω串联等效为一个电阻，因为，5Ω电阻上的电压 U 为待求量。

1.4.2　电阻的 Y 联结和△联结的等效变换

电阻的 Y（或 T 形）联结和△（或 π 形）联结也是电路中常见的一种基本电路结构。如图 1-47 所示，在 Y 联结中，三条电阻支路都有一端接在一个公共结点上，另一端则分别接到三个端子（或结点）上；在△联结中，三条电阻支路分别接在三个结点之间构成一个网孔。这两种电路都是三端电路。

如果 Y 联结与△联结中对应端子之间具有相同的电压 U_{12}、U_{23}、U_{31}，而且流入对应端子的电流 I_1、I_2、I_3 分别相等，如图 1-47 中标出的参考方向电量所示，则这两个三端电路对外电路来讲是相互等效的。

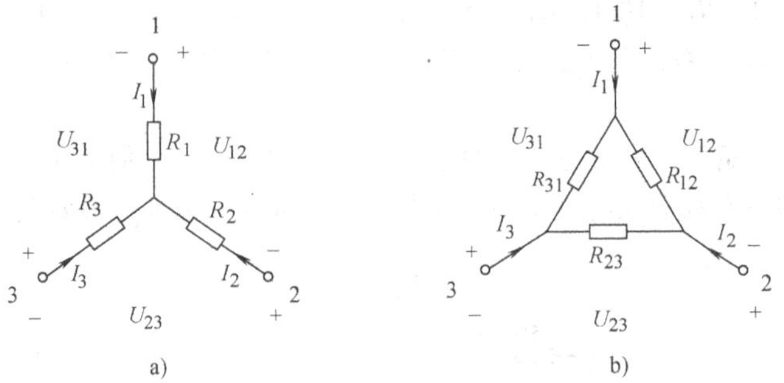

对于 Y 联结电路图 1-47a，由 KCL 和 KVL 可列出端电压与电流方程

图 1-47　电阻电路的 Y 联结和△联结的等效变换
a）Y（星形）联结　b）△（三角形）联结

$$\begin{cases} I_1 + I_2 + I_3 = 0 \\ R_1 I_1 - R_2 I_2 = U_{12} \\ R_2 I_2 - R_3 I_3 = U_{23} \end{cases}$$

解上述三个方程，可得出电流表达式

$$\begin{cases} I_1 = \dfrac{R_3 U_{12}}{R_1 R_2 + R_2 R_3 + R_3 R_1} - \dfrac{R_2 U_{31}}{R_1 R_2 + R_2 R_3 + R_3 R_1} \\[2mm] I_2 = \dfrac{R_1 U_{23}}{R_1 R_2 + R_2 R_3 + R_3 R_1} - \dfrac{R_3 U_{12}}{R_1 R_2 + R_2 R_3 + R_3 R_1} \\[2mm] I_3 = \dfrac{R_2 U_{31}}{R_1 R_2 + R_2 R_3 + R_3 R_1} - \dfrac{R_1 U_{23}}{R_1 R_2 + R_2 R_3 + R_3 R_1} \end{cases} \tag{1-21}$$

对于△联结电路图 1-47b，由 KCL 可列出端电流方程

$$\begin{cases} I_1 = \dfrac{U_{12}}{R_{12}} - \dfrac{U_{31}}{R_{31}} \\[2mm] I_2 = \dfrac{U_{23}}{R_{23}} - \dfrac{U_{12}}{R_{12}} \\[2mm] I_3 = \dfrac{U_{31}}{R_{31}} - \dfrac{U_{23}}{R_{23}} \end{cases} \tag{1-22}$$

利用等效概念，式（1-21）对应式（1-22）相等，得

$$\begin{cases} \dfrac{R_3 U_{12}}{R_1 R_2 + R_2 R_3 + R_3 R_1} - \dfrac{R_2 U_{31}}{R_1 R_2 + R_2 R_3 + R_3 R_1} = \dfrac{U_{12}}{R_{12}} - \dfrac{U_{31}}{R_{31}} \\[3mm] \dfrac{R_1 U_{23}}{R_1 R_2 + R_2 R_3 + R_3 R_1} - \dfrac{R_3 U_{12}}{R_1 R_2 + R_2 R_3 + R_3 R_1} = \dfrac{U_{23}}{R_{23}} - \dfrac{U_{12}}{R_{12}} \\[3mm] \dfrac{R_2 U_{31}}{R_1 R_2 + R_2 R_3 + R_3 R_1} - \dfrac{R_1 U_{23}}{R_1 R_2 + R_2 R_3 + R_3 R_1} = \dfrac{U_{31}}{R_{31}} - \dfrac{U_{23}}{R_{23}} \end{cases}$$

由于等式中 U_{12}、U_{23} 和 U_{31} 前面的系数应对应相等，得

$$\begin{cases} \dfrac{R_3 U_{12}}{R_1 R_2 + R_2 R_3 + R_3 R_1} = \dfrac{U_{12}}{R_{12}} \\[3mm] \dfrac{R_1 U_{23}}{R_1 R_2 + R_2 R_3 + R_3 R_1} = \dfrac{U_{23}}{R_{23}} \\[3mm] \dfrac{R_2 U_{31}}{R_1 R_2 + R_2 R_3 + R_3 R_1} = \dfrac{U_{31}}{R_{31}} \end{cases}$$

整理后得到将 Y 联结变换成△联结的变换公式如下：

$$\begin{cases} R_{12} = \dfrac{R_1 R_2 + R_2 R_3 + R_3 R_1}{R_3} = R_1 + R_2 + \dfrac{R_1 R_2}{R_3} \\[3mm] R_{23} = \dfrac{R_1 R_2 + R_2 R_3 + R_3 R_1}{R_1} = R_2 + R_3 + \dfrac{R_2 R_3}{R_1} \\[3mm] R_{31} = \dfrac{R_1 R_2 + R_2 R_3 + R_3 R_1}{R_2} = R_1 + R_3 + \dfrac{R_3 R_1}{R_2} \end{cases} \qquad (1\text{-}23)$$

将式（1-23）中三式相加后整理得

$$R_{12} + R_{23} + R_{31} = \dfrac{(R_1 R_2 + R_2 R_3 + R_3 R_1)^2}{R_1 R_2 R_3} \qquad (1\text{-}24)$$

由式（1-23）得

$$\begin{cases} R_1 R_2 + R_2 R_3 + R_3 R_1 = R_3 R_{12} = R_2 R_{31} \\ R_1 R_2 + R_2 R_3 + R_3 R_1 = R_3 R_{12} = R_1 R_{23} \\ R_1 R_2 + R_2 R_3 + R_3 R_1 = R_1 R_{23} = R_2 R_{31} \end{cases} \qquad (1\text{-}25)$$

将式（1-25）代入式（1-24）分别得到△联结变换成 Y 联结的变换公式

$$\begin{cases} R_1 = \dfrac{R_{31} R_{12}}{R_{12} + R_{23} + R_{31}} \\[3mm] R_2 = \dfrac{R_{23} R_{12}}{R_{12} + R_{23} + R_{31}} \\[3mm] R_3 = \dfrac{R_{31} R_{23}}{R_{12} + R_{23} + R_{31}} \end{cases} \qquad (1\text{-}26)$$

若图 1-47a 中电阻 $R_1 = R_2 = R_3 = R_Y$，由式（1-23）得

$$R_{12} = R_{23} = R_{31} = 3R_Y \qquad (1\text{-}27)$$

若图 1-47b 中电阻 $R_{12} = R_{23} = R_{31} = R_\triangle$，由式（1-26）得

$$R_1 = R_2 = R_3 = \frac{1}{3}R_\triangle \qquad\qquad (1\text{-}28)$$

在电路分析中，常常利用 Y-△变换将某些非串、并联电路等效变换成串、并联电路来计算。

例1-18 电路如图 1-48a 所示，已知各电阻为 $R = 12.5\Omega$，$R_1 = 3\Omega$，$R_2 = 5\Omega$，$R_3 = 1.4\Omega$，$R_4 = 1\Omega$，$R_5 = 2\Omega$，电压源 $U_S = 30V$。试求电路中电流 I。

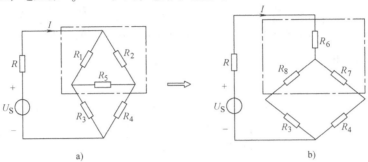

图 1-48　例 1-18 图

解　利用 Y-△变换可将图示 1-48a 中△联结等效变换成图 1-48b 的 Y 联结，然后，用电阻串、并联等效变换法计算。

由式（1-24）得 Y 联结电路对数 R_6、R_7 和 R_8

$$R_6 = \frac{R_1 R_2}{R_1 + R_2 + R_5} = \frac{3 \times 5}{3 + 5 + 2}\Omega = 1.5\Omega$$

$$R_7 = \frac{R_5 R_2}{R_1 + R_2 + R_5} = \frac{2 \times 5}{3 + 5 + 2}\Omega = 1\Omega$$

$$R_8 = \frac{R_1 R_5}{R_1 + R_2 + R_5} = \frac{3 \times 2}{3 + 5 + 2}\Omega = 0.6\Omega$$

利用电阻串、并等效变换进一步分析，即图 1-48b 中电阻 R_3 与 R_8 串联，R_4 与 R_7 串联，等效变换为图 1-49a 所示电路。图 1-49a 中电阻 R_9 与 R_{10} 并联，则图 1-49a 等效变换为图 1-49b。

$$R_9 = R_8 + R_3 = (0.6 + 1.4)\Omega = 2\Omega$$

$$R_{10} = R_7 + R_4 = (1 + 1)\Omega = 2\Omega$$

$$R_{11} = 1\Omega$$

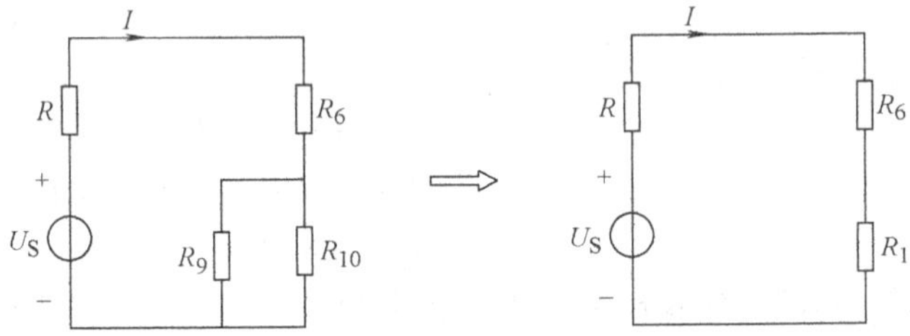

图 1-49　等效变换求解电路

所以，图 1-49b 中电流 I 为

$$I = \frac{U_S}{R + R_6 + R_{11}} = \frac{30}{12.5 + 1.5 + 1}A = 2A$$

另外，此题也可以通过将 R_1、R_3 和 R_5 组成的 Y 联结变换成△联结，如图 1-50 所示。然后，分析求解串、并联电路。

由电阻 R_1、R_2、R_3、R_4 和 R_5 组成的图 1-48a 电路结构常称为**电桥电路**。

下面讨论如图 1-51 所示的**电桥电路平衡特性**。

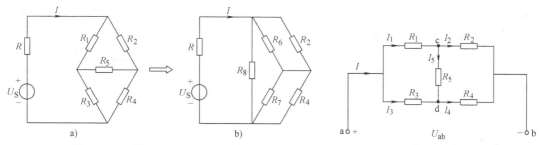

图 1-50　Y 联结等效变换成△联结　　　　　　　　图 1-51　电桥电路

在图示 1-51 电路中，若 $R_1R_4 = R_2R_3$ 成立，则电流 $I_5 = 0$。这时，因电压 $I_5R_5 = 0$，电阻 R_5 支路可以视为短路；或因电流 $I_5 = 0$，电阻 R_5 支路可以视为开路，其效果与图 1-51 是等效的，即图 1-51 可以等效成图 1-52a 或 b。

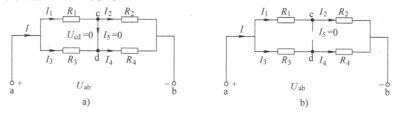

图 1-52　平衡电桥

a) $U_{cd} = 0$，R_5 支路视为短路　　b) $I_S = 0$，R_5 支路视为开路

当电桥电路满足 $R_1/R_2 = R_3/R_4$ 条件时，称这种电桥为**平衡电桥**，桥的两端 c、d 称为自然等位点，自然等位点可以用导线连接，导线中无电流。

例 1-19　电路如图 1-53a 所示，已知各电阻为 $R = 6\Omega$，$R_1 = R_2 = 4\Omega$，$R_3 = R_4 = 8\Omega$，$R_5 = 2\Omega$，电流源 $I_S = 2A$。试求电路中电流源的端电压 U。

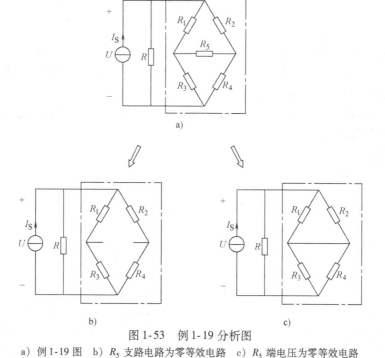

图 1-53　例 1-19 分析图

a) 例 1-19 图　b) R_5 支路电路为零等效电路　c) R_5 端电压为零等效电路

解 图示电路中 $R_1 R_4 = R_2 R_3$，满足电桥平衡条件，电路可以等效成图 1-53b。则电阻 R_1、R_3 串联支路与 R_2、R_4 串联支路和 R 并联，解得

$$U = \{[(R_1 + R_3) /\!/ (R_2 + R_4)] /\!/ R\} I_{\mathrm{S}} = \{[(4+8) /\!/ (4+8)] /\!/ 6\} \times 2\mathrm{V} = 6\mathrm{V}$$

或者图 1-53a 等效成图 1-53c，则

$$U = [(R_1 /\!/ R_2 + R_3 /\!/ R_4) /\!/ R] I_{\mathrm{S}} = [(4 /\!/ 4 + 8 /\!/ 8) /\!/ 6] \times 2\mathrm{V} = 6\mathrm{V}$$

1.5 电源电路的等效变换

在电路中，利用基尔霍夫定律和独立电源定义，可以验证：电压源串联可得到新的等效电压源，电流源并联可得到新的等效电流源。

1.5.1 电压源串联电路的等效变换

图 1-54a 为 n 个电压源的串联电路，可以等效为一个电压源电路，如图 1-54b 所示。其等效电压源的电压为

$$U_{\mathrm{S}} = U_1 + U_2 + \cdots + U_n = \sum_{k=1}^{n} U_k \tag{1-29}$$

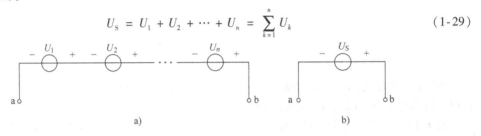

图 1-54　电压源的串联等效电路

a) n 个电压源串联电路　b) 等效电压源 U_{S} 电路

在写等效电压源的电压式（1-29）时，注意每一个串联电压源电压 U_k 的电压方向与等效电压源 U_{S} 的电压方向是否一致。当图 1-54a 中 U_k 的参考方向与图 1-54b 中等效电压源 U_{S} 的参考方向一致时，式（1-29）中 U_k 的前面取"＋"号，否则，取"－"号。

例 1-20 电路如图 1-55a 所示，已知各电压源为 $U_{\mathrm{S1}} = 10\mathrm{V}$，$U_{\mathrm{S2}} = 30\mathrm{V}$，$U_{\mathrm{S3}} = 15\mathrm{V}$，试求图 1-55b 所示电路中等效电压源 U_{S}。

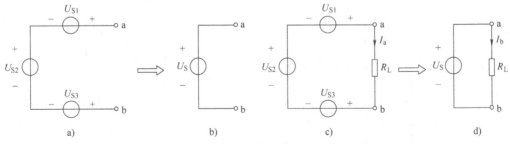

图 1-55　例 1-20 图

a) 3 个电压源串联电路　b) 等效电压源 U_{S} 电路　c) 图 a 外接电阻 R_{L} 电路　d) 图 b 外接电阻 R_{L} 电路

解 图 1-55a 中三个电压源为串联关系，其中 U_{S1} 和 U_{S2} 两个电压源的参考方向与等效电路图 1-55b 中电压源 U_{S} 的参考方向一致，U_{S3} 电压源的参考方向与等效电压源 U_{S} 的参考方向相反，则

等效电压源的电压值为

$$U_S = U_{S1} + U_{S2} - U_{S3} = (10 + 30 - 15)\text{V} = 25\text{V}$$

即：图 1-55a 为三个电压源的串联，可以用一个 25V 的电压源等效替代，如图 1-55b 所示，对 a、b 端所接的外电路是等效的。

分析讨论：

（1）对外电路等效的概念　当图 1-55a、b 电路同时在 ab 端外接电阻 $R_L = 5\Omega$，如图1-55c、d 所示。分析得

图 1-55c

$$I_a = \frac{U_{S1} + U_{S2} - U_{S3}}{R_L} = \frac{(10 + 30 - 15)\text{V}}{5\Omega} = 5\text{A}$$

图 1-55d

$$I_b = \frac{U_S}{R_L} = \frac{25\text{V}}{5\Omega} = 5\text{A}$$

可见，图 1-55a、b 对外接电路电阻 R_L 是等效的，即用图 1-55b 等效替代图 1-55a 后，对外接电路电阻 R_L 的端电压和电流保持不变（即"**对外等效**"），而对图 1-55a、b 的"**内部**"电压源连接结构图来讲，是两个完全不同的结构电路图，即"**对内不等效**"。

（2）电压值为零等效为"短路线"的概念　如果令图 1-55a 中电压源 $U_{S2} = 0\text{V}$，则图 1-55b 中等效电压源 U_S 为

$$U_S = U_{S1} + U_{S2} - U_{S3} = (10 + 0 - 15)\text{V} = -5\text{V}$$

可见，端电压恒等于零的电压源（如图 1-56a 中 $U_S = 0\text{V}$），可用"短路线"等效替代，如图 1-56b 所示。

（3）电压源与电压源之间的并联条件　电压源只有在满足电压值相等、联接极性一致的条件下才允许并联，否则违背 KVL。例如，有两个电压值相等的电压源 U_S 并联（如图 1-57a 所示），对 a、b 端所接的外电路可以等效为一个电压源 U_S，如图 1-57b 所示。

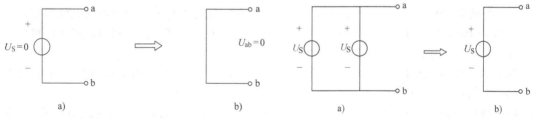

图 1-56　"短路"等效替代恒等于零的电压源 U_S

a）$U_S = 0$ 电压源电路　b）短路等效电路

图 1-57　等效电压源并联对外等效电路

a）电压源并联电路　b）等效电压源电路

例 1-21　电路如图 1-58a 所示，已知：各电压源为 $U_{S1} = 10\text{V}$，$U_{S2} = 5\text{V}$，$U_{S3} = 40\text{V}$，$U_{S4} = 20\text{V}$，各电阻为 $R_1 = 100\Omega$，$R_2 = 200\Omega$，$R_3 = 400\Omega$。试求图示电路中 a、b 端的开路电压 U_{ab}。

解　解题时应注意三点，一是注意开路电压 U_{ab} 的参考方向是以变量下标的方式表示的，电路 a 点为开路电压的"＋"极，b 点为开路电压的"－"极；二是注意理想电压源的特性，当理想电压源 U_{S2} 支路与 R_1、R_2 和 U_{S3} 串联支路为并联关系时，对所关注的开路电压 U_{ab} 而言，电路图 1-58a 可等效为图 1-58b；三是在列 KVL 方程时注意各电压的参考方向，即

$$U_{ab} = U_{S1} + U_{S2} - U_{S4} = (10 + 5 - 20)\text{V} = -5\text{V}$$

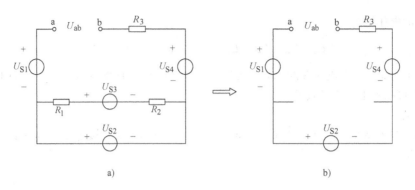

图 1-58　例 1-21 电路

可见，移去与电压源并联的电路，不影响电路其余部分的电压和电流，如图 1-59 所示。

在图 1-59a 中，理想电压源 U_S 与任何二端网络 N 或任何元件（如果是理想电压源元件，应不违背 KVL）并联，对 a、b 端外接电路可等效为一个理想电压源 U_S，如图 1-59b 所示。根据 KVL，图 1-59a、b 中端口电压 U_{ab} 等于理想电压源的电压 U_S，对 a、b 端外接电路所提供的电压值不变，所以图 1-59b 可等效替代图 1-59a。

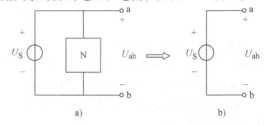

图 1-59　二端网络 N 与电压源的并联等效电路

1.5.2　电流源并联电路的等效变换

图 1-60a 为 n 个电流源的并联电路，可以等效为一个电流源电路，如图 1-60b 所示。其等效电流源的电流为

$$I_S = I_{S1} + I_{S2} + \cdots + I_{Sn} = \sum_{k=1}^{n} I_{Sk} \tag{1-30}$$

在写等效电流源式（1-30）时，应注意每一个并联的电流源 I_{Sk} 的方向与等效电流源方向关系。当图 1-60a 中 I_{Sk} 的参考方向与图 1-60b 中等效电流源 I_S 的参考方向一致时，式（1-30）中 I_{Sk} 的前面取 " + " 号，否则，取 " – " 号。

例 1-22　电路如图 1-61a 所示，已知：各电流源为 $I_{S1} = 5A$，$I_{S2} = 2A$，$I_{S3} = 8A$。试求图 1-61b 所示电路的等效电流源 I_S。

解　图 1-61a 中三个电流源为并联关系，其中 I_{S3} 电流源的参考方向与等效电路图 1-61b 中电流源 I_S 的参考方向一致，I_{S1} 和 I_{S2} 两个电流源的参考方向与等效电流源 I_S 的参考方向相反，则等效电流源 I_S 的电流值为

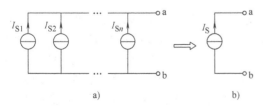

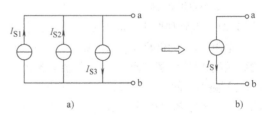

图 1-60　电流源的并联等效电路
a）n 个电流源并联　b）等效电流源

图 1-61　例 1-22 图

$$I_S = -I_{S1} - I_{S2} + I_{S3} = (-5 - 2 + 8)A = 1A$$

即：图 1-61a 为三个电流源的并联，可以用一个 $I_S = 1A$ 的电流源等效替代，如图 1-61b 所示，对 a、b 端所接的外电路是等效的。

分析讨论：

（1）电流为零等效为"开路"的概念

如果令图 1-61a 中电流源 $I_{S1} = 0A$，则图 1-61b 中等效电流源 I_S 为

$$I_S = 0 - I_{S2} + I_{S3} = (0 - 2 + 8)A = 6A$$

可见，电流值恒等于零的电流源（如图 1-62a 中 $I_S = 0A$），可用"开路"等效替代。如图 1-62b 所示。

（2）电流源与电流源之间的串联等效条件

电流源只有在满足电流值相等、连接方向一致的条件下才允许串联，否则违背 KCL。例如，有两个电流值相等的电流源 I_S 串联，如图 1-63a 所示，对 a、b 端所接的外电路可以等效为一个电流源 I_S，如图 1-63b 所示。

例 1-23 电路如图 1-64a 所示，已知：电压源 $U_S = 20V$，电流源 $I_S = 5A$，各电阻为 $R_1 = 6\Omega$，$R_2 = 4\Omega$，$R_3 = 3\Omega$。试求图示电路中电阻 R_2 上的端电压 U_2。

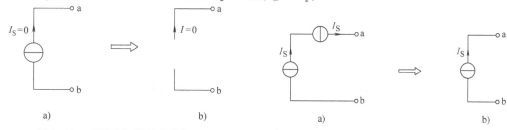

图 1-62　"开路"等效替代恒
等于零的电流源 I_S

a）$I_S = 0$ 电流源电路　b）开路等效电路

图 1-63　等效电流源串联对外等效电路

a）电流源串联　b）等效电流源电路

解　解题时应注意三点，一是注意电路图中各元件的连接关系，此题中各元件之间为串联关系；二是注意在串联电路中理想电流源的特性，当电流源 I_S 串联电阻 R_1 和 R_2 及电压源 U_S 时，对待求量 U_2 而言，图 1-64a 电路可等效为图 1-64b 电路；三是注意欧姆定律对电压与电流参考方向的约束，此题中的电压 U_2 与电流 I_S 为非关联参考方向。

$$U_2 = -R_2 I_S = -20V$$

可见，移去与电流源串联的元件不影响电路其余部分的电压和电流，即"对外等效"，如图 1-65 所示。

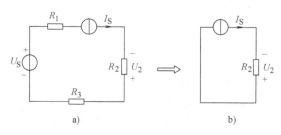

图 1-64　例 1-23 分析电路图

a）例 1-23 电路图　b）等效电路

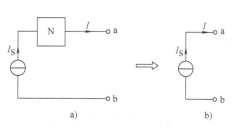

图 1-65　任意二端网络 N 与
电流源的串联等效变换电路

a）电流源串联二端网络 N 电路　b）等效电路

在图 1-65a 中，理想电流源 I_S 与任何二端网络 N 或任何元件（如果是理想电流源元件，应不违背 KCL）串联，对 a、b 端外接电路可等效为一个理想电流源 I_S，如图 1-65b 所示。因为根据 KCL，图 1-65a、b 中端口电流 I 等于理想电流源的电流 I_S，对 a、b 端外接电路所提供的电流值不变，所以图 1-65b 可等效替代图 1-65a。

1.6 电路中电位的计算

有关电位的概念见 1.1.3 节中电压的论述，即电路中的**电位**是相对某个**参考点**而定义的电压。在电路分析中，可任选电路中某一点为参考点（称为参考电位，其电位值为零），其他各点相对参考点间的电压称为各点的**电位**。如图 1-66 所示。其图中的"接地"符号"⊥"表示**参考点**。

例 1-24 电路如图 1-66a 所示，已知：各电压源为 $U_{\mathrm{S}1} = 5\mathrm{V}$，$U_{\mathrm{S}2} = 10\mathrm{V}$，$U_{\mathrm{S}3} = 6\mathrm{V}$，$U_{\mathrm{S}4} = 20\mathrm{V}$，各电阻为 $R_1 = 16\Omega$，$R_2 = 4\Omega$，$R_3 = 6\Omega$。试求图示电路中 A、B、C 点的电位和电压 U_{AB}、U_{BC}、U_{AC}。

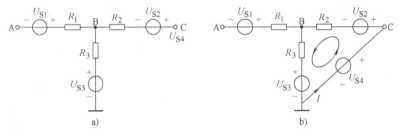

图 1-66 例 1-24 图

解 在图 1-66a 所示参考方向下，电路中 A、B 两点电位为 V_A、V_B，C 点的电位为已知，即 $V_\mathrm{C} = U_{\mathrm{S}4}$。解题时注意电路中 A 点是开路，即 A 点与参考点间没有形成回路，而 C 点因已知电位为电压源 $U_{\mathrm{S}4}$，则在 C 点与参考点间可用一个电压源 $U_{\mathrm{S}4}$ 等效连接，形成回路，如图 1-66b 所示。

由 KVL 列图 1-66b 中回路方程为

$$-U_{\mathrm{S}4} + U_{\mathrm{S}2} + (R_2 + R_3)I + U_{\mathrm{S}3} = 0$$

$$I = \frac{U_{\mathrm{S}4} - U_{\mathrm{S}2} - U_{\mathrm{S}3}}{R_2 + R_3} = \frac{20 - 10 - 6}{4 + 6}\mathrm{A} = 0.4\mathrm{A}$$

则各点电位为

$$V_\mathrm{B} = R_3 I + U_{\mathrm{S}3} = (6 \times 0.4 + 6)\mathrm{V} = 8.4\mathrm{V}$$

$$V_\mathrm{A} = -U_{\mathrm{S}1} + V_\mathrm{B} = (-5 + 8.4)\mathrm{V} = 3.4\mathrm{V}$$

电压为

$$V_\mathrm{C} = U_{\mathrm{S}4} = 20\mathrm{V}$$

$$U_{\mathrm{AB}} = -U_{\mathrm{S}1} = -5\mathrm{V}$$

$$U_{\mathrm{BC}} = -R_2 I - U_{\mathrm{S}2} = (-4 \times 0.4 - 10)\mathrm{V} = -11.6\mathrm{V}$$

$$U_{\mathrm{AC}} = U_{\mathrm{AB}} + U_{\mathrm{BC}} = (-5 - 11.6)\mathrm{V} = -16.6\mathrm{V}$$

可见，"电位"描述的是电路中某一点与参考点之间的电压，不是电路中任意两点之间的"电位差"。

1.7 综合计算与分析

例1-25 电路如图1-67a所示。已知电压源 $U_{S1}=5V$，$U_{S2}=10V$，$U_{S3}=-16V$，电流源 $I_{S1}=2A$，$I_{S2}=10A$，电阻 $R_1=10\Omega$，$R_2=8\Omega$，$R_3=22\Omega$，$R_4=5\Omega$。试求电路电压 U_{AB}、U_2、U_3、U_{AC}，电流 I_1、I_2、I。

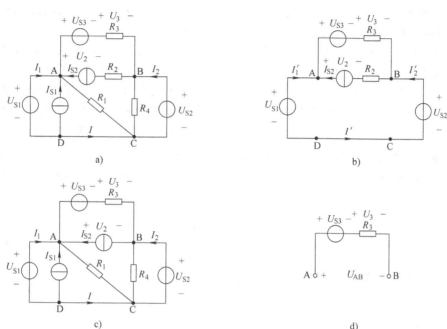

图1-67 例1-25图

解

由 KVL 得

$$U_{AB} = U_{S1} - U_{S2} = (5-10)V = -5V$$

$$U_2 = U_{AB} + R_2 I_{S2} = (-5 + 8 \times 10)V = 75V$$

$$U_3 = U_{AB} - U_{S3} = (-5-16)V = 11V$$

$$U_{AC} = U_{S1} = 5V$$

由 KCL 得

$$I_1 = -I_{S1} + \frac{U_{AC}}{R_1} - I_{S2} + \frac{U_3}{R_3} = \left(-2 + \frac{5}{10} - 10 + \frac{11}{22}\right)A = -11A$$

$$I_2 = I_{S2} + \frac{U_{S2}}{R_4} - \frac{U_3}{R_3} = \left(10 + \frac{10}{5} - \frac{11}{22}\right)A = 11.5A$$

$$I = -I_1 - I_{S1} = [-(-11) - 2]A = 9A$$

综合分析：

（1）电压 U_{AB}　计算 A、B 两点间的电压有多条路径可选择，这时注意观察电路元件连接的方式，例如：电压源 U_{S1}、电流源 I_{S1} 和电阻 R_1 之间形成的是并联连接，电压源 U_{S2} 与电阻 R_4 也是并联。这两个并联电路都具有相同的特点，即电阻、电流源等都是直接与电压源并联，因此，可等效变换为电压源电路，如图 1-67b 所示。这样计算 A、B 两点间电压的路径（即由电压源 U_{S1}、U_{S2} 构成所选择的路径）就显现出来了。

注意：图 1-67b 电路中的电流 I'_1、I'_2、I' 不等于图 1-67a 中的电流 I_1、I_2、I，即 $I'_1 \neq I_1$、$I'_2 \neq I_2$、$I' \neq I$。"等效"概念指的是对外部电路等效，对变换内部的电路是不等效的，如外部电路的电压 U_2、U_3 是等效的。

（2）电压 U_2　分析电流源端电压 U_2 时，不能用图 1-67c 电路计算电压 U_2，虽然电流源 I_{S2} 串联电阻 R_2 可等效变换为电流源 I_{S2} 电路，但注意"对外等效，对内不等效"的概念，即图 1-67a 分析计算的电压 $U_2 = 75V$，而图 1-67c 电路中电压 $U_2 = U_{AB} = -5V$。

（3）电压 U_3　电压 U_3 的计算可直接应用 KVL 进行分析，即由电压源 U_{S3}、电阻 R_3 和电压 U_{AB} 构成的回路列 KVL 方程为 $U_{S3} + U_3 - U_{AB} = 0$，其等效分析计算如图 1-67d 所示。

（4）电流　应用电路 KCL 和电阻元件的欧姆定律进行分析计算支路电流。KCL 方程中的电流方向，都是设置待求量的方向为正，例如：结点 A 设置的是流入结点电流 I_1 为正，而结点 D 则设置的是流出结点电流 I 为正。也可直接列出 KCL 的 $\sum I_{流入} = \sum I_{流出}$ 方向。

例 1-26　电路如图 1-68a 所示，已知电压源 $U_{S1} = 20V$，$U_{S2} = 8V$，电流源 $-I_{S1} = I_{S2} = 4A$，电阻 $R_1 = 12\Omega$，$R_2 = 2\Omega$，$R_3 = 20\Omega$，$R_4 = 4\Omega$。试求：（1）分别计算电压源 U_{S1} 和电阻 R_3、R_4 支路中的电流；（2）分别计算电流源 I_{S1} 和电阻 R_1 上的端电压。

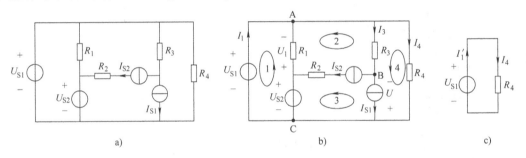

a)　　　　　　　　　　　　　b)　　　　　　　　　　　　　c)

图 1-68　例 1-26 图

解　在图 1-68a 电路中设置待求电压、电流的参考方向。如图 1-68b 所示。
列回路 1 的 KVL 方程，得

$$U_1 = U_{S2} - U_{S1} = (8 - 20)V = -12V$$

列结点 B 的 KCL 方程，得

$$I_3 = I_{S1} + I_{S2} = (-4 + 4)A = 0A$$

由欧姆定律得

$$I_4 = \frac{U_{S1}}{R_4} = \frac{20}{4}A = 5A$$

列结点 A 的 KCL 方程，得

$$I_1 = -\frac{U_1}{R_1} + I_3 + I_4 = \left(-\frac{-12}{12} + 0 + 5\right)A = 6A$$

列回路 4 的 KVL 方程，得

$$U = -U_{S1} = -20V$$

综合分析：

（1）参考方向　题意要求计算各电压、电流量，但在电路图 1-68a 中没有标定其参考方向，所以，在列方程前，必须在图 1-68a 中设置出各个待求量的参考方向，如图 1-68b 所示。

（2）电压 U_1　有的初学者常常选择图 1-68b 中回路 2 来求解电压 U_1，并列出电压 $U_1 = -R_2 I_{S2} - R_3 I_3$ 错误的方程式。电流源 I_{S2} 的端电压大小是由外接电路所决定，不能直接视电流源 I_{S2} 的端电压为零（即不能忽略不计）。回路 2 的正确 KVL 方程式应该还要考虑电流源 I_{S2} 上未知的端电压，这样回路 2 的 KVL 方程式中就含有两个未知量，不能直接求解出电压变量 U_1 的值。

一般，在列 KVL 方程时，尽量选择不含有电流源的回路。如果回路中含有电流源支路，则要在电流源两端设置电压变量，不能直接忽略电流源上的端电压。

（3）电压 U　同理，电流源 I_{S1} 的端电压 U 计算时，选择回路 4（不选择回路 3）进行计算。由于电流 I_3 为零，即 $R_3 I_3 = 0\text{V}$（电压为零等效为"短路线"），所以，电压 $U = -R_4 I_4$。

（4）电流 I_1　电流 I_1 也可以通过结点 C 来分析计算。但在列结点 C 的 KCL 方程时，注意电压源 U_{S2} 支路的电流不能忽略不计，即 $I_1 \neq I_{S1} + I_4$。

一般，在列 KCL 方程时，尽量选择不含有电压源支路（即由电压源构成的支路称为电压源支路）的结点。如果结点中含有电压源支路，则要设置电压源支路中的电流变量，不能直接忽略电压源支路中的电流。

（5）电流 I_4　电阻 R_4 直接与电压源 U_{S1} 是并联，因此，不管图 1-68a 中电压源 U_{S1} 两端并联的电阻和电源如何变化（只要满足 KVL），对于电阻 R_4 而言，其端电压 U_{S1} 不变。所以，分析电流 I_4 的等效电路如图 1-68c 所示。

注意：图 1-68c 中电流 $I'_1 \neq I_1$。

例 1-27　电路如图 1-69a 所示，已知：电压源电压 $U_S = 18\text{V}$，电阻 $R_1 = R_8 = 6\Omega$，$R_2 = R_7 = 4\Omega$，$R_3 = R_6 = 3\Omega$，$R_4 = 2\Omega$，$R_5 = R_{10} = 10\Omega$，$R_9 = 8\Omega$。试求电路中电位 A、B 两点的电位 V_A、V_B 和电压 U_{AB}。

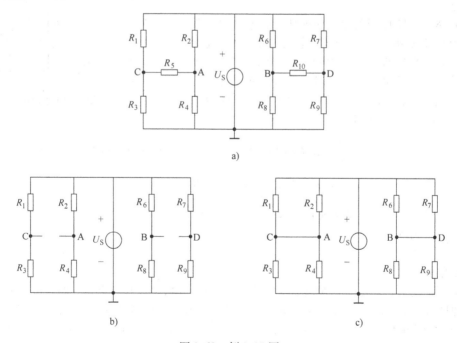

图 1-69　例 1-27 图

解　根据平衡电桥原理得

$$V_A = \frac{R_4}{R_2 + R_4}U_S = \left(\frac{2}{4+2} \times 18\right)V = 6V$$

$$V_B = \frac{R_8}{R_6 + R_8}U_S = \left(\frac{6}{3+6} \times 18\right)V = 12V$$

$$U_{AB} = V_A - V_B = (6 - 12)V = -6V$$

综合分析：

（1）平衡电桥：图1-69a 电路中，有两个电桥电路，即由电阻 R_1、R_2、R_3、R_4、R_5 和电阻 R_6、R_7、R_8、R_9、R_{10} 分别构成两个电桥电路。因满足电桥平衡条件：$R_1R_4 = R_2R_3 = 12\Omega$，$R_5R_9 = R_7R_8 = 24\Omega$，所以是两个平衡电桥电路。当电桥电路达到平衡时，中间支路 R_5 和 R_{10} 中电流均为零。

（2）等效电路：因图1-69a 中存在两个平衡电桥模块电路，所以，由平衡电桥的电路特性可知：$U_{AC} = 0V$，$U_{BD} = 0V$，$I_{AC} = 0A$，$I_{BD} = 0A$，则图1-69a 等效变换为图1-69b、图1-69c。本题的解是根据等效电路图1-69b 进行分析计算的。同理，根据等效变换电路图1-69c，分析计算得

$$V_A = \frac{R_3 // R_4}{R_1 // R_2 + R_3 // R_4}U_S = \left(\frac{\frac{3 \times 2}{3 + 2}}{\frac{6 \times 4}{6 + 4} + \frac{3 \times 2}{3 + 2}} \times 18\right)V = 6V$$

$$V_B = \frac{R_8 // R_9}{R_6 // R_7 + R_8 // R_9}U_S = \left(\frac{\frac{6 \times 8}{6 + 8}}{\frac{3 \times 4}{3 + 4} + \frac{6 \times 8}{6 + 8}} \times 18\right)V = 12V$$

注意："等电位"等效为"短路"，"无电流"等效为"开路"。

例1-28 电路如图所示 1-70a 所示，已知电压源 $U_S = -10V$，D 点电压 $U_{DO} = 20V$，电流源 $I_S = 2A$，电阻 $R_1 = 4\Omega$，$R_2 = 8\Omega$，$R_3 = R_7 = 10\Omega$，$R_4 = 2\Omega$，$R_5 = R_6 = 6\Omega$。试求：（1）当开关 S 打开时，电路中 A、B、C 三点的电位 V_A、V_B、V_C；（2）当开关 S 闭合时的电流 I。

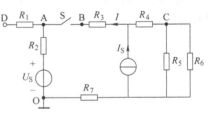

图 1-70　例1-28 图

解 （1）当开关 S 打开时

$$V_A = \frac{U_{DO} - U_S}{R_1 + R_2}R_2 + U_S = \left(\frac{20 - (-10)}{4 + 8} \times 8 - 10\right)V = 10V$$

$$V_C = I_S(R_5 // R_6) = \left(\frac{6}{2} \times 2\right)V = 6V$$

$$V_B = R_4 I_S + V_C = (2 \times 2 + 6)V = 10V$$

（2）当开关 S 闭合时

$$I = 0A$$

综合分析：

（1）开路的概念　在图1-70 电路中，当开关 S 打开时，A、B 两点是开路，电流 $I = 0A$，D 点从电路图看好似也是"开路"，但由题已知条件可知，D 点相对参考点 O 间电压为 20V，即理解为 D、O 间输入一个 20V 直流电压信号源，而且通过 20V 电压源的电流不为零，所以，D、O 点间不是开路。

可见，图1-70 电路中 A、B 两点的电压 U_{AB} 大小是由电路参数和结构所决定的，而 D、O 两点的电压 U_{AO} 是已知的，与电路参数和结构无关，所以，A、B 两点是开路，D、O 之间可用

$U_{DO} = 20V$ 电压源等效替代，如图 1-71a 所示。

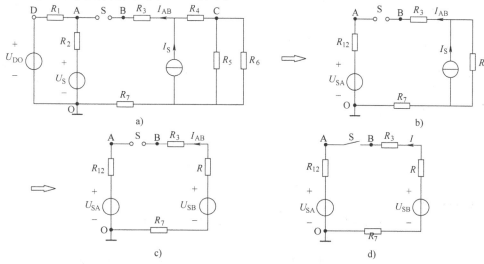

图 1-71　例 1-28 题综合分析电路图

（2）开关 S 闭合时电流 $I = 0A$　当图 1-70 电路中 A、B 两点是开路时，解得电压 $U_{AB} = 0V$，电流 $I_{AB} = 0A$，即 A、B 两点间的电压 U_{AB}、电流 I_{AB} 同时为零，电压为零等效为 "短路"，电流为零等效为 "开路"。所以，电流为零等效于开关 S 打开，电压为零等效于开关 S 闭合，S 闭合电路中的电流 $I = I_{AB} = 0A$。

开关 S 闭合时电流 $I = 0A$ 也可以通过电路分析计算证明。在这引用第 2 章中 "电源模型的等效变换法" 求解电流 I。如图 1-71 所示。

由图 1-71a 等效变换成图 1-71b，其图 1-71b 中的等效参数为

$$U_{SA} = \left(\frac{U_{DO}}{R_1} + \frac{U_S}{R_2} \right) R_1 // R_2 = \left[\left(\frac{20}{4} + \frac{-10}{8} \right) \times \frac{4 \times 8}{4 + 8} \right] V = 10V$$

$$R_{12} = R_1 // R_2 = \frac{8}{3} \Omega$$

$$R = R_4 + R_5 // R_6 = \left(2 + \frac{6}{2} \right) \Omega = 5\Omega$$

由图 1-71b 等效变换成图 1-71c，其图 1-71c 中的等效参数为

$$U_{SB} = R I_S = (5 \times 2) V = 10V$$

$$I_{AB} = 0A$$

当图 1-71c 中开关 S 闭合时，如图 1-71d 所示，并解得

$$U_{SA} = U_{SB} = 10V$$

所以电流 I 为

$$I = 0A$$

例 1-29　电路如图所示 1-72a 所示，已知：电压源 $U_{S1} = 20V$，$U_{S2} = 12V$，$U_{S3} = 40V$，$U_{S4} = 34V$，电

阻 $R_1 = 20\Omega$，$R_2 = 12\Omega$，$R_3 = 2\Omega$，$R_4 = 3\Omega$，$R_5 = 4\Omega$，$R_6 = 5\Omega$。当设 A 点为参考点时，测得 C 点的电位 $V_C = 8V$。试求电压源 U_S 及其功率 P，并说明是提供功率还是消耗功率。

解　由题意得

$$V_C = U_{S2} - R_2 I + U_{S1}$$

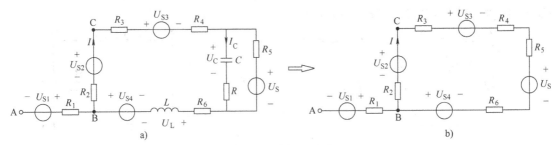

图 1-72　例 1-29 图

$$I = \frac{U_{S2} + U_{S1} - V_C}{R_2} = \frac{12 + 20 - 8}{12}\text{A} = 2\text{A}$$

根据 KVL，得

$$(R_2 + R_3 + R_4 + R_5 + R_6)I - U_{S2} + U_{S3} + U_S - U_{S4} = 0$$

$$U_S = -(R_2 + R_3 + R_4 + R_5 + R_6)I + U_{S2} - U_{S3} + U_{S4}$$

$$= [-(12 + 2 + 3 + 4 + 5) \times 2 + 12 - 40 + 34]\text{V} = -46\text{V}$$

则电压源 U_S 的功率 P_S 为

$$P_S = U_S I = (-46 \times 2)\text{W} = -96\text{W}$$

即电压源 U_S 提供 96W 功率。

综合分析：

（1）电位与电压的概念　电位 $V_C = 8\text{V}$ 是相对参考点 A 的电位值，当图 1-72a 电路中的参考点改变时，C 点的电位也会随之变化，而电路中两点间的电压是不会随参考点的变化而改变的，这是"电位"与"电压"概念上的最大的不同。

另外，由于 C 点与 A 点间没有构成回路，所以 AB 支路中的电流 I_{AB} 为零，即电阻 R_1 上的端电压为零。

（2）电感 L、电容 C 元件伏安特性　图 1-72a 电路中所有的电源都是直流电源，该电路称为**直流电路**，而且图中的电压、电流值保持稳定不变（这种稳定的状态称为**稳态**）。

根据电感 L 元件伏安特性有 $u_L = L\dfrac{\mathrm{d}i}{\mathrm{d}t}$，因此，在直流电路中，电感 L 上的端电压 $U_L = 0\text{V}$，即可以用"短路线"等效替代电感 L 元件，如图 1-72b 所示。

根据电容 C 元件伏安特性有 $i_C = C\dfrac{\mathrm{d}u_C}{\mathrm{d}t}$，因此，在直流电路中，电感 C 中的电流 $I_C = 0\text{V}$，即可以用"开路"等效替代电容 C 元件，如图 1-72b 所示。

（3）功率　图 1-72a 中电压源上的电压 U_S 参考方向与电流 I 参考方向为关联参考方向，当计算功率 $P_S = U_S I > 0$ 时，U_S 电压源为负载（即消耗功率），当 $P_S = U_S I < 0$ 时，U_S 电压源为电源（即提供功率）。

例 1-30　电路如图所示 1-73 所示，电路中的电源、电阻、电感和电容为已知，并且电源为交流电，试列出求解电流 i、i_C 和电压 u_C、u_L、u_{R4} 必要的方程式。

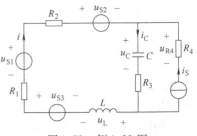

图 1-73　例 1-30 图

解　根据 KCL 和 KVL，求解电流 i、i_C 的方程式为

$$\begin{cases} i_C = i + i_S \\ (R_1 + R_2)i - u_{S1} + u_{S2} + \dfrac{1}{C}\displaystyle\int_{-\infty}^{t} i_C \mathrm{d}\xi + R_3 i_C + L\dfrac{\mathrm{d}i}{\mathrm{d}t} - u_{S3} = 0 \end{cases}$$

根据电容元件特性，求解电容电压 u_C 的方程式为

$$u_C = \frac{1}{C}\int_{-\infty}^{t} i_C \mathrm{d}\xi$$

根据电感元件特性，求解电感电压 u_L 的方程式为

$$u_L = L\frac{\mathrm{d}i}{\mathrm{d}t}$$

根据欧姆定律，求解电阻电压 u_{R4} 的方程式为

$$u_4 = -R_4 i_S$$

综合分析：

（1）元件的基本特性和电路的基本定律　线性电路中的电源不管是直流电源还是交流电源，电路中的元件基本特性和电路的 KCL、KVL 不变。

（2）基本的计算方法　线性电路中的电源不管是直流电源还是交流电源，基本的支路、结点、回路概念不变，基本的电路串、并联等结构特点不变，基本的电路分析方法不变。

（3）变量名的表示　直流电路中的电压、电流变量名用大写字母表示，即电压 U、电流 I；交流电路中电压、电流变量名用小写字母表示，即电压 u、电流 i。

例1-31　电路如图所示1-74a所示，已知：电压源 $U_{S1}=40\mathrm{V}$，$U_{S2}=34\mathrm{V}$，$U_{S3}=20\mathrm{V}$，电流源 $I_{S1}=2\mathrm{A}$，$I_{S2}=4\mathrm{A}$，$I_{S3}=10\mathrm{A}$，$I_{S4}=8\mathrm{A}$，电阻 $R_1=10\Omega$，$R_2=15\Omega$，$R_3=6\Omega$，$R_4=5\Omega$，$R_5=4\Omega$，$R_6=25\Omega$。试求：（1）电流 I；（2）电压 U_{AB}、U_{BC}、U_{DC} 和 U_{AD}。

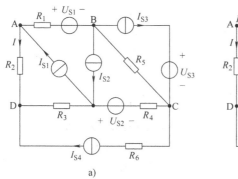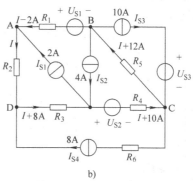

图1-74　例1-31 图

解　（1）求电流 I　根据 KCL，各支路电流如图 1-74b 所示。根据 KVL，列回路方程为

$$U_{S1} - R_5(I+12\mathrm{A}) - R_4(I+10\mathrm{A}) - U_{S2} - R_3(I+8\mathrm{A}) - R_2 I - R_1(I-2\mathrm{A}) = 0$$

解得

$$[40 - 4(I+12) - 5(I+10) - 34 - 6(I+8) - 15I - 10(I-2)]\mathrm{V} = 0 - 120\mathrm{V} = 40I,\ I = -3\mathrm{A}$$

（2）求电压 U_{AB}、U_{BC}、U_{DC} 和 U_{AD}

$$U_{AB} = -R_1(I-2\mathrm{A}) + U_{S1} = [-10(-3-2)+40]\mathrm{V} = 90\mathrm{V}$$

$$U_{BC} = -R_5(I+12\mathrm{A}) = [-4(-3+12)]\mathrm{V} = -36\mathrm{V}$$

$$U_{DC} = R_3(I+8\mathrm{A}) + U_{S2} + R_4(I+10\mathrm{A}) = [6(-3+8)+34+5(-3+10)]\mathrm{V} = 99\mathrm{V}$$

$$U_{AD} = R_2 I = [15\times(-3)]\mathrm{V} = -45\mathrm{V}$$

综合分析：

（1）**电压与路径无关**　任意两点间的电压值与选择的路径无关。例如图 1-74b 所示电路中电压 U_{AD} 还可以选择另一条路径计算，即

$$U_{AD} = U_{AB} + U_{BC} - U_{DC} = (90 - 36 - 99)\,\text{V} - 45\,\text{V}$$

但不是每条路径都能直接解得出其电压值，例如电压 U_{AD} 如果选择电流源 I_{S4} 串联电阻 R_6 支路计算，由于电流源 I_{S4} 两端的电压是由外接电路所决定，因此，电压 U_{AD} 不能直接计算出来。

在计算电压路径选择时，注意尽量不选择含有电流源的支路。

（2）**对外等效**　在例题 1-31 分析中，电压源 U_{S3} 和电阻 R_6 两个元件参数的大小不影响题意计算的结果。如果电压源 U_{S3} 和电阻 R_6 分别用"短路线"等效替代，即电流源串联电压源或电流源串联电阻，对外等效为电流源，其题中计算结果不变。

小　结

1. 基本概念

（1）线性电路的**叠加性和齐次性**　当线性电路中含有若干个输入信号同时作用时，其输出等于各个输入信号单独作用时产生的输出叠加，称为**叠加性**；设输入信号 x 产生的输出为 y，则输入信号为 kx 时，所产生的输出为 ky，称为**齐次性**。

（2）**参考方向**　任意假设的电压、电流方向称为**参考方向**。参考方向的设定是电路分析计算的前提。

（3）**等效变换**　当电路中的某一部分用其等效电路替代时，未被替代部分（称为外电路）的电压与电流均保持不变，即"对外等效，对内不等效"。

2. 基本元件

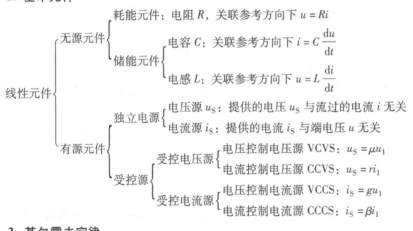

3. 基尔霍夫定律

对电路结点有 KCL：$\sum i = 0$

对电路回路有 KVL：$\sum u = 0$

元件伏安特性是对元件本身的约束。基尔霍夫定律是对电路结点电流和回路电压的约束，与电路中的元件性质无关。

4. 基本计算

（1）**电阻串、并联的等效计算**

1）电阻串联。n 个电阻 R 串联可等效成一个电阻 R_{eq} 为

$$R_{eq} = R_1 + R_2 + R_3 + \cdots + R_n = \sum_{k=1}^{n} R_k$$

2）电阻并联。n 个电阻 R 并联可等效成一个电导 G_{eq} 为

$$G_{eq} = G_1 + G_2 + G_3 + \cdots + G_n = \sum_{k=1}^{n} G_k$$

3）电阻电路的 Y-△ 变换。当 Y 联结的三个电阻都等于 R_Y，△ 联结的三个电阻都等于 $R_△$ 时，Y-△ 变换为

$$R_Y = \frac{1}{3} R_△$$

（2）电源电路的等效计算

1）电压源串联。n 个电压源串联可等效成一个电压源 u_S 为

$$u_S = \sum_{k=1}^{n} u_k$$

注意：u_k 的参考方向与 u_S 的参考方向一致时，u_k 为正，否则为负。

2）电流源并联。n 个电流源并联可等效成一个电流源 i_S 为

$$i_S = \sum_{k=1}^{n} i_k$$

注意：i_k 的参考方向与 i_S 的参考方向一致时，i_k 为正，否则为负。

选 择 题

1. 电路如图 1-75 所示，流过电阻的电流 I 为（　　）。

（a）2A　　　　　（b）−2A　　　　　（c）0.5A　　　　　（d）−0.5A

2. 电路如图 1-76 所示，理想电流源 I_S 的端电压 U 随外接电阻 R 的增大而（　　）。

（a）增大　　　　（b）减小　　　　　（c）不变　　　　　（d）不可确定

3. 电路如图 1-77 所示，流过理想电压源 U_S 的电流 I 随外接电阻 R 增大而（　　）。

（a）增大　　　　（b）减小　　　　　（c）不变　　　　　（d）不可确定

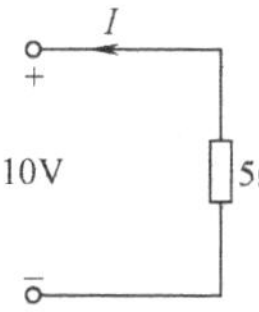

图 1-75　选择题 1 图 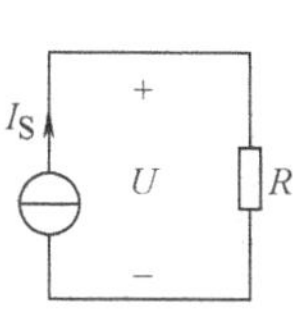　　　图 1-76　选择题 2 图 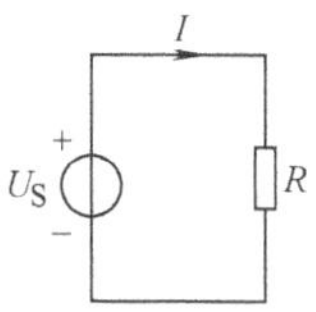　　　图 1-77　选择题 3 图

4. 在图 1-78 所示电容电路中，电压与电流的正确关系式应是（　　　　）。

（a）$i = C\dfrac{du}{dt}$　　（b）$u = C\dfrac{di}{dt}$　　（c）$i = -C\dfrac{du}{dt}$　　（d）$u = Li$

5. 在图 1-79 所示电感电路中，电压与电流的正确关系式应是（　　）。

（a）$i = L\dfrac{du}{dt}$　　（b）$u = -L\dfrac{di}{dt}$　　（c）$u = -Li$　　（d）$u = L\dfrac{di}{dt}$

6. 电路如图 1-80 所示，当电阻 R_1 增大时，电流 I 将（　　　）。

（a）变小　　　　（b）变大　　　　　（c）不变　　　　　（d）不可确定

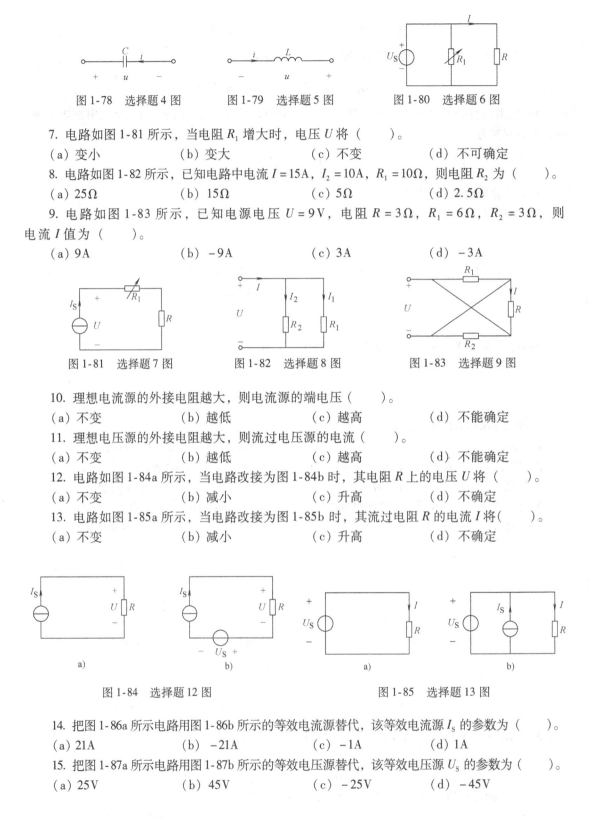

图1-78 选择题4图   图1-79 选择题5图   图1-80 选择题6图

7. 电路如图1-81所示，当电阻 R_1 增大时，电压 U 将（　　）。

（a）变小　　　　　（b）变大　　　　　（c）不变　　　　　（d）不可确定

8. 电路如图1-82所示，已知电路中电流 $I=15A$，$I_2=10A$，$R_1=10\Omega$，则电阻 R_2 为（　　）。

（a）25Ω　　　（b）15Ω　　　（c）5Ω　　　（d）2.5Ω

9. 电路如图1-83所示，已知电源电压 $U=9V$，电阻 $R=3\Omega$，$R_1=6\Omega$，$R_2=3\Omega$，则电流 I 值为（　　）。

（a）9A　　　　　（b）−9A　　　　　（c）3A　　　　　（d）−3A

图1-81 选择题7图   图1-82 选择题8图   图1-83 选择题9图

10. 理想电流源的外接电阻越大，则电流源的端电压（　　）。

（a）不变　　　　　（b）越低　　　　　（c）越高　　　　　（d）不能确定

11. 理想电压源的外接电阻越大，则流过电压源的电流（　　）。

（a）不变　　　　　（b）越低　　　　　（c）越高　　　　　（d）不能确定

12. 电路如图1-84a所示，当电路改接为图1-84b时，其电阻 R 上的电压 U 将（　　）。

（a）不变　　　　　（b）减小　　　　　（c）升高　　　　　（d）不确定

13. 电路如图1-85a所示，当电路改接为图1-85b时，其流过电阻 R 的电流 I 将（　　）。

（a）不变　　　　　（b）减小　　　　　（c）升高　　　　　（d）不确定

图1-84 选择题12图   图1-85 选择题13图

14. 把图1-86a所示电路用图1-86b所示的等效电流源替代，该等效电流源 I_s 的参数为（　　）。

（a）21A　　　（b）−21A　　　（c）−1A　　　（d）1A

15. 把图1-87a所示电路用图1-87b所示的等效电压源替代，该等效电压源 U_s 的参数为（　　）。

（a）25V　　　（b）45V　　　（c）−25V　　　（d）−45V

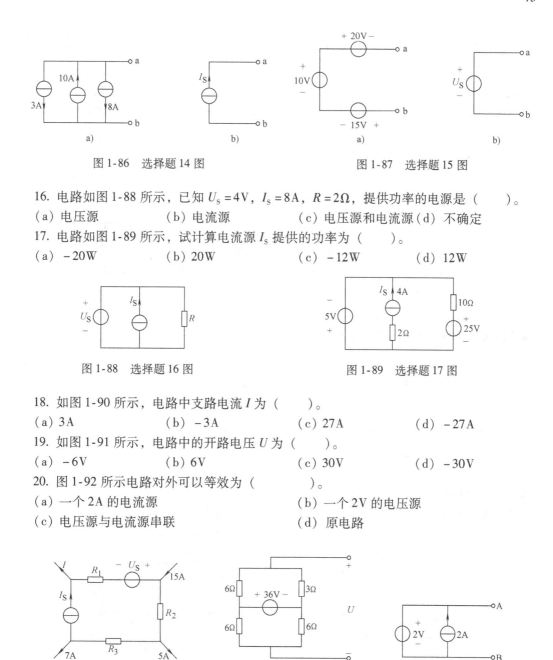

图 1-86　选择题 14 图　　　　　　　　图 1-87　选择题 15 图

16. 电路如图 1-88 所示，已知 $U_S = 4V$，$I_S = 8A$，$R = 2\Omega$，提供功率的电源是（　　　）。
（a）电压源　　　　　（b）电流源　　　　　（c）电压源和电流源（d）不确定

17. 电路如图 1-89 所示，试计算电流源 I_S 提供的功率为（　　　）。
（a）$-20W$　　　　　（b）$20W$　　　　　（c）$-12W$　　　　　（d）$12W$

图 1-88　选择题 16 图　　　　　　　　图 1-89　选择题 17 图

18. 如图 1-90 所示，电路中支路电流 I 为（　　　）。
（a）$3A$　　　　　（b）$-3A$　　　　　（c）$27A$　　　　　（d）$-27A$

19. 如图 1-91 所示，电路中的开路电压 U 为（　　　）。
（a）$-6V$　　　　　（b）$6V$　　　　　（c）$30V$　　　　　（d）$-30V$

20. 图 1-92 所示电路对外可以等效为（　　　）。
（a）一个 $2A$ 的电流源　　　　　　　　（b）一个 $2V$ 的电压源
（c）电压源与电流源串联　　　　　　　　（d）原电路

图 1-90　选择题 18 图　　　图 1-91　选择题 19 图　　　图 1-92　选择题 20 图

习　　题

1. 图 1-93 所示电路中的方框代表电源或负载。试求：
（1）说明各方框上的电压与电流参考方向是否关联。
（2）确定哪些是电源，哪些是负载，并讨论其功率平衡。

2. 各元件的电压和电流参考方向如图 1-94 所示，试写出各元件电压 u 和电流 i 的约束方程。并说明 u 与 i 参考方向是否关联。

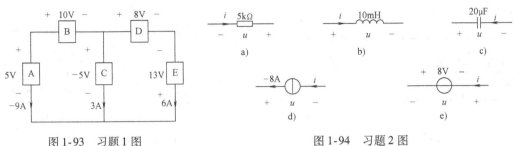

图 1-93 习题 1 图   图 1-94 习题 2 图

3. 试求如图 1-95 所示电路中的电压 U，并讨论其功率平衡。

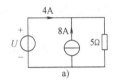 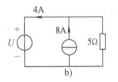 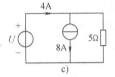

图 1-95 习题 3 图

4. 试求如图 1-96 所示电路中的电压 U。

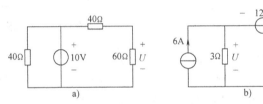

图 1-96 习题 4 图

5. 试求如图 1-97 所示电路中电流 I_1、I_2 和电压 U。

6. 试求如图 1-98 所示电路中的电流 I_1、I_2、I_3、I_4、I_5 和电压 U。

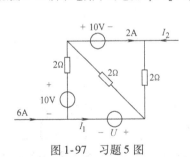 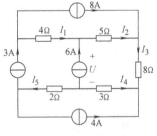

图 1-97 习题 5 图   图 1-98 习题 6 图

7. 额定电压为 110V 的 100W 及 25W 的两个白炽灯为什么不能串联在 220V 电源上用？而用两个 60W 的灯泡就能串联使用呢？

8. 有额定电压为 220V，额定功率分别为 60W 和 15W 的两个白炽灯，将其串联后接入 220V 的电源，试求它们实际消耗的功率并进行亮度情况比较。

9. 一个 110V、15W 的指示灯，要接在 220V 的电源上，问要串联多大阻值的电阻，该电阻应选多大功率？

10. 试求如图 1-99 所示电路的等效电阻 R_{ab}。

11. 应用 Y-△ 等效变换法，求如图 1-100 所示电路中的电压 U_1 和 U_2。

12. 应用 Y-△ 等效变换法，求如图 1-101 所示电路中的电流 I。

13. 试计算如图 1-102 所示电路中的开路电压 U。

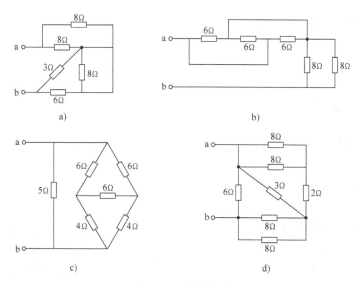

图 1-99 习题 10 图

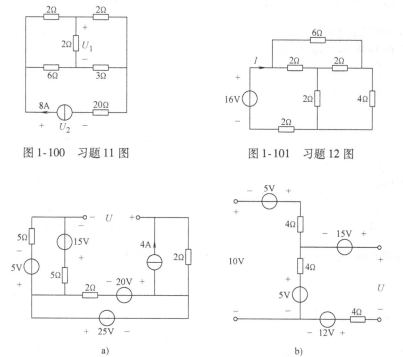

图 1-100 习题 11 图   图 1-101 习题 12 图

图 1-102 习题 13 图

14. 试计算如图 1-103 所示电路中电流 I_1、I_2 和电压 U。

15. 试求如图 1-104 所示电路中的电流 I、电压 U 及元件 X 的功率，并说明是吸收功率还是提供功率。

16. 如图 1-105 所示电路，试根据 KCL、KVL 计算所有支路的电流。

17. 试求如图 1-106 所示电路中的电流 I_1、I_2、I_3 和 I_4。

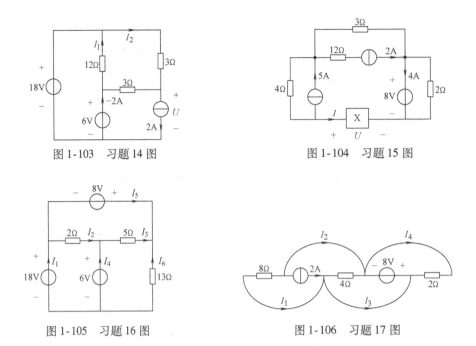

图 1-103 习题 14 图　　　　　　图 1-104 习题 15 图

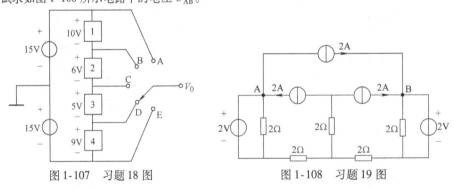

图 1-105 习题 16 图　　　　　　图 1-106 习题 17 图

18. 如图 1-107 所示电路为多挡位分压器。试求当开关分别位于 A、B、C、D、E 位置时的电位 V_0 值。

19. 试求如图 1-108 所示电路中的电压 U_{AB}。

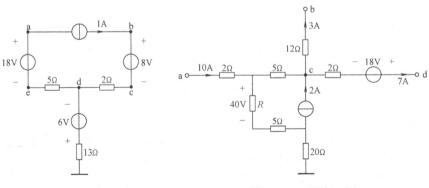

图 1-107 习题 18 图　　　　　　图 1-108 习题 19 图

20. 试求如图 1-109 所示电路中 a、b、c、d、e 点的电位值和电压 U_{ab}。

图 1-109 习题 20 图　　　　　　图 1-110 习题 21 图

21. 试求如图 1-110 所示电路中 a、b、c、d 点的电位值和电阻 R。

22. 电路如图 1-111 所示，试求当开关 S 断开和闭合时的 B 点电位 V_B。

23. 电路如图 1-112 所示，已知：$U_S = 32V$，$I_{S1} = 1A$，$I_{S2} = 2A$，$I = 2A$，$R = 10\Omega$，$R_1 = 4\Omega$，$R_2 = 2\Omega$。试求 A 点的电位和电流 I_2。

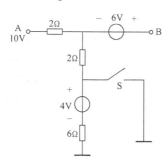

图 1-111 习题 22 图

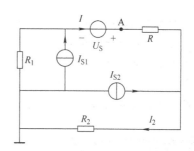

图 1-112 习题 23 图

24. 电路如图 1-113 所示，试求电压 U_{AB}。

25. 电路如图 1-114 所示，已知 $U_{S1} = 10V$，$U_{S2} = 8V$，$U_{S3} = 20V$，$U_{S4} = 6V$，$U_{S5} = 26V$，$I_S = 1A$，$R_1 = 1\Omega$，$R_2 = 6\Omega$，$R_3 = 35\Omega$，$R_4 = 2\Omega$，$R_5 = 8\Omega$，$R_6 = 3\Omega$，$R_7 = 7\Omega$。试求电位 V_A、V_B 和电压 U_{AB}。

26. 电路如图 1-115 所示，N 为二端网络，已知 $U_{S1} = 20V$，$U_{S2} = 10V$，$R_2 = 4\Omega$，$I_2 = 2A$。若流入二端网络的电流 $I = 3A$，试求电阻 R_1 及输入二端网络 N_S 的功率。

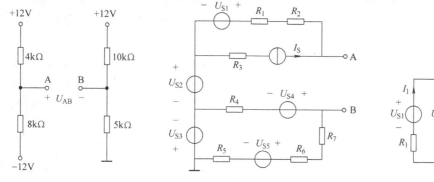

图 1-113 习题 24 图 　图 1-114 习题 25 图 　图 1-115 习题 26 图

27. 试求如图 1-116 所示电路中电流 I、电压 U_1 和 U_2。如将 A 点接地，对各支路电流和电压有无影响？如将 A、B 两点同时接地，是否有影响？

28. 试求如图 1-117 所示电路中的电位 V_A。

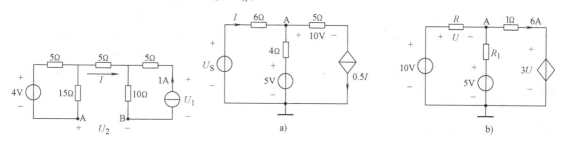

图 1-116 习题 27 图 　　　　图 1-117 习题 28 图

第2章　线性电路的分析方法

提要　本章以线性电阻元件、直流理想电源和受控电源组成的线性直流电路为对象，以元件的伏安特性（如：电阻元件的伏安特性欧姆定律）和基尔霍夫定律为依据，介绍线性电路的几种常用的分析方法，即：电源模型的等效变换法、支路电流法、结点电压法、网孔电流法、叠加定理、戴维南定理及诺顿定理和最大功率传输定理等。本章讨论的分析方法不仅适用于直流稳态电路，也适用于正弦交流电路的稳态分析。

2.1　电源模型的等效变换法

在第1章的1.2.4节独立电源中，介绍了实际电源的两种电路模型，即实际电压源和实际电流源，如图2-1所示。

实际上对外电路或外接负载而言，只要图2-1端口 a、b 上的伏安特性相同（端口的电压和电流不变），至于电源模型是电压源模型还是电流源模型是无关紧要的（即"对外等效"）。问题是在什么条件下，电压源模型与电流源模型可以等效互换？这个"等效互换的条件"可以通过"等效"概念推导得到，即分别在两个电源模型端口接上相同的负载电阻 R_L，如果两个电源模型在负载 R_L 上得到相同的电压 $U_{L1} = U_{L2}$ 和电流 $I_{L1} = I_{L2}$，则这两个电源模型可以等效互换，如图2-2所示。

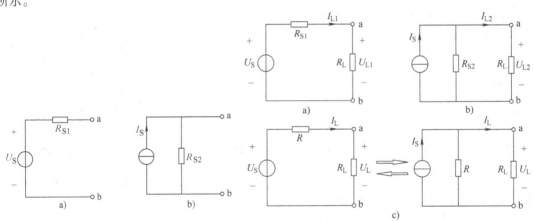

图 2-1　实际电源的两种模型

　a）电压源模型　b）电流源模型

图 2-2　电源模型的等效变换分析图

　a）电压源模型接外负载 R_L　b）电流源模型接外负载 R_L

　c）两个电源模型等效电路互换图

电压源模型与电流源模型的等效互换条件分析如下：

由图 2-2a 可列出 KVL 方程

$$U_{L1} = U_S - I_{L1}R_{S1} \tag{2-1}$$

由图 2-2b 可列出 KCL 方程

$$I_{L2} = I_S - \frac{U_{L2}}{R_{S2}}$$

即
$$U_{L2} = I_S R_{S2} - I_{L2} R_{S2} \tag{2-2}$$

设两个电源模型对外接负载电阻 R_L 是等效的，即负载电阻 R_L 的端电压 $U_{L1} = U_{L2} = U_L$，电流 $I_{L1} = I_{L2} = I_L$，如图 2-2c、d 所示，则由式（2-1）得

$$U_L = U_S - I_L R_{S1} \tag{2-3}$$

由式（2-2）得

$$U_L = I_S R_{S2} - I_L R_{S2} \tag{2-4}$$

即式（2-3）等于式（2-4），得

$$U_S - I_L R_{S1} = I_S R_{S2} - I_L R_{S2} \tag{2-5}$$

若要使等式（2-5）成立，则必须满足条件为

$$\begin{cases} R_{S1} = R_{S2} = R \\ U_S = R I_S \end{cases} \tag{2-6}$$

可见，当满足式（2-6）时，两个电源模型等效。电压源模型与电流源模型等效变换时参数之间的关系如图 2-3 所示。

电源模型的等效变换法（简称**等效变换法**）应用时，需**注意**以下几点：

1）两个电源模型在等效变换时，必须保持连接端口的电压极性相同。

例如，在图 2-3 中的两个电源模型处于开路状态时，图 2-3a 电路的 a 端为正极性，则图 2-3b 电路中的电流源 I_s 的箭头必须指向 a 端，使电阻 R 上的端电压在 a 端为正极性。

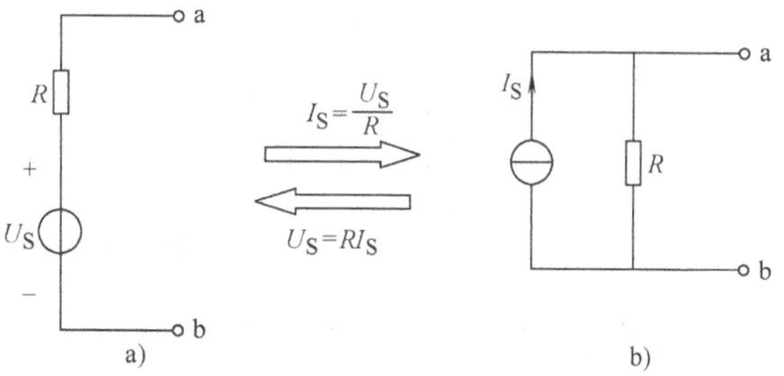

2）电源模型的等效变换指的是对 a、b 端连接的外电路是等效的，而对两个电源模型内部则并不等效。

例如，两个电源模型同是开路时，电压源模型的内部电流为零，而电流源模型内部电流就不为零。

3）当图 2-3a 中 $R = 0$ 和图 2-3b 中 $R = \infty$ 时，两个电源模型分别成为理想电源。理想电压源与理想电流源之间不能相互转换。

4）当电路中含有受控源时，只要受控源的控制量不在等效变换电路之中，可以将受控源视为独立源来处理。

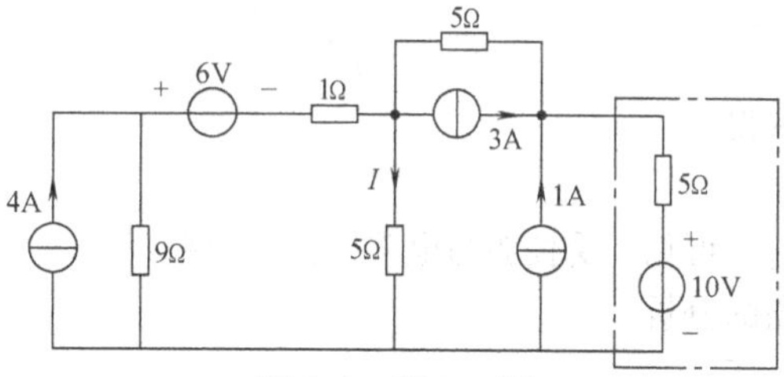

图 2-3　电源模型的等效变换
a）电压源模型　b）电流源模型

例 2-1　试用电源模型的等效变换法求图 2-4 电路中的电流 I。

解　应用电源模型的等效变换关系进行分析简化。电路的等效变换的过程如图 2-5 所示。解得

$$I = 1.5 A$$

图 2-4　例 2-1 图

可见，等效变换法是一种不断引用图 2-3 所示的电源模型变换，通过作图方式，实现电路的分析计算。

例 2-2　试用电源模型的等效变换法求如图 2-6 所示电路中的电压 U。

解　解题中注意两点：一是注意受控源的控制量 U 在电路等效变换时不能去掉；二是注意理想电压源并联任何二端网络（如是理想电压源，需满足 KVL）对外等效为理想电压源。例如，此题电路中 10V 电压源与 5Ω 电阻和 1A 电流源串联支路相并联（如图 2-6 点画线部分电路所

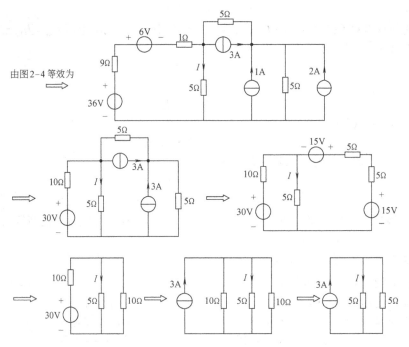

由图2-4等效为 $\Rightarrow$

图2-5 例2-1电路等效变换的过程

示），可等效为10V电压源支路。其电路等效变换的过程如
图2-7所示。

$$U = \dfrac{(10+3U)\times\dfrac{2}{3}-5}{3+\dfrac{2}{3}}\times 1\text{V}$$

解得

$$U = 1\text{V}$$

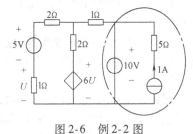

图2-6 例2-2图

可见，受控源与电阻同样可以构成"电源模型"。因此，等效变换法同样能应用于受控源电
路的分析。

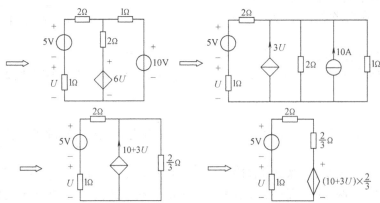

图2-7 例2-2电路等效变换的过程

2.2 支路电流法

支路电流法是以支路电流为求解变量，根据基尔霍夫定律，对电路列出 KCL、KVL 代数方程组，直接解出各支路电流的方法。

支路电流法应用时，需注意以下几点：

1）一般电路具有 b 个未知变量和 n 个结点，则可列出 $(n-1)$ 个独立 KCL 方程，$(b-n+1)$ 个 KVL 方程。

例如，在图 2-8 中有 5 个未知量和 4 个结点，可列出三个独立 KCL 方程和两个 KVL 方程。如果列出 4 个结点 KCL 方程，则其中任意一个方程可由其他方程变换得到，因此，4 个 KCL 中有一个电流方程是无效的（称**非独立方程**）。

2）在列 KVL 方程时，尽可能选择不含电流源的回路。

例如，在图 2-8 中有 7 个回路，可选择如图所示的两个回路列 KVL 方程。

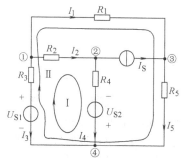

图 2-8 支路电流法

支路电流法分析电路的一般**解题步骤**：

1）在电路图中标出各未知支路电流的参考方向和变量。如图 2-8 所示，未知的支路电流变量为 I_1、I_2、I_3、I_4、I_5。

2）根据 KCL 列出结点电流独立方程。

3）根据 KVL 列出回路电压独立方程。

4）联立求解方程组。

5）由解得的各支路电流分析电路中其他待求量。

例 2-3 试用支路电流法列出求解图 2-8 电路中各支路电流的方程组。

解

由 KCL 列方程

结点① $I_1 + I_2 + I_3 = 0$

结点② $I_2 - I_S - I_4 = 0$

结点③ $I_S + I_1 - I_5 = 0$

由 KVL 列方程

回路 I $R_2 I_2 + R_4 I_4 - U_{S2} - U_{S1} - R_3 I_3 = 0$

回路 II $R_1 I_1 + R_5 I_5 - U_{S1} - R_3 I_3 = 0$

注意：图 2-8 中有 4 个结点，可以任意选择三个结点列 KCL 方程。

例 2-4 试用支路电流法求图 2-9 中的电压 U，并作功率平衡检验。

解 （1）图 2-9 中有三条支路电流变量 I_1、I_2、I_3，有两个结点，所以列一个 KCL 方程，两个 KVL 方程。在列 KVL 方程时，可设定一个绕行方向，如图 2-9 所示，设绕行方向为顺时针绕向。则

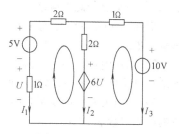

图 2-9 例 2-4 图

$$\begin{cases} I_1 + I_2 + I_3 = 0 \\ -5 - 2I_1 + 2I_2 + 6U - I_1 = 0 \\ I_3 + 10 - 6U - 2I_2 = 0 \end{cases}$$

(2-7)

因受控源的控制量 U 不是支路电流变量，三个方程组中含有 4 个未知量，因此，需要再列一个辅助方程，即

$$U = I_1 \tag{2-8}$$

方程组（2-7）和方程式（2-8）联立解得

$$\begin{cases} I_1 = 1\text{A} \\ I_2 = 1\text{A} \\ I_3 = -2\text{A} \end{cases}$$

所以

$$U = 1\text{V}$$

读者可将此题与例 2-2 题作一个比较，得知解题的方式方法往往不是唯一的。例如，此题还可以分别用后面将要介绍的结点电压法、网孔电流法、叠加定理、戴维南定理和诺顿定理等方法求解。同时，也可以通过用不同的分析方法求解同一电路，来检验计算结果的正确性。

（2）功率平衡检验

5V 电压源提供功率为

$$P_{\text{S1}} = -5I_1 = -5\text{W} \qquad 消耗功率 5\text{W}$$

10V 电压源提供功率为

$$P_{\text{S2}} = -10I_3 = 20\text{W} \qquad 输出功率 20\text{W}$$

受控源消耗功率为

$$P_{\text{U}} = 6UI_2 = 6\text{W} \qquad 消耗功率 6\text{W}$$

各电阻元件消耗功率为

$$P_{\text{R}} = 3I_1^2 + 2I_2^2 + 1I_3^2 = 9\text{W} \qquad 消耗功率 9\text{W}$$

可见，$P_{\text{S1}} + P_{\text{S2}} = P_{\text{R}} + P_{\text{U}}$，即负载消耗的功率等于电源输出的功率。功率是平衡的，说明计算结果正确。

2.3 结点电压法

结点电压法是以结点电压为求解变量，根据基尔霍夫定律，对电路结点列 KCL 代数方程组，直接解出各结点电压的方法。

结点电压法应用时，需**注意**以下几点：

1）结点电压是相对参考结点而言的，即：在电路中任意选择某一结点为**参考结点**（零电位点），其他结点与此参考结点之间的电压称为**结点电压**。

例如：在图 2-10 中有 4 个结点，选择结点④为参考结点，其他三个结点电压 U_1、U_2、U_3 为求解对象。

2）结点电压的参考方向定义为参考结点为零电位点（即参考结点处为"负"极性），其他各结点电压极性相对参考结点而言为"正"极性。如图 2-10 所示。

3）结点方程中的变量是结点电压，但方程式是 KCL 结点电流方程，即：流出（或流入）结点的电流代数和为零。

结点电压法分析电路的一般**解题步骤**：

1）在电路图中任意选择一个结点为参考结点（即零电位点），并同时标明其他各结点的电压变量。

2）根据 KCL 列出各结点电流方程。

3）联立求解出各结点电压。

4）用结点电压分析其他电路变量。

例2-5 试用结点电压法列出求解图2-10电路中各结点电压的方程组。

解 结点电压法是通过 KCL 方程进行分析，所以关键是正确写出每条支路的电流式。图 2-10 电路中除电流源支路外，其他各支路的电流可通过 KVL 和欧姆定律写出，例如，结点①上连接了三条支路，先根据 KVL 确定各支路电阻元件上的端电压，再由欧姆定律写出支路中的电流，其分析过程如图 2-11a 所示。同理，图 2-11b、c 分析了结点②、③的 KCL 方程式。

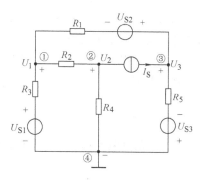

图 2-10 结点电压法

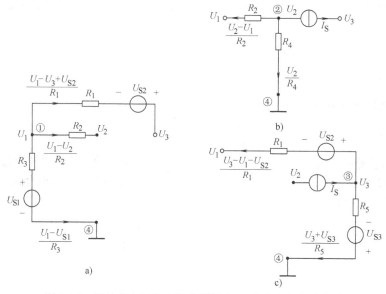

图 2-11 以结点电压为变量分析图 2-10 电路中各支路电流

a）分析结点①的各支路电流　b）分析结点②的各支路电流　c）分析结点③的各支路电流

设：流出结点电流为正，流入结点电流为负，则 KCL 方程为

$$
\left.
\begin{aligned}
结点① \quad & \frac{U_1 - U_{S1}}{R_3} + \frac{U_1 - U_2}{R_2} + \frac{U_1 - U_3 + U_{S2}}{R_1} = 0 \\
结点② \quad & \frac{U_2 - U_1}{R_2} + \frac{U_2}{R_4} + I_S = 0 \\
结点③ \quad & \frac{U_3 - U_1 - U_{S2}}{R_1} - I_S + \frac{U_3 + U_{S3}}{R_5} = 0
\end{aligned}
\right\} \tag{2-9}
$$

对方程组（2-9）进行整理得

$$
\left.
\begin{aligned}
& \left(\frac{1}{R_3} + \frac{1}{R_2} + \frac{1}{R_1}\right)U_1 - \frac{1}{R_2}U_2 - \frac{1}{R_1}U_3 = \frac{1}{R_3}U_{S1} - \frac{1}{R_1}U_{S2} \\
& \left(\frac{1}{R_2} + \frac{1}{R_4}\right)U_2 - \frac{1}{R_2}U_1 = -I_S \\
& \left(\frac{1}{R_1} + \frac{1}{R_5}\right)U_3 - \frac{1}{R_1}U_1 = \frac{1}{R_1}U_{S2} + I_S - \frac{1}{R_5}U_{S3}
\end{aligned}
\right\} \tag{2-10}
$$

对方程组（2-10）联立求解，可求得结点电压 U_1、U_2 和 U_3。同时，通过结点电压还可求得各支路电流、功率等物理量。

分析方程组（2-10），其方程组是有一定的规律性，可通过观察直接写出来。以结点①的方程为例，其中

$$\frac{1}{R_3} + \frac{1}{R_2} + \frac{1}{R_1} = G_{11}$$

是主结点①的自电导 G_{11}，它等于连接在结点①上的各支路电导之和，并且自电导总是正的。

$$-\frac{1}{R_2} = G_{12}$$

是主结点①与相邻结点②之间的互电导 G_{12}，它等于连接在结点①、②之间各支路电导之和，并且互电导总是负的。

同理

$$-\frac{1}{R_1} = G_{13}$$

是结点①、③之间的互电导 G_{13}。

$$\frac{1}{R_3}U_{S1} - \frac{1}{R_1}U_{S2} = I_{11}$$

是主结点①上各支路中的独立电流源（如是电压源模型，则是电压源模型等效变换为电流源模型的电流，如图 2-12 所示。）流入结点①的电流代数之和 I_{11}，并且流入为正，流出为负。

所以方程组（2-10）可简写为

$$\left. \begin{array}{l} G_{11}U_1 + G_{12}U_2 + G_{13}U_3 = I_{11} \\ G_{21}U_1 + G_{22}U_2 + G_{23}U_3 = I_{22} \\ G_{31}U_1 + G_{32}U_2 + G_{33}U_3 = I_{33} \end{array} \right\} \qquad (2\text{-}11)$$

当电路中不含受控源时，$G_{12} = G_{21}$，$G_{13} = G_{31}$，$G_{23} = G_{32}$。

利用方程组（2-11）直接写出 KCL 方程的分析方法可称为直接观察法。

例 2-6　在图 2-13 所示电路中，已知电压源 $U_{S1} = 4V$，各电阻为 $R_1 = R_2 = R_3 = R_4 = R_5 = 1\Omega$，电流源 $I_S = 3A$，试用结点电压法求各支路电流。

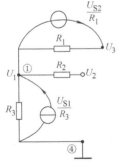

图 2-12　结点①的等效分析电路

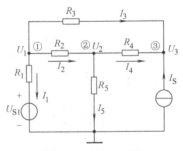

图 2-13　例 2-6 图

解　直接观察法写出 KCL 方程为

$$结点① \quad \left(\frac{1}{R_1}+\frac{1}{R_2}+\frac{1}{R_3}\right)U_1 - \frac{1}{R_2}U_2 - \frac{1}{R_3}U_3 = \frac{U_{S1}}{R_1}$$

$$结点② \quad -\frac{1}{R_2}U_1 + \left(\frac{1}{R_2}+\frac{1}{R_4}+\frac{1}{R_5}\right)U_2 - \frac{1}{R_4}U_3 = 0 \qquad (2\text{-}12)$$

$$结点③ \quad -\frac{1}{R_3}U_1 - \frac{1}{R_4}U_2 + \left(\frac{1}{R_3}+\frac{1}{R_4}\right)U_3 = I_{S}$$

各参数值代入方程组（2-12），得

$$\left. \begin{aligned} 3U_1 - U_2 - U_3 &= 4\text{V} \\ -U_1 + 3U_2 - U_3 &= 0 \\ -U_1 - U_2 + 2U_3 &= 3\text{V} \end{aligned} \right\} \qquad (2\text{-}13)$$

解联立方程组（2-13），得

$$\begin{cases} U_1 = 4\text{V} \\ U_2 = 3\text{V} \\ U_3 = 5\text{V} \end{cases}$$

则各支路电流为

$$\begin{cases} I_1 = \dfrac{U_1 - U_{S1}}{R_1} = \dfrac{4-4}{1}\text{A} = 0\text{A} \\[2mm] I_2 = \dfrac{U_1 - U_2}{R_2} = \dfrac{4-3}{1}\text{A} = 1\text{A} \\[2mm] I_3 = \dfrac{U_1 - U_3}{R_3} = \dfrac{4-5}{1}\text{A} = -1\text{A} \\[2mm] I_4 = \dfrac{U_2 - U_3}{R_4} = \dfrac{3-5}{1}\text{A} = -2\text{A} \\[2mm] I_5 = \dfrac{U_2}{R_5} = 3\text{A} \end{cases}$$

可见，列结点 KCL 方程时，不需要事先指定支路电流的参考方向，如方程组（2-12）与电路图中所标定的各支路电流参考方向无关。各结点电压相互独立，彼此没有约束关系。而电路中任何支路电压都可以用结点电压来表示，因此，由结点电压和元件约束特性就可以确定支路电流。

例 2-7 电路如图 2-14 所示。试用结点电压法求电压 U。

解 方法一

当电路中含有纯电压源支路时，应尽量把该支路的一端选为参考点，这样该支路另一端结点电压为已知电压，减少未知结点电压变量数。

图 2-14 电路中有两条含有纯电压源支路，因此参考点可选择结点①或⑤，选择⑤为参考点，则 $U_4 = 50\text{V}$ 为已知，但 30V 电压源支路的两端都不是参考点，出现悬浮电压源支路，而电压源自身不能表示该支路中电流大小，其电流大小由外接电路决定，为此，假定该支路电流为 I_{S}，如图 2-15 所示。

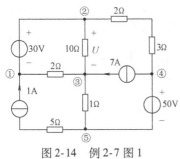

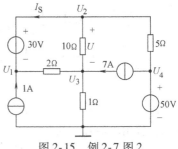

图 2-14　例 2-7 图 1　　　　　　　　图 2-15　例 2-7 图 2

另外，图 2-14 中有一条支路是由 1A 电流源串联 5Ω 电阻连成，此支路对外电路可等效为 1A 电流源支路，如图 2-15 所示。

列出图 2-15 中结点①、②、③的结点 KCL 方程如下：

$$结点① \quad \frac{1}{2}U_1 - \frac{1}{2}U_3 = 1A + I_S$$

$$结点② \quad \left(\frac{1}{10} + \frac{1}{5}\right)U_2 - \frac{1}{10}U_3 - \frac{1}{5} \times U_4 = -I_S \qquad (2\text{-}14)$$

$$结点③ \quad \left(\frac{1}{2} + \frac{1}{10} + 1\right)U_3 - \frac{1}{2}U_1 - \frac{1}{10}U_2 = 7A$$

辅助方程

$$U_2 - U_1 = 30V \qquad (2\text{-}15)$$

将方程组（2-14）相加后与式（2-15）联立解得

$$U_2 = 40V$$

$$U_1 = U_3 = 10V$$

所以

$$U = U_2 - U_3 = 30V$$

方法二

结点电压法解题的核心是列 KCL 方程，KCL 不仅可以列结点电流方程，还可以推广到广义结点，即包含有部分电路的封闭面，流出（或流入）封闭面的电流代数和为零。将 30V 电压源包围在封闭面内，如图 2-16 所示，结点电压仍为 U_1、U_2 和 U_3，列结点③和封闭面的 KCL 方程如下：

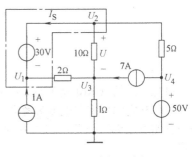

图 2-16　例 2-7 图

$$结点③ \quad \left(\frac{1}{2} + \frac{1}{10} + 1\right)U_3 - \frac{1}{2}U_1 - \frac{1}{10}U_2 = 7A$$

$$广义结点 \quad -1A + \frac{U_1 - U_3}{2} + \frac{U_2 - U_3}{10} + \frac{U_2 - 50V}{5} = 0$$

$$辅助方程 \quad U_2 - U_1 = 30V$$

解联立方程组得

$$\begin{cases} U_2 = 40V \\ U_1 = U_3 = 10V \end{cases}$$

所以

$$U = U_2 - U_3 = 30V$$

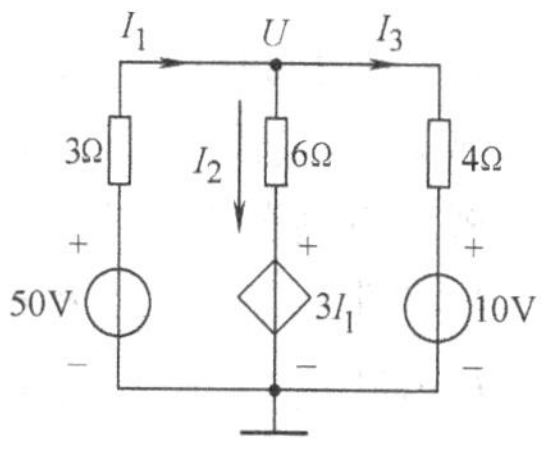

例2-8 电路如图2-17所示，试用结点电压法求各支路电流 I_1、I_2、I_3。

解 当电路中含有受控源时，可以先把受控源视为独立电源来处理，列结点方程。

结点方程

$$\frac{U-50\text{V}}{3\Omega}+\frac{U-3I_1}{6\Omega}+\frac{U-10\text{V}}{4\Omega}=0$$

辅助方程

$$-I_1=\frac{U-50\text{V}}{3\Omega}$$

解联立方程组得

$$U=30\text{V}$$

所以

$$\begin{cases} I_1=\dfrac{50-U}{3}=\dfrac{20}{3}\text{A}\approx6.67\text{A} \\[2mm] I_2=\dfrac{U-3I_1}{6}=\dfrac{10}{6}\text{A}\approx1.67\text{A} \\[2mm] I_3=\dfrac{U-10}{4}=\dfrac{20}{4}\text{A}=5\text{A} \end{cases}$$

图 2-17　例 2-8 图

2.4　网孔电流法

网孔电流法是以网孔电流为求解变量，根据基尔霍夫定律，对网孔建立 KVL 代数方程组，解出网孔电流的分析方法。

网孔电流法应用时，需注意以下几点：

1）网孔电流是一个假设的电流变量。即假想有一个沿网孔各支路构成的闭合路径环流的电流。网孔电流的参考方向可以任意假设为顺时针流动或逆时针流动。

例如，图 2-18 中有三个网孔电流 I_1、I_2、I_3，每个网孔电流沿着闭合的网孔流动。如电流 I_1 沿着闭合的网孔流动，其参考方向是顺时针流动。

2）由于网孔电流流入一个结点必从该结点流出，所以网孔电流自动满足 KCL 方程。

3）当某一支路为两网孔公共支路时，其支路电流为有关网孔电流的代数和。

例如，图 2-18 电路中，电阻 R_4 支路是 1 网孔和 2 网孔的公共支路，其支路电流为 1、2 网孔电流的代数和，即 (I_1-I_2)。而电阻 R_6 支路仅是网孔 2 的支路，其 R_6 上的电流只有电流 I_2。

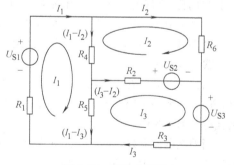

图 2-18　网孔电流法

4）网孔电流法只适用于平面电路。

网孔电流法分析电路的一般**解题步骤**：

1）选网孔电流为变量，在电路图中标明变量及参考方向。

2）根据 KVL 列出网孔电压方程。

3）联立求解方程组，解出网孔电流。

4）利用网孔电流求解其他电路变量。

例2-9 电路如图2-18所示，试列网孔电流法方程。

解 以网孔电流为变量，列网孔KVL方程。

$$\left.\begin{array}{lll}
I_1\text{网孔} & R_1I_1 - U_{S1} + R_4(I_1 - I_2) + R_5(I_1 - I_3) = 0 \\
I_2\text{网孔} & R_4(I_2 - I_1) + R_6I_2 - U_{S2} + R_2(I_2 - I_3) = 0 \\
I_3\text{网孔} & R_5(I_3 - I_1) + R_2(I_3 - I_2) + U_{S2} + U_{S3} + R_3I_3 = 0
\end{array}\right\} \qquad (2\text{-}16)$$

整理方程组(2-16)得

$$\left.\begin{array}{l}
(R_1 + R_4 + R_5)I_1 - R_4I_2 + R_5I_3 = U_{S1} \\
(R_2 + R_4 + R_6)I_2 - R_4I_1 - R_2I_3 = U_{S2} \\
(R_2 + R_3 + R_5)I_3 - R_5I_1 - R_2I_2 = -U_{S2} - U_{S3}
\end{array}\right\} \qquad (2\text{-}17)$$

对方程组（2-17）联立求解，可求得网孔电流 I_1、I_2 和 I_3。同时，通过网孔电流还可求得各支路电流、功率等物理量。

分析方程组（2-17），其方程组有一定的规律性，可通过观察直接写出来。即将方程组（2-17）简写成方程组（2-18），有

$$\left.\begin{array}{l}
R_{11}I_1 + R_{12}I_2 + R_{13}I_3 = U_{11} \\
R_{21}I_1 + R_{22}I_2 + R_{23}I_3 = U_{22} \\
R_{31}I_1 + R_{32}I_2 + R_{33}I_3 = U_{33}
\end{array}\right\} \qquad (2\text{-}18)$$

式中 R_{11}、R_{22}、R_{33} 称为网孔的自电阻。即本网孔电流所经过的所有网孔电阻之和，并且总是为正。例如，I_1 网孔的自电阻为 $R_{11} = R_1 + R_4 + R_5$。

R_{12}、R_{21}、R_{23} 等称为网孔的互电阻。即两网孔公共支路上所有电阻之和，当相邻网孔电流在公共支路上参考方向相同时，互电阻取正号，反之取负号。例如，对于 I_1 网孔，网孔电流 I_1 与 I_2 共用的支路上的互电阻 $R_{12} = -R_4$，网孔电流 I_1 与 I_3 共用的支路上的互电阻 $R_{13} = -R_5$。

U_{11}、U_{22}、U_{33} 是各网孔内独立电压源的代数和，当网孔电流由电压源负极流向正极时电压源取正号，反之取负号。例如，对于 I_1 网孔，网孔电流 I_1 由电压源 U_{S1} 的负极流向正极，所以 $U_{11} = U_{S1}$。对于 I_3 网孔，网孔电流 I_3 由电压源 U_{S2} 和 U_{S3} 的正极流向负极，所以 $U_{33} = -U_{S2} - U_{S3}$。

当电路中没有受控源时，有 $R_{12} = R_{21}$，$R_{13} = R_{31}$，$R_{23} = R_{32}$。

例2-10 电路如图2-19所示，试用网孔电流法求电路中的各网孔电流和电阻上的电压 U_3。

解 方法一

当独立电流源处于网孔边界（即不是两网孔的公共支路）时，流经该支路的网孔电流已知，不需列方程，如 I_2 网孔电流为2.5A。

当独立电流源处于两网孔公共支路上时，在列方程时需要考虑电流源上的端电压大小，因为其端电压是由外接电路所决定的，所以为电流源假设一个电压变量。如电路中7A的电流源处于两网孔公共支路上，设其端电压为 U，如图2-19所示。在列网孔KVL方程时，将作为已知电压来处理。

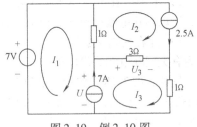

图2-19 例2-10图

对图2-19电路列网孔KVL方程如下：

$$
\left.\begin{aligned}
&I_1 \text{ 网孔} \quad (I_1 - I_2) \times 1\Omega = 7\text{V} - U \\
&I_2 \text{ 网孔} \quad I_2 = 2.5\text{A} \\
&I_3 \text{ 网孔} \quad (3+1)I_3 - 3I_2 = U
\end{aligned}\right\} \tag{2-19}
$$

辅助方程　$I_3 - I_1 = 7\text{A}$

解联立方程组（2-19）得网孔电流为

$$
I_1 = -2.2\text{A} \quad I_3 = 4.8\text{A}
$$

3Ω 电阻上的电压为

$$
U_3 = 3 \times (I_3 - I_2) = 6.9\text{V}
$$

方法二

当独立电流源处于两网孔公共支路上时，除了上述解题方法外，还可以用其他支路的电压来代替电流源上的电压。如图 2-19 中电流源上的电压 $U = U_3 + 1 \times I_3$，这样可以不增加变量，而方程仍是根据 KVL 列出，只是列的是回路方程，如图 2-20 中虚线回路所示，称该回路为**超网孔**或**广义网孔**。则解此题的方程组如下：

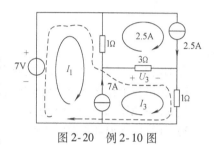

图 2-20　例 2-10 图

广义网孔　$-7\text{V} + 1 \times (I_1 - 2.5) + 3 \times (I_3 - 2.5) + 1 \times I_3 = 0$ (2-20)

辅助方程　$I_3 - I_1 = 7\text{A}$

解联立方程组（2-20）得

$$
I_1 = -2.2\text{A}, \ I_3 = 4.8\text{A}
$$

3Ω 电阻上的电压为

$$
U_3 = 3 \times (I_3 - I_2) = 6.9\text{V}
$$

2.5　叠加定理

叠加定理：在任何含有多个独立电源的线性网络中，任一支路中的响应电流（或电压）等于网络中各个独立电源单独作用时在该支路产生的电流（或电压）的代数和。

叠加定理应用时，需**注意**以下几点：

1）叠加定理适用于线性网络，因为线性网络满足齐次性和可加性（见本教材第 1 章中"1.1 电路的基本概念"）。叠加定理不适用于非线性电路。

2）叠加定理只对线性电路的电流和电压变量成立。功率计算不能使用迭加定理，因为功率不是电压或电流的一次函数。

例如，图 2-21 中电阻 R_1 上消耗的功率为

$$
P = R_1 I_1^2 = G_1 U_1^2
$$

3）"独立电源单独作用"的含义是将其他"不作用"的独立电源置为零值。当电压源置为零值时，用短路代替；电流源置为零值时，用开路代替（见本教材第 1 章中"1.5 电源电路的等效变换"）。电路中其他元件和电路结构都保持不变。

例如，图 2-21b 是电压源 U_S 单独作用电路图，电流源 I_S 置为零值，用开路代替；图 2-21c 是电流源 I_S 单独作用电路图，电压源 U_S 置为零值，用短路代替。

4）对含有受控源的电路，受控源不能单独作用于电路，也不能置为零值。受控源应保留在各叠加电路中。

例如，图 2-21b、c 所示的是独立电源单独作用于电路，而受控电压源则保留在各叠加电

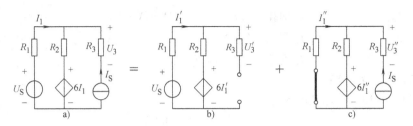

图 2-21 叠加定理

a）求解 I_1 和 U_3 电路图　b）U_S 单独作用　c）I_S 单独作用

路中。

叠加定理分析电路的一般**解题步骤**：

1）画出各个独立电源单独作用时的叠加电路图。

例如，根据图 2-21a 画出电压源 U_S 和电流源 I_S 单独作用时的叠加电路图 2-21b、c。

2）计算各叠加电路图中待求变量。

例如，根据图 2-21b、c 计算各变量 I_1'、U_3'、I_1''、U_3''。

3）叠加。

例如，$I_1 = I_1' + I_1''$，$U_3 = U_3' + U_3''$

例 2-11　试用叠加定理求图 2-21a 中的电压 U_3 和电流 I_1。已知各电阻为 $R_1 = 4\Omega$，$R_2 = 2\Omega$，$R_3 = 3\Omega$，电压源 $U_S = 24V$，$I_S = 6A$。

解　（1）画叠加电路图，如图 2-21b、c 所示。

（2）计算待求变量 I_1'、U_3'、I_1''、U_3''。

根据 U_S 单独作用的图 2-21b 电路，列 KVL 方程，有

$$(R_1 + R_2)I_1' + 6I_1' - U_S = 0$$

得
$$\begin{cases} I_1' = \dfrac{U_S}{R_1 + R_2 + 6\Omega} = \dfrac{24}{4+2+6}A = 2A \\ U_3' = 0 \end{cases}$$

根据 I_S 单独作用的电路图 2-22a 解

$$U_3'' = -R_3 I_S = -18V$$

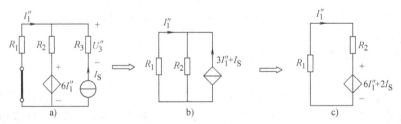

图 2-22　I_S 单独作用求 I_1''

用电源等效变换法求电流 I_1''。如图 2-22 所示。其中：电流源 I_S 串联电阻 R_3 对外等效为电流源 I_S，受控电压源 $6I_1''$ 串联电阻 R_2 可等效变换为受控电流源 $3I_1''$ 与电阻 R_2 并联的等效电源模型。

根据图 2-22c 可列 KVL 方程

$$(R_1 + R_2)I_1'' + 6I_1'' + 2I_S = 0$$

得
$$I_1'' = -\frac{2I_S}{R_1 + R_2 + 6} = -\frac{2 \times 6}{4 + 2 + 6}\text{A} = -1\text{A}$$

（3）叠加

$$\begin{cases} I_1 = I_1' + I_1'' = (2 - 1)\text{A} = 1\text{A} \\ U_3 = U_3' + U_3'' = -18\text{V} \end{cases}$$

叠加时注意各叠加分量的参考方向与原电路中待求量参考方向是否一致，如不一致，则叠加时在分量前加负号。例如，本题中叠加分量 I_1'、I_1'' 的参考方向与原电路中待求量 I_1 参考方向相同，叠加时各分量 I_1'、I_1'' 前为正。

例 2-12 已知各电阻为 $R_1 = 3\Omega$，$R_1 = R_2 = R_3 = R_4 = 2\Omega$，电压源 $U_S = 16\text{V}$，电流源 $I_{S1} = 8\text{A}$，$I_{S2} = 4\text{A}$。试用叠加定理求图 2-23 中的电流 I_1、I_2 和 I_3，并计算各元件的功率。

解 1. 计算电流 I_1、I_2 和 I_3。

（1）画叠加电路图，如图 2-24a、b、c 所示。

（2）计算叠加图中各待求变量。

根据 U_S 单独作用电路图 2-24a 得

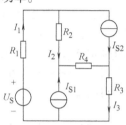

图 2-23　例 2-12 图

$$I_1' = \frac{U_S}{R_1 + R_2 + R_3 + R_4} = \frac{16}{8}\text{A} = 2\text{A}$$

所以
$$I_1' = I_2' = I_3' = 2\text{A}$$

根据 I_{S1} 单独作用电路图 2-24b 得

$$I_3'' = \frac{(R_3 + R_4)(R_1 + R_2)}{R_1 + R_2 + R_3 + R_4}I_{S1}\frac{1}{R_3 + R_4} = \frac{16}{8} \times 8 \times \frac{1}{4}\text{A} = 4\text{A}$$

$$I_1'' = I_2'' = -I_{S1} + I_3'' = (-8 + 4)\text{A} = -4\text{A}$$

根据 I_{S2} 单独作用电路图 2-24c 得

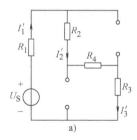
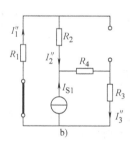
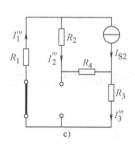

图 2-24　例 2-12 叠加图

a) U_S 单独作用　b) I_{S1} 单独作用　c) I_{S2} 单独作用

$$I_1''' = \frac{(R_3 + R_1)(R_4 + R_2)}{R_1 + R_2 + R_3 + R_4}I_{S2}\frac{1}{R_3 + R_1} = \frac{16}{8} \times 4 \times \frac{1}{4}\text{A} = 2\text{A}$$

所以
$$I_1''' = I_3''' = 2\text{A}$$

$$I_2''' = -I_{S2} + I_1''' = (-4 + 2)\text{A} = -2\text{A}$$

（3）叠加

$$\begin{cases} I_1 = I_1' + I_1'' + I_1''' = (2 - 4 + 2)\text{A} = 0\text{A} \\ I_2 = I_2' + I_2'' + I_2''' = (2 - 4 - 2)\text{A} = -4\text{A} \\ I_3 = I_3' + I_3'' + I_3''' = (2 + 4 + 2)\text{A} = 8\text{A} \end{cases}$$

2. 功率计算

电压源提供的功率

$$P_{\mathrm{U}} = U_{\mathrm{S}}I_1 = 0\mathrm{W}$$

电流源 $I_{\mathrm{S}1}$ 提供的功率

$$P_{11} = I_{\mathrm{S}1}\left[R_4(I_2 + I_{\mathrm{S}1}) + R_3 I_3\right] = 8 \times (2 \times 4 + 2 \times 8)\mathrm{W} = 192\mathrm{W}$$

电流源 $I_{\mathrm{S}2}$ 提供的功率

$$P_{12} = -I_{\mathrm{S}2}\left[R_2 I_2 + R_4(I_2 + I_{\mathrm{S}1})\right] = -4 \times \left[2 \times (-4) + 2 \times 4\right]\mathrm{W} = 0\mathrm{W}$$

电阻消耗的功率

$$P_{\mathrm{R}} = R_1 I_1 + R_2 I_2^2 + R_3 I_3^2 + R_4(I_2 + I_{\mathrm{S}1})^2$$
$$= (2 \times 4^2 + 2 \times 8^2 + 2 \times 4^2)\mathrm{W} = 192\mathrm{W}$$

例 2-13　图 2-25 电路中，已知电压源 $U_{\mathrm{S}3} = U_{\mathrm{S}4}$，当开关 S 合在 A 点时，$I = 2\mathrm{A}$，S 合在 B 点时，$I = -2\mathrm{A}$。试用叠加定理求开关 S 合在 C 点时的电流 I。

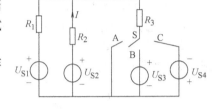

解　当开关 S 合在 A 点时，电压源 $U_{\mathrm{S}1}$、$U_{\mathrm{S}2}$ 共同作用，得电流 I'

$$I' = 2\mathrm{A}$$

当开关 S 合在 B 点时，电压源 $U_{\mathrm{S}1}$、$U_{\mathrm{S}2}$、$U_{\mathrm{S}3}$ 共同作用，得电流 I

$$I = -2\mathrm{A}$$

图 2-25　例 2-13 图

根据线性电路的叠加性，可得到电压源 $U_{\mathrm{S}3}$ 单独作用时的电流 I''

$$I'' = I - I' = (-2 - 2)\mathrm{A} = -4\mathrm{A}$$

因为电压源 $U_{\mathrm{S}3}$ 与 $U_{\mathrm{S}4}$ 大小相等，方向相反，则电压源 $U_{\mathrm{S}4}$ 单独作用时的电流为

$$I''' = -I'' = 4\mathrm{A}$$

所以，当开关 S 合在 C 点时，电压源 $U_{\mathrm{S}1}$、$U_{\mathrm{S}2}$、$U_{\mathrm{S}4}$ 共同作用，其得电流 I 为

$$I = I' + I''' = 6\mathrm{A}$$

2.6　戴维南定理与诺顿定理

戴维南定理与诺顿定理在电路分析中占有极其重要的地位。这两个定理的分析对象是二端网络。所谓二端网络是指对外具有两个端钮的网络，又称单口网络或一端口网络。

2.6.1　戴维南定理

戴维南定理：任何一个线性有源二端网络 N_{S}，对外电路来说，总可以用一个电压源和电阻串联组合等效代替，该电压源等于二端网络 N_{S} 的开路电压，电阻等于二端网络 N_{S} 中全部独立电源置零后对应的无源二端网络 N_0 端口处的输入电阻 R_0，如图 2-26 所示。

假设在二端网络 N_{S} 的端口加一个电流源 I_{S}，如图 2-27a 所示，对于电

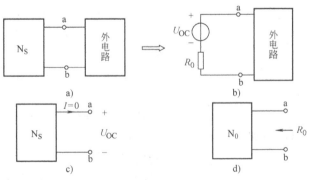

图 2-26　戴维南定理

a) 线性有源网络　b) 戴维南等效电路

c) 有源二端网络 N_{S}　d) 无源二端网络 N_0

流源 I_S 而言，二端网络 N_S 可等效为图 2-27b。并且有

$$U = U_{OC} + R_0 I_S \tag{2-21}$$

下面用叠加定理来证明图 2-27a 与图 2-27b 对于电流源 I_S 上的电压 U 是等效的，从而证明戴维南定理。

图 2-27c 是图 2-27a 中电流源 I_S 为零，二端网络 N_S 中的独立源作用时的叠加电路图，相当于端口开路，得到开路电压 U'，有

$$U' = U_{OC}$$

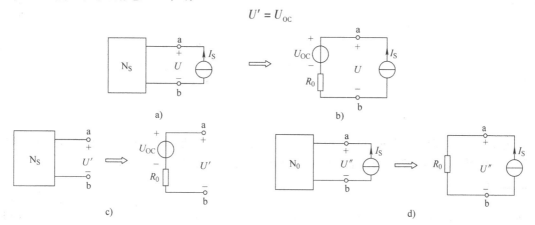

图 2-27　戴维南定理的证明

a）线性有源网络　b）图 a 的戴维南等效电路

c）二端网络 N_S 中的电源作用等效电路图　d）电流源 I_S 单独作用等效电路图

图 2-27d 是二端网络 N_S 中的所有独立源为零，电流源 I_S 单独作用时的叠加电路图，则有

$$U'' = R_0 I_S$$

根据叠加定理，有

$$U = U' + U'' = U_{OC} + R_0 I_S \tag{2-22}$$

式（2-22）与式（2-21）相同，得证戴维南定理。

戴维南定理应用时，需**注意**以下几点：

1）电压源与电阻串联电路称为**戴维南等效电路**，其等效电路中的电阻可称为**戴维南等效电阻**。

例如，图 2-26b 电压源 U_{OC} 与电阻 R_0 串联电路称为二端网络 N_S 的戴维南等效电路，其中电阻 R_0 可称为戴维南等效电阻。

2）戴维南等效电路替代二端网络 N_S，只对外电路等效，即外电路中的电压、电流均保持不变。

3）戴维南等效电路中电压源大小、方向由二端网络 N_S 的开路电压所决定。

例如，图 2-26c 不仅可以计算出电压源的参数 U_{OC}，同时，二端网络 N_S 的开路电压参考方向（图示：a 为正极，b 为负极），决定了图 2-26b 中电压源 U_{OC} 的参考方向（注意仍是：a 为正极，b 为负极）。

4）图 2-26d 所示的无源二端网络 N_0，是通过令有源二端网络 N_S 中的全部独立电源为零而得到的无源二端网络 N_0，注意受控源不能置零。

5）计算戴维南等效电阻时，如果二端网络 N_S 中含有受控源，可用以下两种方法来求解：方法一，用端口的开路电压与短路电流之比来求解（称为**开短路法**）；方法二，可在无源二端网络 N_0 端口外加电源，用端口的电压与电流之比来求解（称为**外加电源法**）。

例如，开短路法如图2-28所示，图2-28a计算出开路电压U_{OC}，图2-28b计算出二端网络N的短路电流I_{SC}，则戴维南等效电阻R_0为

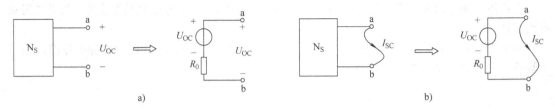

图2-28　用开短路法计算戴维南等效电阻R_0

a）开路电压U_{OC}等效电路图　b）短路电流I_{SC}等效电路图

$$R_0 = \frac{U_{OC}}{I_{SC}}$$

例如，外加电源法有两种方法，即外加电压源法和外加电流源法，如图2-29所示。图2-29a为外加电压源U_S，图2-29b为外电流源I_S，则戴维南等效电阻R_0为

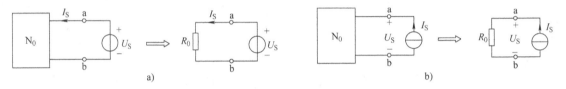

图2-29　用外加电源法计算戴维南等效电阻R_0

a）外加电压源法等效电路图　b）外加电流源法等效电路图

$$R_0 = \frac{U_S}{I_S}$$

戴维南定理分析电路的一般**解题步骤：**

1）将"外电路"从待求解电路中移去，形成二端网络N_S。根据二端网络N_S电路图，分析计算戴维南开路电压。

在电路分析中，一般"外电路"指的是含有待求量的支路、元件或部分电路。

2）令二端网络N_S中所有的独立电源为零，并画出其无源网络N_0电路图。计算无源二端网络N_0的戴维南等效电阻。

3）画出二端网络N的戴维南等效电路，并与移去的外接电路连接，分析计算待求量。

例2-14　电路如图2-30所示，已知各电阻为$R_1 = 3\Omega$，$R_2 = 6\Omega$，$R_3 = 5\Omega$，电压源$U_{S1} = 6V$，$U_{S2} = 30V$。试用戴维南定理求通过电阻R_3上的电流I。

解　求解此题分三个步骤完成：

第一步计算戴维南等效电路中的电压

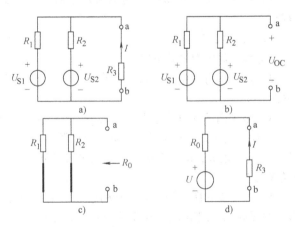

图2-30　例2-14图

a）例1-14电路图　b）求开路电压

c）求戴维南等效电阻　d）戴维南等效电路求待求量

源 U_{OC} 参数值。在图 2-30a 电路中，因电阻 R_3 上的电流 I 为题中的待求量，所以，可以将电阻 R_3 元件视为"外电路"，从图 2-30a 中移去，形成计算开路电压 U_{OC} 的二端网络电路，如图2-30b 所示。

第二步计算戴维南等效电阻 R_0。令二端网络图 2-30b 中所有独立电源为零，得到求解戴维南等效电阻的电路图 2-30c。

第三步计算题中待求量 I。根据戴维南定理和图 2-30b、c 计算出的开路电压 U_{OC} 和等效电阻 R_0，画出戴维南等效电路，并与"外电路"（即：移去的电阻 R_3）连接，形成电路图 2-30d。

分析计算过程如下：

（1）求开路电压 U_{OC}　电路如图 2-30b 所示，因电路 a、b 端开路，所以有

$$U_{OC} = \frac{U_{S1} - U_{S2}}{R_1 + R_2}R_2 + U_{S2} = \left(\frac{6-30}{3+6} \times 6 + 30\right)\mathrm{V} = 14\mathrm{V}$$

（2）求等效电阻 R_0　电路如图 2-30c 所示，电压源为零用短路替代，其解为

$$R_0 = \frac{R_1 R_2}{R_1 + R_2} = \left(\frac{3 \times 6}{3+6}\right)\Omega = 2\Omega$$

（3）用戴维南等效电路计算待求量 I　电路如图 2-30d 所示，有

$$I = \frac{-U_{OC}}{R_0 + R_3} = \left(-\frac{14}{2+5}\right)\mathrm{A} = -2\mathrm{A}$$

注意：用戴维南定理分析计算题时，一般分三步完成（求开路电压、求等效电阻和用戴维南等效电路计算待求量），但每一步的分析都是根据所对应的电路图进行求解，因此，用戴维南定理求解电路时，首先是正确地画出解题过程中所需要的电路图，根据具体的电路和所掌握的电路分析知识，确定求解对应电路变量的方法。

戴维南定理仅提供了分析求解电路的思维方式和解题步骤，但具体各变量参数的计算方法则与前面的各章节知识点有关。

例 2-15　电路如图 2-31 所示，已知各电阻为 $R_1 = 4\Omega$，$R_2 = 6\Omega$，$R_3 = 12\Omega$，$R = 7\Omega$，电流源 $I_S = 3\mathrm{A}$，电压源 $U_{S1} = 9\mathrm{V}$，$U_{S2} = 45\mathrm{V}$。试用戴维南定理求电流 I。

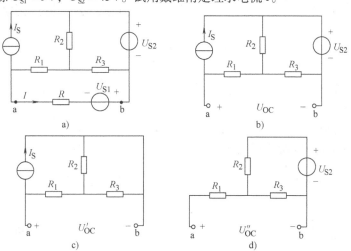

图 2-31　例 2-15 电路及开路电压分析计算图

a）例 2-15 图　b）开路电压分析图　c）图 b 中电流源 I_S 单独作用图　d）图 b 中电压源 U_{S2} 单独作用图

解 移去电阻 R 串联电压源 U_{S1} 支路形成有源二端网络，如图 2-31b 所示。

（1）求开路电压 U_{OC}　用叠加定理分析计算 U_{OC}，如图 2-31c、d 所示。

由图 2-31c 得

$$U_{OC}' = -(R_2//R_3 + R_1)I_S = \left[-\left(\frac{6\times12}{6+12}+4\right)\times3\right]V = -24V$$

由图 2-31d 得

$$U_{OC}'' = \frac{U_{S2}}{R_2+R_3}R_3 = \left(\frac{45}{12+6}\times12\right)V = 30V$$

叠加得

$$U_{OC} = U_{OC}' + U_{OC}'' = 6V$$

（2）求等效电阻 R_0　令图 2-31b 中所有独立电源为零，如图2-32a 所示。

$$R_0 = R_1 + R_2//R_3 = \left(4+\frac{6\times12}{6+12}\right)\Omega = 8\Omega$$

（3）用戴维南等效电路计算待求量电流 I　戴维南等效电路如图 2-32b 所示，得

$$I = \frac{U_{OC}+U_{S1}}{R_0+R} = \left(-\frac{6+9}{8+7}\right)A = 1A$$

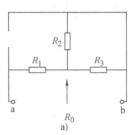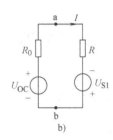

图 2-32　戴维南定理分析电路

a）求等效电阻 R_0　b）戴维南等效电路

例 2-16　图 2-33 中二端网络 N_S 是有源网络，若将两个完全相同的有源二端网络 N_S 连接成图 2-33a 时，测得电流 $I=2A$；连接如图 2-33b 时，测得 $I'=2A$。已知：$R_1=6\Omega$，$R=4\Omega$。试求图 2-33c 中的电流 I。

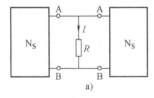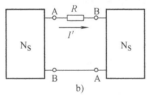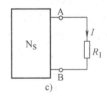

图 2-33　例 2-16 图

解　设有源二端网络 N_S 的等效电路为戴维南等效电路，如图 2-34 所示。

由图 2-33a 可等效为图 2-35a，用电源模型等效变换法解图 2-35a（如图 2-25 所示），解得

$$I_S = \frac{U_{OC}}{R_0}$$

$$I = \frac{\dfrac{R_0}{2}}{\dfrac{R_0}{2}+R}\times2I_S = 2A$$

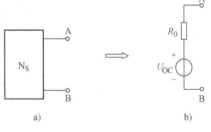

图 2-34　二端网络 N_S 的等效电路

a）有源二端网络 N_S　b）戴维南等效电路

得 $$\frac{U_{\text{OC}}}{R_0 + 8} = 1\text{A} \tag{2-23}$$

由图 2-33b 可等效为图 2-36，得

$$I' = \frac{2U_{\text{OC}}}{2R_0 + R} = 2\text{A}$$

$$\frac{U_{\text{OC}}}{2R_0 + 4} = 1\text{A} \tag{2-24}$$

联立解式（2-23）与式（2-24）得

$$\left.\begin{array}{l} R_0 = 4\Omega \\ U_{\text{OC}} = 12\text{V} \end{array}\right\} \tag{2-25}$$

由图 2-33c 和式（2-25）参数得图 2-37，解为

$$I = \frac{U_{\text{OC}}}{R_0 + R_1} = \frac{12}{4 + 6}\text{A} = 1.2\text{A}$$

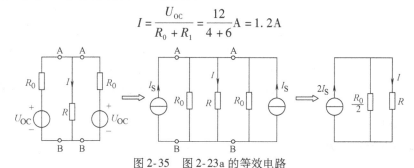

图 2-35　图 2-23a 的等效电路

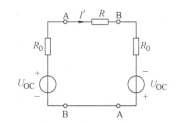

图 2-36　图 2-33b 的等效电路

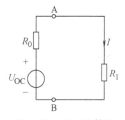

图 2-37　图 2-33c 的等效电路

例 2-17　电路如图 2-38 所示，已知各电阻为 $R_1 = R_S = 4\Omega$，$R_2 = 3\Omega$，$R_3 = 5\Omega$，$R = 7\Omega$，电压源 $U_s = 24\text{V}$。试用戴维南定理计算电阻 R 上的电压 U。

解　注意题中含有受控电流源。

（1）求开路电压 U_{OC}　用等效变换法分析计算 U_{OC}，如图 2-39 所示。根据图 2-39d 列 KVL 方程，得

$$(2 + R_2 + 5)I_2 + 10I_2 - 12 = 0$$

$$I_2 = \frac{12}{20}\text{A} = 0.6\text{A}$$

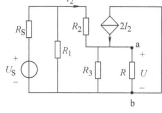

图 2-38　例 2-17 图

所以 $$U_{\text{OC}} = 10I_2 + 5I_2 = (15 \times 0.6)\text{V} = 9\text{V}$$

（2）求等效电阻 R_0　当图 2-39a 中所有独立电源为零时，电路如图 2-40a 所示。由于电路中含有受控电源，因此，等效电阻 R_0 的分析计算时，不能直接用电阻串、并联法，需要用外加电源法或开短路法进行分析计算。

方法一：外加电源法

外加电源法又可分为：外加电压源法和外加电流源法。下面用外加电压源法进行计算等效电

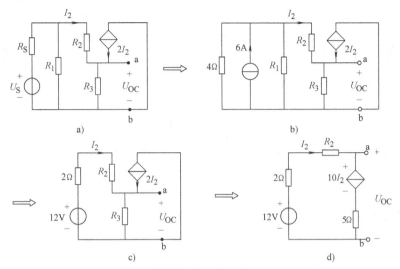

图 2-39 等效变换法求开路电压 U_{OC}

a）求开路电压电路图   b）图 a 中电压源 U_S 串联 R_S 等效变换图

c）图 b 中 6A 电流源并联 4Ω 和 R_1 的等效变换图   d）图 c 中受控电流源并联 R_3 的等效变换图

阻 R_0，如图 2-40b 所示。

根据图 2-40b 列 KCL 方程，得

$$I_{ss} = I_3 - I_2 - 2I_2 = I_3 - 3I_2$$

其中

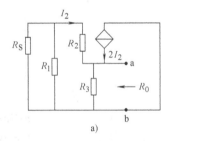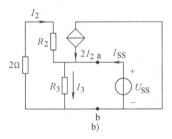

图 2-40 等效电阻与外加电源法的电路

a）求等效电阻 R_0 的电路   b）外加电压源法求 R_0 的电路

$$\begin{cases} I_3 = \dfrac{U_{ss}}{R_3} = \dfrac{1}{5}U_{ss} \\ I_2 = \dfrac{-U_{ss}}{2 + R_2} = -\dfrac{1}{5}U_{ss} \end{cases}$$

则

$$I_{ss} = \left(\frac{1}{5} + \frac{3}{5} \right)U_{ss} = \frac{4}{5}U_{ss}$$

所以

$$R_0 = \frac{U_{ss}}{I_{ss}} = \frac{5}{4}\Omega = 1.25\Omega$$

方法二：开短路法

图 2-39a 中的开路电压为

$$U_{\text{OC}} = 9\text{V}$$

将图 2-39a 的 a、b 端口短路，如图 2-41 所示，计算短路电流 I_{SC}。

因 a、b 端短路，所以有

$$I_2 = \frac{U_\text{S}}{R_\text{S} + R_1 // R_2}\ (R_1 // R_2)\ \frac{1}{R_2} = \left(\frac{24}{4 + \frac{4 \times 3}{4 + 3}} \times \left(\frac{4 \times 3}{4 + 3}\right) \times \frac{1}{3}\right)\text{A} = 2.4\text{A}$$

由 KCL 得

$$I_{\text{SC}} = I_2 + 2I_2 = 7.2\text{A}$$

所以

$$R_0 = \frac{U_{\text{OC}}}{I_{\text{SC}}} = \left(\frac{9}{7.2}\right)\Omega = 1.25\Omega$$

（3）用戴维南等效电路计算待求量电压 U　根据所示图 2-42 得

$$U = \frac{U_{\text{OC}}}{R_0 + R}R = \left(\frac{9}{1.25 + 7} \times 7\right)\text{V} \approx 7.64\text{V}$$

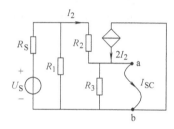　　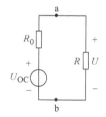

　　图 2-41　开短路法求等效电阻　　　　图 2-42　戴维南等效电路

2.6.2　诺顿定理

　　诺顿定理：任何一个线性有源二端网络 N_S，对外电路来说，总可以用一个电流源和电阻并联组合等效代替，该电流源等于原二端网络 N_S 端口处的短路电流，电阻等于该网络 N_S 中全部独立电源置零后端口处的输入电阻，如图 2-43 所示。

　　假设在二端网络 N_S 的端口加一个电压源 U_S，如图 2-44a 所示，对于电压源 U_S 而言，二端网络 N_S 可等效为图 2-44b。并且有

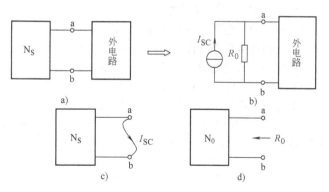

图 2-43　诺顿定理

a）线性有源网络　b）诺顿等效电路

c）有源二端网络 N　d）无源二端网络 N_0

$$I = I_{\text{SC}} - \frac{U_\text{S}}{R_0} \tag{2-26}$$

下面用叠加定理来证明图 2-44a 与 b 对于电压源 U_S 上的电流 I 是等效的，从而证明诺顿定理。

图 2-44c 是电压源 U_S 为零，二端网络 N 中的独立源作用时的叠加电路图，电压源 U_S 置零可用短路线等效替代，得到短路电流 I_{SC}，有

$$I' = I_{SC}$$

图 2-44d 是二端网络 N_0 中的所有独立源为零，电压源 U_S 单独作用时的叠加电路图，则有

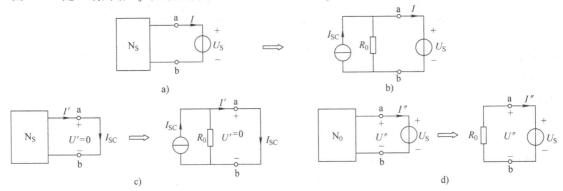

图 2-44　诺顿定理的证明

a）二端网络 N_S 外接电压源 U_S　b）图 a 的诺顿等效电路

c）图 b 中电流源 I_{SC} 单独作用等效电路　d）图 b 中电压源 U_S 单独作用等效电路

$$I'' = -\frac{U_S}{R_0}$$

根据叠加定理，有

$$I = I' + I'' = I_{SC} - \frac{U_S}{R_0} \tag{2-27}$$

因式（2-27）与式（2-26）相同，得证诺顿定理。

诺顿定理应用时，需**注意**以下几点：

1）电流源与电阻并联电路称为诺顿等效电路，其等效电路中的电阻称为诺顿等效电阻。

2）诺顿等效电路替代二端网络 N_S，只对外电路等效。

3）诺顿等效电路中电流源大小、方向由二端网络 N_S 的短路电流所决定。

例如，图 2-43c 短路电流的计算决定了电流源 I_{SC} 大小和参考方向。

4）等效电阻的计算与戴维南定理中的等效电阻分析方法相同。

一般在 $R_0 \neq 0$ 和 $R_0 \neq \infty$ 的条件下，诺顿等效电路和戴维南等效电路之间可以等效变换。如图 2-45 所示。

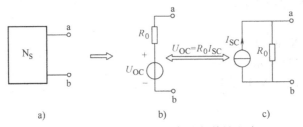

图 2-45　戴维南等效电路与诺顿等效电路

a）有源二端网络　b）戴维南等效电路　c）诺顿等效电路

例 2-18　试用诺顿定理解例 2-14 题中的电流 I。

解　（1）求短路电流 I_{SC}　电路如图 2-46b
所示，得

$$I_{SC} = \frac{U_{S1}}{R_1} + \frac{U_{S2}}{R_2} = \left(\frac{6}{3} + \frac{30}{6} \right) A = 7A$$

（2）求等效电阻 R_0　电路如图 2-46c 所
示，得

$$R_0 = \frac{R_1 R_2}{R_1 + R_2} = 2\Omega$$

（3）用诺顿等效电路计算电流 I　电路如
图 2-46d 所示，有

$$I = -(R_0 /\!/ R_3) I_{SC} \frac{1}{R_3} = -2A$$

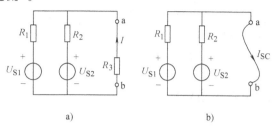

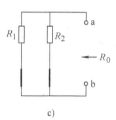 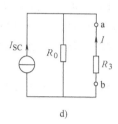

图 2-46　例 2-18 图

a）例 1-18 电路图　b）求短路电流

c）求诺顿等效电阻　d）诺顿等效电路求电流 I

例 2-19　电路如图 2-47 所示，已知各电
阻为 $R_1 = 2\Omega$，$R_2 = 5\Omega$，$R_3 = 6\Omega$，$R_4 = 5\Omega$，电
压源 $U_S = 10V$，电流源 $I_S = 2A$，试分别用戴维
南定理和诺顿定理求电阻 R_2 中的电流 I_2 及所
消耗的功率。

解　方法一：戴维南定理

（1）求开路电压 U_{OC}　根据图 2-48a，得

$$U_{OC} = U_S + R_1 I_S = (10 + 2 \times 2) V = 14V$$

（2）求等效电阻 R_0　根据图 2-48b，得

$$R_0 = R_1 = 2\Omega$$

（3）用戴维南等效电路计算电流 I_2　根据图 2-48c，得

$$I_2 = \frac{U_{OC}}{R_0 + R_2} = \frac{14}{2 + 5} A = 2A$$

方法二：诺顿定理

（1）求短路电流 I_{SC}　根据图 2-49a，用叠加定理，得

$$I_{SC} = \frac{U_S}{R_1} + I_S = \left(\frac{10}{2} + 2 \right) A = 7A$$

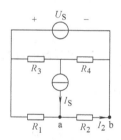

图 2-47　例 2-19 图

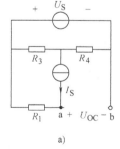 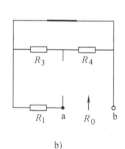 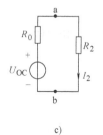

a）　　　　　　b）　　　　　　c）

图 2-48　戴维南定理

a）开路电压　b）等效电阻　c）戴维南等效电路

（2）求出等效电阻 $R_0 = 2\Omega$。

（3）用诺顿等效电路计算电流 I_2 根据图 2-49b，得

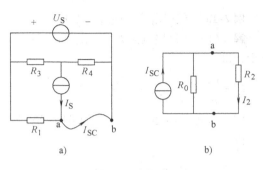

$$I_2 = \frac{R_0}{R_0 + R_2}I_S = \frac{2}{2+5} \times 7\text{A} = 2\text{A}$$

所以电阻 R_2 消耗的功率为

$$P = R_2 I_2^2 = 5 \times 2^2\text{W} = 20\text{W}$$

例 2-20 电路如图 2-50 所示，已知各电阻为 $R_1 = 5\text{k}\Omega$，$R_2 = 20\text{k}\Omega$，$R = 2.5\text{k}\Omega$，电压源 $U_S = 40\text{V}$。试用诺顿定理求电阻 R 上的端电压 U。

图 2-49 诺顿定理
a）短路电流 b）诺顿等效电路

解 （1）求短路电流 I_{SC} 当图 2-50 的 a、b 端短路时，得到图 2-51，有

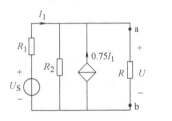

图 2-50 例 2-20 图

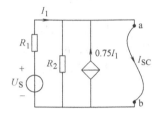

图 2-51 短路电流 I_{SC}

$$I_1 = \frac{U_S}{R_1} = \frac{40}{5 \times 10^3}\text{A} = 8\text{mA}$$

$$I_{SC} = I_1 + 0.75I_1 = 1.75I_1 = 14\text{mA}$$

（2）求等效电阻 R_0 用开短路法求等效电阻 R_0。列图 2-52 所示电路的 KVL 方程，得

$$(R_1 + R_2)I_1 + 0.75R_2 I_1 - U_S = 0$$

解得电流

$$I_1 = 1\text{mA}$$

则开路电压 U_{OC} 为

$$U_{OC} = U_S - R_1 I_1 = (40 - 5 \times 1)\text{V} = 35\text{V}$$

根据开路电压 $U_{OC} = 35\text{V}$ 和短路电流 $I_{SC} = 14\text{mA}$，得

$$R_0 = \frac{U_{OC}}{I_{SC}} = \frac{35}{14 \times 10^{-3}}\Omega = 2.5\text{k}\Omega$$

（3）用诺顿等效电路计算电压 U 根据图 2-53 诺顿等效电路，得

$$U = R\frac{I_{SC}}{2} = 2.5 \times 10^3 \times \frac{14 \times 10^{-3}}{2}\text{V} = 17.5\text{V}$$

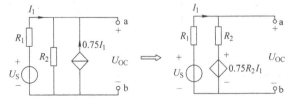

图 2-52 开短路法求等效电阻

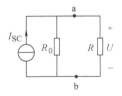

图 2-53 诺顿等效电路

2.7 最大功率传输定理

电子电路分析中，常常讨论负载获得最大功率的问题。任意一个线性有源二端网络对于所连接的外负载而言，总可以用戴维南等效电路来替代。因此，最大功率传输定理论述了负载在什么条件下，能从戴维南等效电压源中获得最大功率。

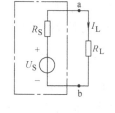

图 2-54　电压源模型与负载 R_L 串联电路

最大功率传输定理：设有一个电压源模型与一个电阻负载相接，当负载电阻等于电压源模型的内电阻时，则负载能从电压源模型中获得最大功率。

如图 2-54 所示。当 $R_L = R_S$ 时，负载 R_L 能获得最大功率。这时的电路常称电压源模型与负载相匹配。

下面证明当 $R_L = R_S$ 时，负载 R_L 能获得最大功率。

图 2-54 电路中负载 R_L 中的电流 I_L 为

$$I_L = \frac{U_S}{R_S + R_L}$$

则负载功率为

$$P_L = R_L I_L^2 = \frac{R_L U_S^2}{(R_S + R_L)^2}$$

设负载上可获得最大功率 P_{Lmax}，则有

$$\frac{dP_L}{dR_L} = 0$$

即

$$\frac{dP_L}{dR_L} = \frac{d}{dR_L}\left[\frac{R_L U_S^2}{(R_S + R_L)^2}\right] = \frac{(R_S + R_L)^2 - 2R_L(R_S + R_L)}{(R_S + R_L)^4} U_S^2 = 0$$

$$(R_S + R_L)^2 - 2R_L(R_S + R_L) = 0$$

得证
$$R_L = R_S \tag{2-28}$$

式（2-28）为负载 R_L 上获得最大功率的条件。

负载上获得最大功率为

$$P_{Lmax} = \frac{U_S^2}{4R_L} \tag{2-29}$$

式（2-29）为负载 R_L 上获得最大功率的分析计算式。

例 2-21　电路如图 2-55 所示，已知各电阻为 $R_1 = 6\Omega$，$R_2 = 3\Omega$，电压源 $U_S = 9V$，试求：（1）当电阻 R_L 为多少时可获得最大功率，并求电阻 R_L 上的最大功率。（2）如果电阻 $R_L = 3\Omega$，则电阻 R_L 消耗的功率是多少？

解　根据图 2-55b 求开路电压 U_{OC}，得

$$U_{OC} = 6I + R_2 I = 6 + R_2 \frac{U_S}{R_1 + R_2}$$

$$= 9 \times \frac{9}{6 + 3} V = 9V$$

根据图 2-55c 求短路电流 I_{SC}，得

$$6I = -3I$$

所以

$$I = 0$$

$$I_{SC} = \frac{U_S}{R_1} = \frac{9}{6}\text{A} = 1.5\text{A}$$

根据开路电压 $U_{OC} = 9\text{V}$ 和短路电流 $I_{SC} = 1.5\text{A}$，得等效电阻 R_0

$$R_0 = \frac{U_{OC}}{I_{SC}} = 6\Omega$$

（1）获得最大功率时的电阻 R_L 值及最大功率　根据最大功率传输定理，得

$$R_L = R_0 = 6\Omega$$

$$P_{Lmax} = \frac{U_{OC}^2}{4R_0} = \frac{9^2}{4 \times 6}\text{W} = 3.375\text{W}$$

（2）电阻 $R_L = 3\Omega$ 消耗的功率

$$P_L = \left(\frac{U_{OC}}{R_0 + R_L}\right)^2 R_L = \left(\frac{9}{6+3}\right)^2 \times 3\text{W} = 3\text{W}$$

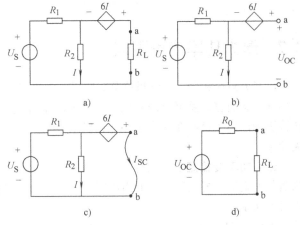

图 2-55　例 2-21 图

a）例 2-21 图　b）开路电压

c）短路电流　d）戴维南等效电路

2.8　综合计算与分析

例 2-22　试用电源模型等效变换法，求如图 2-56a 所示电路中电阻 R_L 获得最大功率时的电流 I 及电阻 R_L 参数和最大功率。

解　电源模型等效变换法分析求解图 2-56a 电路如图 2-56b、c、d、e、f、g 所示。由式（2-28）得电阻 R_L 参数为

$$R_L = 2\Omega$$

电阻 R_L 获得最大功率时的电流 I 为

$$I = \frac{8}{2+2}\text{A} = 2\text{A}$$

则电阻 R_L 的最大功率 P_{Lm} 为

$$P_{Lm} = R_L I^2 = 2 \times 2^2\text{W} = 8\text{W}$$

综合分析：

（1）图 2-56a 分析　虽然本题要求用"等效变换法"求解，但这不是题中的唯一知识点。

图 2-56a 中 16V 电压源并联 5Ω 电阻、7A 电流源串联 10Ω 电阻、3A 电流源串联 8V 电压可等效为电源，如图 2-56b 所示。

5 个 8Ω、4Ω、4Ω、2Ω、20Ω 电阻构成电桥电路，并且满足平衡电桥条件，则 20Ω 电阻支路电流为零，等效为开路，如图 2-56b 所示。

（2）电源、电阻等效分析　图 2-56b 中的电流源模型等效变换为电压源模型；两个 7A、3A 电流源并联等效为一个 4A 电流源模型；电阻并联等效计算，如图 2-56c 所示。

（3）电源模型的等效变换　图 2-56c 电路中同时存在有三个电源模型，即两个电压源模型和一个电流源模型。用电源模型等效变换法分析题时，注意电源模型之间的连接方式。一般，电压源模型并联电流源模型，则电压源模型等效变换为电流源模型，如图 2-56d 所示；电压源模型串

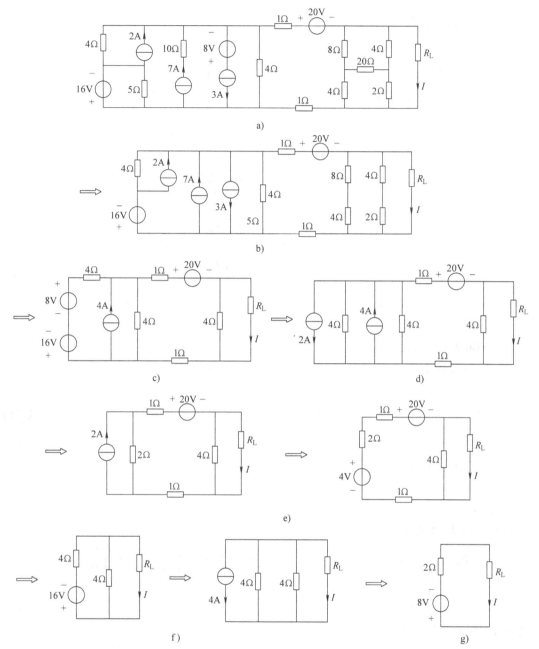

图 2-56　等效变换法求解例 2-22 图

a）例 2-22 图　　b）电源电路、平衡电桥等效电路　　c）串并联等效变换电路

d）等效变换　　e）等效变换　　f）等效变换　　g）最大功率分析电路

联电流源模型，则电流源模型等效变换为电压源模型，如图 2-56e 所示。

例 2-23　试用结点电压法列出求如图 2-57a 所示电路中：（1）电流 I_1、I_2 表达式；（2）电压 U_{R2}、U_{R4} 表达式；（3）电路中电阻元件消耗的总功率 P_R 表达式和电源元件提供的总功率 P_S 表达式。

解　设图 2-57a 电路中的参考电位点及各图中结点的电压变量，如图 2-57b 所示。列图 2-57b 中各结点的 KCL 方程为

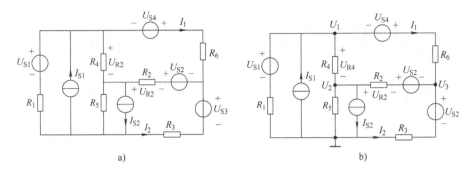

图 2-57 例 2-23 图及结点电压法图

a）例 2-23 图 b）以结点电压为变量的电路图

$$\begin{cases} \dfrac{U_1 - U_{S1}}{R_1} - I_{S1} + \dfrac{U_1 - U_2}{R_4} + \dfrac{U_1 + U_{S1} - U_3}{R_6} = 0 \\[2mm] \dfrac{U_2 - U_1}{R_4} + I_{S2} + \dfrac{U_2}{R_5} + \dfrac{U_2 - U_{S2} - U_3}{R_2} = 0 \\[2mm] \dfrac{U_3 - U_{S4} - U_1}{R_6} + \dfrac{U_3 - U_2 + U_{S2}}{R_2} + \dfrac{U_3 - U_{S3}}{R_3} = 0 \end{cases} \tag{2-30}$$

联立求解 KCL 方程组可得结点电压 U_1、U_2、U_3 值。

（1）I_1、I_2 的表达式

$$\begin{cases} I_1 = \dfrac{U_1 + U_{S1} - U_3}{R_6} \\[2mm] I_2 = -\dfrac{U_3 - U_{S3}}{R_3} \end{cases} \tag{2-31}$$

（2）U_{R2}、U_{R4} 表达式

$$\begin{cases} U_{R2} = U_2 - U_{S2} - U_3 \\[1mm] U_{R4} = U_2 - U_2 \end{cases} \tag{2-32}$$

（3）P_R 和 P_S 表达式　电阻元件消耗的总功率 P_R 式为

$$P_R = R_1\left(\dfrac{U_1 - U_{S1}}{R_1}\right)^2 + R_4\left(\dfrac{U_1 - U_2}{R_4}\right)^2 + R_6 I_1^2 + R_2\left(\dfrac{U_{R2}}{R_2}\right)^2 + R_3 I_2^2 + R_5\left(\dfrac{U_2}{R_5}\right)^2$$

$$= \dfrac{(U_1 - U_{S1})^2}{R_1} + \dfrac{(U_1 - U_2)^2}{R_4} + R_6 I_1^2 + \dfrac{U_{R2}^2}{R_2} + R_3 I_2^2 + \dfrac{U_2^2}{R_5} \tag{2-33}$$

电源元件提供的总功率 P_S 式为

$$P_S = \dfrac{U_{S1} - U_1}{R_1} U_{S1} + I_{S1} U_1 + I_1 U_{S4} + I_2 U_{S3} - I_{S2} U_2 \tag{2-34}$$

综合分析：

（1）结点电压法　用结点电压法时，其 KCL 方程中的变量是结点电压。如图 2-57 电路中的求解电量是电流、电压 U_{R2}、U_{R4} 和功率，即"结点电压法"规定了 KCL 方程中的变量是"结点电压"，与题意的待求量无关，但题意要求计算的各个电量，可以通过结点电压分析求解出来，如式（2-31）、式（2-32）、式（2-33）、式（2-34）所示。

（2）KCL 方程　在应用结点电压法列 KCL 方程时，不一定要"死记硬套"式（2-11），可直接应用电路的基本定律（KCL、KVL）、基本元件特性（欧姆定律）推导出结点的 KCL 方程

式。如式（2-30）所示，设定流出结点电流的参考方向为"正"，运用 KVL 和欧姆定律写出流出各支路电流表达式，从而列出结点的 $\sum\limits_{k=1}^{n} I_k = 0$ 方程式。

例 2-24 已知图 2-58a 所示电路中电阻 $R_1 = 5\Omega$，$R_2 = 10\Omega$，$R_3 = 3\Omega$，$R_4 = 15\Omega$，$R_5 = 10\Omega$，电压源 $U_{S1} = 1V$，$U_{S2} = 9V$，电流源 $I_{S1} = 6A$，$I_{S2} = 1A$，试用结点电压法列出求电流 I_1、I_2。

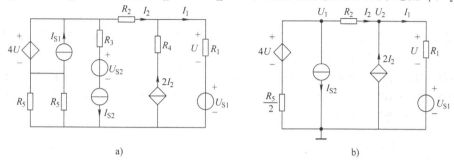

a)   b)

图 2-58 例 2-24 图及结点电压法图

a）例 2-24 图 b）以结点电压为变量的等效电路图

解 根据图 2-58a 的等效电路图 2-58b，列各结点的 KCL 方程为

$$\begin{cases} \dfrac{U_1 - 4U}{0.5R_5} + I_{S2} + \dfrac{U_1 - U_2}{R_2} = 0 \\[3mm] \dfrac{U_2 - U_1}{R_2} - 2I_2 + \dfrac{U_2 - U_{S1}}{R_1} = 0 \end{cases} \tag{2-35}$$

辅助方程式

$$\begin{cases} U = U_2 - U_{S1} \\[3mm] I_2 = \dfrac{U_1 - U_2}{R_2} \end{cases} \tag{2-36}$$

将方程组（2-36）代入方程组（2-35）得

$$\begin{cases} \dfrac{U_1 - 4U_2 + 4U_{S1}}{0.5R_5} + I_{S2} + \dfrac{U_1 - U_2}{R_2} = 0 \\[3mm] \dfrac{U_2 - U_1}{R_2} - \dfrac{2U_1 - 2U_2}{R_2} + \dfrac{U_2 - U_{S1}}{R_1} = 0 \end{cases} \tag{2-37}$$

将已知参数代入式（2-37）得

$$\begin{cases} \dfrac{U_1 - 4U_2 + 4V}{0.5 \times 10\Omega} + 1A + \dfrac{U_1 - U_2}{10\Omega} = 0 \\[3mm] \dfrac{U_2 - U_1}{10\Omega} - \dfrac{2U_1 - 2U_2}{10\Omega} + \dfrac{U_2 - U_{S1}}{5\Omega} = 0 \end{cases}$$

解之

$$\begin{cases} U_1 = 6V \\ U_2 = 4V \end{cases}$$

则电流 I_1、I_2 为

$$\begin{cases} I_1 = \dfrac{U_2 - U_{S1}}{R_1} = \dfrac{4-1}{5}A = 0.6A \\[3mm] I_2 = \dfrac{U_1 - U_2}{R_2} = \dfrac{6-4}{10}A = 0.2A \end{cases}$$

综合分析:

（1）受控电源　受控源在电路分析等效运算中，在一定的条件下，常常具有与独立电源相同的等效概念。如图2-58a中，$4U$受控电压源并联I_{S1}电流源，则对外电路可等效为$4U$受控电压源；$2I_2$受控电流源串联电阻R_4，则对外电路可等效为$2I_2$受控电流源，如图2-58b所示。

（2）结点电压法　当电路含有受控源时，常常要通过控制量支路列出相关的辅助方程式，如式（2-36）所示。

式（2-35）没有用式（2-11），而是直接应用电路的基本定律、基本元件特性，以结点电压为变量，列各结点的KCL方程得出的。

例2-25　电路如图2-59a所示，已知电阻$R_1 = R_2 = 10\Omega$，$R_3 = 5\Omega$，$R_4 = 3\Omega$，$R_5 = 2\Omega$，电压源$U_{S1} = 50\text{V}$，$U_{S2} = 10\text{V}$，$U_{S3} = 5\text{V}$，试用网孔电流法求：（1）各支路电流；（2）结点电压U_1、U_2、U_3；（3）受控源吸收的功率。

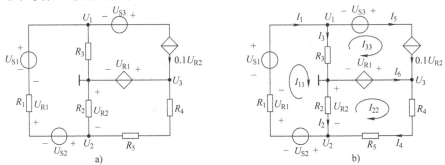

图2-59　例2-25图及网孔电流法图
a）例2-25图　b）以网孔电流为变量的电路图

解　设图2-59a中各变量的参考方向，如图2-59b所示。
列网孔电流方程为

$$\begin{cases} R_1 I_{11} - U_{S1} + R_3(I_{11} - I_{33}) + R_2(I_{11} - I_{22}) + U_{S2} = 0 \\ (R_4 + R_5)I_{22} + R_2(I_{22} - I_{11}) - U_{R1} = 0 \\ I_{33} = 0.1 U_{R2} \end{cases} \qquad (2\text{-}38)$$

辅助方程式

$$\begin{cases} U_{R1} = R_1 I_{11} \\ U_{R2} = R_2(I_{11} - I_{22}) \end{cases} \qquad (2\text{-}39)$$

将方程组（2-39）代入方程组（2-38）得

$$\begin{cases} R_1 I_{11} - U_{S1} + R_3(I_{11} - I_{33}) + R_2(I_{11} - I_{22}) + U_{S2} = 0 \\ (R_4 + R_5)I_{22} + R_2(I_{22} - I_{11}) - R_1 I_{11} = 0 \\ I_{33} = 0.1 R_2(I_{11} - I_{22}) \end{cases} \qquad (2\text{-}40)$$

将已知参数代入式（2-40）得

$$\begin{cases} 10 I_{11} - 50\text{V} + 5(I_{11} - I_{33}) + 10(I_{11} - I_{22}) + 10\text{V} = 0 \\ (3 + 2)I_{22} + 10(I_{22} - I_{11}) - 10 I_{11} = 0 \\ I_{33} = 0.1 \times 10(I_{11} - I_{22}) \end{cases}$$

解之

$$\begin{cases} I_{11} = 3\mathrm{A} \\ I_{22} = 4\mathrm{A} \\ I_{33} = -1\mathrm{A} \end{cases}$$

（1）各支路电流

$$\begin{cases} I_1 = I_{11} = 3\mathrm{A} \\ I_2 = I_{11} - I_{22} = (3-4)\mathrm{A} = -1\mathrm{A} \\ I_3 = I_{11} - I_{33} = [3-(-1)]\mathrm{A} = 4\mathrm{A} \\ I_4 = I_{22} = 4\mathrm{A} \\ I_5 = I_{33} = -1\mathrm{A} \\ I_6 = I_{22} - I_{33} = [4-(-1)]\mathrm{A} = 5\mathrm{A} \end{cases} \tag{2-41}$$

（2）结点电压 U_1、U_2、U_3

$$\begin{cases} U_1 = R_3 I_3 = (5 \times 4)\mathrm{V} = 20\mathrm{V} \\ U_2 = -R_2 I_2 = -[10 \times (-1)]\mathrm{V} = 10\mathrm{V} \\ U_3 = U_{R1} = R_1 I_{11} = 10 \times 3\mathrm{V} = 30\mathrm{V} \end{cases} \tag{2-42}$$

（3）受控源吸收的功率　U_{R1} 受控电压源吸收功率 P_1 为

$$P_1 = -I_6 U_{R1} = -I_6 U_3 = -(5 \times 30)\mathrm{W} = -150\mathrm{W} \tag{2-43}$$

$0.1U_{R2}$ 受控电流源吸收功率 P_2 为

$$P_2 = 0.1U_{R2}(U_1 - U_3 + U_{S3}) = [0.1 \times (-10)(20-30+5)]\mathrm{W} = 5\mathrm{W} \tag{2-44}$$

即 U_{R1} 受控电压源提供 150W 功率；$0.1U_{R2}$ 受控电流源消耗 5W 功率。

综合分析：

（1）网孔电流法　网孔电流法是以网孔电流为变量，列网孔回路的 KVL 方程。注意是假设网孔回路中有一个回路电流变量。

本题直接应用元件特性和 KVL 写出网孔电流方程式（2-38），没有套用式（2-18）来完成。可见，只要掌握了基本元件特性和电路基本定律（即 KCL、KVL），根据网孔电流法的基本概念，不难写出网孔电流法的 KVL 方程。

注意：本题各支路电流和各结点电压是待求量，但这些待求量不能使用支路电流法或结点电压法进行分析计算，只能通过解得的网孔电流参数，根据电路结构和 KCL、KVL 等分析计算，如式（2-41）、式（2-42）。

（2）受控电源的功率　通过本题对受控电源功率的分析计算可见，受控电源与独立电源具有相同的功率特性，即在电路中可能提供功率，也可能消耗功率，如式（2-43）、式（2-44）所示。

受控电压源中电流的大小和方向由外接电路所决定，如图 2-59b 所示电路中流过 U_{R1} 受控电压源的电流 I_6 由外接电路所决定。

受控电流源两端电压的大小和方向由外接电路所决定，如图 2-59b 所示电路中 $0.1U_{R2}$ 受控电流的端电压由外接电路所决定，所以，$0.1U_{R2}$ 受控电流源串联 U_{S3} 电压源电路，在计算受控电源功率时，不能等效为 $0.1U_{R2}$ 受控电流源电路，因为等效变换后虽不改变受控电流源输出电流的大小和方向，但要改变受控电流源的端电压的大小，从而改变受控电源的功率大小。这就是常说的"对外等效，对内不等效"的概念。

例 2-26　在图 2-60 所示电路中，已知 $R_1 = 2\Omega$，$R_2 = R_3 = R_4 = R_5 = R_6 = 1\Omega$，$I_S = 1\mathrm{A}$，$U_{S1} = 2\mathrm{V}$，$U_{S2} = 4\mathrm{V}$。试用叠加原理求电流 I 和电压 U_{AB}。

解 （1）电压源 U_{S2} 单独作用 因叠加图2-61a所示电路中有

$$R_3 R_5 = R_4 R_6$$

所以

$$I' = 0$$

即图2-61a等效变换为图2-61b。等效图2-61c中电阻 R 为

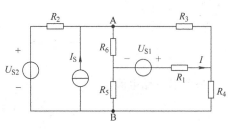

图 2-60 例 2-26 图

$$R = (R_3 + R_4)//(R_5 + R_6) = \frac{2 \times 2}{2 + 2}\Omega = 1\Omega$$

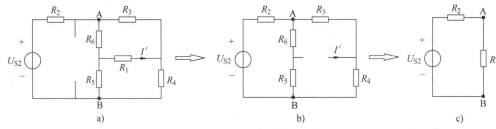

a)　　　　　　　　　　　b)　　　　　　　　　c)

图 2-61 电压源 U_{S2} 单独作用分析计算图

a）电压源 U_{S2} 单独作用电路图　b）电桥平衡等效图　c）图b等效电路图

则

$$U'_{AB} = \frac{U_{S2}}{R_2 + R}R = \frac{4}{1 + 1} \times 1V = 2V$$

（2）电流源 I_S 单独作用 同理，叠加图2-62a等效变换为图2-62b

$$I'' = 0$$

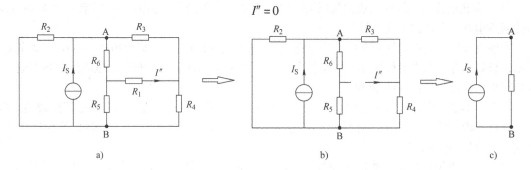

a)　　　　　　　　　　　b)　　　　　　　　　c)

图 2-62 电流源 I_S 单独作用分析计算图

a）电流源 I_S 单独作用电路图　b）电桥平衡等效图　c）图b等效电路图

等效图 2-62c 中电阻 R 为

$$R = (R_3 + R_4)//(R_5 + R_6)//R_2 = 0.5\Omega$$

则

$$U''_{AB} = I_S R = (1 \times 0.5)V = 0.5V$$

（3）电流源 I_S 单独作用 根据对称性 Y－△ 等效变换，由叠加图 2-63a 等效变换为图 2-63b，其Y－△等效变换参数为

$$R_Y = \frac{1}{3}R_2 = \frac{1}{3}\Omega$$

等效图 2-63c 中电阻参数为

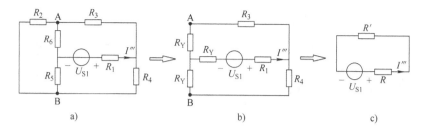

图2-63　电压源 U_{S1} 单独作用分析计算图

a）电压源 U_{S1} 单独作用电路图　b）Y－△等效变换电路图　c）图b等效电路图

$$R' = \frac{1}{2}(R_Y + R_3) = \frac{1}{2} \times \left(\frac{1}{3} + 1\right)\Omega = \frac{2}{3}\Omega$$

$$R = (R_Y + R_1) = \left(\frac{1}{3} + 2\right)\Omega = \frac{7}{3}\Omega$$

则

$$I''' = \frac{U_{S1}}{R + R'} = \frac{2}{\frac{7}{3} + \frac{2}{3}}A \approx 0.67A$$

由图 2-63b 解得

$$U'''_{AB} = 0V$$

叠加为

$$\begin{cases} I = I' + I'' + I''' = (0 + 0 + 0.67)A = 0.67A \\ U_{AB} = U'_{AB} + U''_{AB} + U'''_{AB} = (2 + 0.5 + 0)V = 2.5V \end{cases} \tag{2-45}$$

综合分析：

正确画出叠加图，是应用叠加定理解题的关键第一步，主要是注意叠加概念中的电源处理，即令电压源为"零"时用"短路线"等效替代，电流源为"零"时用"开路"等效替代，如图2-61a、图2-62a、图 2-63a 所示的三个叠加图。

第二步，用所掌握的知识分析计算叠加图。如图2-61b、图2-62b 中含有电桥电路，分析电桥是否平衡（平衡条件：$R_3R_5 = R_4R_6$），根据平衡电桥特性（电桥的中线电流为"零"）进行等效分析；如图2-63b 含有一个对称性△形电路，根据对称性 Y－△等效变换分析计算，从而解出各叠加图中的电量。

第三步，叠加。注意叠加图中各电量的参考方向是否与原图的电量的参考方向是否一致。如图2-61a、图2-62a、图 2-63a 的叠加电量参考方向与原图是一致的（如果一致为"正"，否则为"负"），所以，叠加式（2-45）中各叠加电量为"正"。

例2-27　在图 2-64 所示电路中，已知电流源 $I_{S1} = 3A$，$I_{S2} = 0.15A$，电阻 $R_1 = R_3 = R_5 = 10\Omega$，$R_2 = R_4 = 5\Omega$。试用叠加定理求：（1）当电压源 $U_S = 9V$ 时，电流 I、电压 U_{AB} 是多少？（2）当电压源 $U_S = -9V$ 时，电流 I、电压 U_{AB} 又是多少？

解　（1）电流源 I_{S1} 单独作用　电流源 I_{S1} 单独作用叠加图如图 2-64b 所示。解得

$$U'_{AB} = (R_2 /\!/ R_5)I_{S1} = \frac{5 \times 10}{5 + 10} \times 3V = 10V$$

$$I' = \frac{U'_{AB}}{R_2} = \frac{10}{5}A = 2A$$

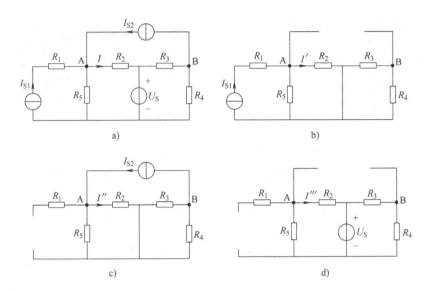

图 2-64　例 2-27 图和叠加定理分析图

a）例 2-27 图　b）电流源 I_{S1} 作用叠加图　c）电流源 I_{S2} 作用叠加图　d）电压源 U_S 作用叠加图

（2）电流源 I_{S2} 单独作用　电流源 I_{S2} 单独作用叠加图如图 2-64c 所示。解得

$$U''_{AB} = \left[\,(R_2 /\!/ R_5) + (R_3 /\!/ R_4)\,\right] I_{S2} = \left(\frac{5 \times 10}{5 + 10} + \frac{10 \times 5}{10 + 5}\right) \times 0.15\mathrm{V} = 1\mathrm{V}$$

$$I'' = \frac{U''_{AB}}{2} \frac{1}{R_2} = \frac{1}{2 \times 5}\mathrm{A} = 0.1\mathrm{A}$$

（3）电压源 U_S 单独作用　电压源 U_S 单独作用叠加图如图 2-64d 所示。

$$U'''_{AB} = \frac{R_3}{R_3 + R_4} U_S - \frac{R_2}{R_2 + R_5} U_S = \frac{10}{10 + 5} U_S - \frac{5}{5 + 10} U_S = \frac{1}{3} U_S$$

$$I''' = -\frac{U_S}{R_2 + R_5} = -\frac{U_S}{(5 + 10)\Omega} = -\frac{U_S}{15\Omega}$$

当电压源 $U_S = 9\mathrm{V}$ 时

$$\begin{cases} U'''_{AB} = \dfrac{1}{3} U_S = \dfrac{1}{3} \times 9\mathrm{V} = 3\mathrm{V} \\[2mm] I''' = -\dfrac{U_S}{15\Omega} = -\dfrac{9}{15}\mathrm{A} = -0.6\mathrm{A} \end{cases} \tag{2-46}$$

当电压源 $U_S = -9\mathrm{V}$ 时

$$\begin{cases} U'''_{AB} = \dfrac{1}{3} U_S = \dfrac{1}{3} \times (-9)\mathrm{V} = -3\mathrm{V} \\[2mm] I''' = -\dfrac{U_S}{15\Omega} = -\dfrac{-9}{15}\mathrm{A} = 0.6\mathrm{A} \end{cases} \tag{2-47}$$

（3）叠加

$$\begin{cases} U_{AB} = U'_{AB} + U''_{AB} + U'''_{AB} \\ I = I' + I'' + I''' \end{cases} \tag{2-48}$$

当电压源 $U_S = 9\mathrm{V}$ 时

$$U_{AB} = (10 + 1 + 3) = 14V$$

$$I = (2 + 0.1 - 0.6)A = 1.5A$$

当电压源 $U_s = -9V$ 时

$$U_{AB} = (10 + 1 - 3)V = 8V$$

$$I = (2 + 0.1 + 0.6)A = 2.7A$$

综合分析：

本题说明了线性电路的两个基本特性，即叠加性和齐次性。如式（2-48）说明线性电路的叠加性；式（2-46）和式（2-47）说明线性电路的齐次性（设 x 为输入电量，y 为输出电量，当输入电量是 x 时，输出 $y = x$，所以输入为 kx 时的输出 $y' = ky = kx$）。

例 2-28 在图 2-65 所示电路中，N_0 为不含独立源的线性电阻网络，已知：电阻 $R = 10\Omega$，（1）当电压源 $U_s = 10V$，电流源 $I_s = 2A$ 时，电阻 R 消耗的功率为 250W；（2）当电压源 $U_s = 20V$，电流源 $I_s = 1A$ 时，电阻 R 消耗的功率为 640W。试求当电压源 $U_s = 30V$，电流源 $I_s = 3A$ 时，电阻 R 消耗的功率。

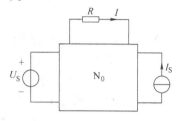

图 2-65 例 2-28 图

解 （1）$U_s = 10V$，$I_s = 2A$

电流 I 为

$$I = \sqrt{\frac{P}{R}} = \sqrt{\frac{250}{10}}A = 5A \tag{2-49}$$

（2）$U_s = 20V$，$I_s = 1A$

电流 I 为

$$I = \sqrt{\frac{P}{R}} = \sqrt{\frac{640}{10}}A = 8A \tag{2-50}$$

（3）$U_s = 30V$，$I_s = 3A$

设电压源 U_s 单独作用时，电流 $I' = k_1 U_s$；电流源 I_s 单独作用时，电流 $I'' = k_2 I_s$。则叠加得

$$I = I' + I'' = k_1 U_s + k_2 I_s \tag{2-51}$$

由式（2-49）得

$$I = 10k_1 + 2k_2 = 5A \tag{2-52}$$

由式（2-50）得

$$I = 20k_1 + k_2 = 8A \tag{2-53}$$

联立求解式（2-52）、式（2-53），得

$$\begin{cases} k_1 = \dfrac{11}{30} \\ k_2 = \dfrac{2}{3} \end{cases} \tag{2-54}$$

所以，当 $U_s = 30V$，$I_s = 3A$ 时，由式（2-51）、式（2-54）得

$$I = k_1 U_s + k_2 I_s = \left(\frac{11}{30} \times 30 + \frac{2}{3} \times 3\right)A = 13A$$

电阻 R 消耗的功率 P 为

$$P = RI_s^2 = 10 \times 13^2 W = 1690W$$

综合分析：

本题分析的关键是线性电路的叠加性和齐次性。通过电路的叠加性，得式（2-50），其中参

数 k_1、k_2 为线性电路的齐次性参数。可见，线性电路的叠加性和齐次性是线性电路的基本特性。

例 2-29　在图 2-66 所示电路中，已知：电阻 $R_1 = R_2 = R_6 = 3\Omega$，$R_3 = R_4 = R_7 = 6\Omega$，电流源 $I_{S1} = I_{S2} = 4A$ 时，电压源 $U_S = U_{S1} = 30V$，$U_{S2} = 9V$，试求：（1）用戴维南定理求电阻 R_5 为何值时，电流 $I_5 = 1A$；（2）电阻 R_5 为何值时吸收功率最大，此最大功率为多少？

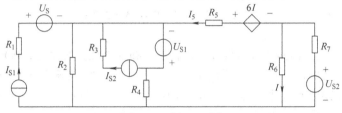

图 2-66　例 2-29 图

解　（1）用戴维南定理求电阻 R_5

1）求开路电压　在图 2-66 上标定戴维南等效电路分析过程中的关键点 a、b、c、d，如图 2-67a 所示。将图 2-67a 分成两个戴维南等效模块电路进行开路电压计算，如图 2-67b、c 所示。由图 2-67b 分析开路电压 U_{ac} 为

$$U_{ac} = \frac{U_{S1} + R_2 I_{S1}}{R_2 + R_4} R_4 - U_{S1} = \left(\frac{30 + 3 \times 4}{3 + 6} \times 6 - 30 \right) V = -2V$$

由图 2-67c 分析开路电压 U_{bd} 为

$$I = \frac{U_{S2}}{R_6 + R_7} = \frac{9}{3 + 6} A = 1A$$

$$U_{bd} = 6I + R_6 I = (6 \times 1 + 3 \times 1) V = 9V$$

2）求等效电阻　由图 2-67d 分析等效电阻 R_{ac} 为

$$R_{ac} = R_2 // R_4 = \frac{3 \times 6}{3 + 6} \Omega = 2\Omega$$

用外加电压源法求解图 2-67e 等效电阻 R_{bd}。由 KCL 得

$$-I_{bd} + I + \frac{R_6 I}{R_7} = 0$$

$$I_{bd} = I + \frac{3I}{6} = \frac{3}{2} I$$

由 KVL 得

$$6I + R_6 I - U_{bd} = 0$$

$$U_{bd} = 9I$$

则等效电阻 R_{bd} 为

$$R_{bd} = \frac{U_{bd}}{I_{bd}} = \frac{9I}{\frac{3}{2} I} \Omega = 6\Omega$$

3）戴维南等效电路求电阻 R_5　列图 2-67f 电路的 KVL 方程

$$(R_{ac} + R_{bd} + R_5) I_5 + U_{ac} - U_{bd} = 0$$

得电阻 R_5 为

$$R_5 = -\frac{U_{ac} - U_{bd} + (R_{ac} + R_{bd}) I_5}{I_5} = -\frac{-2 - 9 + (2 + 6) \times 1}{1} \Omega = 3\Omega$$

（2）电阻 R_5 为何值时吸收功率最大及最大功率　由图 2-67f 得

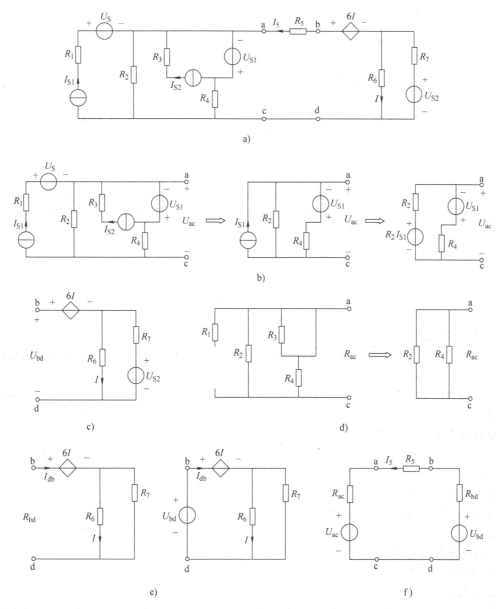

图 2-67　戴维南定理解例 2-29 题电路图

a) 在图 2-66 上标定 a、b、c、d 各点　b) 求图 a 中 ac 端的开路电压图　c) 求图 a 中 bd 端的开路电压图
d) 求图 b 的等效电阻图　e) 外加电压源法求图 c 的等效电阻图　f) 戴维南等效电路求待求电量图

$$R_5 = R_{ac} + R_{bd} = (2 + 6)\,\Omega = 8\,\Omega$$

电阻 R_5 吸收最大功率 P_5 为

$$P_5 = \frac{(U_{ac} - U_{bd})^2}{4R_5} = \frac{(2 - 9)^2}{4 \times 8}\,\mathrm{W} = 1.53\,\mathrm{W}$$

综合分析：

（1）戴维南定理应用　在戴维南定理应用时，可在一个电路中同时多次应用，即可将电路分为几个模块分别进行戴维南等效电路分析。如图 2-67b、c 所示为两个戴维南等效模块电路。

戴维南定理一般分三步完成，即三步三个图三个解，如框图 2-68 所示。

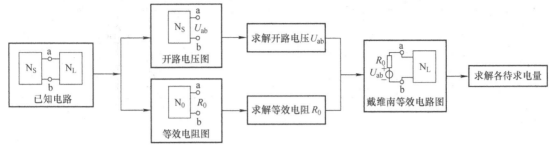

图 2-68　戴维南定理解题过程图

（2）含受控电源电路　对于含有受控电源的电路电压、电流分析时，注意控制量（见图 2-66 电路中的电流 I）不能在等效变换过程中消除掉，如图 2-67c、e 所示电路中电流 I 保持在电路中。

（3）最大功率　在最大功率分析中，常常应用戴维南定理进行分析。

小　　结

1. 等效变换法

通过应用如图 2-69 所示的两个电源模型等效变换完成电路的分析计算，称为电源模型等效变换法（简称等效变换法）。

2. 支路电流法、结点电压法、网孔电流法

支路电流法是以支路电流为变量，由 KCL、KVL 建立独立方程组，解得各支路电流的方法。

结点电压法是以结点电压为变量，由 KCL 建立独立方程组，解得各结点电压的方法。

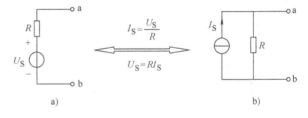

图 2-69　电源模型的等效变换
a）电压源模型　b）电流源模型

网孔电流法是以网孔电流为变量，由 KVL 建立独立方程组，解得各网孔电流的方法。

3. 叠加定理

在含有多个独立电源的线性网络中，分析计算出各个独立电源单独作用时的电压、电流后叠加。

注意：

1）受控源不能单独作为电路的激励，应保留在各个叠加电路中。

2）独立电压源为零用短路等效替代，独立电流源为零用开路等效替代。

3）功率计算不能用叠加定理分析计算。

4. 戴维南定理

注意：

1）应用戴维南定理分析计算时，注意画出相应的三个电路图，如图 2-70b、c、d 所示。

2）如二端网络 N_S 中含有受控源，分析计算等效电阻 R_0 时不能直接用电阻的串、并联法，应用外加电源法或开短路法。

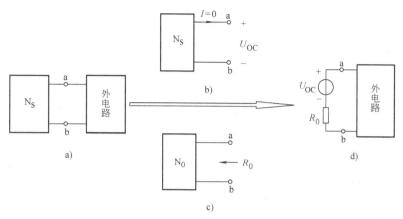

图 2-70 戴维南定理

a）任意一个电路 b）求开路电压 U_{OC} 电路 c）求等效电阻 R_0 电路 d）戴维南定理等效电路求解电路

5. 最大功率传输定理

设有一个电压源模型（即 U_s 与 R_s 串联）与一个电阻负载 R_L 相接，则负载电阻 R_L 要获得最大功率的条件为 $R_L = R_s$。

选 择 题

1. 理想电流源和理想电压源之间（   ）等效变换关系。

（a）没有   （b）有   （c）在一定条件下有   （d）不一定没有

2. 在图 2-71 所示电路中，已知：$U_{S1} = U_{S2} = 6V$，$R_1 = R_2 = R = 2\Omega$，则电阻 R 上的端电压 U_R 为（   ）。

（a）2V   （b）0V   （c）–2V   （d）3V

3. 把图 2-72a 所示的电路用图 2-72b 所示的等效电压源替代，则等效电压源的参数为（   ）。

（a）$U_S = 18V$，$R = 6\Omega$ （b）$U_S = 18V$，$R = 3\Omega$

（c）$U_S = -18V$，$R = 6\Omega$ （d）$U_S = -18V$，$R = 3\Omega$

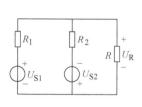

图 2-71 选择题 2 图

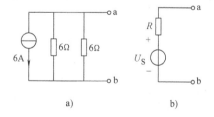

图 2-72 选择题 3 图

4. 把图 2-73a 所示的电路用图 2-73b 所示的等效电流源模型替代，则等效电流源模型的参数为（   ）。

（a）$I_S = -2A$，$R = 6\Omega$ （b）$I_S = -2A$，$R = 3\Omega$

（c）$I_S = 2A$，$R = 6\Omega$ （d）$I_S = 2A$，$R = 3\Omega$

5. 把图 2-74a 所示的电路用图 2-74b 所示的等效电流源模型替代，则等效电流源模型的参数为（　　　）。

（a）$I_S = 2A$，$R = 6\Omega$　　　　　　　（b）$I_S = 2A$，$R = 3\Omega$

（c）$I_S = 6A$，$R = 6\Omega$　　　　　　　（d）$I_S = 6A$，$R = 3\Omega$

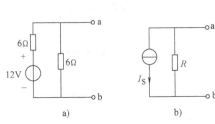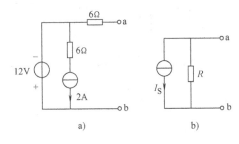

图 2-73　选择题 4 图　　　　　　　　　　图 2-74　选择题 5 图

6. 在如图 2-75 所示电路中，已知各电阻值和电源值。如用支路电流法求解电流 I，则列出独立的 KCL 电流方程数和 KVL 电压方程数分别为（　　　）。

（a）3 和 3　　　　（b）3 和 2　　　　（c）2 和 3　　　　（d）4 和 3

7. 在如图 2-75 所示电路中，已知各电阻值和电源值。如用结点电压法求解电压 U，则列出独立的 KCL 电流方程数和 KVL 电压方程数分别为（　　　）。

（a）0 和 4　　　　（b）4 和 0　　　　（c）0 和 3　　　　（d）3 和 0

8. 在如图 2-75 所示电路中，已知各电阻值和电源值。如用网孔电流法求解电流 I，则列出独立的电流方程数和电压方程数分别为（　　　）。

（a）0 和 3　　　　（b）3 和 0　　　　（c）0 和 4　　　　（d）4 和 0

9. 已知如图 2-76 所示电路中 A、B 两点的电压 $U_{AB} = 15V$，当电流源 I_S 单独作用时，电压 U_{AB} 将（　　　）。

（a）变大　　　　（b）变小　　　　（c）保持不变　　　　（d）为零

10. 在图 2-77 所示电路中，当所有的电源共同作用时，$U_{AB} = 10V$。那么当电压源 U_{S1} 单独作用时，电压 U_{AB} 为（　　　）。

（a）$-4V$　　　　（b）$4V$　　　　（c）$6V$　　　　（d）$-6V$

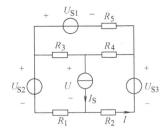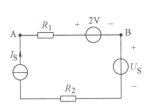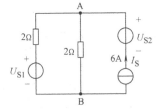

图 2-75　选择题 6、7、8 图　　　图 2-76　选择题 9 图　　　图 2-77　选择题 10 图

11. 在图 2-78 所示电路中，当电压源 U_S 单独作用时，通过 R 的电流是 1A，那么当电流源 I_S 单独作用时，通过电阻 R 的电流 I 是（　　　）。

（a）2A　　　　（b）$-2A$　　　　（c）4A　　　　（d）$-4A$

12. 在图 2-79 所示电路中，已知 $U_{S1} = U_{S2}$，当电压源 U_{S1} 单独作用时，电阻 R_L 上的端电压 $U = 2V$。当电压源 U_{S2} 单独作用时，R_L 的端电压 U 为（　　　）。

(a) 2V   (b) 0V   (c) 4V   (d) −2V

13. 如图 2-80 所示二端网络的戴维南等效电阻 R_{ab} 为（   ）。

(a) 18Ω   (b) 12Ω   (c) 9Ω   (d) 6Ω

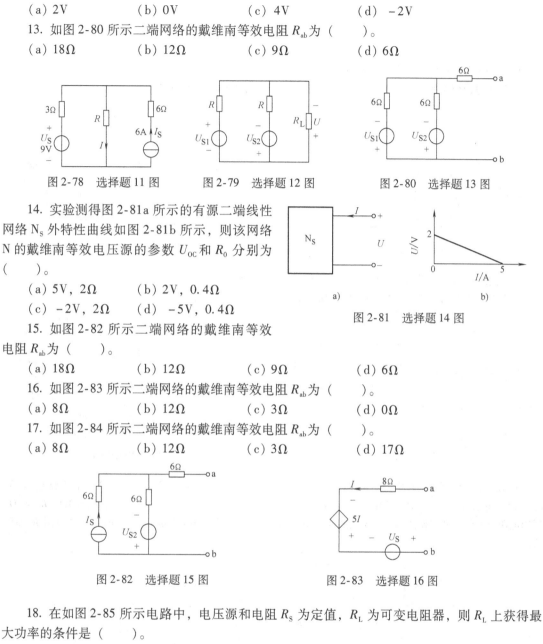

图 2-78   选择题 11 图   图 2-79   选择题 12 图   图 2-80   选择题 13 图

14. 实验测得图 2-81a 所示的有源二端线性网络 N_S 外特性曲线如图 2-81b 所示，则该网络 N 的戴维南等效电压源的参数 U_{OC} 和 R_0 分别为（   ）。

(a) 5V，2Ω   (b) 2V，0.4Ω

(c) −2V，2Ω   (d) −5V，0.4Ω

图 2-81   选择题 14 图

15. 如图 2-82 所示二端网络的戴维南等效电阻 R_{ab} 为（   ）。

(a) 18Ω   (b) 12Ω   (c) 9Ω   (d) 6Ω

16. 如图 2-83 所示二端网络的戴维南等效电阻 R_{ab} 为（   ）。

(a) 8Ω   (b) 12Ω   (c) 3Ω   (d) 0Ω

17. 如图 2-84 所示二端网络的戴维南等效电阻 R_{ab} 为（   ）。

(a) 8Ω   (b) 12Ω   (c) 3Ω   (d) 17Ω

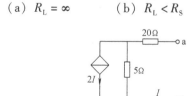

图 2-82   选择题 15 图   图 2-83   选择题 16 图

18. 在如图 2-85 所示电路中，电压源和电阻 R_s 为定值，R_L 为可变电阻器，则 R_L 上获得最大功率的条件是（   ）。

(a) $R_L = \infty$ (b) $R_L < R_S$ (c) $R_L = R_S$ (d) $R_L > R_S$

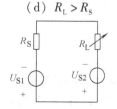

图 2-84   选择题 17 图   图 2-85   选择题 18 图

92

习　　题

1. 试用电源模型的等效变换法求如图 2-86 所示电路中的电流 I。

2. 试用电源模型的等效变换法求如图 2-87 所示电路中的电流 I 及电压 U。

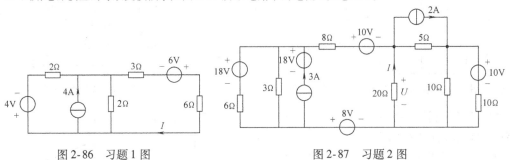

图 2-86　习题 1 图　　　　　　　　　　图 2-87　习题 2 图

3. 试用电源模型的等效变换法求如图 2-88 所示电路中的电流 I。

4. 试用电源的等效变换法求如图 2-89 所示电路中的电流 I 和电压 U_{AB}。

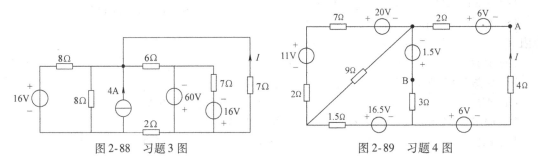

图 2-88　习题 3 图　　　　　　　　　　图 2-89　习题 4 图

5. 在图 2-90a 所示电路中，已知电压源 $U_{S1}=20V$，$U_{S2}=15V$，$U_{S3}=25V$，$U_{S4}=10V$，电流源 $I_{S1}=3A$，$I_{S2}=1A$，电阻 $R_1=10\Omega$，$R_2=20\Omega$，$R_3=5\Omega$，$R_4=1\Omega$，$R_5=12\Omega$，$R_6=4\Omega$，$R_7=2\Omega$，$R_8=3\Omega$，$R_9=6\Omega$。试用电源模型的等效变换法求 A、B 之间等效电压源模型（如图 2-90b 所示）的电压源 U_S 和电阻 R_S 参数值。

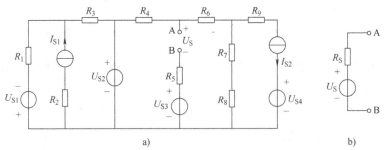

图 2-90　习题 5 图

6. 试用电源模型的等效变换法求如图 2-91 所示电路中的电压 U。

7. 试用支路电流法求如图 2-92 所示电路中的电压 U。

8. 电路如图 2-93 所示，试列出支路电流法所需的方程组。

9. 试用结点电压法求如图 2-94 所示电路中的电流 I。

10. 试用结点电压法求如图 2-88 所示电路中的电流 I 及电压 U。

11. 试列出如图 2-95 所示电路所需的结点电压方程。

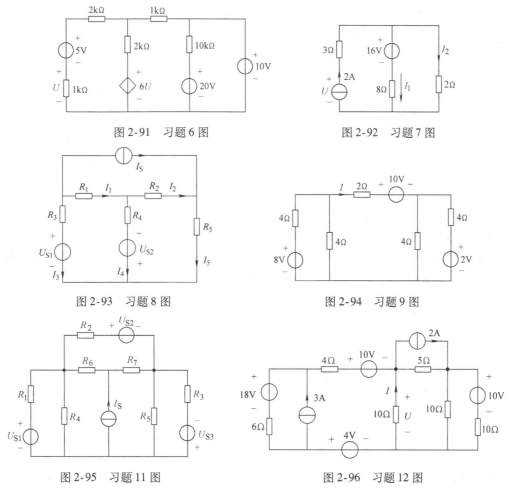

图 2-91 习题 6 图

图 2-92 习题 7 图

图 2-93 习题 8 图

图 2-94 习题 9 图

图 2-95 习题 11 图

图 2-96 习题 12 图

12. 试用结点电压法求解图 2-96 所示电路中的电流 I 及电压 U。

13. 电路如图 2-97 所示，试用结点电压求 4Ω 电阻上的功率。

14. 试用网孔电流法求图 2-89 中的电流 I 和电压 U_{AB}。

15. 试用网孔电流法求图 2-94 中的电流 I。

16. 试用叠加定理求图 2-94 的电流 I，并检验电路的功率平衡。

17. 电路如图 2-98 所示，已知 $U_S = 12V$，$U = 10V$。若将电压源 U_S 除去（即 $U_S = 0$）后，求电阻上电压 U。

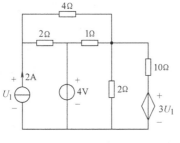

图 2-97 习题 13 图

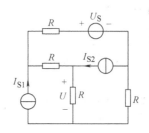

图 2-98 习题 17 图

18. 电路如图 2-99 所示，试用叠加定理求电阻支路电压 U_1、U_2、U_3、U_4。

19. 电路如图 2-100 所示，已知电压源 $U_{S1} = 10\text{V}$，$U_{S2} = 6\text{V}$，电流源 $I_{S1} = I_{S2} = 6\text{A}$，电阻 $R_2 = R_3 = R_4 = 3\Omega$，$R_1 = R_5 = R_6 = R_7 = 1\Omega$。试用叠加定理求电流 I，并计算 U_{S2} 电压源所提供的功率。

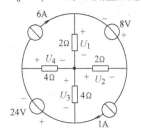

图 2-99　习题 18 图

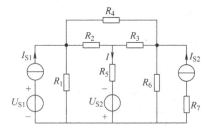

图 2-100　习题 19 图

20. 电路如图 2-101 所示，已知电压源 $U_S = 8\text{V}$，电流源 $I_S = 2\text{A}$，电阻 $R_1 = 0.5\Omega$，$R_2 = R_6 = 1\Omega$，$R_3 = R_4 = 2\Omega$，$R_5 = R_7 = 4\Omega$。试用叠加定理求电流 I，并计算 U_S 电压源所提供的功率。

21. 电路如图 2-102 所示，已知电流源 $I_S = 10\text{A}$，$R_2 = R_3$，当 S 断开时，$I_1 = 2\text{A}$，$I_2 = I_3 = 4\text{A}$，利用叠加定理求 S 闭合后的电流 I_1、I_2 和 I_3。

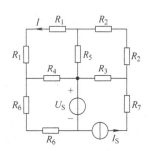

图 2-101　习题 20 图

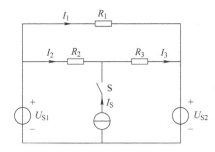

图 2-102　习题 21 图

22. 在图 2-103 所示电路中，当开关 S 合在 a 点时，电流 I 为 2A；当开关 S 合在 b 点时，电流 I 为 6A。如果将开关 S 合在 c 点，则利用叠加定理求电流 I 为多少？

23. 试用叠加定理求如图 2-104 所示电路中的电压 U。

24. 试求图 2-105 所示各电路的戴维南和诺顿定理的等效电路。

25. 试求图 2-106 所示电路的戴维南与诺顿定理等效电路。

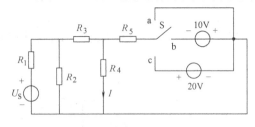

图 2-103　习题 22 图

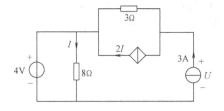

图 2-104　习题 23 图

26. 试用戴维南定理求如图 2-89 所示电路中的电流 I。

27. 试用戴维南定理求如图 2-94 所示电路中的电流 I。

28. 试用戴维南定理求如图 2-107 所示电路中的电流 I_L。

29. 试用戴维南定理求如图示 2-108 所示电路中 2Ω 电阻上消耗的电功率。

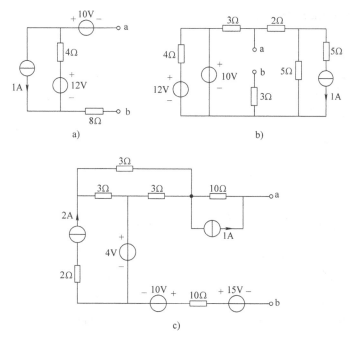

图 2-105 习题 24 图

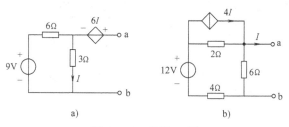

图 2-106 习题 25 图

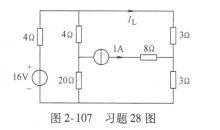

图 2-107 习题 28 图

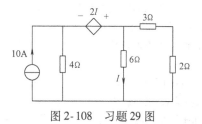

图 2-108 习题 29 图

30. 电路如图 2-109 所示，已知电流源 $I_S = 3A$，电压源 $U_S = 45V$，电阻 $R_1 = 4\Omega$，$R_2 = 6\Omega$，$R_3 = 12\Omega$，$R_4 = 16\Omega$。试用戴维南定理求电阻 R_4 的端电压 U。

31. 电路如图 2-110 所示，已知电压源 $U_{S1} = 45V$，$U_{S2} = 20V$，$U_{S3} = 35V$，电流源 $I_S = 20A$，$R_1 = R_2 = 2\Omega$，$R_3 = R_4 = R_5 = R_6 = 1\Omega$。试用戴维南定理求电阻 R_4 的端电压 U。

32. 电路如图 2-111 所示，已知电压源 $U_S = 32V$，电流源 $I_S = 4A$，电阻 $R_1 = 12\Omega$，$R_2 = 2\Omega$，$R_3 = 8\Omega$，$R_4 = 4\Omega$。试求：（1）A、B 两点间的开路电压 U_{AB}；（2）若将 A、B 两点短路，试用戴维南定理求该短路线中的电流 I_{AB}。

33. 电路如题图 2-112 所示，已知电压源 $U_S = 12V$，电流源 $I_S = 3A$，电阻 $R_1 = R_2 = 3\Omega$，$R_3 = R_4 = R_5 = 8\Omega$，$R_6 = 4\Omega$，$R_7 = 12\Omega$。试求：（1）A、B 两点的开路电压 U_{AB}；（2）若在 A、B 间连接一个电阻 $R = 4\Omega$，

试用戴维南定理求流过电阻 R 的电流 I_{AB}。

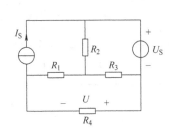

图 2-109　习题 30 图

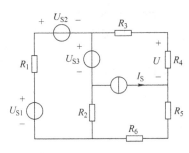

图 2-110　习题 31 图

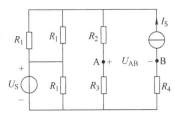

图 2-111　习题 32 图

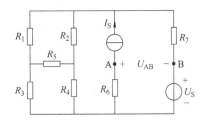

图 2-112　习题 33 图

34. 在如图 2-113 所示电路中，已知 $U_{S1} = U_{S2} = 10V$，$I_{S1} = 2A$，$I_{S2} = 5A$，$R_1 = R_2 = 10\Omega$，$R_3 = 10\Omega$，$R_4 = 30\Omega$，$R_S = 10\Omega$，$R_5 = 8\Omega$，$R_6 = 12\Omega$，$R_7 = 10\Omega$，试用戴维南定理求电流 I。

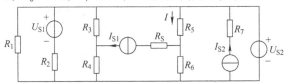

图 2-113　习题 34 图

35. 在图 2-114 所示电路中，已知 $U_S = 12V$，$R_1 = R_4 = 4\Omega$，$R_2 = R_3 = 20\Omega$，$R_L = 8\Omega$，试用诺顿定理求电流 I_L。

36. 将两个完全相同的有源二端网络 N 连接成图 2-115a 时，$U = 8V$，$I_1 = 0$；连接成图 2-115b 时，$I_2 = 2A$。试求如图 2-115c 所示电路中的电流 I_3。

37. 电路如图 2-116 所示，N_S 为一有源二端网络，已知电流源 $I_{S1} = 6A$，$I_{S2} = 2A$，电压源 $U_S = 6V$，电阻 $R_1 = R_2 = R_3 = R_4 = 2\Omega$。当电流源 I_{S2} 如图所示方向时，电流 $I = 0$；当电流源 I_{S2} 反方向时，电流 $I = 1.5A$。试求有源二端网络 N_S 的戴维南等效电路。

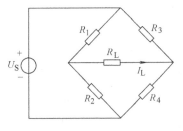

图 2-114　习题 35 图

38. 在图 2-117 所示电路中，当可变电阻 R_L 等于多大时它能从电路中吸收最大的功率，并求此最大功率。

39. 电路如图 2-118 所示，已知 $R_1 = R_3 = 10\Omega$，$R_2 = R_4 = 8\Omega$，当电阻 $R = 4\Omega$ 时，电流 $I = 4A$。试求当电阻 $R = 8\Omega$ 时，电路中电流 I 等于多少？

40. 电路如图 2-119 所示，已知 $R_1 = R_2 = R_3 = 18\Omega$，$U_{S1} = 3V$，$U_{S2} = 2V$，$U_{S3} = 18V$，$U_{S4} = 29V$，负载电阻 R_L 可变，试问 R_L 等于何值时可吸收最大的功率？并求此功率。

41. 电路如图 2-120 所示，已知：$R_1 = 1\Omega$，$R_2 = 4\Omega$，$R_3 = 2\Omega$，$R = 5\Omega$，$U_{S1} = 4V$，$U_{S2} = 12V$。试求电路中电流 $I = 0$ 时的电阻 R_X 值。

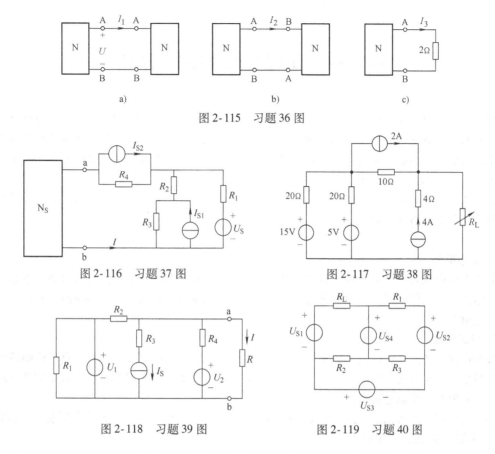

图 2-115　习题 36 图

图 2-116　习题 37 图

图 2-117　习题 38 图

图 2-118　习题 39 图

图 2-119　习题 40 图

42. 如图 2-121 所示电路中 R_L 为可变电阻器，试问当 R_L 为何值时它吸收的功率最大？此最大功率等于多少？

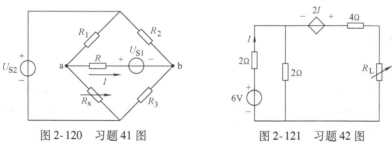

图 2-120　习题 41 图

图 2-121　习题 42 图

43. 电路如图 2-122 所示，负载电阻 R_L 可变，试问负载电阻 R_L 等于何值时可吸收最大的功率？求此功率。

44. 试求如图 2-123 所示电路中的电流 I_L。

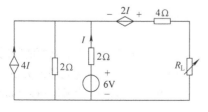

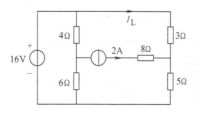

图 2-122　习题 43 图

图 2-123　习题 44 图

第3章 正弦交流电路分析

提要 本章以线性电阻 R、电容 C、电感 L 和正弦交流电源组成的线性交流电路为对象，讨论在单一频率正弦电源激励下的稳态电路分析方法。内容包括：正弦交流电源的特征及相量表示、元件伏安特性和基尔霍夫定律的相量形式、相量电路的分析计算，正弦交流电路的功率、功率因数提高和谐振。

在直流电路中讨论的基本概念、基本定律、基本元件特性、基本定理和基本的分析计算方法是正弦交流稳态电路分析的基础。

1. 动态电路

如果电路中包含有储能元件（即电容 C、电感 L，又称为动态元件），则称为动态电路。由于动态电路中存在储能元件，使电路的响应不仅与当时的输入电源有关，还与电路中储能元件所储存的能量有关。

2. 稳态电路

如果电路中各元件的电气参数和连接关系不变（即没有开关器件），电源为直流或幅值恒定的周期性信号，经过无限长的时间后，电路中的储能元件所储存的能量达到稳定或呈周期性的稳定变化，称电路为稳态电路。

本章讨论的电路为稳态电路，即电路的元件参数和结构不变，激励为正弦交流电源，响应与激励为同频率的正弦时间函数。

3.1 正弦函数的相量形式

3.1.1 正弦量

1. 正弦量的特征

正弦量描述的是随时间按正弦函数形式变化的时变电压和电流，是电路分析中最常见的基本交流信号。如电力公司提供的就是正弦交流电压和电流，在通信行业中，正弦电压和电流则是传递信号的主要载体。对于一般的周期性变化的交流量可分解为由多种称为谐波的正弦量叠加。

在正弦电源激励下的电路称为正弦交流电路（本教材简称为交流电路）。以正弦电流为例，其一般表达式为

$$i = I_{\mathrm{m}}\sin(\omega t + \psi_{\mathrm{i}}) \tag{3-1}$$

对应的波形如图 3-1 所示。

分析式（3-1）和正弦电流波形（如图 3-1 所示）有：

瞬时值 $i(t)$ 表示正弦量在每一瞬时的数值。即 $i(t)$ 表示的是正弦电流的瞬时值。

最大值 I_{m} 表示正弦量的最大值或振幅。即 I_{m} 表示的是 $i(t)$ 中所达到的最大值。

角频率 ω 是正弦量的角频率，它反映正弦量变化的快慢。其单位为弧度/秒（rad/s）。

$$\omega = \frac{2\pi}{T} = 2\pi f \tag{3-2}$$

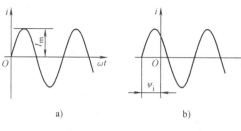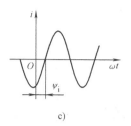

图 3-1　正弦电流波形

a）$\psi_i = 0$　b）$\psi_i > 0$　c）$\psi_i < 0$

式中，T 表示正弦量完成一个循环变化所需的时间，称为周期，单位为秒（s）。

f 表示 1s 内的周期数，称为频率，单位为赫兹（Hz）。我国工业供电系统提供的正弦交流电的频率为 50Hz，习惯上称之为**工频**。

可见，周期 T 和频率 f 之间的关系为

$$f = \frac{1}{T}$$

相位　$(\omega t + \psi_i)$ 表示是正弦量随时间变化的弧度或角度，称为瞬时相位（简称为相位）。

初相角　ψ_i 表示 $t = 0$ 时的相位，称为初相角（或初相位）。初相位的取值范围一般为 $|\psi_i| \le \pi$，单位为弧度或度。

一个正弦量若已知 I_m、ω、ψ_i，则可写出正弦量的解析式或画出其波形。所以通常称 I_m、ω、ψ_i 为正弦量的三要素，也是分析电路时用到的三个基本特征量。

例 3-1　已知正弦电压的 $U_m = 380V$，频率 $f = 50Hz$，初相角 $\psi_u = -30°$，试写出正弦电压的瞬时表达式，并画出波形图。

解　根据已知参数，得

$$u(t) = U_m \sin(2\pi f t + \psi_u) = 380 \sin(314t - 30°)V$$

其波形如图 3-2 所示。

2. 相位差

对于式 $i = I_m \sin(\omega t + \psi_i)$，有

当 $\psi_i = 0$ 时，表达式为

$$i = I_m \sin \omega t$$

当 $\psi_i = 90°$ 时，表达式为

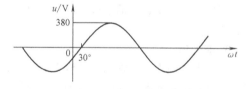

图 3-2　$u(t)$ 的波形

$$i = I_m \sin(\omega t + 90°) = I_m \cos \omega t$$

可见，ψ_i 与时间起点的选择有关，对于同一个正弦波形可以有不同的表达式。在电路分析中，一般选定某一个正弦量的初相位为零（称**参考正弦量**），其他变量的相位相对于参考正弦量而确定。

相位差　描述同频率下的不同正弦量之间相位的关系。

例如，设有两个正弦量为

$$f_1(t) = A_1 \sin(\omega t + \psi_1)$$
$$f_2(t) = A_2 \sin(\omega t + \psi_2)$$

它们的相位之差为

$$\varphi_{12} = (\omega t + \psi_1) - (\omega t + \psi_2) = \psi_1 - \psi_2$$

两个正弦量的相位关系可以分为如图 3-3 所示的几种情况。

1）$\varphi_{12} = \psi_1 - \psi_2 > 0$ 时：$\psi_1 > \psi_2$，称 f_1 **超前** f_2，或者称 f_2 **滞后** f_1，如图 3-3a 所示。

2）$\varphi_{12} = \psi_1 - \psi_2 = 0$ 时：$\psi_1 = \psi_2$，称 f_1 与 f_2 同相位，简称**同相**，如图 3-3b 所示。

3）$\varphi_{12} = \psi_1 - \psi_2 = \pi$ 时：$\psi_1 = -\psi_2$，称 f_1 与 f_2 **反相**，如图 3-3c 所示。

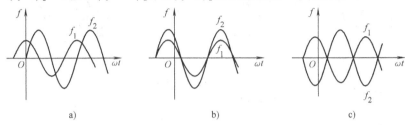

图 3-3　相位差

a）$\varphi_{12} > 0$　b）$\varphi_{12} = 0$　c）$\varphi_{12} = \pi$

在讨论相位时应注意以下几点：

1）相位差的讨论与分析须在同频率的条件下，因不同频率的正弦量，其相位差随时间变化而变化，没有讨论的意义。

2）对于同频率的正弦量来说，任何时刻的相位差都不随时间而变化，相位差是一个常数，它等于初相位之差。

3）两个正弦量的超前与滞后是相对的。例如，f_1 超前 f_2，也可以说 f_2 滞后 f_1。

4）在正弦交流电路分析中，注意选择一个变量为参考相量（即变量的初相位为零）。

例 3-2　设 $u_1(t) = U_{m1}\sin(\omega t + 30°)$，$u_2(t) = U_{m2}\sin(\omega t + 60°)$，试计算 u_1 与 u_2 间的相位差 φ_{12}。

解

$$\varphi_{12} = (\omega t + 30°) - (\omega t + 60°) = -30°$$

可见，电压 $u_1(t)$ 滞后电压 $u_2(t)$ 相位 30°，相位差 φ_{12} 等于初相位差，并且 φ_{12} 是与时间无关的常数。

3. 有效值

在工程应用中，常常用有效值来衡量正弦量的大小。例如，经常用万用表测量交流电压、电流，其电表指示的电压或电流值均为有效值，如日常生活中的交流电源为 220V 电压，指的是有效值电压为 220V，其正弦量的最大值为 311V 电压。

有效值　是按等值热效应概念来定义的。用周期电流和直流电流流过等值的电阻，在相同时间 T（周期电流的一个周期）内，若两者产生的热效应相等，则称直流电流的数值为周期电流的有效值。

设正弦信号 $i(t) = I_m\sin(\omega t + \varphi_i)$，其一周 T 内在电阻 R 上产生的热量为

$$Q_1 = \int_0^T i^2 R \mathrm{d}t$$

一周 T 内直流电流 I 在电阻 R 上产生的热量为

$$Q_2 = I^2 RT$$

根据有效值定义，有

$$Q_1 = Q_2$$

则

$$I^2 T = \int_0^T i^2 \mathrm{d}t$$

得

$$I = \sqrt{\frac{1}{T}\int_0^T i^2 \mathrm{d}t} \tag{3-3}$$

所以有效值又可定义为式（3-3），称为方均根值。用大写字母 I 表示有效值。

推导式（3-3），可以得到正弦量的有效值与最大值的关系为

$$I = \sqrt{\frac{1}{T}\int_0^T i^2 \mathrm{d}t} = \sqrt{\frac{1}{T}\int_0^T I_\mathrm{m}^2 \sin^2(\omega t + \varphi_i)\mathrm{d}t}$$

$$= I_\mathrm{m}\sqrt{\frac{1}{2T}\int_0^T [1 - \cos 2(\omega t + \varphi_i)]\mathrm{d}t} = \frac{I_\mathrm{m}}{\sqrt{2}}$$

$$I = \frac{I_\mathrm{m}}{\sqrt{2}} = 0.707 I_\mathrm{m}$$

同理，正弦交流电压的有效值与最大值的关系有

$$U = \frac{U_\mathrm{m}}{\sqrt{2}} = 0.707 U_\mathrm{m}$$

所以，也可以将有效值、角频率和初相位称为正弦量的三要素。

例 3-3 已知正弦交流电流的有效值 $I = 5\mathrm{A}$，频率 $f = 50\mathrm{Hz}$，初相角 $\varphi_i = 60°$，试写出正弦电流的瞬时表达式 $i(t)$。

解 根据已知参数，得

$$i(t) = \sqrt{2}I\sin(2\pi ft + \varphi_i) = 5\sqrt{2}\sin(314t + 60°)\mathrm{A}$$

3.1.2 正弦量的相量表示

在单一频率 f 正弦量激励下的线性电路中，其各支路的电压、电流响应也为同频率 f 正弦量，而它们的有效值和初相位则有所不同。这样正弦量的三要素中，角频率 ω 由电源信号给出，只要分析计算出正弦量的有效值（或最大值）和初相角，就可以得到正弦响应的解。

为了分析求解同频率正弦量下的有效值和初相位，引用了一种有效的数学工具，称之为相量法。正弦量的相量表示是基于欧拉公式，即

$$A\mathrm{e}^{\mathrm{j}x} = A\cos x + \mathrm{j}A\sin x \tag{3-4}$$

设 $x = \omega t + \varphi_\mathrm{m}$，$A = I_\mathrm{m}$，代入式（3-4），得

$$I_\mathrm{m}\mathrm{e}^{\mathrm{j}(\omega t + \varphi_i)} = I_\mathrm{m}\cos(\omega t + \varphi_i) + \mathrm{j}I_\mathrm{m}\sin(\omega t + \varphi_i) \tag{3-5}$$

因此，根据式（3-5），正弦电流 $i(t) = I_\mathrm{m}\sin(\omega t + \varphi_i)$ 可以表示为

$$i(t) = \mathrm{Im}[I_\mathrm{m}\mathrm{e}^{\mathrm{j}(\omega t + \varphi_i)}] = \mathrm{Im}[I_\mathrm{m}\mathrm{e}^{\mathrm{j}\varphi_i}\mathrm{e}^{\mathrm{j}\omega t}] \tag{3-6}$$

式中，$\mathrm{Im}[\ ]$ 表示取式（3-5）的虚部运算；$I_\mathrm{m}\mathrm{e}^{\mathrm{j}\varphi_i}$ 为一个复常数，它包含了正弦量的最大值和初相位；$\mathrm{e}^{\mathrm{j}\omega t}$ 包含了正弦量的角频率（由电源信号频率确定）。

设 $\dot{I}_\mathrm{m} = I_\mathrm{m}\mathrm{e}^{\mathrm{j}\varphi_i}$，称为**最大值相量**（或振幅相量）。有

$$i(t) = \mathrm{Im}[\dot{I}_\mathrm{m}\mathrm{e}^{\mathrm{j}\omega t}]$$

同理，由式（3-6）可以推导出有效值相量式

$$i(t) = \mathrm{Im}[\sqrt{2}I\mathrm{e}^{\mathrm{j}\varphi_i}\mathrm{e}^{\mathrm{j}\omega t}] = \mathrm{Im}[\sqrt{2}\dot{I}\mathrm{e}^{\mathrm{j}\omega t}]$$

式中，$\dot{I} = I\mathrm{e}^{\mathrm{j}\varphi_i}$，称为**有效值相量**。

相量除了用复数式表示外，还可以在复平面上用有向线段表示相量，称为**相量图**。用相量线段的长短表示正弦量的有效值（或最大值），用线段与实轴的夹角表示正弦量的初相位，如图 3-4 所示。

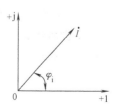

图 3-4 相量图

可见，相量反映了正弦量的有效值（或最大值）和初相位两个重要的要素，再加上角频率 ω 是已知的，因此，通过正弦量的三要素可写出电量的正弦表达式，同理，已知正弦表达式，也可以写出对应的相量表达式。

例 3-4　试写出电压 $u_1(t) = 10\sin(\omega t + 20°)$，$u_2(t) = 15\sqrt{2}\sin(\omega t - 30°)$ 的相量式。

解　正弦量 $u_1(t)$ 的相量式为

$$\dot{U}_{1m} = 10\angle 20°\,\text{V}$$

正弦量 $u_2(t)$ 的相量式为

$$\dot{U}_2 = 15\angle -30°\,\text{V}$$

在电路分析中，正弦量的相量式可以用最大值相量式表示，如 $\dot{U}_{1m}$ 为最大值相量，也可以用有效值相量式表示，如 $\dot{U}_2$ 为有效值相量。但在分析电路时，注意相量的表达式应统一为一种相量表达式，即统一为有效值相量式或统一为最大值相量式。

例 3-5　写出电流相量表达式 $\dot{I}_1 = 5\angle 45°\,\text{A}$，$\dot{I}_{2m} = 3\angle -78°\,\text{A}$ 的正弦量表达式。已知频率 $f = 50\,\text{Hz}$。

解　由相量 $\dot{I}_1 = 5\angle 45°\,\text{A}$ 得

$$i_1(t) = 5\sqrt{2}\sin(314t + 45°)\,\text{A}$$

由相量 $\dot{I}_{2m} = 3\angle -78°\,\text{A}$ 得

$$i_2(t) = 3\sin(314t - 78°)\,\text{A}$$

注意：相量是用来表征正弦量的，它本身并不是正弦量。在电路分析时要注意相量与正弦量两者的区别。正弦量是时间 t 的函数，是随时间变化的实数；相量是正弦量特征的表达式，是不随时间变化的复常数。即

$$\dot{I}_m \neq i(t) \qquad \dot{I} \neq i(t)$$

3.1.3　复数

相量是线性电路正弦量分析的一种简便有效的数学工具，其相量的运算需要运用复数的运算，下面介绍一些有关复数的知识。

设有两个复数 $\dot{A}_1$、$\dot{A}_2$ 为

$$\dot{A}_1 = a + jb$$

$$\dot{A}_2 = c + jd$$

式中，j 表示复数的虚数单位。

1. 复数表达式

（1）代数式

$$\dot{A}_1 = a + jb \tag{3-7}$$

式中，a 为复数 $\dot{A}_1$ 的实部；b 为虚部。

实部、虚部的复数关系可用复平面来表示，如图 3-5 所示。

（2）极坐标式　根据图 3-5 可得复数的极坐标式，为

$$\dot{A}_1 = A_1 \angle \varphi_1 \tag{3-8}$$

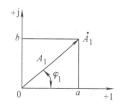

图 3-5　复数的表示

式中，A_1 为复数的模，φ_1 为复数 $\dot{A}_1$ 的辐角，其计算式为

$$\begin{cases} A_1 = \sqrt{a^2 + b^2} \\ \varphi_1 = \arctan \dfrac{b}{a} \end{cases}$$

（3）三角式　极坐标式（3-8）可通过三角式（3-9）转换为代数式（3-7），其转换式可由图 3-5 得到，为

$$\begin{cases} a = A_1 \cos\varphi_1 \\ b = A_1 \sin\varphi_1 \end{cases}$$

则

$$\dot{A}_1 = A_1 \cos\varphi_1 + jA_1 \sin\varphi_1 \tag{3-9}$$

（4）指数式　因为

$$\dot{A}_1 = A_1 \cos\varphi_1 + jA_1 \sin\varphi_1 = A_1 \left(\cos\varphi_1 + j\sin\varphi_1 \right)$$

由依欧拉公式（3-4）得

$$\dot{A}_1 = A_1 e^{j\varphi_1}$$

注意：复数的四种表达式不仅相等还可以相互转换。

例 3-6　已知：复数 $\dot{A}_1 = 10 \angle 30°$，$\dot{A}_2 = 5 - j6$，试写出其他几种形式的复数表达式。

解

$$\begin{aligned} \dot{A}_1 &= 10 \angle 30° \\ &= 10 e^{j30°} &&\text{指数式} \\ &= 10\cos30° + j10\sin30° &&\text{三角式} \\ &= 8.66 + j5 &&\text{代数式} \end{aligned}$$

$$\begin{aligned} \dot{A}_2 &= 5 - j6 \\ &= \sqrt{5^2 + 6^2} \angle \arctan\left(\frac{-6}{5} \right) = 7.81 \angle -50.19° &&\text{极坐标式} \\ &= 7.81\cos(-50.19°) + j7.81\sin(-50.19°) &&\text{三角式} \\ &= 7.81 e^{-j50.19°} &&\text{指数式} \end{aligned}$$

2. 复数四则运算

已知：复数 $\dot{A}_1 = a + jb = A_1 \angle \varphi_1$，$\dot{A}_2 = c + jd = A_2 \angle \varphi_2$，下面讨论复数的基本四则运算。

（1）加减运算　复数的相加和相减运算一般用代数式进行。有

$$\begin{aligned} \dot{A}_1 \pm \dot{A}_2 &= (a + jb) \pm (c + jd) \\ &= (a \pm c) + j(b \pm d) \end{aligned}$$

即：复数的加减运算为实部与实部相加减，虚部与虚部相加减。

复数的和差运算也可以按平行四边形法，即在复平面上用向量的相加和相减进行计算，如图 3-6 所示。

（2）乘除运算　复数的乘法和除法运算一般用极坐标式进行。有

$$\dot{A}_1\dot{A}_2 = A_1\angle\varphi_1 A_2\angle\varphi_2 = A_1 A_2\angle(\varphi_1+\varphi_2)$$

$$\frac{\dot{A}_1}{\dot{A}_2} = \frac{A_1\angle\varphi_1}{A_2\angle\varphi_2} = \frac{A_1}{A_2}\angle(\varphi_1-\varphi_2)$$

即：复数的乘法运算为模相乘，初相位相加；除法运算为模相除，初相位相减。

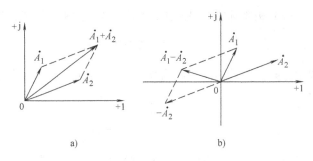

图 3-6　复数运算的图解法

a）复数的加法运算　b）复数的减法运算

3. 正弦量微分后的相量式

设 $i(t)=\sqrt{2}I\sin(\omega t+\varphi)$，其相量表达式为

$$\dot{I} = I\angle\varphi \qquad\qquad (3-10)$$

对正弦量 $i(t)$ 进行微分，有

$$\frac{\mathrm{d}i}{\mathrm{d}t} = \frac{\mathrm{d}}{\mathrm{d}t}[\sqrt{2}I\sin(\omega t+\varphi)] = \sqrt{2}\omega I\sin\left(\omega t+\varphi+\frac{\pi}{2}\right)$$

其上式所对应的相量表达式为

$$\dot{I}{}' = \omega I\angle\left(\varphi+\frac{\pi}{2}\right) = \mathrm{j}\omega I\angle\varphi \qquad\qquad (3-11)$$

根据相量式（3-10）可将式（3-11）写为

$$\dot{I}{}' = \mathrm{j}\omega\dot{I}$$

可见，正弦量 $i(t)$ 微分后所对应的相量 $\dot{I}{}'$ 等于正弦量 $i(t)$ 的相量式 $\dot{I}$ 乘以 $\mathrm{j}\omega$。同理，也可以推出正弦量 $i(t)$ 积分后所对应的相量关系式。

如果正弦量 $i(t)$ 与相量 $\dot{I}$ 对应关系为

$$i(t)\longleftrightarrow\dot{I}$$

则可以证明下列对应关系

$$\left.\begin{array}{l} \dfrac{\mathrm{d}i}{\mathrm{d}t}\longleftrightarrow\mathrm{j}\omega\dot{I} \\[3mm] \displaystyle\int i\mathrm{d}t\longleftrightarrow\dfrac{1}{\mathrm{j}\omega}\dot{I} \end{array}\right\} \qquad\qquad (3-12)$$

4. 虚数

$$\mathrm{j} = 1\angle90°$$
$$\mathrm{j}^2 = -1$$

例 3-7　已知：$i_1=6\sqrt{2}\sin(314t+30°)\mathrm{A}$，$i_2=4\sqrt{2}\sin(314t+60°)\mathrm{A}$。试求 $i_1+i_2=?$

解　先写出正弦量的相量式，有

$$\dot{I}_1 = (6\angle30°)\mathrm{A} = (5.2+\mathrm{j}3)\mathrm{A}$$

$$\dot{I}_2 = (4\angle60°)\mathrm{A} = (2+\mathrm{j}3.5)\mathrm{A}$$

则有

$$\dot{I}_1 + \dot{I}_2 = [(5.2 + j3) + (2 + j3.5)]A = (7.2 + j6.5)A$$

$$= \left(\sqrt{7.2^2 + 6.5^2} \angle \arctan \frac{6.5}{7.2} \right)A$$

$$= 9.7 \angle 42.08°A$$

所以

$$i_1 + i_2 = 9.7\sqrt{2}\sin(314t + 42.08°)A$$

例 3-8 已知电容元件上的端电压为：$u_C = 8\sqrt{2}\sin 314t$ V，电容 C 为 0.002F，试求通过电容元件的电流 $i_C(t)$。

解 写出 u_C 的相量式，为

$$\dot{U}_C = 8 \angle 0°V$$

由电容元件特性得

$$i_C = C\frac{\mathrm{d}u_C}{\mathrm{d}t}$$

根据式（3-12）对应关系，得

$$\dot{I}_C = Cj\omega U_C = (0.002 \times j314 \times 8 \angle 0°)A = j5.024\ A$$

所以

$$i_C(t) = 5.024\sqrt{2}\sin(314t + 90°)A$$

3.2　元件伏安特性和基尔霍夫定律的相量形式

电路变量受到两类约束关系，即元件特性的约束和基尔霍夫定律的约束。下面分别讨论这两类约束的相量形式。

3.2.1　元件伏安特性的相量形式

当正弦量用相量来表示时，在正弦量激励下的电路基本元件特性可以用相量关系来表征。这样电路中变量间的微积分运算转化为了简单的复代数运算，实现用相量法来分析电路。

1. 电阻元件 R

对于线性电阻 R，在如图 3-7a 所示的电压与电流并联参考方向条件下，其欧姆定律为

$$u(t) = Ri(t)$$

设电阻元件 R 的电流为

$$i(t) = \sqrt{2}I\sin(\omega t + \varphi_i)$$

则电阻 R 上的端电压为

$$u(t) = R\sqrt{2}I\sin(\omega t + \varphi_i)$$

$$= \sqrt{2}RI\sin(\omega t + \varphi_u)$$

由于电阻 R 为正实数，则电阻两端电压与电流的有效值和相位关系为

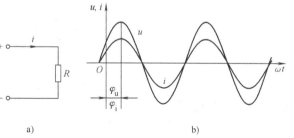

图 3-7　电阻元件伏安特性的时域关系

a）时域电路　b）电阻的时域电压与电流波形

$$\begin{cases} U = RI \\ \varphi_u = \varphi_i \end{cases}$$

即电阻的电压有效值与电流有效值仍然满足欧姆定律，并且电压 u 与电流 i 同相位，其瞬时电压、电流波形如图 3-7b 所示。

根据电阻元件伏安特性的时域关系，可以得到对应的相量域伏安特性关系，其关系式为

$$i(t) = \sqrt{2}I\sin(\omega t + \varphi_i) \quad \longleftrightarrow \quad \dot{I} = I\angle\varphi_i \tag{3-13}$$

$$u(t) = \sqrt{2}RI\sin(\omega t + \varphi_u) \quad \longleftrightarrow \quad \dot{U} = RI\angle\varphi_u \tag{3-14}$$

由式（3-13）和式（3-14）得

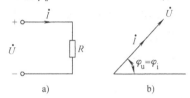

$$\dot{U} = R\dot{I}$$

可见，电阻电压、电流的相量形式仍满足欧姆定律，称为**广义的欧姆定律**。其电阻元件伏安特性的相量如图 3-8 所示。

图 3-8　电阻元件伏安特性的相量关系
a）电阻的相量电路　b）电阻的相量图

2. 电感元件 L

在关联参考方向下，如图 3-9a 所示，线性电感的伏安特性定义为

$$u_L = L\frac{\mathrm{d}i_L}{\mathrm{d}t}$$

设电感元件 L 的电流为

$$i_L(t) = \sqrt{2}I_L\sin(\omega t + \varphi_i)$$

则电感电压为

$$\begin{aligned} u_L(t) &= \sqrt{2}U_L\sin(\omega t + \varphi_u) = L\frac{\mathrm{d}i_L}{\mathrm{d}t} \\ &= \sqrt{2}\omega L I_L\sin(\omega t + \varphi_i + 90°) \end{aligned} \tag{3-15}$$

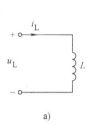

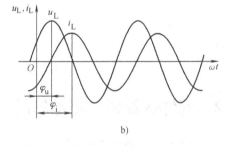

图 3-9　电感元件伏安特性的时域关系
a）电感的时域电路　b）电感的时域电压、电流波形

因此，根据式（3-15），或正弦量微分与相量对应关系式（3-12），都可以得到以下对应关系：

$$i_L(t) = \sqrt{2}I_L\sin(\omega t + \varphi_i) \quad \longleftrightarrow \quad \dot{I}_L = I_L\angle\varphi_i$$

$$u_L(t) = L\frac{\mathrm{d}i_L}{\mathrm{d}t} \quad \longleftrightarrow \quad \dot{U}_L = Lj\omega\dot{I}_L$$

即

$$\dot{U}_L = j\omega L\dot{I}_L = jX_L\dot{I}_L \tag{3-16}$$

由式（3-16）可以推出

1）电感电压、电流有效值的关系为

$$U_L = \omega L I_L$$

2）电感上的电压 U_L 总是超前电流 I_L 相位90°，如图 3-10b 所示，即

$$\varphi_u = \varphi_i + 90°$$

3）X_L 称为**感抗**，jX_L 表示电感 L 的相量形式。单位为欧姆（Ω）。其电感的相量电路如图 3-10a 所示。即

$$jX_L = j\omega L$$

4）电感电压、电流与电感 L 的相量关系，具有广义的欧姆定律关系。

例 3-9 电路如图 3-10a 所示，已知：电感电压 $u_L = 220\sqrt{2}\sin(314t + 45°)$ V，电感 $L = 2$H，试求电感元件的感抗及通过电流的有效值、最大值和瞬时值 $i_L(t)$，并画出相量图。

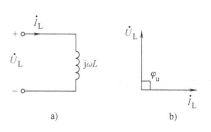

图 3-10　电感元件伏安特性的相量关系
a）电感的相量电路
b）电感的相量图（设 $\varphi_i = 0°$）

解　先写出电感元件上的电压相量式

$$\dot{U}_L = 220\angle 45°\text{V}$$

由题意可知角频率为 $\omega = 314$rad/s，所以感抗为

$$X_L = \omega L = (314 \times 2)\Omega = 628\Omega$$

由式(3-16)，得

$$\dot{I}_L = \frac{\dot{U}_L}{jX_L} = \left(\frac{220\angle 45°}{j628}\right)\text{A}$$

$$= \left[\frac{220}{628}\angle(45° - 90°)\right]\text{A} \approx 350.32\angle -45°\text{mA}$$

所以

$$\begin{cases} I_L = 350.32\text{mA} & \text{有效值} \\ I_{Lm} = \sqrt{2} \times 350.32 \approx 495.43\text{mA} & \text{最大值} \\ i_L = 495.43\sin(314t - 45°)\text{mA} & \text{瞬时值} \end{cases}$$

电感上的电压 $\dot{U}_L$ 与电流 I_L 的相量关系如图 3-11 所示。

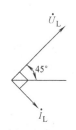

图 3-11　相量图

3. 电容元件 C

在关联参考方向下，如图 3-12a 所示，线性电容的伏安特性定义为

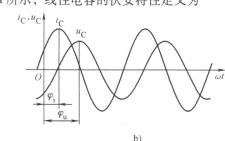

图 3-12　电容元件伏安特性的时域关系
a）电容的时域电路　b）电容的时域电压、电流波形

$$i_C = C\frac{du_C}{dt}$$

设电容元件 C 的电压为

$$u_C(t) = \sqrt{2}U_C\sin(\omega t + \varphi_u)$$

则电容电流为

$$i_C(t) = \sqrt{2}I_C\sin(\omega t + \varphi_i)$$

$$= C \frac{du_C}{dt}$$

$$= \sqrt{2}\omega C U_C \sin(\omega t + \varphi_u + 90°) \tag{3-17}$$

因此，根据式（3-17）或根据正弦量微分与相量对应关系式（3-12）可以得到以下对应关系：

$$u_C(t) = \sqrt{2} U_C \sin(\omega t + \varphi_u) \quad \longleftrightarrow \quad \dot{U}_C = U_C \angle \varphi_u$$

$$i_C(t) = C \frac{du_C}{dt} \quad \longleftrightarrow \quad \dot{I}_C = Cj\omega \dot{U}_C$$

即

$$\dot{I}_C = j\omega C \dot{U}_C$$

$$\dot{U}_C = \frac{1}{j\omega C} \dot{I}_C = -jX_C \dot{I}_C \tag{3-18}$$

由式（3-18）可以推出

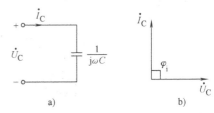

1）电容电压、电流有效值的关系为

$$I_C = \omega C U_C$$

2）电容上的电压 $\dot{U}_C$ 总是滞后电流 $\dot{I}_C$ 相位 90°

$$\varphi_u = \varphi_i - 90°$$

图 3-13　电容元件伏安特性的相量关系

a）电容的相量电路　b）电容的相量图（设 $\varphi_u = 0°$）

3）X_C 称为**容抗**，$-jX_C$ 表示电容 C 的相量形式。单位为欧姆（Ω）。其电容元件伏安特性的相量电路如图 3-13a 所示。

$$-jX_C = \frac{1}{j\omega C} = -j\frac{1}{\omega C}$$

4）电容电压、电流与电容 C 的相量关系，具有广义的欧姆定律关系。

例 3-10　电路如图3-13a 所示，已知：电容电压 $u_C = 220\sqrt{2}\sin(314t + 45°)$ V，电容 $C = 2\mu F$，试求电容元件的感抗及通过电流的有效值、最大值和瞬时值 $i_C(t)$，并画出相量图。

解　先写出电容元件上的电压相量式

$$\dot{U}_C = 220\angle 45° \text{V}$$

由题意可知角频率为 $\omega = 314 \text{rad/s}$，所以容抗为

$$X_C = \frac{1}{\omega C} = \left(\frac{1}{314 \times 2 \times 10^{-6}}\right)\Omega \approx 1592.37\Omega$$

由式（3-18），得

$$\dot{I}_C = \frac{\dot{U}_C}{-jX_C} = \left(\frac{220\angle 45°}{-j1592.37}\right)\text{A} \approx 138.16\angle 135° \text{mA}$$

所以

$$\begin{cases} I_C = 138.16\text{mA} & \text{有效值} \\ I_{Cm} = \sqrt{2}138.16 \approx 195.39\text{mA} & \text{最大值} \\ i_C = 195.39\sin(314t + 135°)\text{mA} & \text{瞬时值} \end{cases}$$

图 3-14　相量图

相量图如图 3-14 所示。

3.2.2 基尔霍夫定律的相量形式

相量法分析电路时，电路中支路电压、电流仍然受到基尔霍夫定律的约束，因此，可以用相量法将 KCL 和 KVL 转换为相量形式。

1. KCL 的相量形式

在正弦交流电路中，任一结点上，任一时刻，基尔霍夫电流定律有

$$\sum_{k=1}^{b} i_k(t) = 0$$

在单一频率 f 的正弦量激励下，电路中各支路电流 $i_k(t)$ 均为同一频率 f 的正弦量。因此，在同频率条件下，KCL 的相量形式为

$$\sum_{k=1}^{b} \dot{I}_k = 0$$

或

$$\sum_{k=1}^{b} \dot{I}_{mk} = 0$$

例 3-11 在同频率电源激励下，电路中某结点电流关系如图 3-15 所示，试写出该结点的 KCL 相量方程。

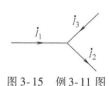

解 设流入结点的电流为正，则流出结点的电流为负。有

$$\dot{I}_1 - \dot{I}_2 + \dot{I}_3 = 0$$

图 3-15　例 3-11 图

即：解题的方式方法与直流电路相似，所不同的是计算中采用的数学工具是相量法。

2. KVL 的相量形式

在正弦交流电路中，任一闭合路径，任一时刻，基尔霍夫电压定律有

$$\sum_{k=1}^{b} u_k = 0$$

在单一频率 f 的正弦量激励下，闭合路径上各支路电压 $u_k(t)$ 均为同一频率 f 的正弦量。因此，在同频率条件下，KVL 的相量形式为

$$\sum_{k=1}^{b} \dot{U}_k = 0$$

或

$$\sum_{k=1}^{b} \dot{U}_{mk} = 0$$

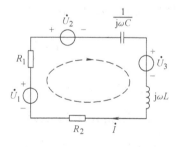

例 3-12 如图 3-16 所示电路中的电源为同频率电源，试列出回路的 KVL 相量方程。

解 设回路的绕行方向为顺时针，如图 3-16 所示。沿顺时针方向的电位升为负，电位降为正，则

图 3-16　例 3-12 图

$$\dot{U}_2 + \frac{1}{j\omega C}\dot{I} + \dot{U}_3 + j\omega L\dot{I} + R_2\dot{I} - \dot{U}_1 + R_1\dot{I} = 0$$

3.3 阻抗与导纳

3.3.1 阻抗与导纳基本概念

在正弦量激励下，基本元件（电阻 R、电感 L、电容 C）用相量表示其伏安特性时，都具有

广义的欧姆定律特征。因此，设有一个由 *RLC* 构成的无源线性二端网络 N_0，如图3-17a 所示，其端口电压相量与电流相量的比值定义为该二端网络的阻抗 *Z*，即

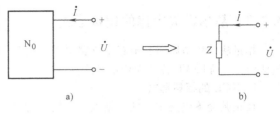

$$Z = \frac{\dot{U}}{\dot{I}} \qquad (3-19)$$

图 3-17 阻抗定义

a) *RLC* 构成的二端网络 N_0 b) 等效阻抗 *Z*

式中，*Z* 为复数，称为**阻抗**，单位为欧姆（Ω）。

式（3-19）称为**欧姆定律的相量形式**。阻抗 *Z* 的复数式为

$$Z = \frac{U}{I} \angle (\varphi_u - \varphi_i) = |Z| \angle \varphi_Z = R + jX \qquad (3-20)$$

式中，$|Z|$ 称为**阻抗模**；φ_Z 称为**阻抗角**；*R* 为等效**电阻**；*X* 为等效**电抗**。

阻抗模 $|Z|$ 和阻抗角 φ_Z 分别为

$$\begin{cases} |Z| = \dfrac{U}{I} = \sqrt{R^2 + X^2} \\ \\ \varphi_Z = \varphi_u - \varphi_i = \arctan \dfrac{X}{R} \end{cases}$$

阻抗模、电抗、电阻和阻抗角的关系可以用阻抗三角形来表示，如图3-18 所示。

通过对阻抗 *Z* 参数式（3-20）的分析，可以知道图3-17a 所示的无源线性二端网络 N_0 的电路性质，即

当 $X > 0$ 时，$\varphi_Z > 0$，电压超前电流，称二端网络 N_0 为感性；

当 $X < 0$ 时，$\varphi_Z < 0$，电压滞后电流，称二端网络 N_0 为容性；

当 $X = 0$ 时，$\varphi_Z = 0$，$Z = R$，电压与电流同相，称二端网络 N_0 为阻性。

无源线性二端网络 N_0 的特性也可以用导纳参数来表示。即阻抗 *Z* 的倒数定义为复数的导纳 *Y*，有

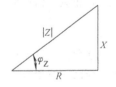

图 3-18 阻抗三角形

$$Y = \frac{\dot{I}}{\dot{U}} = \frac{1}{Z} = |Y| \angle \varphi_Y = G + jB \qquad (3-21)$$

式中，*G* 为等效电导；*B* 为等效电纳，单位为西门子（S）。

3.3.2 阻抗串并联电路

在正弦交流电路中，电路元件的基本连接方式同样有串联、并联、星形和三角形联结，同样有分压、分流和对外电路等效的概念。下面主要讨论串联电路、并联电路中电压相量和电流相量的分析方法。

1. 阻抗串联电路

电路如图3-19 所示，根据元件的伏安特性，有

$$\begin{cases} \dot{U}_R = R\dot{I} \\ \\ \dot{U}_C = \dfrac{1}{j\omega C} \dot{I} \\ \\ \dot{U}_L = j\omega L \, \dot{I} \end{cases}$$

根据 KVL, 有

$$\dot{U} = \dot{U}_R + \dot{U}_C + \dot{U}_L$$

$$= \left(R + j\omega L + \frac{1}{j\omega C} \right)\dot{I}$$

$$= \left[R + j\left(\omega L - \frac{1}{\omega C} \right) \right]\dot{I} = (R + jX)\dot{I} = Z\dot{I}$$

串联电路的等效阻抗 Z 为

$$Z = R + j\left(\omega L - \frac{1}{\omega C} \right) = |Z| \angle \varphi_Z$$

当 $\omega L > \dfrac{1}{\omega C}$时, $\varphi_Z > 0$, 电压 $\dot{U}$ 超前电流 $\dot{I}$, 串联电路呈感性;

当 $\omega L < \dfrac{1}{\omega C}$时, $\varphi_Z < 0$, 电压滞后电流, 串联电路呈容性;

当 $\omega L = \dfrac{1}{\omega C}$时, $\varphi_Z = 0$, $Z = R$, 电压 $\dot{U}$ 与电流 $\dot{I}$ 同相, 串联电路呈阻性。

例3-13 电路如图3-19所示, 已知电压表测量得: $U_L = 6V$, $U_R = 4V$, $U_C = 3V$。试求电压有效值 U 为多少?

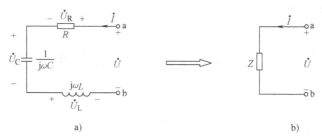

图 3-19　阻抗串联电路

a) RLC 串联电路　b) 等效阻抗电路

解　首先注意电压表测量的参数是有效值, 基尔霍夫定律的相量式指的是相量参数代数和为零, 不是有效值代数和为零, 即

$$U \neq U_R + U_L + U_C$$

此题有两种解题方法: 计算法、相量图法。

方法一: 计算法

设电流相量为

$$\dot{I} = I \angle 0°$$

根据各元件伏安特性的相量关系式, 有

$$\begin{cases} \dot{U}_R = 4 \angle 0°V \\ \dot{U}_C = -j3V \\ \dot{U}_L = j6V \end{cases}$$

根据 KVL, 得

$$\dot{U} = \dot{U}_R + \dot{U}_L + \dot{U}_C = (4 + j6 - j3)\text{V}$$
$$= (4 + j3)\text{V} = 5\angle 36.87°\text{V}$$

所以

$$U = 5\text{V}$$

方法二：相量图法

分析电路，根据 KVL 有

$$\begin{cases} \dot{U} = \dot{U}_R + \dot{U}_C + \dot{U}_L = \dot{U}_R + \dot{U}_X \\ \dot{U}_X = \dot{U}_L + \dot{U}_C \end{cases}$$

相量图如图 3-20 所示。

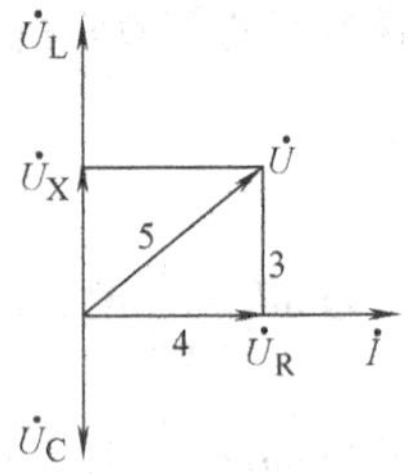

1）设电流 $\dot{I} = I\angle 0°$ 为参考相量。

2）画电阻电压相量 $\dot{U}_R$ 图：电压 $\dot{U}_R$ 与电流 $\dot{I}$ 同相。

3）画电容电压相量 $\dot{U}_C$ 图：电压 $\dot{U}_C$ 滞后电流 $\dot{I}$ 相位90°。

4）画电感电压相量 $\dot{U}_L$ 图：电压 $\dot{U}_L$ 超前电流 $\dot{I}$ 相位90°。

5）$\dot{U}_L$ 与 $\dot{U}_C$ 相位上差180°，则作 $\dot{U}_X$ 的相量图得

$$U_X = (6-3)\text{V} = 3\text{V}$$

6）因 $\dot{U} = \dot{U}_X + \dot{U}_R$，作 $\dot{U}_R$、$\dot{U}_X$ 和 $\dot{U}$ 变量之间的平行四边形，如图 3-20 所示得电压有效值，U 为

$$U = \sqrt{4^2 + 3^2}\text{V} = 5\text{V}$$

图 3-20　相量图法解题

例 3-14　电路如图 3-21 所示，已知正弦交流电压 $u_S(t) = 20\sqrt{2}\sin(\omega t - 60°)\text{V}$，阻抗 $Z_1 = 6\angle 30°\Omega$，$Z_2 = 8\angle 45°\Omega$。试求电流 $i(t)$、电压 $u_1(t)$、$u_2(t)$ 和电路的等效阻抗 Z。

解　电压 $u_S(t)$ 的相量为

$$\dot{U}_S = 20\angle -60°\text{V}$$

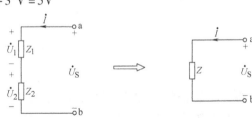

图 3-21　例 3-14 图

等效阻抗 Z 为

$$Z_1 = (6\angle 30°)\Omega \approx (5.2 + j3)\Omega$$
$$Z_2 = (8\angle 45°)\Omega \approx (5.66 + j5.66)\Omega$$
$$Z = Z_1 + Z_2 = (10.86 + j8.66)\Omega \approx 13.89\angle 38.57°\Omega$$

电路电流为

$$\dot{I} = \frac{\dot{U}_S}{Z} = \left(\frac{20\angle -60°}{13.89\angle 38.57°}\right)\text{A} \approx 1.44\angle -98.57°\text{A}$$

各阻抗上的电压相量分别为

$$\dot{U}_1 = Z_1\dot{I} = (6\angle 30° \times 1.44\angle -98.57°)\text{V} = 8.64\angle -68.57\text{V}$$

$$\dot{U}_2 = Z_2 \dot{I} = (8\angle 45° \times 1.44\angle -98.57°)\text{V} = 11.52\angle -53.57°\text{V}$$

所以

$$\begin{cases} Z = 13.89\angle 38.57°\Omega \\ i(t) = 1.44\sqrt{2}\sin(\omega t - 21.43°)\text{A} \\ u_1(t) = 8.64\sqrt{2}\sin(\omega t - 68.57°)\text{V} \\ u_2(t) = 11.52\sqrt{2}\sin(\omega t - 53.57°)\text{V} \end{cases}$$

结论：阻抗的串联电路计算，在形式上与电阻的串联电路计算相似。对于有 n 个阻抗串联电路（如图3-22所示），则其等效总阻抗 Z 为

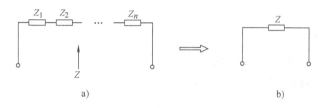

$$Z = Z_1 + Z_2 + \cdots + Z_n$$

$$(3-22)$$

图 3-22 n 个阻抗串联电路及等效阻抗 Z 电路

a) n 个阻抗串联图　b) 图 a 的等效阻抗 Z 图

2. 阻抗并联电路

阻抗并联电路如图 3-23 所示，根据 KCL，有

$$\begin{aligned} \dot{I} &= \dot{I}_R + \dot{I}_C + \dot{I}_L \\ &= \left(G + j\omega C + \frac{1}{j\omega L}\right)\dot{U} = \left[G + j\left(\omega C - \frac{1}{\omega L}\right)\right]\dot{U} \\ &= (G + jB)\dot{U} = Y\dot{U} \end{aligned}$$

并联电路图 3-23a 中的等效导纳 Y（如图 3-23b 所示）为

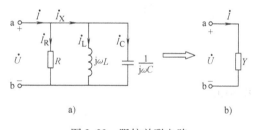

$$Y = G + j\left(\omega C - \frac{1}{\omega L}\right)$$

图 3-23 阻抗并联电路

a) RLC 并联电路　b) 等效导纳电路

当 $\omega C > \dfrac{1}{\omega L}$ 时，电压 $\dot{U}$ 滞后电流 $\dot{I}$，图 3-23 电路呈容性；

当 $\omega C < \dfrac{1}{\omega L}$ 时，电压 $\dot{U}$ 超前电流 $\dot{I}$，图 3-23 电路呈感性；

当 $\omega C = \dfrac{1}{\omega L}$ 时，$Y = G$，电压 $\dot{U}$ 与电流 $\dot{I}$ 同相，图 3-23 电路呈阻性。

例 3-15 已知如图3-24所示电路中电流表读数为：电流表 $A_1 = 7\text{A}$、$A_2 = 8\text{A}$、$A_3 = 15\text{A}$。试求电流表 A 和 A_4 的读数。

解 如图 3-24 和图 3-25 所示。下面分别用两种方法解题。

方法一：相量图法

利用元件的电压与电流之间的相量关系，通过作相量图解电流表中的待求量。

分析电路可知，电路中电压 $\dot{U}_S$ 是电阻 R、电感 L、电容 C 元件共有的电量，因此，设电压

$\dot{U}_{\mathrm{S}}$ 为分析电路时的参考相量，即

$$\dot{U}_{\mathrm{S}} = U_{\mathrm{S}} \angle 0°\mathrm{V}$$

作相量图（如图3-25所示）

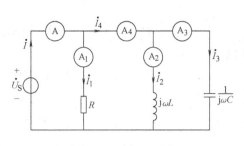

图3-24　例3-15图

1）电阻上电压与电流同相，即 $\dot{U}_{\mathrm{S}}$ 与 $\dot{I}_2$ 同相。

2）电感上电流滞后电压90°，即 $\dot{I}_2$ 滞后 $\dot{U}_{\mathrm{S}}$ 90°。

3）电容上电流引前电压90°，即 $\dot{I}_3$ 引前 $\dot{U}_{\mathrm{S}}$ 90°。

根据 KCL，有

$$\dot{I}_4 = \dot{I}_3 + \dot{I}_2$$

通过作相量图，得

$$I_4 = (15 - 8)\mathrm{A} = 7\mathrm{A}$$

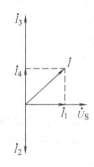

4）因为：$\dot{I} = \dot{I}_1 + \dot{I}_4$，所以通过作相量图的平行四边形，得

$$I = \sqrt{7^2 + 7^2}\,\mathrm{A} \approx 9.9\mathrm{A}$$

方法二：计算法

设：$\dot{U}_{\mathrm{S}} = U_{\mathrm{S}} \angle 0°\mathrm{V}$

根据元件的特性有

图3-25　相量图

$$\begin{cases} \dot{I}_1 = 7 \angle 0°\mathrm{A} \\ \dot{I}_2 = -\mathrm{j}8\mathrm{A} \\ \dot{I}_3 = \mathrm{j}15\mathrm{A} \end{cases}$$

根据 KCL，得

$$\dot{I}_4 = \dot{I}_2 + \dot{I}_3 = (-\mathrm{j}8 + \mathrm{j}15)\mathrm{A} = \mathrm{j}7\mathrm{A}$$

$$\dot{I} = \dot{I}_1 + \dot{I}_4 = (7 + \mathrm{j}7)\mathrm{A} \approx 9.9 \angle 45°\mathrm{A}$$

则解得：电流表 A 的读数为9.9A；电流表 A_4 的读数为7A。

结论：阻抗的并联电路计算，在形式上与电阻的并联电路计算相似。对于有 n 个导纳并联电路（如图3-26所示），则其等效总导纳 Y 为

$$Y = Y_1 + Y_2 + \cdots + Y_n \qquad (3-23)$$

例3-16　电路如图3-27所示，已知电路中各阻抗参数，试写出等效阻抗 Z 的表达式。

解　这是一个串并联组合电路的等效阻抗分析题型，其解题思路与直流电路中电阻的串并联分析方法相同，即

$$Z = Z_1 + Z_2 /\!/ Z_3 = Z_1 + \frac{Z_2 Z_3}{Z_2 + Z_3}$$

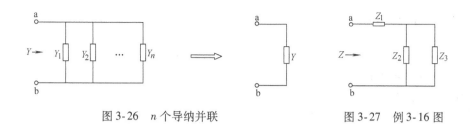

图 3-26 *n* 个导纳并联   图 3-27 例 3-16 图

例3-17 电路如图3-28所示，已知电路中各阻抗参数，试写出等效阻抗 Z 的表达式。

解 此题与电阻电路中的星形－三角形联结等效变换类似，把由阻抗 Z_2 构成的星形联结转换成三角形联结，再求串并联混联电路。

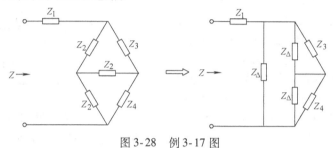

图 3-28 例 3-17 图

星形转换成三角形联结，有

$$Z_\triangle = 3Z_2$$

计算串并联混联电路，得

$$Z = Z_1 + \left[Z_\triangle \,//\, (Z_\triangle \,//\, Z_3 + Z_\triangle \,//\, Z_4) \right] = Z_1 + \cfrac{Z_\triangle \left(\dfrac{Z_\triangle Z_3}{Z_\triangle + Z_3} + \dfrac{Z_\triangle Z_4}{Z_\triangle + Z_4} \right)}{Z_\triangle + \dfrac{Z_\triangle Z_3}{Z_\triangle + Z_3} + \dfrac{Z_\triangle Z_4}{Z_\triangle + Z_4}}$$

$$= Z_1 + \cfrac{3Z_2 \left(\dfrac{3Z_2 Z_3}{3Z_2 + Z_3} + \dfrac{3Z_2 Z_4}{3Z_2 + Z_4} \right)}{3Z_2 + \dfrac{3Z_2 Z_3}{3Z_2 + Z_3} + \dfrac{3Z_2 Z_4}{3Z_2 + Z_4}}$$

例3-18 电路如图 3-29 所示，已知电阻 $R_1 = R_2 = 1\Omega$，电感 $L = 0.2H$，电容 $C = 1F$。试求：（1）写出等效阻抗 Z 的表达式；（2）分别计算 $\omega = 1\text{rad/s}$、5rad/s 不同角频率下的阻抗值。

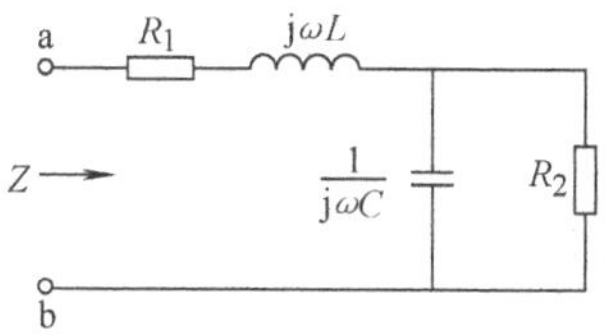

解 （1）写 Z 表达式

图3-29 例 3-18 图

$$Z = R_1 + j\omega L + \cfrac{R_2 \dfrac{1}{j\omega C}}{R_2 + \dfrac{1}{j\omega C}} = R_1 + j\omega L + \frac{R_2}{j\omega C R_2 + 1}$$

$$= R_1 + j\omega L + \frac{R_2(1 - j\omega C R_2)}{1 + (\omega C R_2)^2}$$

$$= R_1 + \frac{R_2}{1 + (\omega C R_2)^2} + j\left[\omega L - \frac{\omega C R_2^2}{1 + (\omega C R_2)^2} \right]$$

将元件参数代入，得

$$Z = \left(1 + \frac{1}{1 + \omega^2}\right) + j\left[0.2\omega - \frac{\omega}{1 + \omega^2}\right]$$

（2）计算不同频率下的阻抗值

当 $\omega_1 = 1\text{rad/s}$ 时，得

$$Z = \left[\left(1 + \frac{1}{1 + 1}\right) + j\left(0.2 - \frac{1}{1 + 1}\right)\right]\Omega = (1.5 - j0.3)\Omega$$

当 $\omega_1 = 5\text{rad/s}$ 时，得

$$Z = \left[\left(1 + \frac{1}{1 + 25}\right) + j\left(0.2 \times 5 - \frac{5}{1 + 25}\right)\right]\Omega \approx (1.04 - j0.81)\Omega$$

可见，不同频率下的阻抗大小也不同，这是因为感抗 X_L、容抗 X_C 的大小是随频率的变化而改变。所以：RLC 二端网络的阻抗和导纳的大小，取决于电路结构、元件参数和信号源的频率。当电路的结构和参数确定时，阻抗和导纳则是电源频率的函数。

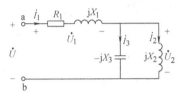

图 3-30　例 3-19 图

例 3-19　在图 3-30 所示电路中，已知 $R_1 = X_1$，电压有效值 $U = 220\text{V}$，$U_1 = 141.5\text{V}$，电流有效值 $I_2 = 30\text{A}$，$I_3 = 20\text{A}$，试求 R_1、X_1、X_2、X_3。

解　首先选择参考相量。在参考相量选择时，应分析电路结构和已知参数。例如，选择电压 $\dot{U}$ 为参考相量，则不能直接写出其他已知电压、电流的相量式，而选择电压 $\dot{U}_2$ 为参考相量，则就可直接写出电流的相量式。

设 $\dot{U}_2 = U_2 \angle 0°\text{V}$，$\dot{U}_1 = U_1 \angle \varphi_u$ 根据电路和元件特性，有

$$\dot{I}_2 = -j30\text{A}$$

$$\dot{I}_3 = j20\text{A}$$

列 KCL 方程，有

$$\dot{I}_1 = \dot{I}_2 + \dot{I}_3 = (-j30 + j20)\text{A} = -j10\text{A}$$

因为，R_1 与 jX_1 串联电路有

$$Z_1 = \frac{\dot{U}_1}{\dot{I}_1} = \frac{U_1}{I_1} \angle (\varphi_{u1} + 90°) = |Z_1| \angle \varphi_1$$

所以

$$|Z_1| = \frac{U_1}{I_1} = \left(\frac{141.5}{10}\right)\Omega = 14.15\Omega$$

由已知 $R_1 = X_1$ 得

$$\varphi_1 = \arctan\frac{X_1}{R_1} = 45°$$

则

$$Z_1 = R_1 + jX_1 = 14.15 \angle 45°\Omega$$

$$\dot{U}_1 = 141.5 \angle -45°\text{V}$$

$$R_1 = |Z_1|\cos\varphi_1 = 10\Omega$$

$$X_1 = R_1 = 10\Omega$$

根据 KVL，有

$$\dot{U} = \dot{U}_1 + \dot{U}_2$$

则

$$220 \angle \varphi_u = 141.5 \angle -45° + U_2 \angle 0°$$

$$220\cos\varphi_u + j220\sin\varphi_u = 141.5\cos(-45°) + j141.5\sin(-45°) + U_2$$

等式两边的虚部与虚部相等，实部与实部相等，得

$$220\sin\varphi_u = 141.5\sin(-45°)$$

$$220\cos\varphi_u = 141.5\cos(-45°) + U_2$$

解得

$$\sin\varphi_u = \frac{141.5}{220} \times \sin(-45°) \approx -0.455$$

$$\varphi_u \approx -27.05°$$

$$U_2 = [220\cos(-27.05°) - 141.5\cos(-45°)]V = 95.87V$$

$$X_2 = \frac{U_2}{I_2} = \frac{95.87}{30}\Omega = 3.2\Omega$$

$$X_3 = \frac{U_2}{I_3} = \frac{95.87}{20}\Omega = 4.8\Omega$$

即：$R_1 = 10\Omega$，$X_1 = 10\Omega$，$X_2 = 3.2\Omega$，$X_3 = 4.8\Omega$。

3.4 正弦稳态电路的分析

在正弦交流稳态电路中，由于相量和复数阻抗的引入，元件的微积分伏安特性均可以用广义的欧姆定律形式来表示，各支路电压相量、电流相量则遵循基尔霍夫定律。电路的相量模型仍受到两类线性约束，即相量形式下的元件伏安特性约束和基尔霍夫定律约束。所以，前面所讨论的线性电路的性质、分析方法和线性电路定理等，都可以直接应用于相量电路模型分析中。

相量模型电路分析时应注意：

1）相量分析的对象必须是正弦稳态电路。

2）由于感抗和容抗的大小与频率有关，所以电路中的信号源必须是同一频率的正弦交流电。如果信号源是多个频率的，则必须利用电路的线性特性（叠加性），用每一个频率的信号源单独作用求其相量解，然后将不同频率的时间函数响应叠加。

例 3-20 电路如图 3-31 所示，已知参数有：电阻 $R = 5\Omega$，容抗 $X_C = 2\Omega$，感抗 $X_L = 5\Omega$，电压源 $u_{S1}(t) = 100\sqrt{2}\sin\omega t$ V，$u_{S2}(t) = 100\sqrt{2}\sin(\omega t + 90°)$ V。试分别用结点电压法和网孔电流法求各支路电流。

解 电压源的相量式为

$$\dot{U}_{S1} = 100 \angle 0° V$$

$$\dot{U}_{S2} = 100 \angle 90° V$$

方法一：结点电压法

结点电压法电路如图 3-31a 所示。列结点 KCL 方程为

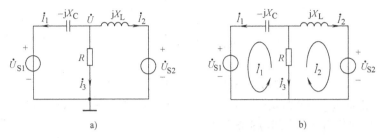

图 3-31　例 3-20 图

a）结点电压法　b）网孔电流法

$$\left(\frac{1}{-jX_C}+\frac{1}{R}+\frac{1}{jX_L}\right)\dot{U}_1=\frac{\dot{U}_{S1}}{-jX_C}+\frac{\dot{U}_{S2}}{jX_L}$$

将已知参数代入上式得

$$\left[\frac{1}{5}+j\left(\frac{1}{2}-\frac{1}{5}\right)\right]\dot{U}_1=j\left[\frac{100}{2}-\frac{j100}{5}\right]A$$

解得

$$\dot{U}_1\approx149.17\angle11.89°V$$

所以

$$\begin{cases}\dot{I}_1=\dfrac{\dot{U}_1-\dot{U}_{S1}}{-jX_C}\approx27.65\angle123.76°A\\[3mm]\dot{I}_2=\dfrac{\dot{U}_1-\dot{U}_{S2}}{jX_L}\approx32.32\angle-115.39°A\\[3mm]\dot{I}_3=\dfrac{\dot{U}_1}{R}\approx29.84\angle11.89°A\end{cases}$$

方法二：网孔电流法

网孔电流法如图 3-31b 所示，列网孔的 KVL 方程为

$$\begin{cases}(R-jX_C)\dot{I}_1+R\dot{I}_2+\dot{U}_{S1}=0\\RI_1+(R+jX_L)\dot{I}_2+\dot{U}_{S2}=0\end{cases}$$

$$\begin{cases}(5-j2)\dot{I}_1-5\dot{I}_2+100\angle0°=0\\5\dot{I}_1+(5+j5)\dot{I}_2+j100=0\end{cases}$$

解得

$$\begin{cases}\dot{I}_1\approx27.65\angle123.76°A\\\dot{I}_2\approx32.32\angle-115.39°A\\\dot{I}_3\approx\dot{I}_1+\dot{I}_2\approx29.84\angle11.89°A\end{cases}$$

例 3-21　电路如图3-32a 所示，已知阻抗 $Z_1=Z_2=(5-j5)\Omega$，$Z_3=(8+j10)\Omega$，$Z_4=2\Omega$，电

压源 $\dot{U}_{S1} = (3 + j4)\,\text{V}$，$\dot{U}_{S2} = (8 - j10)\,\text{V}$，$\dot{U}_{S3} = 6\angle 0°\,\text{V}$，电流源 $\dot{I}_S = 3\angle 0°\,\text{A}$。试用戴维南定理求电路中电压 $\dot{U}_1$。

解　画戴维南定理解题电路图，如图 3-32 所示。

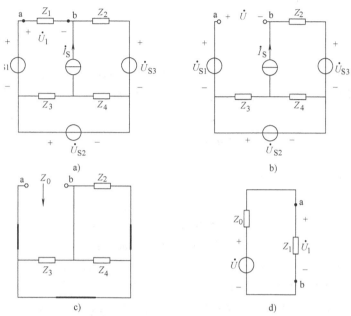

图 3-32　戴维南定理

a) 例 3-21 图　b) 开路电压　c) 等效阻抗　d) 戴维南定理等效电路

（1）求开路电压 $\dot{U}$

由图 3-32b 得

$$
\begin{aligned}
\dot{U} &= \dot{U}_{S1} + \dot{U}_{S2} - \dot{U}_{S3} - Z_2 \dot{I}_S \\
&= [(3 + j4) + (8 - j10) - 6 - (5 - j5) \times 3]\,\text{V} \\
&= (20 + j9)\,\text{V} \approx 21.93\angle 24.23°\,\text{V}
\end{aligned}
$$

（2）求等效阻抗 Z_0

由图 3-32c 得

$$
Z_0 = Z_2 = (5 - j5)\,\Omega
$$

（3）戴维南等效电路求 $\dot{U}_1$

由图 3-32d 得

$$
\begin{aligned}
\dot{U}_1 &= \frac{\dot{U}}{Z_0 + Z_1} Z_1 = \frac{\dot{U}}{2} \\
&= \frac{21.93\angle 24.23°}{2}\,\text{V} \approx 10.96\angle 24.23°\,\text{V}
\end{aligned}
$$

3.5　正弦稳态电路的功率

纯电阻正弦交流电路中，电源发出的所有能量均被电阻消耗。纯电容（或纯电感）正弦交流电路中，电源发出的所有能量没有被消耗，而是由电容（或电感）在电压（或电流）周期的某一部分存储，然后在另一部分周期中返还至电源。在 *RLC* 正弦稳态电路中，消耗能量和存储能量常常同时存在。因此，为了表征电路的性质，正弦稳态电路的功率的种类比较多，即瞬时功率、有功功率、无功功率、视在功率。同时由功率分析引出了功率因数的概念和最大功率传输问题的讨论。

3.5.1 功率

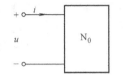

图 3-33 *RLC* 二端网络

如图 3-33 所示的二端网络 N_0 为 *RLC* 无源电路，外加电压 u 与电流 i 的参考方向为关联参考方向，其正弦稳态电压和电流分别为

$$u(t) = \sqrt{2}U\sin(\omega t + \varphi)$$

$$i(t) = \sqrt{2}I\sin\omega t$$

1. 瞬时功率

在 t 时刻，二端网络 N_0 吸收的瞬时功率为

$$\begin{aligned}
p(t) &= u(t)i(t) \\
&= \sqrt{2}U\sin(\omega t + \varphi)\,\sqrt{2}I\sin\omega t \\
&= UI\cos\varphi - UI\cos(2\omega t + \varphi)
\end{aligned}$$

式中，$UI\cos\varphi$ 为恒定分量；$UI\cos(2\omega t + \varphi)$ 为 2 倍的频率变化的正弦量。

瞬时功率 $p(t)$ 的波形如图 3-34 所示。

可见，瞬时功率有正有负，当 $p(t) > 0$ 时，表示二端网络 N_0 吸收能量；当 $p(t) < 0$ 时，表示二端网络 N_0 释放能量。正负功率的交替，说明能量在外加电源与二端网络 N_0 之间来回交换，这是电阻元件消耗能量、储能元件存储能量的特性表征。

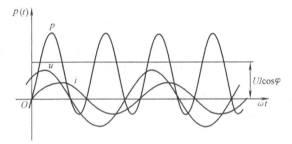

图 3-34 瞬时功率波形

由于瞬时功率不便于测量，因此，将二端网络 N_0 消耗的能量用有功分量表示，而电路中往返交换的瞬时能量用无功分量表示，即引出有功功率和无功功率的概念。

2. 有功功率（平均功率）

电阻消耗的能量称为**有功功率**，其定义为瞬时功率的**平均值**，即

$$P = \frac{1}{T}\int_0^T p\,\mathrm{d}t = UI\cos\varphi$$

可见，$UI\cos\varphi$ 正好是瞬时功率 $p(t)$ 中的恒定分量，即瞬时功率中的有功分量的平均值。所以，有功功率又称为平均功率，定义为

$$P = UI\cos\varphi \tag{3-24}$$

式中，功率 P 的单位为瓦特（W），$10^3\mathrm{W} = 1\mathrm{kW}$（即单位 kW 称为千瓦），$10^6\mathrm{W} = 1\mathrm{MW}$（即单位 MW 称为兆瓦）。

有功功率的大小不仅与电压 u、电流 i 的有效值有关，还与 $\cos\varphi$ 有关，因此 $\cos\varphi$ 称为**功率因数**，φ 称为**功率因数角**。

功率因数角 φ 为电压、电流的相位差，即

$$\varphi = \varphi_\mathrm{u} - \varphi_\mathrm{i}$$

又因为

$$Z = \frac{\dot{U}}{\dot{I}} = \frac{U}{I} \angle (\varphi_u - \varphi_i) = |Z| \angle \varphi_Z$$

所以功率因数角等于阻抗角,有

$$\varphi = \varphi_u - \varphi_i = \varphi_Z$$

一般:功率因数角 $|\varphi| \leqslant \frac{\pi}{2}$,则 $0 \leqslant \cos\varphi \leqslant 1$,所以功率因数可表示为

$$\lambda = \cos\varphi \qquad\qquad (3\text{-}25)$$

功率因数 $\cos\varphi$ 的大小,由电路参数 RLC、电源频率 f 及电路结构所决定。

当电路为纯电阻 R 电路时,有

$$\varphi = 0, \ \cos\varphi = 1$$

由式(3-24)得纯电阻电路功率为

$$P = UI\cos\varphi = UI = I^2 R = \frac{U^2}{R}$$

当电路为纯电感 L 电路时,有

$$\varphi = \frac{\pi}{2}, \ \cos\varphi = 0$$

则由式(3-24)得

$$P = UI\cos\varphi = 0$$

当电路为纯电容 C 电路时,有

$$\varphi = -\frac{\pi}{2}, \ \cos\varphi = 0$$

则由式(3-24)得

$$P = UI\cos\varphi = 0$$

所以,电容 C、电感 L 是储能元件,不消耗有功功率。有功功率仅与电阻性元件有关。

例 3-22 试计算例 3-21 中阻抗 Z_1 上的有功功率,如图 3-35 所示。

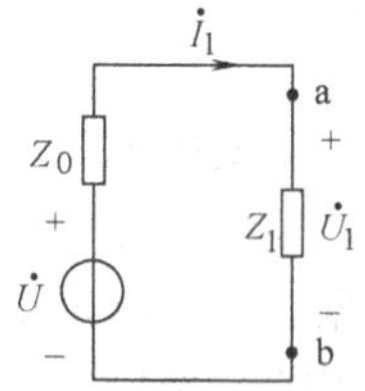

解 由例 3-21 计算得

$$\dot{U}_1 = 10.96 \angle 24.23° \text{V}$$

$$Z_1 = (5 - j5)\Omega$$

$$\dot{I}_1 = \frac{\dot{U}_1}{Z_1} \approx \left(\frac{10.96 \angle 24.23°}{\sqrt{25} \angle -45°} \right) \text{A} \approx 1.55 \angle 69.23° \text{A}$$

图3-35 例 3-22 图

$$P_1 = U_1 I_1 \cos\varphi$$

$$= [10.96 \times 1.55\cos(24.23° - 69.23°)] \text{W} \approx 12\text{W}$$

例 3-23 电路如图 3-36 所示,已知电阻端电压 $u_R(t) = 2\sqrt{2}\sin 2t \ \text{V}$,

电压 $\dot{U}$ 超前电流 $\dot{I}$ 相位 60°,电路中消耗功率为 4W,试求电压有效值 U、电流有效值 I 及元件参数 R、L。

解 由题已知得

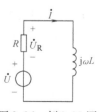

图 3-36 例 3-23 图

$$\dot{U}_R = 2\angle 0°V$$

$$\omega = 2 \text{rad/s}$$

电路中只有电阻 R 元件消耗功率为

$$R = \frac{U_R^2}{P} = \left(\frac{2^2}{4}\right)\Omega = 1\Omega$$

$$I = \frac{P}{U_R} = 2A$$

电阻上的电流与电压同相,有

$$\dot{I} = 2\angle 0°A$$

由已知电压 $\dot{U}$ 超前电流 $\dot{I}$ 相位 $60°$,得

$$\dot{U} = U\angle 60°V$$

阻抗三角形为

$$\varphi_Z = \varphi_u - \varphi_i = 60°$$

根据阻抗三角形,如图 3-37 所示,得

$$|Z| = \frac{R}{\cos\varphi_Z} = \left(\frac{1}{\cos 60°}\right)\Omega = 2\Omega$$

$$X_L = \sqrt{|Z|^2 - R^2} = \sqrt{2^2 - 1}\Omega \approx 1.73\Omega$$

$$L = \frac{X_L}{\omega} = \left(\frac{1.73}{2}\right)H \approx 0.87H$$

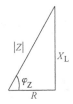

图 3-37 阻抗三角形

电压 U 为

$$U = |Z|I = (2\times 2)V = 4V$$

3. 无功功率

在工程中还引用了无功功率的概念,用来反映如图 3-33 所示电路与外界能量交换的最大速率,衡量电抗元件的功率特性,其定义为

$$Q = UI\sin\varphi \tag{3-26}$$

式中,无功功率 Q 单位为乏(var)。

当电路为纯电阻 R 电路时,有

根据式(3-26)得 $\varphi = 0$, $\sin\varphi = 0$

即 RLC 二端网络 N_0 呈阻性。

$$Q = UI\sin\varphi = 0$$

当电路为纯电感 L 电路时,有

$$Q = UI\sin\varphi = UI\sin 90° = UI = I^2 X_L = \frac{U^2}{X_L}$$

即 RLC 二端网络 N_0 呈感性。

当电路为纯电容 C 电路时,有

$$Q = UI\sin\varphi = UI\sin(-90°) = -UI = -I^2 X_C = -\frac{U^2}{X_C}$$

即 RLC 二端网络呈容性。

可见:

当 $Q > 0$ 时，$\varphi > 0$，电压 $\dot{U}$ 超前电流 $\dot{I}$，图 3-33 电路呈感性；

当 $Q < 0$ 时，$\varphi < 0$，电压 $\dot{U}$ 滞后电流 $\dot{I}$，图 3-33 电路呈容性；

当 $Q = 0$ 时，电压 $\dot{U}$ 与电流 $\dot{I}$ 同相，图 3-33 电路呈阻性。

例 3-24　试求例 3-23 题中的无功功率。

解　已知

$$\dot{U} = 4\angle 60° \text{V}$$

$$\dot{I} = 2\angle 0° \text{A}$$

所以无功功率为

$$Q = UI\sin\varphi = (4 \times 2\sin 60°)\text{var} \approx 6.93\text{var}$$

例 3-25　电路如图 3-38 所示，已知感抗 $X_L = 3\Omega$，容抗 $X_C = 8\Omega$，电阻 $R_1 = 4\Omega$，$R_2 = 6\Omega$，电压 $\dot{U} = 100\angle 0°$ V。试求：（1）A、B 间电压 U_{AB}；（2）电路的有功功率 P 和无功功率 Q；（3）说明该电路呈何性质？

解

（1）求 U_{AB}

$$\dot{U}_{AB} = \frac{\dot{U}R_1}{R_1 + jX_L} - \frac{\dot{U}R_2}{R_2 - jX_C} = \left(\frac{100 \times 4}{4 + j3} - \frac{100 \times 6}{6 - j8}\right)\text{V}$$

$$= [100 \times (0.28 - j0.96)]\text{V} = 100\angle -73.74°\text{V}$$

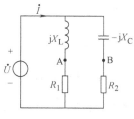

图 3-38　例 3-25 图

（2）求 P 和 Q

$$\dot{I} = \frac{\dot{U}}{R_1 + jX_L} + \frac{\dot{U}}{R_2 - jX_C}$$

$$= \left(\frac{100}{4 + j3} + \frac{100}{6 - j8}\right)\text{A} = [100(0.22 - j0.04)]\text{A} = 22.36\angle -10.30°\text{A}$$

所以

$$P = UI\cos\varphi = (100 \times 22.36\cos 10.30°)\text{W} \approx 2200\text{W}$$

$$Q = UI\sin\varphi = (100 \times 22.36\sin 10.30°)\text{var} \approx 400\text{var}$$

（3）电路性质　因为 $Q > 0$，所以电路呈感性。

4. 视在功率

许多电力设备把可能达到的最大有功功率定为设备的容量，称为**视在功率**。即定义为

$$S = UI \tag{3-27}$$

式中，S 单位为伏安（V·A）。

根据有功功率 P、无功功率 Q、视在功率 S 和功率因数角 φ 的定义，可以用功率三角形来表示它们之间的关系，如图 3-39 所示。并得 P、Q、S 之间的关系式（3-28），即

$$S = \sqrt{P^2 + Q^2} \tag{3-28}$$

$$\lambda = \cos\varphi = \frac{P}{S} \tag{3-29}$$

图 3-39　功率三角形

根据式（3-29）可知，功率因数 λ 表示有功功率 P 与视在功率 S 的比例关系。最理想的情况是有功功率 P 等于视在功率 S，这时功率因数为 $\lambda=1$。但是电气设备往往不是纯电阻，存在部分无功功率 Q。无功功率 Q 不仅占用了供电设备的容量，而且同时增加传输损耗。例如，变压器的容量 S 为 $10\,kV\cdot A$，工作在额定状态下，其外接负载的功率因数为 $\cos\varphi=0.6$，则变压器输出功率 $P=(10\times0.6)kW=6kW$。因此，应尽量的提高负载的功率因数（$\cos\varphi$ 接近于 1），以减小负载所需要的视在功率 S 和在传输线上的功率损耗。

例 3-26 试求例3-23题中电源的视在功率和电路的功率因数。

解 已知

$$\dot{U}=4\angle60°V$$

$$\dot{I}=2\angle0°A$$

所以视在功率 S 为

$$S=UI=(4\times2)V\cdot A=8VA$$

功率因数 λ 为

$$\lambda=\cos\varphi=\cos60°=0.5$$

5. 复功率

在图 3-40 所示的无源二端网络 N_0 中，端电压相量 $\dot{U}$ 与端电流相量 $\dot{I}$ 的共轭相量 $\dot{I}^*$ 之乘积，定义为复功率，用 $\tilde{S}$ 表示，即

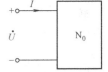

图 3-40 *RLC* 二端网络

$$\dot{U}=U\angle\varphi_u$$

$$\dot{I}=I\angle\varphi_i$$

则复功率 $\tilde{S}$ 为

$$\tilde{S}=\dot{U}\dot{I}^* \tag{3-30}$$

式中，$\dot{I}^*$ 为共轭电流，$\dot{I}^*=I\angle-\varphi_i$，单位为安培（A）；复功率 $\tilde{S}$ 的单位为伏安（V·A）。

注意： 复功率 $\tilde{S}$ 是相量关系式，仅是功率计算时的数学辅助复数工具，没有任何物理意义。

下面把式（3-30）分别写成代数式和极坐标式，则"复功率 $\tilde{S}$"能同时表述有功功率 P、无功功率 Q、视在功率 S 和功率因数 λ 之间的数学关系，即

$$\begin{aligned}\tilde{S}&=U\angle\varphi_u I\angle-\varphi_i=UI\angle(\varphi_u-\varphi_i)=UI\angle\varphi\\&=UI\cos\varphi+jUI\sin\varphi\\&=P+jQ\\&=S\angle\varphi\end{aligned}$$

正弦交流电路中，由于各支路电压满足 KVL、各支路电流满足 KCL，可以证明复功率守恒，即

$$\sum_{k=1}^{b}\tilde{S}_k=0$$

设 $\tilde{S}_k=P_k+jQ_k$，由上式可得有功功率和无功功率也守恒，即

$$\sum_{k=1}^{b}P_k=0$$

$$\sum_{k=1}^{b} Q_k = 0$$

注意： 视在功率是不守恒的，即

$$\sum_{k=1}^{b} S_k \neq 0$$

例3-27 电路如图3-41所示。有功率为60W、功率因数为0.5的荧光灯（感性）50只与功率为100W的白炽灯60只并联在电压为220V、频率为50Hz的正弦交流电源上。试求电路的有功功率、无功功率和功率因数。

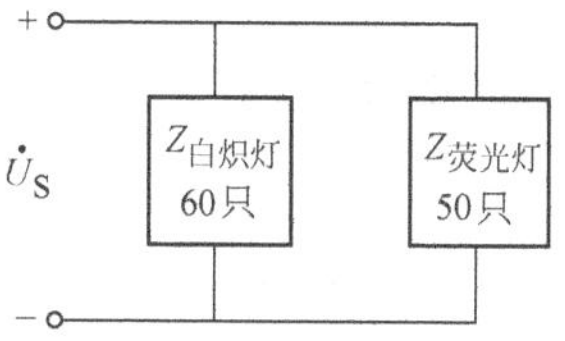

解 荧光灯的有功功率为

$$P_{荧} = (60 \times 50)\,\mathrm{W} = 3000\,\mathrm{W}$$

白炽灯的有功功率为

$$P_{白} = (100 \times 60)\,\mathrm{W} = 6000\,\mathrm{W}$$

电路总有功功率为

$$P = P_{荧} + P_{白} = (3000 + 6000)\,\mathrm{W} = 9000\,\mathrm{W}$$

电路的无功功率为

$$Q = P_{荧}\tan\varphi_{荧} = \left[3000 \times \tan(\arccos 0.5)\right]\mathrm{var} \approx 5196\,\mathrm{var}$$

电路功率因数为

$$\lambda = \cos\varphi = \cos\left(\arctan\frac{Q}{P}\right) = \cos\left(\arctan\frac{5190}{9000}\right) \approx 0.866$$

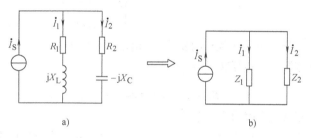

图3-41 例3-27图

例3-28 电路如图3-42a所示，已知电路中电流源 $I_\mathrm{s} = 10\mathrm{A}$，角频率 $\omega = 1000\mathrm{rad/s}$，电阻 $R_1 = 10\Omega$，$R_2 = 5\Omega$，感抗 $X_\mathrm{L} = 25\Omega$，容抗 $X_\mathrm{C} = 15\Omega$。试求（1）各支路电流 $\dot{I}_1$、$\dot{I}_2$；（2）各阻抗支路的有功功率、无功功率、视在功率和功率因数；（3）电源发出的复功率和电路的功率因数。

图 3-42 例3-28 分析计算电路图
a) 例3-28 图 b) 图 a 的等效电路

解 图3-42a 中电阻 R_1 串联感抗（jX_L）支路等效为阻抗 Z_1，电阻 R_2 串联容抗（$-jX_\mathrm{C}$）支路等效阻抗为 Z_2，其等效电路如图3-42b所示，有

$$Z_1 = R_1 + jX_\mathrm{L} = (10 + j25)\Omega \approx 26.93\angle 68.2°\Omega$$

$$Z_2 = R_2 - jX_\mathrm{C} = (5 - j15)\Omega \approx 15.81\angle -71.57°\Omega$$

（1）求 $\dot{I}_1$、$\dot{I}_2$ 设 $\dot{I}_\mathrm{s} = 10\angle 0°\mathrm{A}$，各支路电流为

$$\dot{I}_1 = \frac{Z_2}{Z_1 + Z_2}\dot{I}_\mathrm{s} = \left(\frac{5 - j15}{10 + j25 + 5 - j15}\right)\mathrm{A} \approx 8.77\angle -105.25°\mathrm{A}$$

$$\dot{I}_2 = \dot{I}_\mathrm{s} - \dot{I}_1 = (10 + 8.77\angle -105.25)\mathrm{A} \approx 14.94\angle 34.51°\mathrm{A}$$

（2）各阻抗支路的功率和功率因数 Z_1 支路复功率 $\tilde{S}_1$ 为

$$\tilde{S}_1 = (Z_1 \dot{I}_1) \dot{I}_1^* = Z_1 I_1^2$$

$$= (26.93 \angle 68.2° \times 8.77^2) \mathrm{V \cdot A}$$

$$\approx 2071.26 \angle 68.2° \mathrm{V \cdot A} \approx (769.2 + \mathrm{j}1923.14) \mathrm{V \cdot A}$$

功率为

$$\begin{cases} P_1 = 769.2\mathrm{W} \\ Q_1 = 1923.14\mathrm{var} \\ S_1 = 2071.26\mathrm{V \cdot A} \\ \lambda_1 = \cos 68.2° \approx 0.371 \end{cases}$$

Z_2 支路复功率 $\tilde{S}_2$ 为

$$\tilde{S}_2 = (Z_2 \dot{I}_2) \dot{I}_2^* = Z_2 I_2^2$$

$$= (15.81 \angle -71.57 \times 14.94^2) \mathrm{V \cdot A}$$

$$\approx 3528.85 \angle -71.57° \mathrm{V \cdot A} \approx (1115.63 - \mathrm{j}3347.86) \mathrm{V \cdot A}$$

功率为

$$\begin{cases} P_2 = 1115.63\mathrm{W} \\ Q_2 = 3347.86\mathrm{var} \\ S_2 = 3528.85\mathrm{V \cdot A} \\ \lambda_2 = \cos(-71.57°) \approx 0.316 \end{cases}$$

（3）电流源发出的复功率和电路的功率因数

电流源发出的复功率为

$$\tilde{S} = \tilde{S}_1 + \tilde{S}_2 = (1884.83 - \mathrm{j}1424.72) \mathrm{V \cdot A} \approx 2362.71 \angle -37.09° \mathrm{V \cdot A}$$

电路的功率因数为

$$\lambda = \cos(-37.09°) = 0.8$$

3.5.2　功率因数的提高

电路的功率因数由负载决定，当功率因数 $\lambda < 1$ 时，电源与负载之间存在能量交换（无功功率），结果使电源设备的容量得不到充分利用，降低了供电设备的利用率，增加了供电传输线上的损耗。因此，在电力系统中，功率因数是一项非常重要的技术指标，供电方对用户方的要求是功率因数越大越好。

实际中负载一般为感性（如电机、荧光灯等），所以常用与感性负载并联电容器的方法来提高功率因数，即利用电容支路无功电流与感性支路的无功电流互相补偿的方法。注意，功率因数的提高是在不影响负载的工作状态的前提下实现的。下面以感性负载的等效电路为例，讨论功率因数提高及补偿电容 C 值的确定。

例3-29　一个 RL 串联感性负载电路如图3-43所示，已知端电压有效值为 U、电源角频率为 ω，感性负载上的有功功率为 P 和功率因数为 $\lambda_1 = \cos\varphi_1$，试求电路功率因数提高到 $\lambda_2 = \cos\varphi_2$ 时所需并联的电容 C 值是多少？

解　下面从三个不同的角度（电路原理、相量图、无功功率）分析此题。

设：$\dot{U} = U\angle 0°$，功率因数提高到 λ_2 时，电路仍呈感性，则有

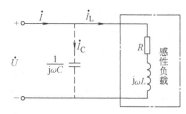

图 3-43　感性负载并联电容
以提高功率因数

$$\dot{I}_L = I_L \angle -\varphi_1$$

$$\dot{I} = I \angle -\varphi_2$$

方法一：电路原理分析法

根据图 3-43 所示电路，列 KCL 方程为

$$
\begin{aligned}
\dot{I}_C &= \dot{I} - \dot{I}_L = I\angle -\varphi_2 - I_L\angle -\varphi_1 \\
&= (I\cos\varphi_2 - \mathrm{j}I\sin\varphi_2) - (I_L\cos\varphi_1 - \mathrm{j}I_L\sin\varphi_1) \\
&= (I\cos\varphi_2 - I_L\cos\varphi_1) + \mathrm{j}(I_L\sin\varphi_1 - I\sin\varphi_2)
\end{aligned}
\tag{3-31}
$$

根据有功功率计算关系式（3-24）有

$$
\left.
\begin{aligned}
I_L &= \frac{P}{U\cos\varphi_1} \\
I &= \frac{P}{U\cos\varphi_2}
\end{aligned}
\right\}
\tag{3-32}
$$

把式（3-32）代入式（3-31），得

$$
\begin{aligned}
\dot{I}_C &= \left(\frac{P}{U\cos\varphi_2}\cos\varphi_2 - \frac{P}{U\cos\varphi_1}\cos\varphi_1\right) + \mathrm{j}\left(\frac{P}{U\cos\varphi_1}\sin\varphi_1 - \frac{P}{U\cos\varphi_2}\sin\varphi_2\right) \\
&= \mathrm{j}\frac{P}{U}(\tan\varphi_1 - \tan\varphi_2)
\end{aligned}
\tag{3-33}
$$

根据电容元件相量式伏安特性，有

$$\dot{I}_C = \mathrm{j}\omega C\,\dot{U} = \mathrm{j}\omega CU \tag{3-34}$$

则式（3-34）等于式（3-33），得

$$\mathrm{j}\omega CU = \mathrm{j}\frac{P}{U}(\tan\varphi_1 - \tan\varphi_2)$$

所以功率因数从 λ_1 提高到 λ_2 时所需并联的电容 C 为

$$C = \frac{P}{\omega U^2}(\tan\varphi_1 - \tan\varphi_2) \tag{3-35}$$

方法二：相量图法

以电压 $\dot{U} = U < 0°$ 为参考相量，感性负载电流 $\dot{I}_L$ 滞后电压 $\dot{U}$ 相位 φ_1，电容电流 $\dot{I}_C$ 超前电压 $\dot{U}$ 相位 $90°$，作平行四边形（$\dot{I}_L + \dot{I}_C$）得滞后电压相位 φ_2 的总电流 $\dot{I}$。得如图 3-44 所示的相量图。对相量图 3-44 进行直角三角形分析得

$$I_C = I_L\sin\varphi_1 - I\sin\varphi_2$$

把式（3-32）代入上式，得

$$I_C = \frac{P}{U\cos\varphi_1}\sin\varphi_1 - \frac{P}{U\cos\varphi_2}\sin\varphi_2$$

所以提高功率因数所需并联的电容 C 为

$$C = \frac{I_C}{\omega U} = \frac{P}{\omega U^2}(\tan\varphi_1 - \tan\varphi_2)$$

即上式与式（3-35）相同。

方法三：无功功率分析法

感性负载的无功功率 Q_L 为

$$Q_L = P\tan\varphi_1$$

并联电容后电路的总无功功率 Q 为

$$Q = P\tan\varphi_2$$

则电容元件的无功功率 Q_C 为

$$Q_C = Q - Q_L = P\tan\varphi_2 - P\tan\varphi_1 \qquad (3\text{-}36)$$

根据电容元件特性，有

$$Q_C = -\omega CU^2 \qquad (3\text{-}37)$$

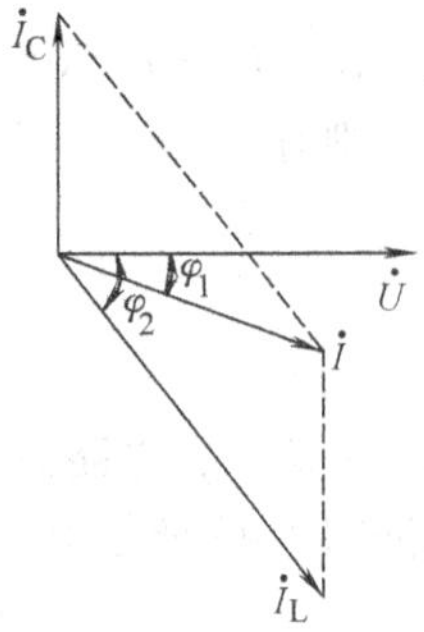

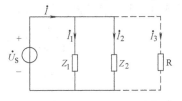

图 3-44　相量图法

由式（3-37）等于式（3-36）得

$$-\omega CU^2 = P\ (\tan\varphi_2 - \tan\varphi_1)$$

所以得

$$C = \frac{P}{\omega U^2}(\tan\varphi_1 - \tan\varphi_2)$$

即上式与式（3-35）相同。

例 3-30　电路如图3-45所示，已知：电压源 $U_s = 100\text{V}$，角频率 $\omega = 1000\text{rad/s}$；阻抗 Z_1 的功率因数为 $\lambda_1 = \cos\varphi_1 = 0.8$，电流 $I_1 = 10\text{A}$，电流 i_1 超前电压 u；阻抗 Z_2 的功率因数为 $\lambda_2 = \cos\varphi_2 = 0.5$，电流 $I_2 = 20\text{A}$，电流 i_2 滞后电压 u。试求：（1）电路的总电流 $i(t)$、有功功率 P、无功功率 Q、视在功率 S 和功率因数 λ；（2）若电源的额定电压为 100V，额定电流为 40A，问还能并联多大的电阻？并联电阻后，电路的有功功率和功率因数又是多少？（3）若使原电路的功率因数提高到 0.9，需要并联多大的电容？

图 3-45　例 3-30 图

解

（1）求 $i(t)$、P、Q、S 和 λ

设 $\dot{U}_s = 100\angle 0°\text{V}$，由题意可得

$$\dot{I}_1 = I_1\angle\arccos\lambda_1 = (10\angle\arccos 0.8)\text{A} = 10\angle 36.87°\text{A}$$

$$\dot{I}_2 = I_2\angle\arccos\lambda_2 = (20\angle -\arccos 0.5)\text{A} = 20\angle -60°\text{A}$$

列 KCL 方程，得

$$\dot{I} = \dot{I}_1 + \dot{I}_2 \approx 21.26\angle -32.17°\text{A}$$

电路的复功率为

$$\begin{aligned}\widetilde{S} &= \dot{U}_s\dot{I}^* = (100\times 21.26\angle 32.17°)\text{V}\cdot\text{A}\\&= (2.26\angle 32.17)\text{V}\cdot\text{A} \approx (1800 + \text{j}1132)\text{V}\cdot\text{A}\end{aligned}$$

所以得

$$\begin{cases}i(t) = 21.26\sqrt{2}\sin(1000t - 32.17°)\text{A}\\P = 1800\text{W}\\Q = 1132\text{var}\\S = 2126\text{V}\cdot\text{A}\\\lambda = \cos 32.17° = 0.846\end{cases}$$

（2）求并联的电阻 R 及并联 R 后电路的 P 和 λ：

电源额定电压、电流为

$$U_N = 100V$$
$$I_N = 40A$$

电源的额定视在功率 S_N 为

$$S_N = U_N I_N = (100 \times 40)V \cdot A = 4000V \cdot A$$

因电路的无功功率 Q 不变，根据功率三角形，可得电路的有功功率 P 为

$$P = \sqrt{S^2 - Q^2} = \sqrt{4000^2 - 1132^2}W \approx 3836.48W$$

并联的电阻 R 所吸收的有功功率 P_R 为

$$P_R = P - 1800 = 2036.48W$$

所以并联的电阻 R 值为

$$R = \frac{U^2}{P_R} = \left(\frac{100^2}{2036.48}\right)\Omega \approx 4.91\Omega$$

并联电阻 R 后，电路的功率因数 λ 为

$$\lambda = \frac{P}{U_N I_N} = \frac{3836.48}{100V \times 40A}W \approx 0.959$$

（3）若使原电路的功率因数提高到 0.9，求并联的电容 C 值

没有并电容 C 时电路功率因数角为

$$\varphi_1 \approx 32.17°$$

并联电容 C 后，$\cos\varphi_2 = 0.9$ 得

$$\varphi_2 = \arccos 0.9 \approx 25.84°$$

所以并联电容 C 为

$$C = \frac{P}{\omega U^2}(\tan\varphi_1 - \tan\varphi_2)$$

$$= \left[\frac{1800}{1000 \times 100^2}(\tan 32.17° - \tan 25.84°)\right]\mu F \approx 26.04\mu F$$

3.5.3 最大功率传输

在第 2 章介绍了直流电路中的最大功率传输定理。同理，也可以证明正弦交流电路中最大功率传输定理为：设参数为定值的实际信号源（内阻抗为 Z_S），与一个可变负载（负载阻抗为 Z_L）相接，如图 3-46a 所示，当负载阻抗 Z_L 等于信号源内阻抗 Z_S 的共轭复数（$Z_L = Z_S^*$）时，其等效电路图如图 3-46b 所示，这时负载能从信号源中吸收到最大的平均功率。

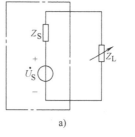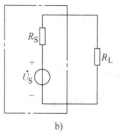

图 3-46　最大功率的传输示图

a) 实际信号源与负载的连接电路

b) 图 a 最大功率分析计算的等效电路图

设 $Z_S = R_S + jX_S$，$Z_L = R_L + jX_L$

当 $Z_L = Z_S^* = R_S - jX_S$ 时，有

$$R_L = R_S$$

则电路阻抗 Z 为

$$Z = Z_S + Z_L = R_S + jX_S + R_S - jX_S = 2R_S$$

负载获得的最大有功功率为

$$p_{\text{Lmax}} = \frac{U^2}{4R_{\text{s}}}$$

在正弦交流电路中，当满足 $Z_{\text{L}} = Z_{\text{s}}^*$ 条件时，称电路实现了最大功率传输，或称电路实现了**共轭匹配**。

例3-31 电路如图3-47a所示，电流源 $\dot{I}_{\text{s}} = 2\angle 0°\text{A}$。试求最佳匹配时负载阻抗 Z 和负载上获得的最大功率。

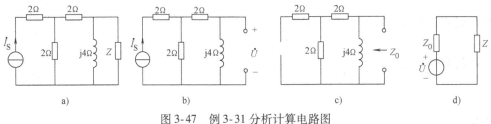

图 3-47　例 3-31 分析计算电路图

a）例 3-31 电路　b）计算开路电压 $\dot{U}$ 电路　c）等效阻抗 Z_0 电路　d）图 a 的戴维南等效电路

解　戴维南开路电压 $\dot{U}$，如图 3-47b 所示，得

$$\dot{U} = \frac{2\dot{I}_{\text{s}}}{4+\text{j}4}\times\text{j}4 = (2+\text{j}2)\text{V} = \sqrt{8}\angle 45°\text{V}$$

计算戴维南等效阻抗 Z_0，如图3-47c所示，得

$$Z_0 = R_0 + \text{j}X_0 = \left(\frac{4\times\text{j}4}{4+\text{j}4}\right)\Omega = (2+\text{j}2)\,\Omega$$

由图 3-47d 所示电路，计算最佳匹配的负载阻抗 Z 为

$$Z = Z_0^* = R_0 - \text{j}X_0 = (2-\text{j}2)\,\Omega$$

负载 Z 获得的最大功率为

$$P_{\text{max}} = \frac{U^2}{4R_0} = \left[\frac{(\sqrt{8})^2}{4\times 2}\right]\text{W} = 1\text{W}$$

3.6　谐振

谐振是频率选择的基础，当信号源的频率与电路的固有频率相同时，电路呈电阻性，这时电路发生谐振。本教材主要讨论两种基本的谐振电路，即串联揩振电路和并联揩振电路。

3.6.1　串联谐振

1. 串联谐振电路

RLC 串联电路如图 3-48 所示。其串联等效阻抗 Z 为

$$Z = R + \text{j}\omega L + \frac{1}{\text{j}\omega C} = R + \text{j}(X_{\text{L}} - X_{\text{C}}) = R + \text{j}X$$

谐振时电路的电压 $\dot{U}$ 与电流 $\dot{I}$ 同相，电路呈电阻性。其呈电阻性的条件为

$$X = X_{\text{L}} - X_{\text{C}} = 0$$

即发生串联谐振的条件为：串联电路的阻抗 Z 的虚部为零（即 $Z = R$）。在满足谐振条件下，

推导出电路的谐振频率 ω_0（或 f_0）。因此，串联电路（如图 3-48 所示）的谐振频率为

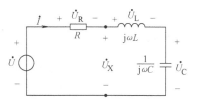

$$j\omega_0 L + \frac{1}{j\omega_0 C} = 0$$

$$\omega_0 L = \frac{1}{\omega_0 C}$$

图 3-48 串联谐振电路

谐振角频率为

$$\omega_0 = \frac{1}{\sqrt{LC}} \qquad (3\text{-}38)$$

谐振频率为

$$f_0 = \frac{1}{2\pi\sqrt{LC}} \qquad (3\text{-}39)$$

由式（3-38）和式（3-39）可知，谐振角频率 ω_0（或谐振频率 f_0）仅与电路参数 L、C 有关，即谐振频率由电路的结构和参数确定，称为电路的固有频率。当外加信号源的角频率 ω 等于电路的固有角频率 ω_0 时，电路发生谐振，称为电共振。注意：谐振角频率 ω_0 的大小与外加信号源的角频率 ω 无关。

图 3-49 画出感抗 X_L、容抗 X_C 和电抗 X 随角频率 ω 变化的曲线，其特性有

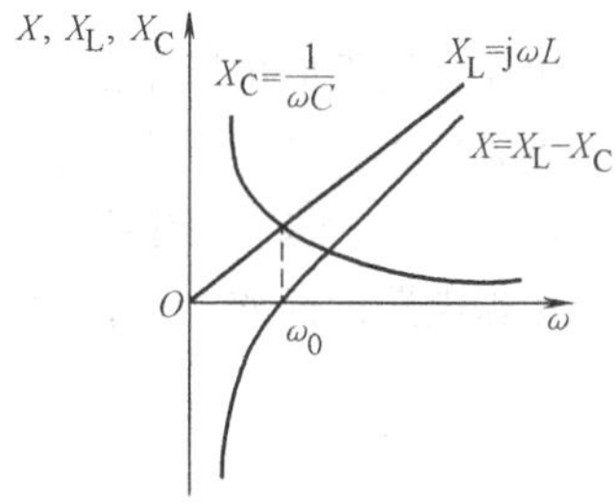

$$\begin{cases} \omega < \omega_0 \text{ 时，} X = X_L - X_C < 0，\text{图 3-48 电路呈容性；} \\ \omega > \omega_0 \text{ 时，} X = X_L - X_C > 0，\text{图 3-48 电路呈感性；} \\ \omega = \omega_0 \text{ 时，} X = X_L - X_C = 0，\text{图 3-48 电路呈阻性，电路发生谐振。} \end{cases}$$

图 3-49 电抗的频率特性

2. 串联谐振的特征

电路图 3-48 发生串联谐振时，有以下特征：

（1）阻抗、电压与电流

① 阻抗最小，电路呈阻性，有

$$Z = R + j\omega_0 L + \frac{1}{j\omega_0 C} = R$$

② 电压 u 与电流 i 同相位，有

$$\cos\varphi = 1$$

③ 电压 $\dot{U}$ 一定时，电流有效值（I_0 表示谐振电流）最大，有

$$I_0 = \frac{U}{|Z|} = \frac{U}{R}$$

④ L 与 C 上的电压大小相等，相位相反，有

$$\dot{U}_L = j\omega_0 L \dot{I}_0$$

$$\dot{U}_C = -j\frac{1}{\omega_0 C}\dot{I}_0$$

$$\dot{U}_L = -\dot{U}_C$$

$$U_L = U_C$$

相量图如图 3-50 所示。

L、C 串联部分电压 $\dot{U}_X$ 为零，相当于短路，有

$$\dot{U}_X = \dot{U}_L + \dot{U}_C = 0$$

$$\dot{U} = \dot{U}_R$$

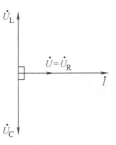

（2）L 与 C 的能量关系 谐振时功率因数角 $\varphi = 0$，电路吸收的无功 $Q = UI\sin\varphi = 0$，即

$$Q_L(\omega_0) = \omega_0 L I_0^2$$

$$Q_C(\omega_0) = -\frac{1}{\omega_0 C} I_0^2$$

图 3-50 串联谐振
时的相量

所以

$$Q = Q_L + Q_C = 0$$

可见，谐振时电路中的电感与电容上的无功完全补偿，电源不向电路提供无功功率。但电感、电容的无功功率不为零，谐振时电感与电容之间周期性地进行磁场能量与电场能量的交换。

（3）品质因素 谐振时电感电压 U_L 或电容电压 U_C 与电路端电压 U 有效值之比，称为 RLC 串联谐振电路的品质因素，用 Q 来表示，即

$$Q = \frac{U_L}{U} = \frac{U_C}{U}$$

所以有

$$Q = \frac{\omega_0 L}{R} = \frac{1}{\sqrt{LC}} \frac{L}{R} = \frac{1}{R}\sqrt{\frac{L}{C}}$$

即电感、电容电压的有效值是端口电压有效值的 Q 倍。如果品质因数 $Q \gg 1$，谐振时电感和电容上会产生高电压，易导致电气设备的损坏，这时应尽力避免谐振现象的发生。另一方面，谐振时的这一特征在一些电子技术等领域却得到了充分利用，如无线电信号的放大等。

3. 串联谐振电路的频率特性

当串联谐振电路参数一定的情况下，电流 I 随电源频率的变化而变化，关系式为

$$I = \frac{U}{|Z|} = \frac{U}{\sqrt{R^2 + \left(\omega L - \dfrac{1}{\omega C}\right)^2}} = \frac{U}{\sqrt{R^2 + \left(\dfrac{\omega}{\omega_0}\omega_0 L - \dfrac{\omega_0}{\omega}\dfrac{1}{\omega_0 C}\right)^2}}$$

$$= \frac{\dfrac{U}{R}}{\sqrt{1 + \left(\dfrac{\omega_0 L}{R}\right)^2 \left(\dfrac{\omega}{\omega_0} - \dfrac{\omega_0}{\omega}\right)^2}} = \frac{I_0}{\sqrt{1 + Q^2 \left(\dfrac{\omega}{\omega_0} - \dfrac{\omega_0}{\omega}\right)^2}}$$

所以

$$\frac{I}{I_0} = \frac{1}{\sqrt{1 + Q^2 \left(\dfrac{\omega}{\omega_0} - \dfrac{\omega_0}{\omega}\right)^2}} \tag{3-40}$$

式中，I 为非谐振时的电流；I_0 为谐振时的电流；Q 为品质因数；ω 为非谐振时的角频率；ω_0 为

谐振时的角频率。

品质因数取不同大小所画曲线如图 3-51 所示，其中 $\xi = \omega / \omega_0$。

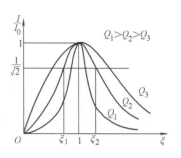

由图 3-51 可以知道，品质因素 Q 值越大，谐振曲线越尖锐，在谐振频率附近的电流变化越明显，电路对频率的选择性越好。反之品质因数 Q 越小，电路的选频特性越差。在电子技术中，通常用电流比 $\dfrac{I}{I_0} \geqslant \dfrac{1}{\sqrt{2}} = 0.707$ 所占的频率范围称为波浪线通频带（或称带宽，简写 BW）。如图 3-51 中 Q_2 的频带宽度为

图 3-51　串联谐振电路
的频率特性

$$BW_2 = \omega_2 - \omega_1 = (\xi_2 - \xi_1)\omega_0$$

3.6.2　并联谐振

1. 并联谐振电路

RLC 并联电路如图 3-52 所示。其并联等效导纳 Y 为

$$Y = G + \mathrm{j}\left(\omega C - \frac{1}{\omega L}\right) = G + \mathrm{j}(B_\mathrm{C} - B_\mathrm{L}) = G + \mathrm{j}B$$

谐振时电路的电压 $\dot{U}$ 与电流 $\dot{I}$ 同相，电路呈电阻性。其呈电阻性的条件为

$$B = \omega C - \frac{1}{\omega L} = 0$$

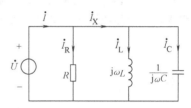

图 3-52　并联谐振电路

即发生并联谐振的条件为：并联电路的导纳 Y 的虚部为零（即 $Y = G$）。因此，并联电路（见图3-52）的谐振频率为

$$\mathrm{j}\omega_0 C + \frac{1}{\mathrm{j}\omega_0 L} = 0$$

谐振角频率为

$$\omega_0 = \frac{1}{\sqrt{LC}}$$

同理，当外加信号源的频率等于电路的固有频率 ω_0 时，电路发生并联谐振。

2. 并联谐振的特征

图 3-52 所示电路发生并联谐振时，有以下特征：

（1）阻抗、电压与电流

① 导纳最小，电路呈阻性，有

$$Y = G + \mathrm{j}\left(\omega_0 C - \frac{1}{\omega_0 L}\right) = G$$

电压 u 与电流 i 同相位，$\cos\varphi = 1$。

② 电压 $\dot{U}$ 一定时，电流有效值 I_0 最小，有

$$I_0 = \frac{U}{R}$$

③ L 与 C 上的电流大小相等，相位相反，有

$$\dot I_L = \frac{\dot U}{\mathrm{j}\omega_0 L}$$

$$\dot I_C = \mathrm{j}\omega_0 C\,\dot U$$

$$\dot I_C = -\dot I_L$$

$$\dot I_X = \dot I_L + \dot I_C = 0$$

$$\dot I = \dot I_R$$

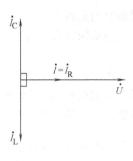

图 3-53　并联谐振时
的相量图

相量图如图 3-53 所示。

（2）L 与 C 的能量关系　谐振时功率因数角 $\varphi = 0$，电路吸收的无功为

$$Q = Q_L + Q_C = 0$$

同理，电源不向电路提供无功功率。谐振时电感与电容之间周期性地进行磁场能量与电场能量的交换。

（3）品质因素　谐振时电感电流 I_L 或电容电流 I_C 与电路端电流 I 有效值之比，称为 RLC 并联谐振电路的品质因素，用 Q 来表示，即

$$Q = \frac{I_L}{I} = \frac{I_C}{I}$$

所以有

$$Q = \frac{B_C}{G} = \frac{\omega_0 C}{G} = \frac{1}{\sqrt{LC}}CR = R\sqrt{\frac{C}{L}} \tag{3-41}$$

3. 并联谐振电路的频率特性

$$U = \frac{I}{\sqrt{G^2 + \left(\omega C - \dfrac{1}{\omega L}\right)^2}} = \frac{I}{\sqrt{G^2 + \left(\dfrac{\omega}{\omega_0}\omega_0 C - \dfrac{\omega_0}{\omega}\dfrac{1}{\omega_0 L}\right)^2}}$$

$$= \frac{RI}{\sqrt{1 + Q^2\left(\dfrac{\omega}{\omega_0} - \dfrac{\omega_0}{\omega}\right)^2}}$$

因 $U_0 = RI$，得

$$\frac{U}{U_0} = \frac{1}{\sqrt{1 + Q^2\left(\dfrac{\omega}{\omega_0} - \dfrac{\omega_0}{\omega}\right)^2}}$$

上式的 U/U_0 比值与串联谐振电路的式（3-40）完全相同，故曲线也一样，不再重复。当品质因数 Q 越大时，电路的选频特性越好，反之选频特性越差。

例 3-32　电路如图 3-54 所示，试写出并联谐振频率 ω_0、电路品质因素 Q 的表达式。

解　图 3-7 所示电路的导纳为

$$Y = \frac{1}{R + \mathrm{j}\omega L} + \mathrm{j}\omega C = \frac{R - \mathrm{j}\omega L}{R^2 + (\omega L)^2} + \mathrm{j}\omega C$$

$$= \frac{R}{R^2 + (\omega L)^2} + \mathrm{j}\left(\omega C - \frac{\omega L}{R^2 + (\omega L)^2}\right)$$

$$= G + \mathrm{j}(B_\mathrm{C} - B_\mathrm{L})$$

当电路谐振时，导纳 Y 的虚部应为零，有

$$\omega_0 C - \frac{\omega_0 L}{R^2 + (\omega_0 L)^2} = 0$$

解得

$$\omega_0 = \sqrt{\frac{1}{LC} - \frac{R^2}{L^2}} = \frac{1}{\sqrt{LC}} \sqrt{1 - \frac{CR^2}{L}}$$

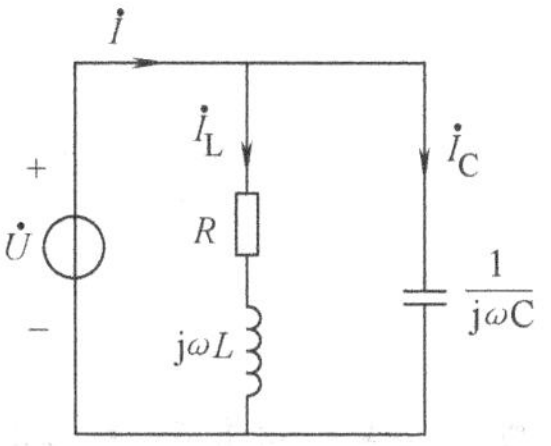

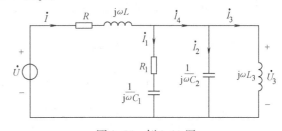

图 3-54　例 3-32 图

由式（3-41）得品质因数 Q 为

$$Q = \frac{B_\mathrm{L}}{G} = \frac{\dfrac{\omega_0 L}{R^2 + (\omega_0 L)^2}}{\dfrac{R}{R^2 + (\omega_0 L)^2}} = \frac{\omega_0 L}{R}$$

例 3-33　电路如图 3-55 所示，已知：电压信号源 $u(t) = 200\sqrt{2}\sin\omega t\,\mathrm{V}$，电感 $L = 0.2\mathrm{H}$，$L_3 = 0.1\mathrm{H}$，电容 $C_1 = 5\mu\mathrm{F}$，$C_2 = 10\mu\mathrm{F}$，电阻 $R = R_1 = 50\Omega$，试求调节电压信号源的角频率 ω，使电流有效值 I_4 为零时电流 $i_1(t)$、$i_2(t)$、$i_3(t)$。

图 3-55　例 3-33 图

解　$\dot{U} = 200\angle 0°\mathrm{V}$

由已知 $I_4 = 0$ 可知，电感 L_3 与电容 C_2 产生并联谐振，得谐振频率 ω_0 为

$$\omega_0 = \frac{1}{\sqrt{L_3 C_2}} = \frac{1}{\sqrt{0.1 \times 10 \times 10^{-6}}}\mathrm{rad/s} = 10^3\,\mathrm{rad/s}$$

故

$$\dot{I} = \dot{I}_1 = \frac{\dot{U}}{(R + R_1) + \mathrm{j}\left(\omega_0 L - \dfrac{1}{\omega_0 C_1}\right)}$$

$$= \frac{200}{(50 + 50) + \mathrm{j}\left(10^3 \times 0.2 - \dfrac{1}{10^3 \times 5 \times 10^{-6}}\right)}\mathrm{A} = 2\angle 0°\,\mathrm{A}$$

$$\dot{U}_3 = \dot{I}_1\left(R_1 - \mathrm{j}\frac{1}{\omega_0 C_1}\right)$$

$$= 2\angle 0° \times \left(50 - \mathrm{j}\frac{1}{10^3 \times 5 \times 10^{-6}}\right)\mathrm{V} = 412\angle -76°\mathrm{V}$$

$$\dot{I}_2 = \mathrm{j}\omega_0 C_2 \dot{U}_3 = 10^3 \times 10^{-5}\angle 90° \times 412\angle -76°\mathrm{A} = 4.12\angle 14°\mathrm{A}$$

$$\dot{I}_3 = \frac{\dot{U}_3}{\mathrm{j}\omega_0 L_3} = \frac{412\angle -76°}{10^3 \times 0.1\angle 90°}\mathrm{A} = 4.12\angle -166°\mathrm{A}$$

所以

$$\begin{cases} i_1 = 2\sqrt{2}\sin 1000t \text{A} \\ i_2 = 4.14\sqrt{2}\sin(1000t + 14°)\text{A} \\ i_3 = 4.14\sqrt{2}\sin(1000t - 166°)\text{A} \end{cases}$$

3.7 综合计算与分析

例 3-34 电路如图 3-56 所示，已知电压源 $\dot{U}_1 = 8\angle 0°\text{V}$，$\dot{U}_2 = 4\angle 90°\text{V}$，电流源 $\dot{I}_S = 4\angle 0°\text{A}$，角频率 $\omega = 314\text{rad/s}$。试分别用等效变换法、叠加定理和戴维南定理等方法求电路中的电压 $\dot{U}$、电流 $\dot{I}$，并写出电流的时域式 $i(t)$。

图 3-57a、b、c 等效变换电路中的参数计算为

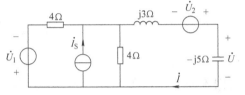

图 3-56 例 3-34 图

$$\dot{I}_1 = \frac{\dot{U}_1}{4\Omega} = \frac{8\angle 0°}{4}\text{A} = 2\angle 0°\text{A}$$

$$\dot{I}_2 = \dot{I}_S - \dot{I}_1 = (4\angle 0° - 2\angle 0°)\text{A} = 2\angle 0°\text{A}$$

$$\dot{U}_3 = 2\dot{I}_2 = (2 \times 2\angle 0°)\text{V} = 4\angle 0°\text{V}$$

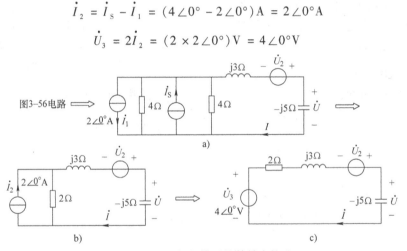

图 3-57 电源相量模型的等效变换法

解 （1）等效变换法

列图 3-57c 的 KVL 方程为

$$-\dot{U}_3 + (2 + \text{j}3 - \text{j}5)\dot{I}_2 - \dot{U}_2 = 0$$

解上式得

$$\dot{I} = \frac{\dot{U}_2 + \dot{U}_3}{(2 + \text{j}3 - \text{j}5)\Omega} = \frac{\text{j}4 + 4}{(2 - \text{j}2)}\text{A} = 2\angle 90°\text{A}$$

则电压 $\dot{U}$ 为

$$\dot{U} = -\text{j}5\dot{I} = (-\text{j}5 \times 2\angle 90°)\text{V} = 10\angle 0°\text{V}$$

电流的时域式 $i(t)$ 为

$$i(t) = 2\sqrt{2}\sin(314t + 90°)\text{A}$$

（2）叠加定理

1）根据图 3-56 电路画叠加电路图，如图 3-58 所示。

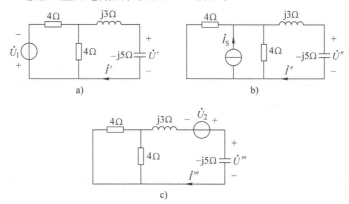

图 3-58　图 3-56 电路的叠加电路图

a）电压源 $\dot{U}_1$ 单独作用电路图　b）电流源 $\dot{I}_S$ 单独作用电路图　c）电压源 $\dot{U}_2$ 单独作用电路图

2）解图 3-58 中的各个叠加电路图　用等效变换法解电压源 $\dot{U}_1$ 单独作用图 3-58a，如图 3-59a 所示，得

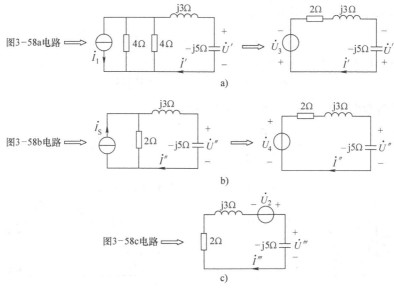

图 3-59　图 3-58 电路的求解分析图

a）$\dot{U}_1$ 单独作用的等效变换图　b）$\dot{I}_S$ 单独作用的等效变换图　c）$\dot{U}_2$ 单独作用等效电路图

$$\dot{I}_1 = \frac{\dot{U}_1}{4\Omega} = \frac{8\angle 0°}{4}\text{A} = 2\angle 0°\text{A}$$

$$\dot{U}_3 = 2\dot{I}_1 = (2 \times 2\angle 0°)\text{V} = 4\angle 0°\text{V}$$

$$\dot{I}' = -\frac{\dot{U}_3}{(2+j3-j5)\Omega} = -\frac{4\angle 0°}{(2-j2)}\text{A} = -\sqrt{2}\angle 45°\text{A} = -(1+j)\text{A}$$

$$\dot{U}' = -j5\dot{I}' = [-j5 \times (-\sqrt{2}\angle 45°)]\text{V} = 5\sqrt{2}\angle 135°\text{V} = (-5+j5)\text{V}$$

用等效变换法解电流源 $\dot{I}_S$ 单独作用图 3-58b，如图 3-59b 所示，得

$$\dot{U}_4 = 2\dot{I}_S = (2 \times 4\angle 0°)V = 8\angle 0°V$$

$$\dot{I}'' = \frac{\dot{U}_4}{(2+j3-j5)\Omega} = -\frac{8\angle 0°}{(2-j2)}A = 2\sqrt{2}\angle 45°A = (2+j2)A$$

$$\dot{U}'' = -j5\dot{I}'' = [-j5 \times (2\sqrt{2}\angle 45°]V = 10\sqrt{2}\angle -45°V = (10-j10)V$$

图 3-58c 等效变换为图 3-59c 所示，得

$$\dot{I}''' = \frac{\dot{U}_2}{(2+j3-j5)\ \Omega} = \frac{4\angle 90°}{(2-j2)}A = \sqrt{2}\angle 135°A = (-1+j)\ A$$

$$\dot{U}''' = -j5\dot{I}''' = [-j5 \times (\sqrt{2}\angle 135°)]\ V = 5\sqrt{2}\angle 45°V = (5+j5)\ V$$

3）叠加

$$\dot{I} = \dot{I}' + \dot{I}'' + \dot{I}''' = [-(1+j) + (2+j2) + (-1+j)]A = 2\angle 90°A$$

$$\dot{U} = \dot{U}' + \dot{U}'' + \dot{U}''' = [(-5+j5) + (10-j10) + (5+j5)]V = 10\angle 0°V$$

（3）戴维南定理

1）求开路电压 $\dot{U}_{ab}$　由图 3-60a 解得

$$\dot{U}_{ab} = \dot{U}_2 + 4\angle 0°V = (4+j4)V = 4\sqrt{2}\angle 45°V$$

2）求等效阻抗 Z_{ab}　由图 3-60b 解得

$$Z_{ab} = (4//4 + j3)\Omega = (2+j3)\Omega$$

3）戴维南等效电路求 $\dot{U}$、$\dot{I}$　由图 3-60c 解得

$$\dot{I} = \frac{\dot{U}_{ab}}{Z_{ab} - j5} = \frac{4\sqrt{2}\angle 45°}{(2+j3) - j5}A = 2\angle 90°A$$

$$\dot{U} = -j5\dot{I} = (-j5 \times 2\angle 90°)V = 10\angle 0°V$$

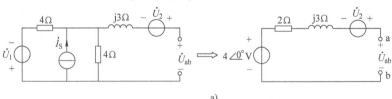

a)

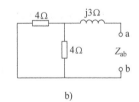

b)

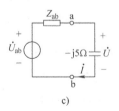

c)

图 3-60　戴维南定理解图 3-56 的电路

a）求开路电压 $\dot{U}_{ab}$ 的电路图　b）求等效阻抗 Z_{ab} 的电路图　c）戴维南等效电路解待求量的电路图

综合分析：

正弦交流电路的稳态分析方法与直流稳态电路的分析方法在逻辑推理上是完全一致的，其不同的是 KCL、KVL 方程所使用的"数学工具"。直流稳态电路的 KCL、KVL 分析用的是"实数域"作为"数学工具"；正弦交流稳态电路的 KCL、KVL 分析用的是"复数域"作为"数学工具"。所以，直流电路中掌握的基本电路概念、基本元件特性、基本电路定律、基本电路定理和基本电路分析方法等知识，可以直接应用于正弦交流稳态电路分析。

例 3-35 电路如图 3-61a 所示。已知电流表读数为 1.5A。试求：（1）电源电压 U_S；（2）电路的功率因数、有功功率 P 和无功功率 Q，并说明电路是什么性质（呈感性、容性还是阻性）的电路。

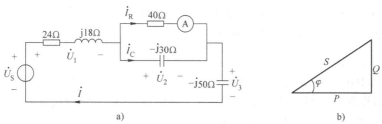

图 3-61　例 3-35 图及功率关系

a）例 3-35 电路图　b）功率三角形

解　设图 3-61a 所示电路中的电流表 A 读数 $I_R = 1.5A$ 的相量试为

$$\dot{I}_R = 1.5\angle 0°A$$

则 40Ω 电阻上电压 $\dot{U}_2$ 为

$$\dot{U}_2 = 40\dot{I}_R = (40\times 1.5\angle 0°)A = 60\angle 0°V$$

电流 $\dot{I}_C$ 为

$$\dot{I}_C = \frac{\dot{U}_2}{-j30\Omega} = 2\angle 90°A = j2\ A$$

由 KCL 得

$$\dot{I} = \dot{I}_R + \dot{I}_C = (1.5+j2)A = 2.5\angle 53.1°A$$

由广义欧姆定律得

$$\dot{U}_1 = (24+j18)\dot{I} = (24+j18)\Omega\times 2.5\angle 53.1°A = 75\angle 90°V = j75\ V$$

$$\dot{U}_3 = (-j50)\dot{I} = (-j50)\Omega\times 2.5\angle 53.1°A = 125\angle -36.9°V = (100-j75)V$$

由 KVL 得

$$\dot{U}_S = \dot{U}_1 + \dot{U}_2 + \dot{U}_3 = (j75+60+100-j75)V = 160\angle 0°V$$

功率因数 $\cos\varphi$ 为

$$\cos\varphi = \cos(\varphi_u - \varphi_i) = \cos(0° - 53.1°) = 0.6$$

因 $\varphi_u - \varphi_i = -53.1°$，即电压 u_S 滞后电流 i 的相位角为 53.1°，所以电路呈容性。

有功功率 P

$$P = U_S I\cos\varphi$$

$$= 160 \times 2.5 \times 0.6\mathrm{W} = 240\mathrm{W}$$

无功功率 Q

$$Q = U_{\mathrm{s}} I \sin \varphi$$
$$= [160 \times 2.5 \times (-0.8)]\mathrm{var} = -320\mathrm{var}$$

综合分析：

（1）有功功率、无功功率的分析方法　除了题解中计算功率方法外，还可以根据功率性质求解。如有功功率可直接通过电阻元件计算得

$$P = 24I^2 + 40I_{\mathrm{R}}^2 = [24 \times (2.5)^2 + 40 \times (1.5)^2]\mathrm{W} = 240\mathrm{W}$$

无功功率可直接通过动态元件电容、电感计算得

$$Q = 18I^2 - 30I_{\mathrm{C}}^2 - 50I^2 = [18 \times (2.5)^2 - 30 \times 2^2 - 50 \times (2.5)^2]\mathrm{var} = -320\mathrm{var}$$

还可以通过复功率和功率三角形（如图 3-61b 所示）解得：

$$\tilde{S} = P + \mathrm{j}Q = S\angle\varphi = \dot{U}_{\mathrm{s}}\overset{*}{\dot{I}}$$
$$= 160\angle0° \times 2.5\angle -53.1°\mathrm{V \cdot A} = 400\angle -53.1°\mathrm{VA} \approx (240 - \mathrm{j}320)\ \mathrm{V \cdot A}$$

（2）功率因数角 φ　功率因数角 φ 也有多种方法解得。如电路的阻抗角 $Z = |Z|\angle\varphi_{\mathrm{Z}}$ 得，即 $\varphi = \varphi_{\mathrm{Z}}$，功率三角形（如图 3-61b 所示）、复功率等。

（3）电压、电流的分析方法　如图 3-61a 所示的是一种最简单的电路结构，其整个分析过程主要涉及基本的串、并联电路结构概念、基本元件的广义的欧姆定律、基本电路的 KCL、KVL。

例 3-36　电路如图 3-62a 所示。已知电路中电压 $\dot{U}_1 = (1 + \mathrm{j})\mathrm{V}$，$\dot{U}_2 = (-\mathrm{j}2)\mathrm{V}$，电流 $\dot{I}_1 = (1 + \mathrm{j})\mathrm{A}$，$\dot{I}_3 = (1 - \mathrm{j})\mathrm{A}$，试求各元件功率，并判断其性质。

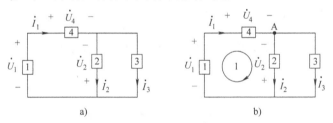

图 3-62　例 3-36 图

解　列图 3-62b 中回路 I 的 KVL 方程，得

$$\dot{U}_4 = \dot{U}_1 + \dot{U}_2 = [(1 + \mathrm{j}) + (-\mathrm{j}2)]\mathrm{V} = (1 - \mathrm{j})\mathrm{V}$$

列图 3-62b 中结点 A 的 KCL 方程，得

$$\dot{I}_2 = \dot{I}_1 - \dot{I}_3 = [(1 + \mathrm{j}) - (1 - \mathrm{j})]\mathrm{A} = \mathrm{j}2\mathrm{A}$$

（1）元件 1 的功率　复功率 $\tilde{S}_1$ 为

$$\tilde{S}_1 = -\dot{U}_1\overset{*}{\dot{I}}_1 = -(1 + \mathrm{j}) \times (1 - \mathrm{j})\mathrm{V \cdot A} = -2\mathrm{V \cdot A}$$

则功率为

$$P_1 = -2\mathrm{W}$$
$$Q_1 = 0\mathrm{var}$$
$$S_1 = 2\mathrm{V \cdot A}$$

因为有功功率 $P_1 < 0\mathrm{W}$，无功功率 $Q_1 = 0\mathrm{var}$，则元件 1 提供 2W 功率，即呈电源性。所以，元件 1 为电源元件。

（2）元件 2 的功率　复功率 $\tilde{S}_2$ 为

$$\tilde{S}_2 = -\dot{U}_2 \dot{I}_2^* = -(-j2) \times (-j2) \mathrm{V \cdot A} = 4\mathrm{V \cdot A}$$

则功率为

$$P_2 = 4\mathrm{W}$$
$$Q_2 = 0\mathrm{var}$$
$$S_2 = 4\mathrm{V \cdot A}$$

因为有功功率 $P_2 > 0$，无功功率 $Q_2 = 0\mathrm{var}$，则元件 2 消耗 4W 功率，即呈电阻性。所以，元件 2 为电阻元件。

（3）元件 3 的功率　复功率 $\tilde{S}_3$ 为

$$\tilde{S}_3 = -\dot{U}_3 \dot{I}_3^* = -(-j2) \times (1+j) \mathrm{V \cdot A} = (-2+j2) \mathrm{V \cdot A}$$

则功率为

$$P_3 = -2\mathrm{W}$$
$$Q_3 = 2\mathrm{var}$$
$$S_3 = \sqrt{(-2)^2 + 2^2} = 2\sqrt{2}\mathrm{V \cdot A}$$

因为有功功率 $P_3 < 0$，说明具有电源性；无功功率 $Q_3 > 0\mathrm{var}$，说明具有电感性。所以，元件 3 为感性电源元件。

（4）元件 4 的功率　复功率 $\tilde{S}_4$ 为

$$\tilde{S}_4 = \dot{U}_4 \dot{I}_1^* = (1-j) \times (1-j) \mathrm{V \cdot A} = (-j2) \mathrm{V \cdot A}$$

则功率为

$$P_4 = 0\mathrm{W}$$
$$Q_4 = -2\mathrm{var}$$
$$S_4 = 2\mathrm{V \cdot A}$$

因为有功功率 $P_4 = 0\mathrm{W}$，无功功率 $Q_4 < 0$，则元件 4 呈容性。所以，元件 4 为电容元件。

综合分析：

（1）复功率　复功率是一种很好的功率分析工具。根据复功率的计算结果，可直接得出有功功率 P、无功功率 Q、视在功率 S 和功率因数角 φ，即

$$\tilde{S} = \dot{U} \dot{I}^* = P + jQ = S\angle\varphi$$

同时，还可通过有功功率 P、无功功率 Q 的计算值，判断元件或电路的性质。设电压 $\dot{U}$、电流 $\dot{I}$ 为关联参考方向，则电路性质为

1）$P > 0$，$Q = 0$，说明电路呈**纯电阻性**；

2）$P > 0$，$Q < 0$，说明电路呈**容性**；

3）$P > 0$，$Q > 0$，说明电路呈**感性**；

4）$P < 0$，$Q = 0$，说明电路呈**电源性**；

5）$P = 0$，$Q < 0$，说明电路呈**纯电容性**；

6）$P = 0$，$Q > 0$，说明电路呈**纯电感性**；

7）$P < 0$，$Q > 0$，说明电路呈**感性电源性**。

（2）注意　功率（主要指：有功功率 P、无功功率 Q、视在功率 S 三个功率参数）计算时，

注意电压与电流的参考方向的关系，即关联参考方向、非关联参考方向。例如元件 1 上的电压 $\dot{U}_1$ 与电流 $\dot{I}_1$ 为非关联参考方向，则复功率式为 $\tilde{S}_1 = -\dot{U}_1\dot{I}_1^*$；元件 4 上的电压 $\dot{U}_4$ 与电流 $\dot{I}_1$ 为关联参考方向，则复功率为 $\tilde{S}_4 = \dot{U}_4\dot{I}_1^*$。

例 3-37 某收音机的输入等效电路如图 3-63a 所示。已知电阻 $R = 8\Omega$，电感 $L = 300\mu\text{H}$，电容 C 为可调电容器，电台 1 信号 $U_{S1} = 1.5\text{mV}$，频率 $f_1 = 540\text{kHz}$；电台 2 信号 $U_{S2} = 1.5\text{mV}$，频率 $f_2 = 600\text{kHz}$。试求：（1）当电路对电台 1 信号 u_{S1} 发生谐振时，求电容 C 值和电路的品质因数 Q 并分别计算 u_{S1} 和 u_{S2} 在电容 C 上产生的电压有效值 U_{C1}、U_{C2}；（2）当电路对信号 u_{S2} 发生谐振时，求电容 C 为多少？

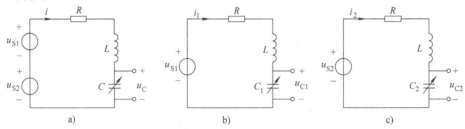

图 3-63 例 3-37 图
a) 例 3-37 电路图　b) u_{S1} 单独作用电路图　c) u_{S2} 单独作用电路图

解　（1）当 u_{S1} 发生谐振时，求 C 和品质因数 Q 并分别计算 U_{C1}、U_{C2}。

设 u_{S1} 发生谐振时的电容值为 $C = C_1$，由图 3-63b 发生串联谐振条件得

$$\omega_1 L - \frac{1}{\omega_1 C_1} = 0$$

则得

$$
\begin{aligned}
C_1 &= \frac{1}{\omega_1^2 L} = \frac{1}{(2\pi f_1)^2 L} \\
&= \frac{1}{(2 \times 3.14 \times 540 \times 10^3)^2 \times 300 \times 10^{-6}} \text{F} = 289.849\text{pF}
\end{aligned}
$$

品质因数 Q

$$
\begin{aligned}
Q &= \frac{\omega_1 L}{R} = \frac{2\pi f_1 L}{R} \\
&= \frac{2 \times 3.14 \times 540 \times 10^3 \times 300 \times 10^{-6}}{8} = 127.17
\end{aligned}
$$

u_{S1} 单独作用（如图 3-63b 所示）时，电路呈阻性，即

$$I_1 = \frac{U_{S1}}{R} = \frac{1.5 \times 10^{-3}}{8} \text{A} = 187.5\mu\text{A}$$

$$U_{C1} = \frac{1}{2\pi f_1 C_1} I_1 = \frac{187.5 \times 10^{-6}}{2 \times 3.14 \times 540 \times 10^3 \times 289.849 \times 10^{-12}} \text{V} = 190.755\text{mV}$$

u_{S2} 单独作用（如图 3-63c 所示）时，但电容值为 $C_2 = C_1$，电路的阻抗 Z 为

$$
\begin{aligned}
Z &= R + \text{j}\left(\omega_2 L - \frac{1}{\omega_2 C_1}\right) = R + \text{j}\left(2\pi f_2 L - \frac{1}{2\pi f_2 C_1}\right) \\
&= \left[8 + \text{j}\left(2 \times 3.14 \times 600 \times 10^3 \times 300 \times 10^{-6} - \frac{1}{2 \times 3.14 \times 600 \times 10^3 \times 289.849 \times 10^{-12}}\right)\right]\Omega
\end{aligned}
$$

$$= (8 + j214.776)\Omega = 214.925 \angle 87.867°\Omega$$

则电流、电压有效值为

$$I_2 = \frac{U_{S2}}{|Z|} = \frac{1.5 \times 10^{-3}\text{V}}{214.925\Omega} = 6.979\mu\text{A}$$

$$U_{C2} = I_2 \frac{1}{\omega_2 C_1} = \frac{6.979 \times 10^{-6}}{2 \times 3.14 \times 600 \times 10^3 \times 289.849 \times 10^{-12}}\text{V} = 6.39\text{mV}$$

（2）当 u_{S2} 发生谐振时，求电容 C　设 u_{S2} 发生谐振时的电容值为 $C = C_2$，由图 3-63c 发生串联谐振条件得

$$\omega_2 L - \frac{1}{\omega_2 C_2} = 0$$

则得

$$C_2 = \frac{1}{\omega_2^2 L} = \frac{1}{(2\pi f_2)^2 L}$$

$$= \frac{1}{(2 \times 3.14 \times 600 \times 10^3)^2 \times 300 \times 10^{-6}}\text{F} = 234.778\text{pF}$$

综合分析：

（1）不同频率电源电路　本题出现了两个电压源频率不同的情况，必须引用叠加原理进行电路分析，即 KCL、KVL 的相量方程，都是在同频率条件下完成的。

（2）谐振频率　串联谐振时，通过电路阻抗虚部为零计算得谐振频率 ω_0（并联谐振时，导纳虚部为零计算得谐振频率 ω_0），即谐振频率 ω_0 的大小取决于电路参数和结构，又称为电路的固有频率 ω_0。当外加信号源频率 ω_s 等于电路的固有频率 ω_0 时，即 $\omega_s = \omega_0$，电路则发生谐振，这时电路呈阻性。所以，改变电路的电容参数值大小，则达到改变谐振频率 ω_0 的目的。

例3-38　电路如图 3-64a 所示，已知电流源 $i_S(t) = \sin t$ A，电路电流 $i_2(t) = 0$A，电感元件 $L_1 = 3$H，$L_2 = 8$H，电容元件 $C_1 = \frac{1}{3}$F，电阻元件 $R_1 = R_2 = R_3 = 1\Omega$，试求：（1）电容 C_2 和电流 $i_1(t)$、$i_3(t)$、$i_4(t)$；（2）电流源 $i_S(t)$ 发出的平均功率 P 和电感 L_1 的无功功率 Q。

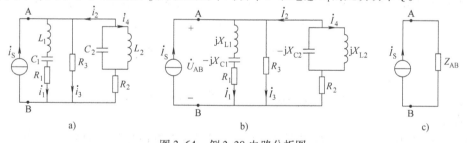

图 3-64　例 3-38 电路分析图

a) 例 3-38 电路图　b) 图 3-64a 的相量电路图　c) 图 3-64b 中 RLC 串、并联等效电路图

解　将图 3-64a 转换成相量电路图，如图 3-64b 所示。

（1）求电容 C_2 和电流 $i_1(t)$、$i_3(t)$、$i_4(t)$　计算各个元件相量参数为

$$\omega = 1\text{rad/s}$$

$$jX_{L1} = j\omega L_1 = (j \times 1 \times 3)\Omega = j3\ \Omega$$

$$-jX_{C1} = -j\frac{1}{\omega C_1} = \left(-j\frac{1}{1 \times \frac{1}{3}}\right)\Omega = -j3\ \Omega$$

$$jX_{L2} = j\omega L_2 = (j \times 1 \times 8)\Omega = j8\ \Omega$$

因为已知电流 $i_2(t) = 0\mathrm{A}$，说明电感 L_2 与电容 C_2 并联的电路发生了并联谐振，即

$$j\omega C_2 + \frac{1}{j\omega L_2} = 0$$

解得

$$C_2 = \frac{1}{\omega^2 L_2} = \frac{1}{1^2 \times 8}\mathrm{F} = 0.125\mathrm{F}$$

又因为 $jX_{L1} = jX_{C1}$，说明电感 L_1 与电容 C_1 串联的电路发生了串联谐振，即图 3-64c 的等效阻抗 Z_{AB} 为

$$Z_{AB} = R_1 // R_3 = (1//1)\ \Omega = 0.5\Omega$$

电流源两端电压 $\dot{U}_{AB}$ 为

$$\dot{U}_{AB} = Z_{AB}\dot{I}_S = 0.5\Omega \times \frac{1}{\sqrt{2}}\angle 0°\mathrm{A} = 0.3536\angle 0°\mathrm{V}$$

计算图 3-64b 中各支路电流为

$$\dot{I}_1 = \frac{\dot{U}}{R_1} = \frac{0.3536\angle 0°\mathrm{V}}{1\Omega} = 0.3536\angle 0°\mathrm{A}$$

$$\dot{I}_3 = \frac{\dot{U}}{R_3} = 0.3536\angle 0°\mathrm{A}$$

$$\dot{I}_4 = \frac{\dot{U}}{jX_{L2}} = \frac{0.3536\angle 0°\mathrm{V}}{j8\Omega} = 0.0442\angle -90°\mathrm{A}$$

则电流 $i_1(t)$、$i_3(t)$、$i_4(t)$ 为

$$i_1(t) = 0.3536\sqrt{2}\sin t\,\mathrm{A} = 0.5\sin t\,\mathrm{A}$$

$$i_3(t) = 0.3536\sqrt{2}\sin t\,\mathrm{A} = 0.5\sin t\,\mathrm{A}$$

$$i_4(t) = 0.0442\sqrt{2}\sin(t - 90°)\mathrm{A} = 0.0625\sin(t - 90°)\mathrm{A}$$

（2）$i_S(t)$ 发出的平均功率 P 和 L_1 的无功功率 Q　电流源 $i_S(t)$ 发出的平均功率为

$$P = U_{AB}I_S\cos(\varphi_u - \varphi_i)$$
$$= 0.3536 \times \frac{1}{\sqrt{2}} \times \cos(0° - 0°)\mathrm{W} = 0.25\mathrm{W}$$

电感 L_1 的无功功率为

$$Q = I_1^2\omega L_1 = 0.3536^2 \times 1 \times 3\,\mathrm{var} = 0.3751\,\mathrm{var}$$

综合分析：

（1）谐振的判断　一般在 RLC 电路中，以下的描述说明电路发生了谐振。

1）电压与电流的相位相同，即同相，电路发生谐振。例如图 3-65a 中，电压 $\dot{U}_{AB}$（或电压 $\dot{U}_1$）与电流 $\dot{I}_1$ 同相，则说明 $L_1C_1R_1$ 支路发生了串联谐振。

2）LC 串联端电压为零或 LC 并联电流为零，电路发生谐振。例如图 3-65a 中，电压 $\dot{U}_1 = 0\mathrm{V}$ 说明 L_1C_1 发生了串联谐振；电流 $\dot{I}_2 = 0\mathrm{A}$ 说明 L_2C_2 发生了并联谐振。

3）阻抗虚部为零，电路发生串联谐振；导纳虚部为零，电路发生并联谐振。例如图 3-65a 中，因 $jX_{L1} - jX_{C1} = 0$，则说明 L_1C_1 发生了串联谐振；因 $j\omega C_2 + \frac{1}{j\omega L_2} = 0$，则说明 L_2C_2 发生了并联

谐振。

4）在 *RLC* 电路中，如果电路的无功功率 Q 为零，则发生串联谐振。例如图 3-65a 电路等效为图 3-65c，即图 3-65c 电路的无功功率 Q 为零，所以电路发生了谐振，或者说 $R_1 L_1 C_1$ 串联支路的无功功率 Q_1 为零，发生了串联谐振；$L_2 C_2$ 并联电路的无功功率 Q_2 为零，发生了并联谐振。

（2）谐振等效概念 *LC* 串联谐振，等效"短路"；*LC* 并联谐振，等效"断路"。例如图 3-65a 中，$L_1 C_1$ 发生了串联谐振，则 $Z_1 = R_1 + \mathrm{j}X_{L1} - \mathrm{j}X_{C1} = R_1$，$L_1 C_1$ 串联电路用"短路"等效替代；$L_2 C_2$ 发生了并联谐振，则 $Y_2 = \mathrm{j}\omega C_2 + \dfrac{1}{\mathrm{j}\omega L_2} = 0$，$L_2 C_2$ 并联电路用"断路"等效替代，如图 3-65b 所示。所以，等效电路图 3-65c 中 $Z_{AB} = R_1 / / R_3$。

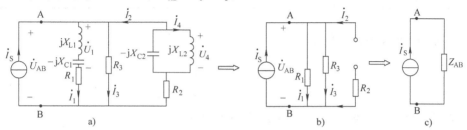

图 3-65　综合分析图

小　结

1. 正弦量与相量

（1）正弦量

1）一个正弦量可由三要素确定。例如，正弦电压为 $u(t) = \sqrt{2}U\sin(\omega t + \varphi_u)$，其中，$U$ 为有效值（$U_m = \sqrt{2}U$ 为最大值），ω 为角频率，φ_u 为初相位（$\omega t + \varphi_u$ 为相位）。

2）同频率下的两个正弦量相位差等于初相位之差，与时间无关（即相位差为常数）。

（2）正弦量的相量形式

1）相量式

$$u(t) = \sqrt{2}U\sin(\omega t + \varphi_u) \longleftrightarrow \begin{cases} \dot{U} = U\angle\varphi_u \\ \\ \dot{U}_m = \sqrt{2}U\angle\varphi_u \end{cases}$$

图 3-66　相量图

2）相量图。设 $0 < \varphi_u < 90°$，其正弦电压的相量图如图 3-66 所示。

2. 元件和基尔霍夫定律的相量形式

（1）电路元件伏安特性的相量形式 元件的相量形式见表 3-1。

表 3-1　元件的相量形式

相量模型图	相量关系式	相量图设电压的初相位为0°
	$\dot{U} = R\dot{I}$ 电压与电流同相	

（续）

相量模型图	相量关系式	相量图设电压的初相位为0°
$\dot{I}_{\mathrm{L}}$ $\mathrm{j}\omega L$ $+$ $\dot{U}_{\mathrm{L}}$ $-$	$\dot{U}_{\mathrm{L}} = \mathrm{j}\omega L\dot{I}_{\mathrm{L}}$ 电压引前电流90°	$\dot{U}_{\mathrm{L}}$ $\dot{I}_{\mathrm{L}}$
$\dot{I}_{\mathrm{C}}$ $\dfrac{1}{\mathrm{j}\omega C}$ $+$ $\dot{U}_{\mathrm{C}}$ $-$	$\dot{U}_{\mathrm{C}} = \dfrac{1}{\mathrm{j}\omega C}\dot{I}_{\mathrm{C}}$ 电压滞后电流90°	$\dot{I}_{\mathrm{C}}$ $\dot{U}_{\mathrm{C}}$

（2）基尔霍夫定律的相量形式

$$\text{KVL} \qquad \sum \dot{U} = 0 \qquad \sum \dot{U}_{\mathrm{m}} = 0$$

$$\text{KCL} \qquad \sum \dot{I} = 0 \qquad \sum \dot{I}_{\mathrm{m}} = 0$$

（3）阻抗 电压与电流关联参考方向如图3-67a所示。有

$$Z = \frac{\dot{U}}{\dot{I}} = R + \mathrm{j}X = |Z| \angle \varphi_{\mathrm{Z}}$$

其阻抗 Z、电阻 R、电抗 X 和阻抗角 φ_{Z} 等参数之间构成直角三角形，即阻抗三角形，如图3-67b所示。

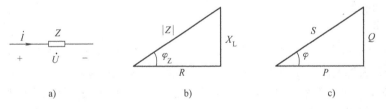

a)   b)   c)

图 3-67 阻抗参数关系图

a）阻抗电路 b）阻抗三角形图 c）功率三角形图

3. 正弦稳态电路的分析

（1）相量式分析法

1）由时域电路图作相量电路图。

2）运用线性电路的各种分析方法和电路定理，以相量形式分析相量电路。

（2）相量图分析法

运用元件上电压与电流的相位关系，用作相量图法分析相量电路。

4. 正弦稳态电路的功率及功率因数

（1）功率

1）瞬时功率 $p(t) = u(t)i(t)$ 单位为瓦（W）

2）有功功率 $P = UI\cos\varphi$ 单位为瓦（W）

3）无功功率 $Q = UI\sin\varphi$ 单位为乏（var）

4）视在功率 $S = UI$ 单位为伏安（V·A）

5）复功率 $\tilde{S} = \dot{U}\dot{I}^{*} = P + \mathrm{j}Q = S\angle\varphi$

其有功功率 P、无功功率 Q、视在功率 S 和功率因数角 φ_{Z} 等参数构成直角三角形关系，即功率三角形，如图 3-67c 所示。

注意：视在功率是不守恒的，即

$$\sum P_k = 0 \qquad \sum Q_k = 0 \qquad \sum \widetilde{S}_k = 0 \qquad \sum S \neq 0$$

复功率 $\widetilde{S}$ 是无物理意义的。

6）最大功率传输

如图 3-68 所示电路中，已知阻抗 $Z_{\mathrm{S}} = R_{\mathrm{S}} - \mathrm{j} X_{\mathrm{S}}$，当负载阻抗 Z_{L} 满足 $Z_{\mathrm{L}} = Z_{\mathrm{S}}^*$ 条件时，负载 Z_{L} 获得最大功率，即 $Z_{\mathrm{L}} = R_{\mathrm{L}} + \mathrm{j} X_{\mathrm{L}}$，则负载 Z_{L} 获得最大功率为

$$P_{\mathrm{Lmax}} = \frac{U^2}{4 R_{\mathrm{S}}}$$

图 3-68 最大功率传输

（2）功率因数提高 已知感性电路的有功功率 P、端电压 U、角频率 ω 和功率因数为 $\lambda_1 = \cos\varphi_1$，则并联电容 C 后功率因数提高为 $\lambda_2 = \cos\varphi_2$，需并联的电容 C 为

$$C = \frac{P}{\omega U^2}(\tan\varphi_1 - \tan\varphi_2)$$

5. 谐振电路

谐振电路中的电压与电流的相位差为零，即同相。

（1）串联谐振

1）发生串联谐振的条件为：串联电路的阻抗 Z 的虚部为零，即 $Z = R + \mathrm{j} X = R$，$X = 0$。

2）在满足谐振条件下，电路的频率为串联谐振角频率 ω_0（或 f_0），其中 ω_0 通过虚部 $X = 0$ 式解得。

（2）并联谐振

1）发生并联谐振的条件为：并联电路的导纳 Y 的虚部为零，即 $Y = G$。

2）在满足谐振条件下，电路的频率为并联谐振角频率 ω_0（或 f_0），其中 ω_0 可通过 Y 虚部 $B = 0$ 式解得。

选 择 题

1. 已知正弦电压为 $u(t) = \sqrt{2} U \sin(\omega t + \varphi_{\mathrm{u}})$，其相量表达式为（　　）。

（a）$\dot{U}_{\mathrm{m}} = \sqrt{2} U \angle \varphi_{\mathrm{u}}$　　　（b）$\dot{U}_{\mathrm{m}} = U \angle \varphi_{\mathrm{u}}$　　　（c）$U = U \angle \varphi_{\mathrm{u}}$　　　（d）$\dot{U} = U \angle \varphi_{\mathrm{u}}$

2. 已知正弦量 $u_1 = 220\sqrt{2} \sin 314t$ V 和 $u_2 = 110\sqrt{2} \sin(314t - 60°)$ V，则两个电压之间的相位差 $(\varphi_1 - \varphi_2)$ 为（　　）。

（a）$314t - 60°$　　　（b）$60°$　　　（c）$-60°$　　　（d）$110\sqrt{2} \angle -60°$

3. 已知某电路的正弦电压 $u(t)$ 与正弦电流 $i(t)$ 的相位差为 $30°$，电路呈容性，则电压 $u(t)$ 与电流 $i(t)$ 的相位关系为（　　）。

（a）$u(t)$ 滞后 $i(t)$ 相位 $30°$　　　　　　（b）$u(t)$ 引前 $i(t)$ 相位 $30°$

（c）$u(t)$ 与 $i(t)$ 同相　　　　　　　　　（d）$u(t)$ 与 $i(t)$ 反相

4. 已知某二端网络 N 的等效阻抗 $Z = (20 + \mathrm{j} 20)\ \Omega$，如图 3-69 所示。则二端网络 N 呈（　　）。

（a）纯电容性　　　　　（b）容性

（c）纯电感性　　　　　（d）感性

图 3-69　选择题 4 图

5. 如图 3-70 所示电路中，其电压 $\dot{U}$ 与电流 $\dot{I}$ 的关系式为（　　）。

（a）$U = \left[R + \mathrm{j}\left(\omega L - \dfrac{1}{\omega C}\right)\right] I$

（b）$\dot{U} = \left[R + \mathrm{j}\left(\omega L - \dfrac{1}{\omega C}\right)\right] \dot{I}$

（c）$U = \left[R + \mathrm{j}\left(\omega L + \dfrac{1}{\omega C}\right)\right] I$

（d）$\dot{U} = \left[R + \mathrm{j}\left(\omega L + \dfrac{1}{\omega C}\right)\right] \dot{I}$

6. 已知如图 3-70 所示电路中各元件上的电压有效值 U_R、U_C、U_L，则 ab 端总电压的有效值 U 为（　　）。

（a）$U = U_R + U_L - U_C$

（b）$U = U_R + U_L + U_C$

（c）$U = \sqrt{U_R^2 + U_L^2 - U_C^2}$

（d）$U = \sqrt{U_R^2 + (U_L - U_C)^2}$

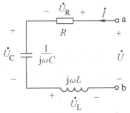

图 3-70　选择题 5、6 图

7. 如图 3-71 所示电路中，其电压 $\dot{U}$ 与电流 $\dot{I}$ 的关系式为（　　）。

（a）$\dot{U} = \dfrac{\dot{I}}{R + \mathrm{j}\left(\omega L - \dfrac{1}{\omega C}\right)}$ 　　　（b）$\dot{U} = \dfrac{\dot{I}}{G + \mathrm{j}\left(\omega C - \dfrac{1}{\omega L}\right)}$

（c）$\dot{U} = \left[G + \mathrm{j}\left(\omega C - \dfrac{1}{\omega L}\right)\right] \dot{I}$ 　　　（d）$\dot{U} = \left[R + \mathrm{j}\left(\omega L - \dfrac{1}{\omega C}\right)\right] \dot{I}$

8. 已知如图 3-71 所示电路中的电流有效值 I_1、I_2、I_3，则电流有效值 I 为（　　）。

（a）$I = I_1 + I_2 + I_4$

（b）$I = I_1 + I_2 - I_4$

（c）$I = \sqrt{I_1^2 + (I_2 - I_3)^2}$

（d）$I = \sqrt{I_1^2 + I_2^2 - I_3^2}$

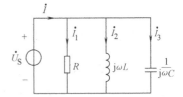

图 3-71　选择题 7、8 图

9. 如图 3-72 所示电路中，$R = X_L = X_C$，则电压表的读数为（　　）。

（a）0V　　　　　（b）1V　　　　　（c）2V　　　　　（d）4V

10. 如图 3-73 所示正弦交流电路中，已知 $Z = (40 + \mathrm{j}40)\,\Omega$，$X_C = 40\,\Omega$，$U = 400\text{V}$，则电压源有效值 U_S 约为（　　）。

（a）283V　　　　　（b）200V　　　　　（c）400V　　　　　（d）600V

11. 如图 3-74 所示正弦交流电路中，已知 $R = 4\,\Omega$，$L = 2\text{mH}$，$\omega = 2000\text{rad/s}$，则电流 i_1 与 i_2 的角度关系为（　　）。

（a）i_1 与 i_2 同相　　　（b）i_1 超前 i_2 135°　　　（c）i_1 超前 i_2 90°　　　（d）i_1 超前 i_2 45°

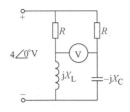

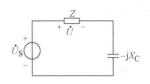

图 3-72　选择题 9 图　　　　　　　　图 3-73　选择题 10 图

12. 如图 3-75 所示正弦交流电路中，已知 $R = X_C = 8\Omega$，$\dot{I}_{S1} = 8\angle0°A$，$\dot{I}_{S2} = 8\angle90°A$，则电流源 $\dot{I}_{S1}$ 供出的平均功率 P 为（　　　）。

(a) 1024W　　　　　(b) 500W　　　　　(c) 200W　　　　　(d) 0W

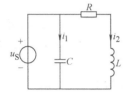

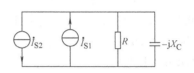

图 3-74　选择题 11 图　　　　　　　　图 3-75　选择题 12 图

13. 如图 3-76 所示电路中，电源电压有效值等于（　　　）。

(a) $U_S = U_S + U_L - U_C$

(b) $U_S = U_R + U_L + U_C$

(c) $U_S = \sqrt{U_R^2 + U_L^2 + U_C^2}$

(d) $U_S = \sqrt{U_R^2 + (U_L - U_C)^2}$

14. 如图 3-77 所示电路中电流 $\dot{I}$ 等于（　　　）。

(a) $\dot{I} = \dot{I}_R + \dot{I}_L - \dot{I}_C$

(b) $\dot{I} = \dot{I}_R + \dot{I}_L + \dot{I}_C$

(c) $\dot{I} = I_R + I_L - I_C$

(d) $\dot{I} = I_R + I_L + I_C$

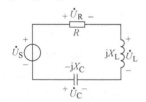

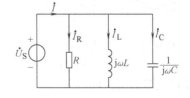

图 3-76　选择题 13 图　　　　　　　　图 3-77　选择题 14 图

15. 供电电路采取提高功率因数措施的目的在于（　　　）。

(a) 减少用电设备的有功功率　　　　　(b) 减少用电设备的无功功率

(c) 减少用电设备的视在功率　　　　　(d) 减少电源向用电设备提供的视在功率

16. 提高感性电路的功率因数通常采用的措施是（　　　）。

(a) 给感性负载串联电容　　　　　　　(b) 在感性负载的两端并联电容

(c) 给感性负载串联电阻　　　　　　　(d) 在感性负载的两端并联电阻

17. 在 RL 串联的正弦交流电路中，已知 $R = 4\Omega$，$X_L = 3\Omega$，电路的无功功率 $Q = 30\text{var}$，则有功功率 P 为（　　　）。

(a) 120W   (b) 80W   (c) 60W   (d) 40W

18. 在 RL 并联的正弦交流电路中，已知 $R = 4\Omega$，$X_L = 3\Omega$，电路的无功功率 $Q = 30\text{var}$，则有功功率 P 为（   ）。

(a) 22.5W   (b) 40W   (c) 60W   (d) 80W

19. 正弦交流电路的视在功率 S，有功功率 P 与无功功率 Q 的关系为（   ）。

(a) $S^2 = P^2 + (Q_L - Q_C)^2$ (b) $S^2 = P^2 + Q_L^2 - Q_C^2$

(c) $S = P + Q_L - Q_C$ (d) $S = P + Q_L + Q_C$

20. 电容、电感元件是储能元件，因储存能量，所以储能元件电容、电感的平均功率（   ）。

(a) 不为零   (b) 为零   (c) 不一定为零   (d) 不确定

21. 在电压、电流为关联参考方向条件下，已知电路中的平均功率 $P > 0$，无功功率 $Q < 0$，则电路呈（   ）性质。

(a) 阻性   (b) 感性   (c) 容性   (d) 不确定

22. 在电压、电流为关联参考方向条件下，已知电路中的平均功率 $P > 0$，无功功率 $Q > 0$，则电压与电流之间的相位上（   ）。

(a) 电压引前电流   (b) 电压滞后电流角

(c) 电压与电流同相   (d) 电压与电流反相

23. 在电压、电流为关联参考方向条件下，已知电路中的平均功率 $P > 0$，无功功率 $Q = 0$，则电路呈（   ）性质。

(a) 电阻   (b) 感性   (c) 容性   (d) 不确定

24. 在电压、电流为关联参考方向条件下，已知电路中的平均功率 $P < 0$，无功功率 $Q = 0$，则电路是（   ）元件，电压与电流之间的相位关系为（   ）。

(a) 电阻；同相   (b) 感性；电流滞后电压

(c) 容性；电流引前电压   (d) 电源；同相

25. 如已知电路的功率因数 $\cos\varphi \neq 0$，则电路呈（   ）性质。

(a) 阻性   (b) 感性   (c) 容性   (d) 不确定

26. 如已知电路的功率因数 $\cos\varphi = 0$，则电路呈（   ）性质。

(a) 阻性   (b) 感性   (c) 容性   (d) 不确定

27. 当 RLC 并联电路处于谐振状态时，若增大电感 L 值，则电路将呈现（   ）。

(a) 阻性   (b) 感性   (c) 容性   (d) 性质不确定

28. RLC 串联电路的谐振角频率为 ω_0，设电路中电源信号的角频率为 ω，当 $\omega = \omega_0$ 时电路呈（   ）；当 $\omega < \omega_0$ 时电路呈（   ）；当 $\omega > \omega_0$ 时电路呈（   ）。

(a) 阻性；容性；感性   (b) 阻性；感性；容性

(c) 容性；阻性；感性   (d) 容性；感性；阻性

29. 当 RLC 串联电路处于谐振状态时，若电感 L 变为原来的 $1/2$，则电容 C 应为原来的（   ），才能保持在原频率下的串联谐振。

(a) $\dfrac{1}{2}$ (b) 2   (c) 4   (d) $\dfrac{1}{4}$

30. 电路的谐振频率 ω_0 的大小是由（   ）所决定。

(a) 元件的参数   (b) 电路的结构

(c) 电源的频率   (d) 元件的参数和电路的结构

（e）元件的参数、电路的结构和电源的频率

习　题

1. 已知三个同频率（$f=50\text{Hz}$）电压的有效值为220V，初相角为30°、45°、90°，试写出它们的瞬时值表达式和相量表达式，画出相量图，指出其超前滞后的关系，求出三个电压的相量之和。

2. 试写出下列相量所对应的瞬时值表达式，设 $\omega=314\text{rad}/\text{s}$。

（1）$\dot{U}=\dfrac{6+\text{j}6}{3-\text{j}3}\text{V}$　　　（2）$\dot{U}=(3+\text{j}5)\text{V}$　　　（3）$\dot{U}=-\text{j V}$

（4）$\dot{I}=\dfrac{\text{j}6}{3-\text{j}3}\text{A}$　　　（5）$\dot{I}=(3-\text{j}5)\text{A}$　　　（6）$\dot{I}=8\text{A}$

3. （1）若$(a+\text{j}b)/(2+\text{j}3)=(5-\text{j}2)/(3-\text{j}4)$，求$a$和$b$；

（2）若$100+A\angle60°=173\angle\varphi$，求$A$和$\varphi$。

4. 指出下列各式的错误

（1）$i=10\sin(\omega t-35°)=10\text{e}^{-\text{j}35°}\text{A}$

（2）$U=(100\text{e}^{\text{j}45°})\text{V}=100\sqrt{2}\sin(\omega t+45°)\text{V}$

（3）$U=20\angle30°\text{V}$

（4）$\dot{I}=20\text{e}^{45°}\text{A}$

（5）$\dot{U}=(20\angle0°)\text{V}=(20\sin\omega t)\text{V}$

5. 下列各式表示 RL 或 RC 串联电路中的电压和电流，试判断哪些式子是错的？哪些是对的？

$$i=\frac{u}{|Z|},\qquad\qquad I=\frac{U}{R+\text{j}\omega L},\qquad\qquad \dot{I}=\frac{\dot{U}}{R-\text{j}\omega C}$$

$$I=\frac{U}{|Z|},\qquad\qquad u=u_\text{R}+u_\text{C},\qquad\qquad U=U_\text{R}+U_\text{C}$$

$$\dot{U}=\dot{U}_\text{R}+\dot{U}_\text{L},\qquad U_\text{R}=\frac{R}{\sqrt{R^2+X_\text{C}^2}}U,\qquad \dot{U}_\text{C}=\frac{-\text{j}\dfrac{1}{\omega C}}{R+\dfrac{1}{\text{j}\omega C}}\dot{U}$$

6. 在图 3-78 所示正弦交流电路中，试分别求出电流表 A_0 和电压表 V_0 的读数，并作出相量图。

7. 下面各题电路如图 3-79 所示，设二端阻抗网络 Z 的外加电压 u 与端电流 i 为关联参考方向。

（1）已知 $u=(200\sin314t)\text{V}$，$i=(10\sin314t)\text{A}$，试求阻抗 Z 和导纳 Y。

（2）已知 $u=100\sqrt{2}\sin(10t+45°)\text{V}$，$i=2\sqrt{2}\sin(10t-35°)\text{A}$，试求阻抗 Z 和导纳 Y。

（3）已知 $u=80\sqrt{2}\sin(1000t+60°)\text{V}$，$Z=(5+\text{j}5)\Omega$，试求电流 $\dot{I}$、$i(t)$。

（4）已知 $i=20\sin(100t-30°)\text{A}$，$Z=(5+\text{j}5)\Omega$，试求电压 $\dot{U}$、$u(t)$。

8. 在图 3-80 所示电路中，已知：$i_\text{S}=10\sqrt{2}\sin(2t+45°)\text{A}$，$u=5\sin2t\text{ V}$，试求电路中电流 i_R、i_C、i_L 和电感 L。

9. 在如图 3-81 所示电路中，试求角频率分别为 $\omega=10\text{rad}/\text{s}$ 和 $\omega=0$ 时的电路阻抗 Z_ab 值。

10. 电路如图 3-82 所示，电源的角频率 $\omega=10\text{rad}/\text{s}$，调节电容 C 使得开关 S 断开或闭合时电流表的读数都不变，试求这时的电容 C 值。

11. 电路如图 3-83 所示，已知：电压源 u_S 的频率 $f=50\text{Hz}$，电阻 $R_1=1\text{k}\Omega$，各支路电流有效值 $I=0.4\text{A}$，$I_1=0.35\text{A}$，$I_2=0.1\text{A}$，试求电阻 R 和电感 L。

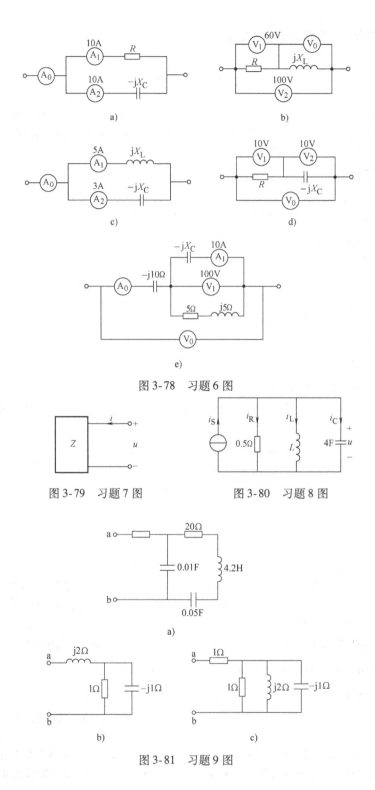

图 3-78　习题 6 图

图 3-79　习题 7 图　　　　　图 3-80　习题 8 图

图 3-81　习题 9 图

12. 电路如图 3-84 所示，已知：电压源 $U_S = 220V$，电容电压 $U_C = 220\sqrt{3}V$，容抗 $X_C = 110\sqrt{3}\Omega$，阻抗 $Z_X = |Z_X| \angle 60°\Omega$，试求复阻抗 Z_X 及 Z_{ab}。

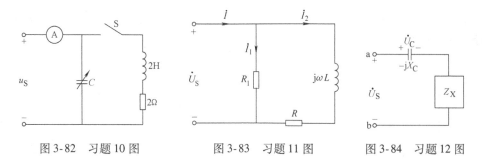

图 3-82 习题 10 图   图 3-83 习题 11 图   图 3-84 习题 12 图

13. 在如图 3-85 所示电路中，已知：电流 $I_1 = 10\text{A}$，$I_2 = 10\sqrt{2}\text{A}$，电压 $U = 220\text{V}$，电阻 $R_1 = 5\Omega$，阻抗 Z 为感性，并且电压 $\dot{U}_2$ 与电流 $\dot{I}_2$ 的相位差为 45°，试求电流 I、阻抗 Z 和容抗 X_C。

14. 在如图 3-86 所示电路中，已知：电流 $I_1 = I_2 = 10\text{A}$，电压 $U = 100\text{V}$，电压 $\dot{U}$ 与电流 $\dot{I}$ 同相，试求电流 I、电阻 R、感抗 X_L、容抗 X_C。

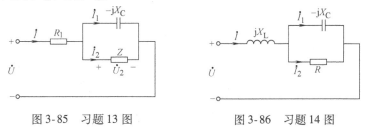

图 3-85 习题 13 图   图 3-86 习题 14 图

15. 在图 3-87 所示电路中，已知：电压源 $\dot{U}_{S1} = 40\angle 30°\text{V}$，$\dot{U}_{S2} = 10\angle 30°\text{V}$，$\dot{U}_{S3} = 30\angle -150°\text{V}$。试分别用叠加定理、戴维南定理求电路中电流 $\dot{I}$。

16. 在图 3-88 所示电路中，已知：电压源 $u_S = 10\sqrt{2}\sin 10t\text{V}$，电流源 $i_S = 5\sqrt{2}\sin(10t + 90°)\text{A}$。试分别用结点电压法和叠加定理求电流 i_C。

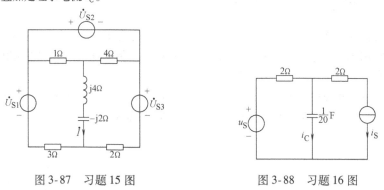

图 3-87 习题 15 图   图 3-88 习题 16 图

17. 试用结点电压法，列出如图 3-89 所示电路中各结点电压方程。

18. 电路如图 3-90 所示，已知：电压源 $\dot{U}_S = 5\angle 0°\text{V}$，电流源 $\dot{I}_S = 4\angle 0°\text{A}$，容抗 $X_C = 10\Omega$，感抗 $X_{L1} = 6\Omega$，$X_{L2} = 8\Omega$，电阻 $R = 8\Omega$，试用电源模型等效变换法求电流 $\dot{I}$。

19. 在图 3-91 所示的 RC 移相电路中，设电阻 $R = 1/(\omega C)$，试求输出电压 u_o 和输入电压 u_i 的相位差。

20. 电路如图 3-92 所示，当电容 $C = 0.5\text{F}$ 时，电流 $i_C = 5\sin(10t - 60°)\text{A}$，试求当电容 $C = 0.25\text{F}$ 时，电容电流 i_C。

21. 如图 3-93 所示电路为文氏振荡器中的 *RC* 选频电路，试求当输出电压 $\dot U_o$ 与输入电压 $\dot U_i$ 同相时的选频电路频率 *f* 表达式。

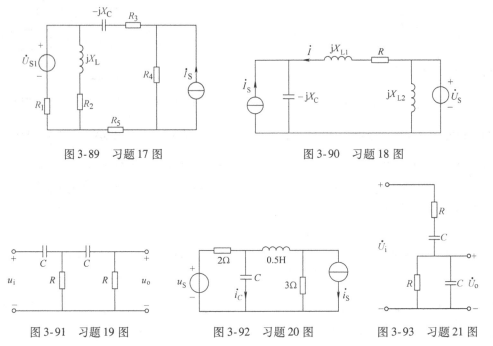

图 3-89　习题 17 图　　　　　　　图 3-90　习题 18 图

图 3-91　习题 19 图　　　图 3-92　习题 20 图　　　图 3-93　习题 21 图

22. 在如图 3-94 所示电路中，已知：电阻 $R_1 = 10\Omega$，阻抗 Z_2 上消耗的有功功率为 4W，无功功率为 12var，电流 $\dot I = 1\angle 0°A$，试求阻抗 Z_2、电压 $\dot U_Z$ 及电路的总功率因数 λ。

23. 在如图 3-95 所示电路中，已知：电压有效值 $U = 100V$，感抗 $X_L = 5\Omega$，电阻 $R = 10\Omega$，容抗 $X_C = 10\Omega$，且电压 $\dot U$ 与电流 $\dot I$ 同相，试求电路的电流 I、有功功率 P、无功功率 Q、视在功率 S 及功率因数 λ。

24. 一感性负载接于 220V、50Hz 的交流电源上时，电路中的电流为 10A，消耗功率 $P = 600W$。试求：（1）此感性负载的参数 R、X_L 及功率因数 $\cos\varphi$；（2）如果并联一纯电阻 R_0 后线路电流增大到 12A，试求并联的电阻 R_0 值。

25. 在图 3-96 所示电路中，已知：电流源 $i_S = 100\sqrt{2}\sin\pi t A$，电阻 $R = 0.5\Omega$，电容 $C = 0.03F$，调节电感 L 使电路消耗的功率为 3.6kW。试求电感 L 值及电路的功率因数 λ。

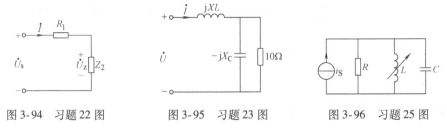

图 3-94　习题 22 图　　　　图 3-95　习题 23 图　　　　图 3-96　习题 25 图

26. 在图 3-97 所示电路中，已知：支路电流 $I_1 = 4A$，$I_2 = 2A$，两支的功率因数分别为 $\cos\varphi_1 = 0.8$，$\cos\varphi_2 = 0.3$，试求总电流 I 及总功率因数。

27. 在图 3-98 所示电路中，已知：阻抗 $Z_1 = j2\ \Omega$，$Z_2 = (6 + j8)\Omega$，电压源 $\dot U_S = 3\angle 30°V$，电流源 $\dot I_S =$

$3.6\angle 0°A$，试求（1）电流 $\dot{I}_1$、$\dot{I}_2$ 和电压 $\dot{U}$；（2）电压源 $\dot{U}_S$ 提供的功率 P_{US}，并确定电压源 $\dot{U}_S$ 是电源还是负载。

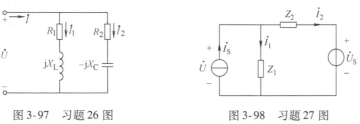

图 3-97　习题 26 图　　　　　图 3-98　习题 27 图

28. 在 220V、50Hz 的电源上，接有一只荧光灯（感性负载），已知电流有效值为 0.273A，功率因数为 0.5，如果将功率因数提高到 0.9，问应当并联多大的电容？

29. 在电压为 220V、50Hz 的电源上，并联有功率为 40W、功率因数为 0.5 的荧光灯 100 只和功率为 60W 的白炽灯 40 只，试求：①电路中总电流的有效值及总功率因数；②如果将电路的功率因数提高到 0.9，问应并联多大的电容？

30. 额定容量为 40kV·A 的电源，额定电压为 220V，专供照明用。

（1）如果照明灯用 220V、40W 的白炽灯，问最多并联多少盏？

（2）如果照明灯用 220V、40W、$\cos\varphi = 0.5$ 的荧光灯，问最多并联多少盏？

31. 在图 3-99 所示正弦电路中，已知：电阻 $R = X_C = 5\Omega$，电压 $U_{AB} = U_{BC}$，电路处于谐振状态，试求阻抗 Z。

32. 在图 3-100 所示电路中，电容 $C_1 = 100\mu F$，电感 $L_2 = 0.2H$，电压 u_i 为非正弦的周期信号，其基波角频率 $\omega_1 = 100 rad/s$，欲使电压 u_0 中不含有 $\omega_3 = 3\omega_1$ 和 $\omega_7 = 7\omega_1$ 的谐波信号，试问电感 L_1 和电容 C_2 应为何值？

33. 在图 3-100 所示电路中，电容 $C_1 = 100\mu F$，电感 $L_2 = 0.2H$，电压 u_i 为非正弦的周期信号，其基波角频率 $\omega_1 = 100 rad/s$，欲使 u_o 中不含有角频率 $\omega_3 = 3\omega_1$ 和 $\omega_7 = 7\omega_1$ 的谐波信号。试问电感 L_1 和电容 C_2 应为何值？

34. 试求图 3-101 所示电路中，电源电压 $\dot{U}$ 与电路电流 $\dot{I}$ 同相的条件下的角频率 ω_0。

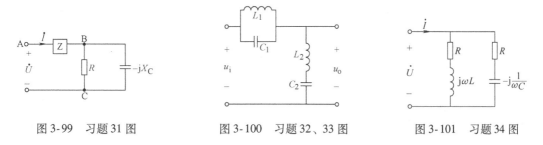

图 3-99　习题 31 图　　　图 3-100　习题 32、33 图　　　图 3-101　习题 34 图

35. 如图 3-102 所示电路为一电桥平衡电路，已知 Z_2、Z_3 为标准电阻元件，若 Z_4 为待测电感 L，试说明阻抗 Z_1 为何种性质的元件？

36. 一个线圈与电容相串联，线圈电阻 $R = 16.2\Omega$，电感 $L = 0.26mH$，当把电容调节到 100pF 时发生串联谐振。试求：（1）求谐振频率和品质因数；（2）设外加电压为 $10\mu V$，其频率等于电路的谐振频率，求电路中的电流和电容电压；（3）若外加电压仍为 $10\mu V$，但其频率比谐振频率高 10%，再求电容电压。

37. 在 *RLC* 串联电路中，已知端电压 $u = 5\sqrt{2}\cos(2500t)V$，当电容 $C = 10\mu F$ 时，电路吸收的功率 P 达到最大值 $P_{max} = 150W$，试求电感 L 和电阻 R 的值，以及电路的品质因数 Q 值。

38. 在图 3-103 所示的 *RLC* 并联电路中，已知：电流源 $i_S = 5\sqrt{2}\cos(2500t + 60°)$ A，电阻 $R = 5\Omega$，电

感 $L=30\text{mH}$。试求：（1）电容 C 取何值时，电流表的读数为零？求此时电路中的电压 $\dot{U}$、电流 $\dot{I}_R$、$\dot{I}_L$、$\dot{I}_C$；（2）写出电压、电流的时域表达式 $u(t)$、$i_R(t)$、$i_L(t)$、$i_C(t)$；（3）电流源输出的功率。

39. 在图 3-104 所示的电路中，已知：阻抗 $Z_1 = 5\angle 30°\,\Omega$，$Z_2 = 8\angle -45°\,\Omega$，$Z_3 = 10\angle 60°\,\Omega$，电压源 $\dot{U}_S = 100\angle 0°\,\text{V}$。试求阻抗 Z_L 取何值时可获得最大功率？并求最大功率。

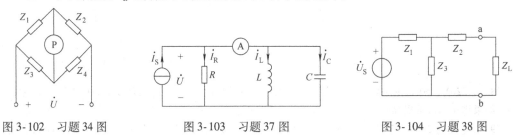

图 3-102　习题 34 图　　　　图 3-103　习题 37 图　　　　图 3-104　习题 38 图

40. 在图 3-105 所示电路中，已知：电流源 $i_S(t) = 212\sqrt{2}\sin(t-30°)\,\text{mA}$，试求负载 Z_L 获得最大功率时的参数值及所获得的最大功率。

41. 如图 3-106 所示电路，试求各电路在哪些频率时为短路或开路。

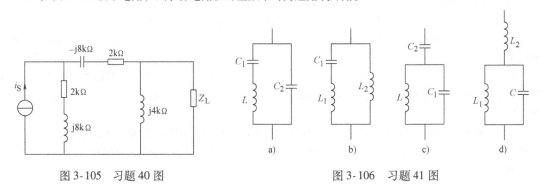

图 3-105　习题 40 图　　　　　　图 3-106　习题 41 图

第4章 三相电路分析

提要 本章介绍三相正弦电路的稳态分析。首先介绍三相电路的基本概念，讨论对称三相电路的特点、分析方法和三相功率的分析与测量，最后介绍了不对称三相电路分析方法及安全用电知识等。

4.1 三相电路的基本概念

目前，世界上的电力系统广泛采用三相制，即由三相电源、三相负载和三相输电线路三部分组成。因此，在电路理论中，通过对一般的正弦稳态三相电路的讨论，来了解三相制电路的特点。

4.1.1 对称三相电源

三相制电源是由三个**频率相同、幅值相等、相位差均为120°**的正弦交流电压源组成，简称为**三相电源**。

三相电源中的每一个电压源称为一相，每相电源的端电压称为电源相电压。三相电源分别称为 A 相电源、B 相电源、C 相电源，其相电压分别记为 u_A、u_B、u_C。如图4-1所示。

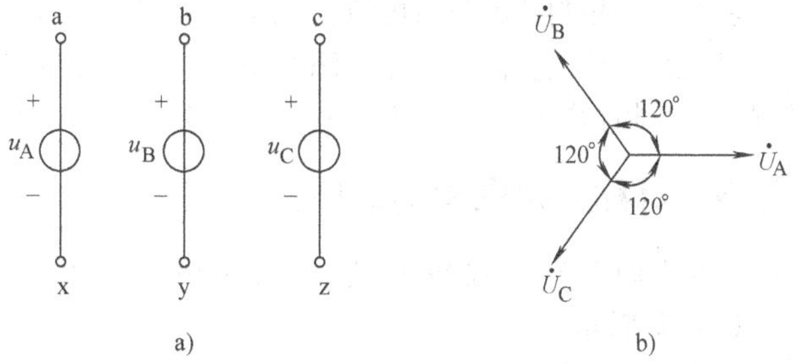

图 4-1 三相电源
a) 对称三相电源 b) 对称三相电源电压的相量图

设 A 相电源为参考正弦量，则有

$$\begin{cases} u_A = \sqrt{2}U\sin\omega t \\ u_C = \sqrt{2}U\sin(\omega t - 120°) \\ u_B = \sqrt{2}U\sin(\omega t + 120°) \end{cases} \tag{4-1}$$

式(4-1)电压的相量式为

$$\begin{cases} \dot{U}_A = U\angle 0° \\ \dot{U}_C = U\angle -120° \\ \dot{U}_B = U\angle 120° \end{cases} \tag{4-2}$$

可以证明，一组对称的三相正弦量（电压或电流）之和为零。如图4-2所示，即

$$\begin{cases} u_A + u_B + u_C = 0 \\ \dot{U}_A + \dot{U}_B + \dot{U}_C = 0 \end{cases}$$

4.1.2 对称三相电源的相序

三相电压达到最大值或零值的次序称为**相序**。三相制中有两种相序系统，即正序系统和负序系统。式（4-1）和图4-2所示的都是正序系统，其特点为 A 相电压超前 B 相电压120°，B 相电

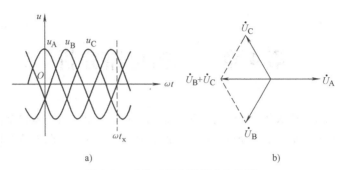

图 4-2　对称三相电源值之和为零

a) 三相电源的正弦波　b) 三相电源的相量图

压又超前 C 相电压 120°，相电压达到最大值的次序为 $\boxed{A-B-C}$，又称为**正相序**；反之，若相电压

达到最大值的次序为 $\boxed{A-C-B}$，**为负相序**，其表达式见式（4-1）和式（4-2）。

注意：三相制的电压或电流如无相序说明，则相序均指正序。我国供配电系统中，按正序用黄、绿、红三种颜色标定三相电源的相序，即 A 相为黄色、B 相为绿色、C 相为红色。（国家标准规定，三相相序的标注为 L_1、L_2、L_3，但目前还仍普遍采用 A、B、C 标注）。

4.1.3　对称三相电源的联结

三相电源来源于三相发电机，供电时电源可联结成星形电路或三角形电路。

1. 星形联结

星形联结如图 4-3 所示，即将三相末端 x、y、z 连在一起，用 N 表示，称为**中性点或零点**；再从始端 a、b、c 引出接线为负载供电，称为**相线**（俗称火线）；由中性点 N 引出的导线称为**中性线**。三相电源采用三根相线 A、B、C 和一根中性线 N 联结方式供电，称为**三相四线制**，用 Y_0 表示，如图 4-3a 所示。若采用无中性线联结方式供电，称为**三相三线制**，用 Y 表示，如图 4-3b 所示。

三相电源始端间（即相线间，或 A、B、C 之间）的电压，称为**线电压**。三相电源星形联结时（如图 4-3 所示），其线电压与相电压之间的关系为。

$$\begin{cases} \dot{U}_{AB} = \dot{U}_A - \dot{U}_B \\ \dot{U}_{BC} = \dot{U}_B - \dot{U}_C \\ \dot{U}_{CA} = \dot{U}_C - \dot{U}_A \end{cases} \tag{4-3}$$

注意：三相四线制 Y_0 和三相三线制 Y 的线电压相同，即式（4-3）。

由于三相电源的相电压是对称的，因此，可以用相量图来证明，星形联结时线电压也具有对称性，即三相线电压的频率相同、幅值相等、相位差均为 120°，见式（4-4）。

设 A 相的相电压 $\dot{U}_A = U\angle 0°$，则线电压 $\dot{U}_{AB}$、$\dot{U}_{BC}$、$\dot{U}_{CA}$ 的相量图如图 4-4 所示。

$$\begin{cases} \dot{U}_{AB} = \sqrt{3}\,\dot{U}_A \angle 30° \\ \dot{U}_{BC} = \sqrt{3}\,\dot{U}_B \angle 30° = \dot{U}_{AB} \angle -120° \\ \dot{U}_{CA} = \sqrt{3}\,\dot{U}_C \angle 30° = \dot{U}_{AB} \angle 120° \end{cases} \tag{4-4}$$

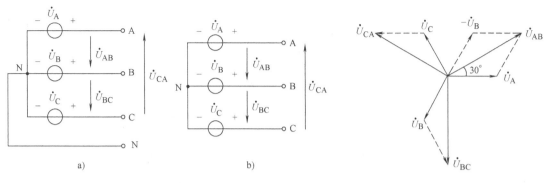

图 4-3　三相电源的星形联结
a）Y_0 联结方式　b）Y 联结方式

图 4-4　三相线电压与相电压的
相量关系图

2. 三角形联结

三相电源的三角形联结如图 4-5 所示，将三相电源依次首尾相连，即 a 和 z、b 和 y、c 和 x 相连。联结点引出端线为相线。三角形联结方式属三相三线制供电系统，用△表示。

三相电源联结成三角形时，其电压特点为线电压等于相电压，因相电压对称，所以线电压也对称，即

$$\begin{cases} \dot{U}_{AB} = \dot{U}_A \\ \dot{U}_{BC} = \dot{U}_B = \dot{U}_A \angle -120° \\ \dot{U}_{CA} = \dot{U}_C = \dot{U}_A \angle 120° \end{cases} \tag{4-5}$$

因为，三相电源的对称性，图 4-5 所示电路有 KVL 方程为

$$\dot{U}_A + \dot{U}_B + \dot{U}_C = 0$$

即三相电源在未接负载的情况下，△电路内不会形成环流。但注意：如果其中任意一相反接，则 $\dot{U}_A + \dot{U}_B + \dot{U}_C \neq 0$，而电源内阻抗 $\sum Z_s$ 又比较小，这时△电路内将会形成很大的环流，致使三相电源（即发电机或变压器）烧坏。因此，三相电源作为三角形联结时，注意线路不要接反，电源必须是三相对称电源。

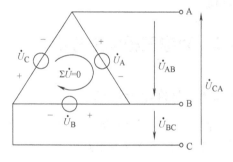

图 4-5　对称三相电源的三角形联结

总之，三相电源无论是联结成星形还是三角形，都具有一个共同的电源特性：线电压的大小和方向由三相电源所确定，与外接负载无关，见式（4-4）和式（4-5）。也就是说，三相电源提供的线电压不随外接负载而改变，因此，在三相电路分析中，常常省略三相电源的连接电路，而不会影响对三相电路的分析计算。

4.1.4　三相负载

三相负载可以联结成 Y 形与△形两种方式，如图 4-6 所示。当三相负载阻抗相同时，称为**对称负载**，见式（4-6）。对称三相电源与对称三相负载相联结，所构成的电路称为**对称三相电路**。如负载不相等，则称为不对称三相电路。

对称负载的阻抗关系为

$$\begin{cases} Z_A = Z_B = Z_C = Z_Y \\ Z_{AB} = Z_{BC} = Z_{CA} = Z_\triangle \end{cases} \quad (4\text{-}6)$$

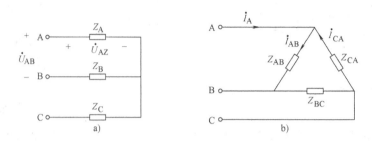

图 4-6 三相负载的 Y、△联结

a）Y 联结 b）△联结

在对称三相负载电路中，Y 与△联结电路可等效转换，其阻抗转换关系为

$$\begin{cases} Z_\triangle = 3Z_Y \\ Z_Y = \dfrac{1}{3} Z_\triangle \end{cases} \quad (4\text{-}7)$$

在对称三相电路中，每相负载的端电压称为负载**相电压**（简称相电压）；每相负载中流过的电流称为负载**相电流**（简称相电流）；相线与相线之间的电压称为**线电压**，相线中流过的电流称为**线电流**。

例如，图 4-6a 中的电压 $\dot{U}_{AZ}$ 称为相电压，$\dot{U}_{AB}$ 称为线电压；图 4-6b 中的电流 $\dot{I}_A$ 称为线电流，$\dot{I}_{AB}$ 称为相电流。

4.2 对称三相电路分析

4.2.1 对称星形联结

图 4-7a、b 所示电路为三相四线制的三相电路。对称电源和对称负载均联结成星形（Y）电路，又称对称 Y-Y 三相电路。

一般在三相电路分析中，如果已知对称三相电源的相电压（即 $\dot{U}_A$、$\dot{U}_B$、$\dot{U}_C$），则要说明电源的联结方式（即 Y 联结或△联结）；如果已知的是对称三相电源端的线电压（即 $\dot{U}_{AB}$、$\dot{U}_{BC}$、$\dot{U}_{CA}$），则对外接 Y 负载而言，可以用图 4-7b 所示的等效电路来分析计算。

1. 电流特性

图 4-7a 所示电路中，电流 $\dot{I}_A$、$\dot{I}_B$、$\dot{I}_C$ 为线电流，$\dot{I}_{AN}$ 为相电流，$\dot{I}_N$ 为中性线电流。当三相电压对称时，相电压的有效值用 U_p 表示，有

$$\begin{cases} \dot{U}_A = U_p \angle 0° \\ \dot{U}_B = U_p \angle -120° \\ \dot{U}_C = U_p \angle 120° \end{cases}$$

$$\dot{I}_A = \dot{I}_{AN'} = \frac{\dot{U}_A}{Z} = I_A \angle \varphi_A$$

$$\dot{I}_B = \frac{\dot{U}_B}{Z} = I_B \angle \varphi_B = I_A \angle (\varphi_A - 120°) \left.\right\}$$ (4-8)

$$\dot{I}_C = \frac{\dot{U}_C}{Z} = I_C \angle \varphi_C = I_A \angle (\varphi_A + 120°) \left.\right\}$$

电流特性：

1）线电流等于对应的相电流。例如 $\dot{I}_A = \dot{I}_{AN'}$。

2）相电压 $\dot{U}_A$、$\dot{U}_B$、$\dot{U}_C$ 对称，则电流 $\dot{I}_A$、$\dot{I}_B$、$\dot{I}_C$ 也对称。例如，见方程组（4-8）。

3）中性线里没有电流，中性线可以省略，可联结成三相三线制 Y-Y 电路。中性线电流为零，即 $\dot{I}_N = \dot{I}_A + \dot{I}_B + \dot{I}_C = 0$，也可以用相量图 4-7c 证明。

4）Y-Y 对称电路的电流分析，可以根据中线电流为零的特点，三相电路简化为单相电路（如图 4-7d 所示）计算电流 $\dot{I}_A$，再由三相电路电流的对称性得 $\dot{I}_B$、$\dot{I}_C$，其关系见式（4-8）。

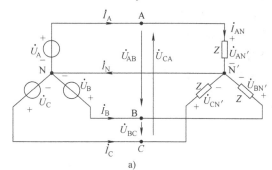

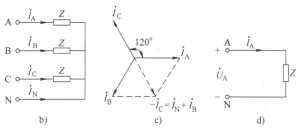

图 4-7 Y-Y 对称三相电路

a）Y-Y 联结 b）Y 联结方式

c）Y 联结电流相量图 d）单相等效电路图

2. 电压特性

图 4-7a 所示电路中，线电压为

$$\dot{U}_{AB} = \dot{U}_A - \dot{U}_B = U_p \angle 0° - U_p \angle -120° = \sqrt{3} U_p \angle 30° = \sqrt{3} \dot{U}_A \angle 30° = U_l \angle 30°$$

同理

$$\dot{U}_{BC} = \sqrt{3} \dot{U}_B \angle 30° = U_l \angle -90°$$ (4-9)

$$\dot{U}_{CA} = \sqrt{3} \dot{U}_C \angle 30° = U_l \angle 150°$$

式中，U_l 表示线电压的有效值；U_p 表示相电压有效值。

电压特性：

1）线电压有效值是相电压有效值的 $\sqrt{3}$ 倍，即 $U_l = \sqrt{3} U_p$。

2）线电压相位超前所对应的相电压的相位 30°，其对应关系为：$\dot{U}_{AB}$ 超前 $\dot{U}_A$ 或 $\dot{U}_{AN'}$，$\dot{U}_{BC}$ 超前 $\dot{U}_B$ 或 $\dot{U}_{BN'}$，$\dot{U}_{CA}$ 超前 $\dot{U}_C$ 或 $\dot{U}_{CN'}$。其三相线电压与相电压的相量关系如图 4-4 所示。

3）相电压对称，则线电压也对称。

4.2.2 对称三角形联结

图 4-8 所示电路为三相三线制的三相电路。对称电源和对称负载均联结成三角形（△联结）电路，称为对称 △-△ 三相电路。

在三相电路分析中，如果已知的是对称三相电源端的线电压，则对外接 △ 联结负载而言，三相电源电路可省略不画，直接分析三相负载电路，如图 4-6b 所示。

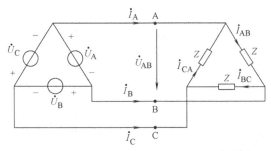

图 4-8　△-△ 对称三相电路

1. 电压特性

图 4-8 电路中，由于负载是三角形联结，所以相电压等于线电压，即

$$\begin{cases} \dot{U}_{AB} = \dot{U}_A = U_A \angle 0° \\ \dot{U}_{BC} = \dot{U}_B = U_A \angle -120° \\ \dot{U}_{CA} = \dot{U}_C = U_A \angle 120° \end{cases}$$

电压特性：

1）线电压等于对应的相电压。如 $\dot{U}_{AB} = \dot{U}_A$，$\dot{U}_{BC} = \dot{U}_B$，$\dot{U}_{CA} = \dot{U}_C$，即是对应三相负载阻抗上的电压。

2）相电压对称，则线电压也对称。

2. 电流特性

图 4-8 中的电流 $\dot{I}_A$、$\dot{I}_B$、$\dot{I}_C$ 为线电流，$\dot{I}_{AB}$、$\dot{I}_{BC}$、$\dot{I}_{CA}$ 为相电流。设负载阻抗 $Z = |Z| \angle \varphi_Z$，其负载的相电流为

$$\left. \begin{aligned} \dot{I}_{AB} &= \frac{\dot{U}_{AB}}{Z} = \frac{U_l \angle 0°}{|Z| \angle \varphi_Z} = I_{AB} \angle -\varphi_Z = I_p \angle -\varphi_Z \\ \dot{I}_{BC} &= \frac{\dot{U}_{BC}}{Z} = \frac{U_l \angle -120°}{|Z| \angle \varphi_Z} = I_p \angle (-120° - \varphi_Z) = \dot{I}_{AB} \angle -120° \\ \dot{I}_{CA} &= \frac{\dot{U}_{CA}}{Z} = I_p \angle (120° - \varphi_Z) = \dot{I}_{AB} \angle 120° \end{aligned} \right\} \quad (4\text{-}10)$$

式中，I_p 表示相电流有效值。

列图 4-8 中负载端的结点 KCL 方程为

$$\dot{I}_A = \dot{I}_{AB} - \dot{I}_{CA} = \dot{I}_{AB} - \dot{I}_{AB} \angle 120° = \dot{I}_{AB} (1 - \angle 120°)$$

$$= \dot{I}_{AB} [1 - (\cos120° + \sin120°)] = \sqrt{3} \dot{I}_{AB} \angle -30°$$

同理

$$\dot{I}_B = \sqrt{3} \dot{I}_{BC} \angle -30°$$

$$\dot{I}_C = \sqrt{3} \dot{I}_{CA} \angle -30°$$

则三相线电流之间的关系为

$$\left.\begin{array}{l} \dot{I}_A = \dot{I}_{AB} - \dot{I}_{CA} = I_l \angle -30° \\[2mm] \dot{I}_B = \dot{I}_{BC} - \dot{I}_{AB} = I_l \angle -150° \\[2mm] \dot{I}_C = \dot{I}_{CA} - \dot{I}_{BC} = I_l \angle 90° \end{array}\right\} \tag{4-11}$$

式中，I_l 表示线电流有效值。

线电流与相电流之间的相量关系也可以用相量图表示，如图4-9所示。

电流特性：

1）相电流 $\dot{I}_{AB}$、$\dot{I}_{BC}$、$\dot{I}_{CA}$ 对称，线电流 $\dot{I}_A$、$\dot{I}_B$、$\dot{I}_C$ 也对称。

2）线电流有效值 I_l 是相电流有效值 I_p 的 $\sqrt{3}$ 倍，即 $I_l = \sqrt{3} I_p$。

3）线电流相位滞后所对应的相电流的相位30°，其对应关系为：$\dot{I}_A$ 滞后 $\dot{I}_{AB}$，$\dot{I}_B$ 滞后 $\dot{I}_{BC}$，$\dot{I}_C$ 滞后 $\dot{I}_{CA}$。

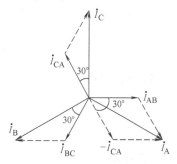

图4-9 △形对称三相电路
电流相量图

4.2.3 对称三相电路的计算

正弦交流电路的稳态分析与计算，在第3章中进行了讨论，其方法对三相交流电路的正弦稳态分析仍然适用，只是在分析对称三相电路时，应充分利用对称三相电路的对称特性，这样可以大大简化计算过程。

注意：因为本章讨论的三相电源都是具有对称特性的正弦交流电源，而且三相电源的联结方式为Y或△（注意：一般只有Y接），所以在讨论中常常只给出三相电源的线电压或相电压参数，其三相电源的联结电路图省略。

例4-1 电路如图4-10所示，已知对称三相电路的Y联结负载阻抗为 $Z = (4 + j6)\Omega$，导线阻抗为 $Z_L = (2 + j2)\Omega$，中性线阻抗为 $Z_N = (1 + j1)\Omega$，电源端线电压 $U_l = 380$V，试求相电流和负载端的线电压，并作电路中相电压 $\dot{U}_A$、$\dot{U}_B$、$\dot{U}_C$ 和负载端线电压 $\dot{U}_{A'B'}$、线电流 $\dot{I}_A$ 的相量图。

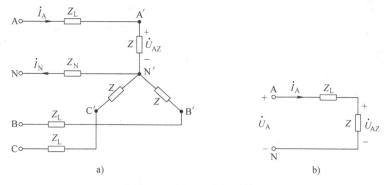

图4-10 例4-1分析计算图

a）例4-1图 b）单相分析电路图

解 对于三相对称Y形联结电路，各相电流由各相电源所提供，相电流彼此间无关，因此，分析时只要分析其中一相，如图4-10b所示。再根据三相电路的对称性写出其他两相的电流、电压。

本题中虽然没有说明三相电源的联结方式，但是已知三相电源端的线电压，根据负载的Y

形联结方式，可设定三相电源也为 Y 形联结方式，从而得到单相分析电路图，如图 4-10 所示。

注意：Y 形对称三相电路中，中性线电流 $\dot{I}_N$ 为零，所以中线阻抗 Z_N 上的电压为零，计算时与中线阻抗 Z_N 无关。

设 A 相电源电压为

$$\dot{U}_A = \frac{U_l}{\sqrt{3}} \angle 0° = \frac{380}{\sqrt{3}} \angle 0° \text{V} = 220 \angle 0° \text{V}$$

则 A 相相电流（或 A 相线电流）为

$$\dot{I}_A = \frac{\dot{U}_A}{Z + Z_L} = \frac{220 \angle 0°}{6 + j8} \text{A} = 22 \angle -53.1° \text{A}$$

由三相电路的对称性，得

$$\dot{I}_B = \dot{I}_A \angle -120° = 22 \angle -172.1° \text{A}$$

$$\dot{I}_C = \dot{I}_A \angle -120° = 22 \angle 66.9° \text{A}$$

负载上的相电压，为

$$\dot{U}_{AZ} = Z \dot{I}_A = \left[(4 + j6) \times 22 \angle -53.1° \right] \text{V} \approx 158.64 \angle 3.21° \text{V}$$

负载端的线电压，为

$$\dot{U}_{A'B'} = \sqrt{3} \dot{U}_{AZ} \angle 30° = \left[\sqrt{3} \times 158.64 \angle (30° + 3.21°) \right] \text{V} \approx 274.77 \angle 33.21° \text{V}$$

$$\dot{U}_{B'C'} = \dot{U}_{A'B'} \angle -120° = 274.77 \angle -86.79° \text{V}$$

$$\dot{U}_{C'A'} = \dot{U}_{A'B'} \angle 120° = 274.77 \angle 153.21° \text{V}$$

其相电压与线电压之间的相量关系如相量图图 4-11 所示。

例 4-2　对称三相电路如图 4-12 所示。已知负载阻抗 $Z = (19.2 + j14.4)\Omega$，线路阻抗为 $Z_L = (3 + j4)\Omega$，三相对称电源线电压为 380V。试求负载的线电压，线电流和负载相电流。

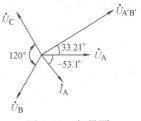

图 4-11　相量图

解　三相负载 Z 是 △ 联结，可以利用阻抗的 Y-△ 等效变换，将△联结负载 Z 等效变换为 Y 形联结的对称三相负载 Z_Y（如图 4-13a 所示），计算出一相电路的电流 $\dot{I}_A$，即 A 相线电流，如图 4-13b 所示。再根据△形对称三相电路的特性，求解出其他各参数。

将对称△形联结负载 Z 等效变换为对称 Y 形联结负载 Z_Y，其参数为

$$Z_Y = \frac{Z}{3} = \left[\frac{1}{3}(19.2 + j14.4) \right]\Omega = (6.4 + j4.8)\Omega$$

设 A 相电源的相电压为

$$\dot{U}_A = \frac{380}{\sqrt{3}} \angle 0° \text{V} = 220 \angle 0° \text{V}$$

由单相电路图 4-13b 计算电流 $\dot{I}_A$ 为

$$\dot{I}_A = \frac{\dot{U}_A}{Z_L + Z_Y} = \frac{220 \angle 0°}{(3 + j4) + (6.4 + j4.8)} \text{A} = 17.1 \angle -43.2° \text{A}$$

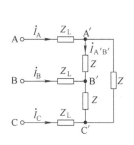

图 4-12　例 4-2 图

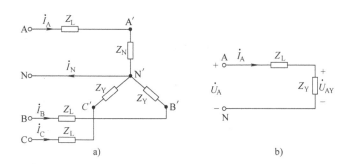

图 4-13　图 4-12 等效变换分析电路图

a）负载 Z 的 $Y-\triangle$ 等效变换图

b）图 a 的单相等效电路图

根据三相电路的对称性，有

$$\dot{I}_B = \dot{I}_A \angle -120° = 17.1 \angle -163.2°\text{A}$$

$$\dot{I}_C = \dot{I}_A \angle 120° = 17.1 \angle 76.8°\text{A}$$

注意：上式是图 4-12 所示电路中的线电流 $\dot{I}_A$、$\dot{I}_B$、$\dot{I}_C$，如图 4-13a 所示。所以，图 4-12 中负载 Z 的相电流为

$$\dot{I}_{A'B'} = \frac{1}{\sqrt{3}} \dot{I}_A \angle 30° = \left(\frac{1}{\sqrt{3}} \times 17.1 \angle (-43.2° + \angle 30°) \right)\text{A} = 9.9 \angle -13.2°\text{A}$$

根据三相电路的对称性，有

$$\dot{I}_{B'C'} = \dot{I}_{A'B'} \angle -120° = 9.9 \angle -133.2°\text{A}$$

$$\dot{I}_{C'A'} = \dot{I}_{A'B'} \angle 120° = 9.9 \angle 106.8°\text{A}$$

因负载的线电压等于负载的相电压，有

$$\dot{U}_{A'B'} = Z\dot{I}_{A'B'} = \left[(19.2 + j14.4) \times 9.9 \angle -13.2° \right]\text{V} = 237.6 \angle 23.7°\text{V}$$

根据三相电路的对称性，有

$$\dot{U}_{B'C'} = \dot{U}_{A'B'} \angle -120° = 237.6 \angle -96.3°\text{V}$$

$$\dot{U}_{C'A'} = \dot{U}_{A'B'} \angle 120° = 237.6 \angle 143.7°\text{V}$$

4.3　对称三相电路的功率

4.3.1　对称三相功率的分析

对称三相电路如图 4-14 所示，用 U_p、I_p 表示对称三相电路的相电压、相电流，φ 表示 A 相的相电压与相电流的相位差，即 φ 等于负载阻抗 Z 的阻抗角 φ_Z（$\varphi = \varphi_Z$），则 A 相负载的功率有

$$\begin{cases} P_A = U_p I_p \cos\varphi \\ Q_A = U_p I_p \sin\varphi \\ S_A = U_p I_p \end{cases}$$

因为三相电路对称，各相的负载功率相等，所以，对称三相电路的功率为

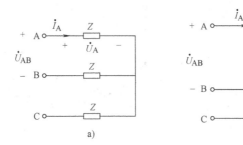

图 4-14 对称三相负载电路

a) Y 形联结 b) △形联结

$$P = 3P_A = 3U_pI_p\cos\varphi$$
$$Q = 3Q_A = 3U_pI_p\sin\varphi \quad\quad (4\text{-}12)$$
$$S = 3S_A = 3U_pI_p$$

如对称三相电路为 Y 联结（如图 4-14a 所示），则相电压 U_p 与线电压 U_l、相电流 I_p 与线电流 I_l 关系有

$$\begin{cases} U_p = \dfrac{U_l}{\sqrt{3}} \\ I_p = I_l \end{cases}$$

则式（4-12）又可以写成

$$P = 3\frac{U_l}{\sqrt{3}}I_l\cos\varphi = \sqrt{3}U_lI_l\cos\varphi$$
$$Q = \sqrt{3}U_lI_l\sin\varphi \quad\quad (4\text{-}13)$$
$$S = \sqrt{3}U_lI_l$$

同理，△联结对称三相电路有 $I_p = \dfrac{I_l}{\sqrt{3}}$，$U_p = U_l$，代入式（4-12），得式（4-13）。可见，无论负载是 Y 联结还是△联结，其对称三相电路的功率表达式为式（4-12）和式（4-13）。

对称三相电路的平均功率、无功功率、视在功率和功率因数也可以统一用复功率计算，如式（4-14）所示。

$$\tilde{S} = P + jQ = \sqrt{P^2 + Q_2} \angle \arctan\frac{Q}{P} = S\angle\varphi \quad\quad (4\text{-}14)$$

注意：对称三相电路的功率因数 $\cos\varphi$ 是一相的功率因数，其功率因数角 φ 也是负载阻抗 Z 的阻抗角，或相电压与相电流的相位差。

还可用功率三角形表示平均功率 P、无功功率 Q、视在功率 S 和功率因数角 φ 之间的关系，如图 4-15 所示。

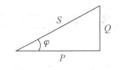

图 4-15 功率三角形

例 4-3 试求例 4-1 题中三相负载 Z 的平均功率 P、无功功率 Q 和功率因数 λ。

解 由例 4-1 题得 A 相相电流和相电压为

$$\dot{I}_A = 22\angle -53.1°\text{A}$$

$$\dot{U}_{AZ} = 158.64\angle 3.21°\text{V}$$

则对称三相负载的复功率为

$$\widetilde{S} = 3\,\dot{U}_{AL}\,\overset{*}{\dot{I}}_A = 3(158.64\angle 3.21°\times 22\angle 53.1°)\text{V}\cdot\text{A}$$
$$= 10470.24\angle 56.31°\text{V}\cdot\text{A} = (5808 + \text{j}8712)\text{V}\cdot\text{A}$$

所以

$$P = 5080\text{W}$$
$$Q = 8712\text{var}$$
$$\lambda = \cos 56.31° = 0.555$$

例 4-4 对称三相感性负载的额定线电压为 380V，额定功率为 20kW，额定功率因数 φ_N 为 0.8，输电线阻抗 $Z_L = (2 + \text{j}8)\,\Omega$，对称三相电源相电压为 220V。试求如图 4-16a 所示电路中，负载端的线电压 $\dot{U}_{AB}'$ 和电源端的功率因数 λ'。

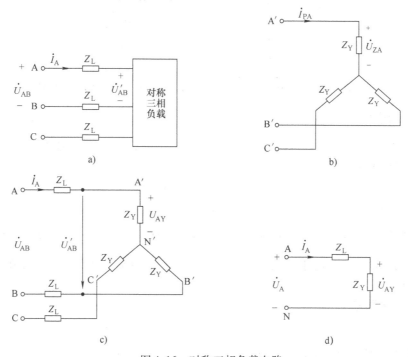

图 4-16 对称三相负载电路

a) 例 4-4 图   b) 负载在额定值条件下的电路图   c) 图 a 的 Y-Y 联结等效电路图   d) 图 c 的单相等效电路图

解 已知对称三相电源的相电压为 220V，对称负载的额定线电压为 380V，所以，对称三相电源应联结成 Y。负载的联结为 Y 或 △，由于 Y 联结分析时可以将对称三相电路化为单相计算，所以，设对称三相负载联结方式为 Y 联结，如图 4-16b 所示。

设图 4-16b 中的三相负载端的 A 相额定相电压为

$$\dot{U}_{ZA} = 220\angle 0°\text{V}$$

根据已知负载的额定参数，计算负载 Y 联结时的额定相电流 I_p（或线电流 I_l），为

$$I_p = I_l = \frac{P_N}{3U_{ZA}\cos\varphi_N} = \frac{20\times 10^3}{3\times 220\times 0.8}\text{A} = 37.98\text{A}$$
$$\varphi_N = \arccos 0.8 = 36.9°$$

已知对称三相负载为感性，即额定相电流滞后额定相电压，则 $\dot{I}_{pA}$ 为

$$\dot{I}_{pA} = 37.98 \angle -36.9° \text{A}$$

所以，对称三相负载 Y 联结时阻抗 Z_Y 为

$$Z_Y = \frac{\dot{U}_{ZA}}{\dot{I}_p} = \frac{220}{37.98 \angle -36.9°} \Omega = 5.79 \angle 36.9° \Omega$$

将联结成 Y 的对称三相负载 Z_Y，与联结成 Y 的对称三相电源联结，如图 4-16c 所示，已知三相电源的相电压为 $\dot{U}_A = 220 \angle 0° \text{V}$。则作图 4-16c 电路的 Y-Y 联结的单相等效电路，如图 4-16d 所示。解得

$$\dot{I}_A = \frac{\dot{U}_A}{Z_L + Z_Y} = \frac{220 \angle 0°}{2 + \text{j}8 + 5.79 \angle 36.9°} \text{A}$$

$$= \frac{220 \angle 0°}{6.6 + \text{j}11.48} \text{A} = 16.62 \angle -60° \text{A}$$

$$\dot{U}_{AY} = Z \cdot \dot{I}_A = 5.79 \angle 36.9° \times 16.62 \angle -60° \text{V} = 96.23 \angle 23.1° \text{V}$$

负载端的线电压 $\dot{U}'_{AB}$ 为

$$\dot{U}'_{AB} = \sqrt{3} \dot{U}_{AY} \angle 30° = \sqrt{3} \times 96.23 \angle 23.1° \times \angle 30° \text{V} = 166.67 \angle 53.1° \text{V}$$

电源端的功率因数 λ' 为

$$\lambda' = \cos(0° + 60°) = 0.5$$

注意： 电源端的功率因数 λ' 不等于负载端的功率因数。

例 4-5 对称三相电路如图 4-17 所示。设电路参数已知，试写出 $\dot{I}_A$、$\dot{I}_{AY}$、$\dot{I}_{A\triangle}$、$\dot{I}'_{A\triangle}$、$\dot{U}'_{AB}$、$\dot{U}_{AY}$ 和负载 Z_1、Z_2 上的平均功率（P_Y、$P_\triangle$）、无功功率（Q_Y、$Q_\triangle$）、视在功率（S_Y、$S_\triangle$）、功率因数（λ_Y、$\lambda_\triangle$）的表达式。

解 设 A 相电源为

$$\dot{U}_A = U_p \angle 0° \text{V}$$

△联结的负载 Z_2 等效转换为 Y 联结负载 Z_{2Y} 为

$$Z_{2Y} = \frac{Z_2}{3}$$

得计算一相的电路，如图 4-18 所示。计算各电流、电压为

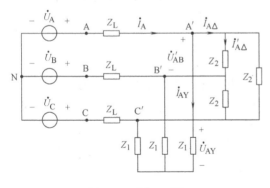

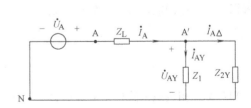

图 4-17　例 4-5 图　　　　　图 4-18　单相等效电路

$$\dot{I}_A = \frac{\dot{U}_A}{Z_L + Z_1 \mathbin{/\!/} Z_{2Y}}$$

$$\dot{U}_{AY} = (Z_1 \mathbin{/\!/} Z_{2Y})\,\dot{I}_A$$

$$\dot{I}_{AY} = \frac{\dot{U}_{AY}}{Z_1}$$

$$\dot{I}_{A\triangle} = \dot{I}_A - \dot{I}_{AY}$$

根据三相电路的对称性，得

$$\dot{U}'_{AB} = \sqrt{3}\,\dot{U}_{AY} \angle 30°$$

$$\dot{I}'_{A\triangle} = \frac{1}{\sqrt{3}}\dot{I}'_{A\triangle} \angle 30°$$

负载 Z_1 上的功率计算表达式为

$$Z_1 = |Z_1| \angle \varphi_Y$$

$$\begin{cases} P_Y = 3U_{AY}I_{AY}\cos\varphi_Y \\ Q_Y = 3U_{AY}I_{AY}\sin\varphi_Y \\ S_Y = 3U_{AY}I_{AY} \\ \lambda_Y = \cos\varphi_Y \end{cases}$$

负载 Z_2 上的功率计算表达式为

$$Z_2 = |Z_2| \angle \varphi_\triangle$$

$$\begin{cases} P_\triangle = 3U'_{AB}I'_{A\triangle}\cos\varphi_\triangle \\ Q_\triangle = 3U'_{AB}I'_{A\triangle}\sin\varphi_\triangle \\ S_\triangle = 3U'_{AB}I'_{A\triangle} \\ \lambda_\triangle = \cos\varphi_\triangle \end{cases}$$

4.3.2　三相电路的功率测量

三相电路的功率测量分三相四线制和三相三线制。

1. 三相四线制电路的功率测量

（1）对称三相电路的功率测量　对称三相功率测量常采用一表法，即测量一相的平均功率法。测量电路如图 4-19a 所示，其功率表的测量数为

$$P_A = U_A I_A \cos(\varphi_u - \varphi_i)$$

则三相总功率

$$P = 3P_A = 3U_A I_A \cos(\varphi_u - \varphi_i)$$

（2）不对称三相电路的功率测量　由于三相电路不对称，即每相功率可能各不相同，因此，三相平均功率可用三只功率表测量，测量电路如图 4-19b 所示。

设功率表的读数为 P_1、P_2、P_3，则三相总的平均功率为

$$P = P_1 + P_2 + P_3$$

2. 三相三线制电路中功率的测量

对于三相三线制系统，无论负载是否对称，都可以用两只功率表来测量三相平均功率。如图 4-20 中，用两功率表测量 Y 联结的三相负载的平均功率。

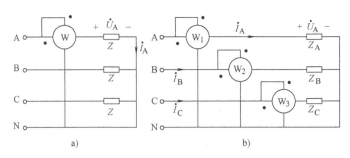

图4-19 三相四线电路的功率测量

a）一表法测量对称三相电路功率测量 b）三只表测量三相电路功率

已知 $u_{AC}(t)=u_A-u_C,u_{BC}(t)=u_B-u_C$，则两只功率表的瞬时功率之和为

$$
\begin{aligned}
p_1(t)+p_2(t)&=u_{AC}i_A+u_{BC}i_B\\
&=(u_A-u_C)i_A+(u_B-u_C)i_B\\
&=u_Ai_A+u_Bi_B+u_C(-i_A-i_B)\\
&=u_Ai_A+u_Bi_B+u_Ci_C\\
&=p_A(t)+p_B(t)+p_C(t)
\end{aligned}
$$

$p_1(t)$、$p_2(t)$ 在一周期内的平均值，即是两功率表的读数 P_1、P_2，有

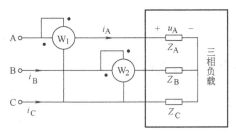

图4-20 三相三线电路的功率测量

$$
P_1+P_2=\frac{1}{T}\int_0^T(p_1+p_2)\mathrm{d}t=\frac{1}{T}\int_0^T(p_A+p_B+p_C)\mathrm{d}t=P_A+P_B+P_C
$$

上式表明，两功率表读数之和等于三相负载总的平均功率。

同理，如果负载为△联结，可以用 Y-△等效变换为 Y 联结负载，用两只功率表测量的平均功率之和为△负载电路总的平均功率。

注意： 用两只功率表测量三相功率时，其测量功率值代数之和等于三相的总平均功率，但每一只功率表的读数是没有意义的。

4.4 不对称三相电路

不对称三相电路不具有对称三相电路的特点，因此，不对称三相电路作为一般的正弦稳态电路分析。

例4-6 如图4-21所示为不对称三相四线电路，电源为对称三相电源，试分析电压、电流。

解 设三相电源电压为

$$\dot{U}_A=U_p\angle0°\mathrm{V}\qquad\dot{U}_B=U_p\angle-120°\mathrm{V}\qquad\dot{U}_C=U_p\angle120°\mathrm{V}$$

三相电路电流为

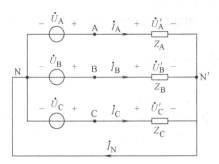

图4-21 不对称三相四线电路

$$\dot{I}_A=\frac{\dot{U}_A'}{Z_A}=\frac{\dot{U}_A}{Z_A}\qquad\dot{I}_B=\frac{\dot{U}_B}{Z_B}\qquad\dot{I}_C=\frac{\dot{U}_C}{Z_C}$$

$$\dot{I}_N=\dot{I}_A+\dot{I}_B+\dot{I}_C$$

不对称三相四线电路的中性线上电流 $\dot{I}_N$ 不为于零，所以，不能随意的将中性线断开。也正

因为有中性线，电源相电压等于负载相电压，有

$$\dot{U}_A = \dot{U}_A{}' \qquad \dot{U}_B = \dot{U}_B{}' \qquad \dot{U}_C = \dot{U}_C{}'$$

三相线电压为

$$\begin{cases} \dot{U}_{AB} = \dot{U}_A - \dot{U}_B = \sqrt{3}\,\dot{U}_A \angle 30° \\[2mm] \dot{U}_{BC} = \dot{U}_{AB} \angle -120° \\[2mm] \dot{U}_{CA} = \dot{U}_{AB} \angle 120° \end{cases}$$

可见，不对称三相四线电路的相电压和线电压具有对称性，而线电流不对称。

例4-7 如图4-22所示为不对称三相三线电路，电源为对称三相电源，试分析电压、电流。

解 设三相电源电压为

$$\begin{cases} \dot{U}_A = U_p \angle 0° \text{ V} \\[2mm] \dot{U}_B = U_p \angle -120° \text{ V} \\[2mm] \dot{U}_C = U_p \angle 120° \text{ V} \end{cases}$$

N′结点电压为 $\dot{U}_{N'N}$，用结点电压法，有

$$\dot{U}_{N'N} = \frac{\dfrac{\dot{U}_A}{Z_A} + \dfrac{\dot{U}_B}{Z_B} + \dfrac{\dot{U}_C}{Z_C}}{\dfrac{1}{Z_A} + \dfrac{1}{Z_B} + \dfrac{1}{Z_C}}$$

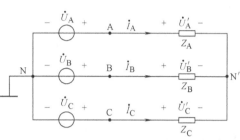

图 4-22 不对称三相三线电路

由于负载不对称，$\dot{U}_{N'N} \neq 0$，即电源中性点 N 和负载中性点 N′电位不相同，所以，在如图4-23所示的相量图上 N 与 N′不再重合，这种现象称为中性点位移。各负载上相电压为

$$\begin{cases} \dot{U}_{AN'} = \dot{U}_A - \dot{U}_{N'N} \\[2mm] \dot{U}_{BN'} = \dot{U}_B - \dot{U}_{N'N} \\[2mm] \dot{U}_{CN'} = \dot{U}_C - \dot{U}_{N'N} \end{cases}$$

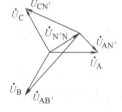

图 4-23 不对称三相
电路相量图

可见，由于负载不对称引起负载中性点 N′位移（如图 4-23 所示），中性点位移结果是使负载上的相电压发生改变。例如，在图 4-23 中，A 相相电压减小，即 $U_{AN'} < U_A$；B、C 相相电压增加，即 $U_{BN'} > U_B$、$U_{CN'} > U_C$，这样就使得负载不能正常运行，甚至损坏设备。

所以，在三相电路的实际应用中都强调要接中线，即应用三相四线制系统，而且中线上不允许安装熔断器和开关，使每相负载上的电压与电源相电压基本相等，中性点基本重合，以确保正常运行。

例4-8 如图4-24所示△联结不对称三相负载电路，电源为对称三相电源，试分析电压、电流。

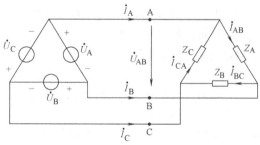

图 4-24 △-△不对称三相电路

解 选线电压 $\dot{U}_{AB}$ 为参考相量，则

$$\begin{cases} \dot{U}_{AB} = U_p \angle 0° \text{V} \\ \dot{U}_{BC} = U_p \angle -120° \text{V} \\ \dot{U}_{CA} = U_p \angle 120° \text{V} \end{cases}$$

相电流为

$$\begin{cases} \dot{I}_{AB} = \dfrac{\dot{U}_{AB}}{Z_A} \\ \dot{I}_{BC} = \dfrac{\dot{U}_{BC}}{Z_B} \\ \dot{I}_{CA} = \dfrac{\dot{U}_{CA}}{Z_C} \end{cases}$$

由 KCL 得线电流为

$$\begin{cases} \dot{I}_A = \dot{I}_{AB} - \dot{I}_{CA} \\ \dot{I}_B = \dot{I}_{BC} - \dot{I}_{AB} \\ \dot{I}_C = \dot{I}_{CA} - \dot{I}_{BC} \end{cases}$$

不对称负载三角形联结时，每相负载上的相电压仍是对称的，而相电流随负载的不对称性发生改变，即相电流不对称，所以，线电流也是不对称的。

4.5 安全用电

安全是在用电时要注意的一个重要问题。安全用电指的是人身安全和设备安全。当电压加在人身体上的两点时，身体提供了一条电流通路，而电流会产生电击，造成触电者受伤甚至死亡；当电气设备发生故障时，不仅会损坏设备而且可能引起火灾。

4.5.1 电击与预防

1. 电击

在用电时，电击并电伤的可能性始终存在。**电击**是指电流通过人体，造成人体内部器官组织受到损伤，即通过人体的电流（注意：不是电压）是产生电击的原因。**电伤**是指在电弧作用下，对人体外部的灼伤。

电流对人体的影响取决于电流的大小和电流流过人体的路径，流经人体的电流越大，伤害的程度就越严重，使人致命的电流约为 50mA。

触电伤害的程度还与电源的频率有关，当电源频率为 40 ~ 60Hz 时，电流对人体的伤害程度最为严重。

人体电阻一般在 10 ~ 50kΩ 之间，并与测量部位和皮肤潮湿程度等有关。例如，当皮肤处于潮湿状态时，人体电阻为 1kΩ 左右；当皮肤受损伤时，人体电阻为 100Ω 左右。应注意，人体触电时人体电阻值不是固定的，随着电压和触电时间的增加而减少。

2. 安全预防措施

1）在操作电子设备和电气装置时，根据用电环境的不同，我国规定的安全电压为：①在木板或瓷块结构等危险性较低的建筑物中，规定为36V；②在钢筋混凝土结构等具有危险性的建筑物中，规定为24V；③在化工车间，金属结构等危险的建筑物中，规定为12V。

2）为了防止人身触电事故的发生，要求供电人员和用电人员要严格遵守安全操作规程：①一般不允许带电作业（高压带电作业例外，它有专用安全设施、操作规程和批准程序）；②停电作业时，电气设备和线路的两端要求三相用导线短路并接地，停电设施要有醒目的不准合闸的警告牌；③电气设备要严格按有关安全标准的要求进行接地和接零保护。

4.5.2 接地与接零

将电气设备的任何部分与大地作良好地电气连接，称为**接地**。按接地的目的不同，主要可分为三种：工作接地、保护接地和保护接零。如图4-25所示。

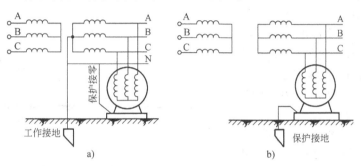

图4-25　工作接地和保护接地

a）工作接地　b）保护接地

1. 工作接地

为了保证电力系统安全正常运行，将三相电源的中性点接地（如图4-25a所示），这种接地方式称为工作接地。工作接地目的是：

（1）降低触电电压　在中性点不接地的系统中，当一相接地（设：C相接地）时，若人体触及另外两相中的一相（设：人体触及A相），则触电电压是三相电源的线电压（U_{AC}），即电源相电压的$\sqrt{3}$倍。而在中性线接地的系统中，人身一旦触电，其触电电压是电源的相电压。

（2）迅速切断故障设备　在中性线接地的系统中，一相接地后接地电流较大（接近单相短路电流），保护装置迅速动作，切断故障设备。而在中性线不接地的系统中，当一相接地时，接地电流很小不足以使保护装置动作，接地故障不易被发现，故障长期持续下去，对人身不安全。

（3）降低电气设备对地绝缘水平　在中性点不接地的系统中，一相接地时将使另外两相的对地电压升高为线电压；而在中性点接地的系统中，则接近于相电压，故降低了对电气设备和输配电线路绝缘水平的要求，这样就提高了电气设备运行的安全可靠性并能节省投资，这对数量众多的低压配电设备和用电设备是很有价值的。

2. 保护接地

将正常情况下不带电的电气设备的金属外壳接地，这种接地方式称为**保护接地**。保护接地多用于电源中不接地的低压系统及高压电气设备。

在中性点不接地的系统中，当系统中某台电动机或电气设备因内部绝缘损坏而使金属外壳带电时，如果这时人体触及机壳，由于线路与大地间存在着分布电容，将有电流通过人体与分布电容所构成的回路,相当于单线触电,造成人身事故,如图4-26a所示。

如果设备机壳通过接地装置与大地有良好的接触,当人体触及设备外壳时,人体相当于接地装置的一条并联支路,由于人体电阻 R_b 比接地装置的接地电阻 R_0 大得多,即 $R_b \gg R_0$,通过人体的电流就很小,就避免了触电的危险,如图4-26b所示。

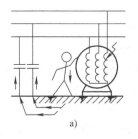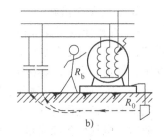

图4-26 保护接地

3. 保护接零

电气设备的金属外壳或金属构架与零线相接,这种接地方式称为**保护接零**。保护接零宜用于中性点接地的低压系统中。

在采取保护接零后,若电气设备绝缘损坏,将产生一相电源短路,产生的短路电流远超过保护电器(例如熔断器)的额定电流值,使保护电器动作,切断故障设备电源,防止人身触电的可能性,如图4-27a所示。

必须指出:对于中性点接地的三相四线制系统,只能采取保护接零而不能采用保护接地,因为保护接地不能有效地防止人身触电事故。

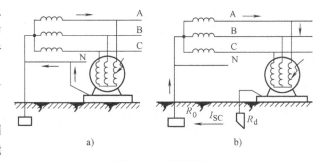

图4-27 保护接零

对于中性点接地的三相四线制系统,如果系统接有多台用电设备,其中一台设备错误地采用了保护接地而其余设备是采用保护接零,这是非常危险的。因为如果机壳采用保护接地的设备因绝缘损坏发生端线碰壳接地,又因设备容量较大,如前所述外壳将长期带电,并且零线与相线之间出现电压,这一电压等于接地电流乘以中性点的接地电阻,在380/220V系统中,零线电压 U_0 = $I_{sc} R_0 = (27.5 \times 4)V = 110V$,于是其他接零设备的外壳对地都有100V的电压存在,在实际工作中一定要禁止这种接法。

4. 特殊设备的接地与接零

(1)矿井和坑道中的电气设备 矿井和坑道中的电气设备一般不允许采用中性点接地系统,所有电气设备的外壳均应接地,为确保安全,设备常装设故障自动切除装置。

(2)移动式电气设备 在中性点接地的三相四线制系统,则采用保护接零;在中性点不接地供电系统中,可采用漏电保护装置进行保护。

采用保护接地和保护接零时需注意:

1)中性点接地的三相四线制系统中,只能采用保护接零,不能采用保护接地。

2)中性点不接地的系统中,只能采用保护接地,不能采用保护接零。

3)接地、接零的导线必须牢固,以防脱线,保护接零的连线上不允许安装熔断器,而且接零导线的阻抗不要太大。

4.6 综合计算与分析

例4-9 对称三相电源（频率为工频）供电电路如图 4-28a 所示，已知两个三相负载 N_{Z1}、N_{Z2} 网络电路为感性对称电路，Z_1 网络电路的三相有功功率 P_{Z1} = 10kW，功率因数 $\cos \varphi_1$ = 0.8；Z_2 网络电路的三相有功功率 P_{Z2} = 10kW，功率因数 $\cos\varphi_2 = 0.855$，线路阻抗 $Z_L = (0.1 + j0.2)\,\Omega$。若负载端线电压为380V,试求：(1) 求线电流 $\dot I_{A1}$、$\dot I_{A2}$ 和 $\dot I_A$、$\dot I_B$、$\dot I_C$；（2）如果三相负载 N_{Z1} 网络电路为 Y 联结，则其 A 相的相电压、相电流为多少？如果三相负载 N_{Z2} 网络电路为 △ 联结，则其 A 相的相电压、相电流为多少？（3）求电源端线电压的有效值、功率因数及功率；（4）若使系统的总功率因数提高到 0.95，应并联多大的电容 C？（5）功率因数提高到 0.95 后，电源端的线电流有效值为多少？功率为多少？

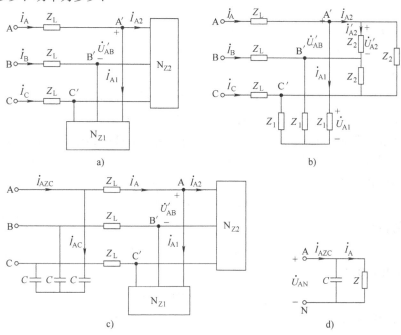

图 4-28　例 4-9 分析计算图

a) 例 4-9 图　b) 两个三相负载 N_{Z1}、N_{Z2} 网络的联结图

c) 图 a 的功率因数提高等效电路图　d) 图 c 的单相等效电路图

解

由题意可知负载端线电压为

$$U'_{AB} = 380V$$

设负载端为星形联结，则相电压为

$$\dot U'_{AN} = \frac{U'_{AB}}{\sqrt 3} \angle 0° = 220 \angle 0°V$$

（1）求线电流 $\dot I_{A1}$、$\dot I_{A2}$ 和 $\dot I_A$、$\dot I_B$、$\dot I_C$

由对称三相有功功率性，线电流为

$$I_{A1} = \frac{P_{Z1}}{\sqrt{3}\,U'_{AB}\cos\varphi_1} = \frac{10000}{\sqrt{3} \times 380 \times 0.8}\text{A} \approx 19\text{A}$$

$$I_{A2} = \frac{P_{Z2}}{\sqrt{3}\,U'_{AB}\cos\varphi_2} = \frac{10000}{\sqrt{3} \times 380 \times 0.855}\text{A} \approx 17.8\text{A}$$

由已知功率因数得

$$\varphi_1 = \arccos 0.8 \approx 36.9°$$

$$\varphi_2 = \arccos 0.855 \approx 31.24°$$

因三相负载 N_{Z1}、N_{Z2} 是感性对称负载，所以有

$$\dot{I}_{A1} = 19 \angle -36.9°\text{A}$$

$$\dot{I}_{A2} = 17.8 \angle -31.24°\text{A}$$

由 KCL 得

$$\dot{I}_A = \dot{I}_{A1} + \dot{I}_{A2} = (19 \angle -36.9° + 17.8 \angle -31.24°)\text{A}$$

$$= [(15.19 - j11.41) + (15.22 - j9.23)]\text{A} = 36.76 \angle -34.16°\text{A}$$

根据三相电路的对称性，得

$$\dot{I}_B = \dot{I}_A \angle -120° = 36.76 \angle -154.16°\text{A}$$

$$\dot{I}_C = \dot{I}_A \angle 120°\text{A} = 36.76 \angle 85.84°\text{A}$$

（2）N_{Z1} 网络电路为 Y 联结、N_{Z2} 网络电路为 △ 联结时，A 相的相电压、相电流。

相电压、相电流的参考方向如图 4-28b 所示。

N_{Z1} 网络 A 相的相电压为

$$\dot{U}_{A1} = \dot{U}'_{AN} = 220 \angle 0°\text{V}$$

N_{Z1} 网络 A 相的相电流等于线电流，得

$$\dot{I}_{A1} = 19 \angle -36.9°\text{A}$$

N_{Z2} 网络 A 相的相电压为

$$\dot{U}_{A2} = U'_{AB} \angle 30° = 380 \angle 30°\text{V}$$

N_{Z2} 网络 A 相的相电流为

$$\dot{I}'_{A2} = \frac{\dot{I}_{A2}}{\sqrt{3}} \angle 30° = \left(\frac{17.8}{\sqrt{3}} \angle -31.24° + 30°\right)\text{A} \approx 10.3 \angle -1.24°\text{A}$$

（3）电源端线电压的有效值、功率因数及功率

电源端相电压 $\dot{U}_{AN}$ 为

$$\dot{U}_{AN} = Z_L \dot{I}_A + \dot{U}'_{AN} = [(0.1 + j0.2) \times 36.76 \angle -34.16° + 220 \angle 0°]\text{V}$$

$$= (227.17 + j4.02)\text{V} = 227.2 \angle 1°\text{V}$$

电源端线电压的有效值 U_{AB} 为

$$U_{AB} = \sqrt{3}\,U_{AN} = \sqrt{3} \times 227.2\text{V} \approx 393.5\text{V}$$

电源端复功率 $\tilde{S}$ 为

$$\tilde{S} = 3\dot{U}_{AN}\dot{I}_A^* = (3 \times 227.2 \angle 1° \times 36.76 \angle 34.16°)\text{V·A}$$

$$= 25055.6 \angle 35.16°\text{V·A} \approx (20484 + j14428.57)\text{V·A}$$

由上式得功率及功率因数为

$$P = 20484 \text{W}$$

$$Q = 14428.57 \text{var}$$

$$S \approx 25055.6 \text{V} \cdot \text{A}$$

$$\lambda = \cos\varphi = \cos 35.16° \approx 0.818$$

（4）总功率因数提高到 0.95 时并联的电容 C 图 4-28a 并联电容 C 后电路如图 4-28c 所示，图 4-28c 等效变换的单相电路如图 4-28d 所示，则并联的电容 C 为

$$C = \frac{P}{\omega U_{\text{AN}}^2}(\tan\varphi - \tan\varphi_2)$$

$$\approx \frac{20484}{314 \times 227.2^2}(\tan 35.16° - \tan 18.2°)\text{F} \approx 1264 \times 10^{-6}(0.58 - 0.33)\text{F} \approx 316\mu\text{F}$$

（5）功率因数提高到 0.95 后，电源端的线电流为多少？功率为多少？
并联电容 C 后电源端的线电流有效值 I_{AZC} 为

$$I_{\text{AZC}} = \frac{P}{\sqrt{3}U_{\text{AB}}\cos\varphi_1} = \frac{20484}{\sqrt{3} \times 393.5 \times 0.95}\text{A} \approx 31.64\text{A}$$

有功功率 P 不变，即

$$P = 20484 \text{W}$$

由功率三角形得无功功率 Q'、视在功率 S' 为

$$Q' = \tan\varphi P = \tan 18.2° \times 20484 \text{var} \approx 6735 \text{var}$$

$$S' = \frac{P}{\cos\varphi} = \frac{20484}{0.95}\text{V} \cdot \text{A} \approx 21562\text{V} \cdot \text{A}$$

综合分析：

（1）电压、电流的"相"与"线"关系 对称三相电路分析中，注意两个重要的概念：

1）第一个重要概念是认知相电压、相电流、线电压、线电流。例如在引用电流 $I_{\text{A1}} = \dfrac{P_{\text{Z1}}}{\sqrt{3}U'_{\text{AB}}\cos\varphi_1}$ 计算式的同时明确电流 I_{A1} 为线电流、U'_{AB} 为线电压；题解中 $\dot{U}'_{\text{AN}}$ 为相电压、$\dot{I}'_{\text{A2}}$ 为相电流。

2）第二个重要概念是三相电路的结构与特点，即 Y 联结、△联结。Y 联结的对称三相电路特点线电流等于对应相电流，例如 N_{Z1} 网络电路为 Y 联结，A 相的相电流等于线电流 $\dot{I}_{\text{A1}}$，相电压 $\dot{U}_{\text{A1}}$ 与线电压 $\dot{U}'_{\text{AB}}$ 关系为 $\dot{U}_{\text{A1}} = \dfrac{\dot{U}'_{\text{AB}}}{\sqrt{3}}\angle -30°$；$N_{\text{Z2}}$ 网络电路为△联结，A 相的相电流 $\dot{I}'_{\text{A2}}$ 与线电流 $\dot{I}_{\text{A2}}$ 关系为 $\dot{I}'_{\text{A2}} = \dfrac{\dot{I}_{\text{A2}}}{\sqrt{3}}\angle 30°$，相电压 $\dot{U}_{\text{A2}}$ 等于线电压 $\dot{U}'_{\text{AB}}$，即 $\dot{U}_{\text{A2}} = \dot{U}'_{\text{AB}}$。

（2）功率 对称三相电路功率分析中，注意三点：

1）由于 Y 联结和△联结的功率分析表达式相同，因此，分析功率时注意功率表达式中的电压、电流引用的是线电压、线电流还是相电压、相电流。例如引用的是相电压、相电流，则有功功率表达式为 $P = 3U_pI_p\cos\varphi$；如引用的是线电压、线电流，则有功功率表达式为 $P = \sqrt{3}U_lI_l\cos\varphi$。

2）无论引用的是线电压、线电流还是相电压、相电流，其功率因数角 φ 指的是**相电压与相电流的相位差**，也是**阻抗角**。例如功率因数角 φ_1 为 $\dot{U}_{\text{A1}} = U_{\text{A1}}\angle\varphi_{\text{UA1}}$ 与 $\dot{I}_{\text{A1}} = I_{\text{A1}}\angle\varphi_{\text{IA1}}$ 的相位差，

即 $\varphi = \varphi_{\text{UA1}} - \varphi_{\text{IA1}}$ ，如阻抗 $Z_1 = |Z| \angle \varphi_{Z1}$ ，则有 $\varphi = \varphi_{\text{UA1}} - \varphi_{\text{IA1}} = \varphi_{Z1}$ 。

3）在复功率引用时，注意复功率不能直接引用线电压、线电流的相量式，即 $\tilde{S} \neq \sqrt{3}\dot{U}_{\text{AB}}\dot{I}_{\text{A}}^*$ ，因为，功率因数角 φ 不是线电压与线电流的相位之差。但可以用相电压、相电流的相量式，例如：题中引用的复功率为 $\tilde{S} = 3\dot{U}_{\text{AN}}\dot{I}_{\text{A}}^*$ 。

（3）功率因数的提高　对称三相电路的功率因数提高，主要是利用电路的对称性，将三相电路等效变换为单相电路，然后引用正弦交流电路中的功率因数提高理论进行分析计算。例如图 4-28c 等效变换为单相电路如图 4-28d 所示，再由式 $C = \dfrac{P}{\omega U_{\text{AN}}^2}(\tan\varphi - \tan\varphi_2)$ ，计算功率因数提高到 0.95 时所需并联的电容值 C 。

例 4-10　对称三相电路如图 4-29a 所示。已知：电阻 $R = 40\Omega$ ，感抗 $X_{\text{L}} = 40\Omega$ ，容抗 $X_{\text{C}} = 300\Omega$ ，电源的线电压为 380V。试求：（1）功率表 W_1 和 W_2 的读数；（2）电源输出的总有功功率 P 和无功功率 Q 。

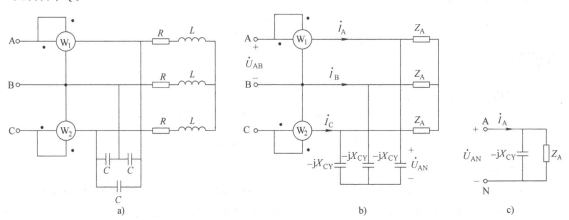

图 4-29　例 4-10 题分析图

a）例 4-10 图　b）图 a 等效变换图　c）图 b 的单相等效电路图

解　设电源的相电压为

$$\dot{U}_{\text{AN}} = U_{\text{AN}} \angle \varphi_{\text{AN}} = \frac{U_{\text{AB}}}{\sqrt{3}} \angle 0° = 220 \angle 0° \text{V}$$

线电压为

$$\dot{U}_{\text{AB}} = U_{\text{AB}} \angle \varphi_{\text{AB}} = 380 \angle 30° \text{V}$$

$$\dot{U}_{\text{BC}} = \dot{U}_{\text{AB}} \angle -120° = 380 \angle -90° \text{V}$$

$$\dot{U}_{\text{CB}} = U_{\text{CB}} \angle \varphi_{\text{CB}} = -\dot{U}_{\text{BC}} = 380 \angle 90° \text{V}$$

如图 4-29a 等效变换为图 4-29b，其中电容参数 X_{CY} 为

$$X_{\text{CY}} = \frac{X_{\text{C}}}{3} = \frac{300}{3}\Omega = 100\Omega$$

图 4-29b 中的等效阻抗 Z_{A} 为

$$Z_{\text{A}} = R + jX_{\text{L}} = (40 + j40)\Omega = 40\sqrt{2} \angle 45°\Omega$$

（1）功率表 W_1 和 W_2 的读数　由图 4-29b，画出单相等效电路图 4-29c，得 A 相线电流 $\dot{I}_{\text{A}}$ 为

$$\dot{I}_\text{A} = I_\text{A}\angle\varphi_\text{A} = \frac{\dot{U}_\text{AN}}{-\text{j}X_\text{CY}} + \frac{\dot{U}_\text{AN}}{Z_\text{A}} = \left(\frac{220\angle 0°}{-\text{j}100} + \frac{220\angle 0°}{40\sqrt{2}\angle 45°}\right)\text{A}$$

$$= [\text{j}2.2 + (2.75 - \text{j}2.75)]\text{A} = (2.75 - \text{j}0.55)\text{A} = 2.8\angle -11.31°\text{A}$$

由三相电路的对称性得 C 相线电流 $\dot{I}_\text{C}$ 为

$$\dot{I}_\text{C} = I_\text{C}\angle\varphi_\text{C} = \dot{I}_\text{A}\angle 120° = 2.8\angle 108.69°\text{A}$$

则功率表 W_1 和 W_2 的读数 P_1、P_2 分别为

$$P_1 = U_\text{AB}I_\text{A}\cos(\varphi_\text{AB} - \varphi_\text{A}) = 380\times 2.8\cos(30° + 11.31°)\text{W} = 799.22\text{W}$$

$$P_2 = U_\text{CB}I_\text{C}\cos(\varphi_\text{CB} - \varphi_\text{C}) = 380\times 2.8\cos(90° - 108.69°)\text{W} = 1007.89\text{W}$$

（2）电源输出的总有功功率 P 和无功功率 Q

$$P = P_1 + P_2 = (799.22 + 1007.89)\text{W} = 1807.11\text{W}$$

$$Q = \sqrt{3}U_\text{AB}I_\text{A}\sin(\varphi_\text{AN} - \varphi_\text{A}) = \sqrt{3}\times 380\times 2.8\sin(0° + 11.31°)\text{var} = 361.42\text{var}$$

综合分析：

（1）对称星形电路与对称三角形电路等效变换　在对称三相电路分析中，为了画出单相电路图，常常要运用到对称星形电路与对称三角形电路等效变换，即 $Z_\triangle = 3Z_\text{Y}$，例如：图 4-29a 中的电容元件为 △联结电路，可等效变换为 Y 联结，如图 4-29b 所示，其中电容参数 $X_\text{CY} = \dfrac{X_\text{C}}{3}$。

（2）功率测量　二表法测量功率时，其功率表的测量值可以由理论分析计算得到。例如本题中功率表 W_1 和 W_2 的读数可通过 $P_1 = U_\text{AB}I_\text{A}\cos(\varphi_\text{AB} - \varphi_\text{A})$、$P_2 = U_\text{CB}I_\text{C}\cos(\varphi_\text{CB} - \varphi_\text{C})$ 分析得到。另：测量的功率是否正确，也可以由三相功率计算式验证，例如本题总有功功率 P 也可用下式验证，即

$$P = \sqrt{3}U_\text{AB}I_\text{A}\cos(\varphi_\text{AN} - \varphi_\text{A}) = \sqrt{3}\times 380\times 2.8\cos(0° + 11.31°)\text{W} = 1807.11\text{W}$$

小　结

一、三相电源

三相电源是由三个频率相同、幅值相等、相位差均为 120° 的正弦交流电压源组成。

二、对称三相电路

1. 星形联结

1）线电压有效值是相电压有效值的 $\sqrt{3}$ 倍，即 $U_l = \sqrt{3}U_p$，其线电压相位超前所对应的相电压的相位 30°。

2）线电流等于对应的相电流，即 $I_l = I_p$。

2. 三角形联结

1）线电流有效值 I_l 是相电流有效值 I_p 的 $\sqrt{3}$ 倍，即 $I_l = \sqrt{3}I_p$；其线电流相位滞后所对应的相电流的相位 30°。

2）线电压等于对应的相电压，即 $U_l = U_p$。

3. 三相电路的功率

有功功率　　$P_\text{A} = 3U_pI_p\cos\varphi = \sqrt{3}U_lI_l\cos\varphi$

无功功率　　$Q_\text{A} = 3U_pI_p\sin\varphi = \sqrt{3}U_lI_l\sin\varphi$

视在功率　　$S_\text{A} = 3U_pI_p = \sqrt{3}U_lI_l$

复功率 $$\tilde{S} = P + jQ = S\angle\varphi$$

有功功率 P、无功功率 Q、视在功率 S 和功率因数 φ 之间的关系如图 4-30 所示，即功率三角形。

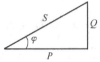

图 4-30　功率三角形

注意：复功率无物理意义。φ 是相电压与相电流相位之差，也是一相阻抗的阻抗角，即 $\varphi = \varphi_Z$。

三、不对称三相电路

对于不对称三相电路，可运用一般电路的分析方法进行电路分析计算。

选 择 题

1. 三相电路中的三个电压源是由（　　　）三个正弦交流电压源组成。

（a）任意　　　　　　　　　　　　（b）频率相同、幅值相等、相位差均为 120° 的

（c）频率相同、幅值相等　　　　　（d）幅值相等、相位差均为 120° 的

2. （　　　）称为对称三相电路。

（a）由对称三相电源构成的电路　　（b）具有对称结构的电路

（c）在三相电路中，三相负载是对称的电路　　（d）Y 形或 △ 形联结的三相电路

3. 在三相电路中，如果线电压对称，则线电流（　　　）对称。

（a）一定也　　　　　　　　　　　（b）在对称三相电路中

（c）在不对称三相电路中　　　　　（d）不可能

4. 已知某三相四线制电路的线电压 $\dot{U}_{AB} = 380\angle 45°\text{V}$，$\dot{U}_{BC} = 380\angle -75°\text{V}$，$\dot{U}_{CA} = 380\angle 165°\text{V}$，当 $t = 24\text{s}$ 时，三个线电压之和为（　　　）。

（a）$380\sqrt{2}\text{V}$　　（b）380V　　（c）220V　　（d）0V

5. 对称三相电路的负载联结成三角形，其线电流与对应的相电流的相位关系是（　　　）。

（a）线电流引前相电流 30°　　　　（b）线电流滞后相电流 30°

（c）线电流与相电流同相　　　　　（d）线电流与相电流反相

6. 对称三相电路的负载联结成星形，其线电压与对应的相电压的相位关系是（　　　）。

（a）线电压引前相电压 30°　　　　（b）线电压滞后相电压 30°

（c）线电压与相电压同相　　　　　（d）线电压与相电压反相

7. 在对称三相交流电路中，其负载对称的条件是（　　　）。

（a）$|Z_A| = |Z_B| = |Z_C|$　　　　　（b）$\varphi_A = \varphi_B = \varphi_C$

（c）$Z_A \neq Z_B \neq Z_C$　　　　　　　（d）$Z_A = Z_B = Z_C$

8. 某三相电路的有功功率分别为 P_A、P_B、P_C，则该三相电路的总有功功率 P 为（　　　）。

（a）$\sqrt{P_A^2 + P_B^2 + P_C^2}$　　　　　　　　（b）$P_A + P_B + P_C$

（c）$\sqrt{P_A + P_B + P_C}$　　　　　　　　（d）$P_A^2 + P_B^2 + P_C^2$

9. 对称星形负载 Z 接于对称三相四线制电源上，如图 4-31 所示。若电源线电压为 380V，当在 x 点断开时，负载 Z 端的电压有效值 U 为（　　　）。

（a）380V　　　　（b）220V　　　　（c）190V　　　　（d）110V

10. 对称星形负载 R 接于对称三相三线制电源上，如图 4-32 所示。若电源线电压为 380V，当开关 S 打开后电压表的测量值为（　　　）。

（a）380V　　　　（b）220V　　　　（c）190V　　　　（d）110V

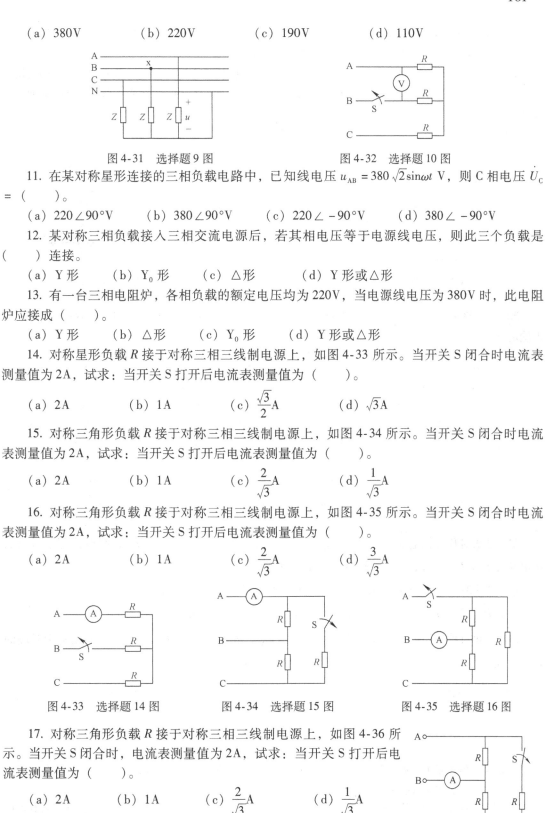

图 4-31　选择题 9 图　　　　　　　　　图 4-32　选择题 10 图

11. 在某对称星形连接的三相负载电路中，已知线电压 $u_{AB} = 380\sqrt{2}\sin\omega t$ V，则 C 相电压 $\dot{U}_C$ = （　　）。

（a）$220\angle 90°$V　　（b）$380\angle 90°$V　　（c）$220\angle -90°$V　　（d）$380\angle -90°$V

12. 某对称三相负载接入三相交流电源后，若其相电压等于电源线电压，则此三个负载是（　　）连接。

（a）Y 形　　　（b）Y_0 形　　　（c）△形　　　（d）Y 形或△形

13. 有一台三相电阻炉，各相负载的额定电压均为 220V，当电源线电压为 380V 时，此电阻炉应接成（　　）。

（a）Y 形　　　（b）△形　　　（c）Y_0 形　　　（d）Y 形或△形

14. 对称星形负载 R 接于对称三相三线制电源上，如图 4-33 所示。当开关 S 闭合时电流表测量值为 2A，试求：当开关 S 打开后电流表测量值为（　　）。

（a）2A　　　　（b）1A　　　　（c）$\dfrac{\sqrt{3}}{2}$A　　　　（d）$\sqrt{3}$A

15. 对称三角形负载 R 接于对称三相三线制电源上，如图 4-34 所示。当开关 S 闭合时电流表测量值为 2A，试求：当开关 S 打开后电流表测量值为（　　）。

（a）2A　　　　（b）1A　　　　（c）$\dfrac{2}{\sqrt{3}}$A　　　　（d）$\dfrac{1}{\sqrt{3}}$A

16. 对称三角形负载 R 接于对称三相三线制电源上，如图 4-35 所示。当开关 S 闭合时电流表测量值为 2A，试求：当开关 S 打开后电流表测量值为（　　）。

（a）2A　　　　（b）1A　　　　（c）$\dfrac{2}{\sqrt{3}}$A　　　　（d）$\dfrac{3}{\sqrt{3}}$A

图 4-33　选择题 14 图　　　　图 4-34　选择题 15 图　　　　图 4-35　选择题 16 图

17. 对称三角形负载 R 接于对称三相三线制电源上，如图 4-36 所示。当开关 S 闭合时，电流表测量值为 2A，试求：当开关 S 打开后电流表测量值为（　　）。

（a）2A　　　　（b）1A　　　　（c）$\dfrac{2}{\sqrt{3}}$A　　　　（d）$\dfrac{1}{\sqrt{3}}$A

18. 对称星形负载 R 接于对称三相三线制电源上，如图 4-37 所示。

图 4-36　选择题 17 图

若电源线电压有效值为380V，当开关S打开后电压表的测量值为（　　）。

（a）380V　　　（b）220V　　　（c）190V　　　（d）110V

19. 在如图4-38所示电路的380/220V供电系统中，电机M错误地采用了保护接地，已知两接地电阻 R_1 和 R_2 相等，导线和地的电阻可忽略不计。当电动机M的C相碰金属外壳时，中性线对地电压为（　　）。

（a）0V　　　（b）110V　　　（c）220V　　　（d）不定值

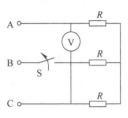

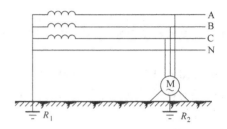

图4-37　选择题18图　　　　　　　　　　　　图4-38　选择题19图

20. 在如图4-39所示电路中，电灯EL和单刀开关S接在380/220V三相四线制供电系统中，正确的接法是（　　）。

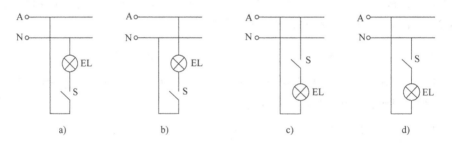

图4-39　选择题20图

21. 已知对称三相电路的线电压 $\dot U_{AB}=U_{AB}\angle\varphi_{AB}$，相电压 $\dot U_A=U_A\angle\varphi_{UA}$，线电流等于对应的相电流即 $\dot I_A=\dot I_{AN}=I_{AN}\angle\varphi_{AN}$，则三相电路的有功功率 $P=$（　　）。

（a）$P=3U_AI_{AN}\cos(\varphi_{AB}-\varphi_{AN})$　　　　（b）$P=\sqrt3 U_{AB}I_{AN}\cos(\varphi_{AB}-\varphi_{AN})$

（c）$P=\sqrt3 U_{AB}I_{AN}\cos(\varphi_{UA}-\varphi_{AN})$　　　（d）$P=3U_AI_{AN}\cos(\varphi_{UA}-\varphi_{AN})$

22. 已知对称三相电路的线电压 $\dot U_{AB}=U_{AB}\angle\varphi_{AB}$，相电压 $\dot U_A=U_A\angle\varphi_{UA}$，线电流等于对应的相电流即 $\dot I_A=\dot I_{AN}=I_{AN}\angle\varphi_{AN}$，则三相电路的复功率 $\tilde S=$（　　）。

（a）$\tilde S=3\dot U_A\dot I_{AN}$　　（b）$\tilde S=3\dot U_A\overset{*}{\dot I}_{AN}$　　（c）$\tilde S=\sqrt3\dot U_{AB}\dot I_{AN}$　　（d）$\tilde S=\sqrt3\dot U_{AB}\overset{*}{\dot I}_{AN}$

习　　题

1. 如图4-40所示为对称三相电路，已知电源端的线电压为380V，线路阻抗 $Z_L=(1+j1)\Omega$，负载阻抗 $Z=(30+j40)\Omega$，试求负载的相电压、线电压和相电流。

2. 如图4-41所示为对称三相电路，已知负载端的线电压为220V，线路阻抗 $Z_L=(1+j1)\Omega$，负载阻抗 $Z=(30+j40)\Omega$，中线阻抗 $Z_N=(0.5+j0.5)\Omega$，试求电源端线电压和中性线电流，并作相量图。

3. 如图 4-42 所示为对称三相电路,已知负载端的线电压为 380V,线路阻抗 $Z_L = (1 + j2)\Omega$,负载阻抗 $Z = (20 + j24)\Omega$,试求负载的相电流、线电流及电源端的线电压。

4. 如图 4-43 所示为对称三相电路,已知电源端的相电压为 220V,线路阻抗 $Z_L = (0.1 + j0.2)\Omega$,阻抗 $Z_1 = (3 + j4)\Omega$,$Z_2 = (12 + j9)\Omega$,中性线阻抗 $Z_N = (0.5 + j0.5)\Omega$,试求:

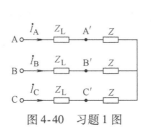

图 4-40　习题 1 图

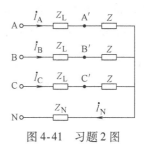

图 4-41　习题 2 图

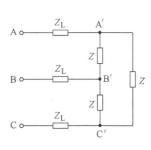

图 4-42　习题 3 图

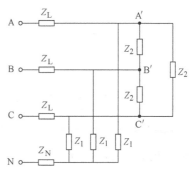

图 4-43　习题 4 图

（1）Y 形联结负载的相电流、相电压;

（2）△形联结负载的相电流、线电流和相电压;

（3）三相电路总的有功功率、无功功率、视在功率和功率因数。

5. 试求 2 题负载的总有功功率、无功功率、视在功率和功率因数。

6. 试求 3 题电路的总有功功率、无功功率、视在功率和功率因数。

7. 如图 4-44 所示对称三相电路中,三相电动机的端电压 $U_{A'B'} = 380V$,吸收功率为 1.4kW,功率因数为 0.87（感性）,线路阻抗 $Z_L = (5 + j5)\Omega$,试求电源端的线电压和功率因数。

8. 如图 4-45 所示对称三相电路中,已知电源端的线电压为 380V,感性负载 Z 的总有功功率为 2.4kW,功率因数为 0.6,试求:

（1）负载阻抗 Z 和线电流;

（2）如将电源端的功率因数提高到 0.9 应并联多大的电容 C。

（3）功率因数提高到 0.9 后电源端的线电流有效值又为多少?

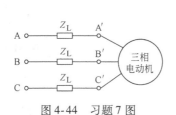

图 4-44　习题 7 图

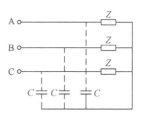

图 4-45　习题 8 图

9. 三相四线制供电系统，三相对称电源线电压为380V，各相负载均为220V、40W 的白炽灯，其中 A 相150盏，B 相150盏，C 相100盏。试求：（1）当 A、B、C 相都只有80盏白炽灯用电时的线电流和中性线电流；（2）当各相负载全部用电时的中性线电流；（3）若 C 相负载断开，此时各线电流和中性线电流；（4）当各相负载全部用电时中性线断开，将发生什么现象？

10. 如图 4-46 所示电路是相序指示器（一种测量相序的仪器）的原理示意图。如果使电路参数 $R = \dfrac{1}{\omega C}$，电容 C 接于 A 相，电源为对称三相电源，试说明如何根据两只白炽灯的亮度来确定其他两相的相序。

11. 如图 4-47 所示对称三相电路中，已知电源线电压为380V，功率表 W_1 读数为 $200\sqrt{3}$W，W_2 读数为 $400\sqrt{3}$W，试求阻抗 Z、总有功功率和功率因数。

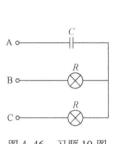

图 4-46　习题 10 图

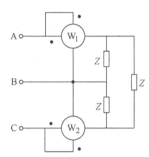

图 4-47　习题 11 图

12. 对称三相电路如图 4-48 所示，三相负载铭牌的参数分别为：额定线电压 $220\sqrt{3}$V，额定有功功率 23.232kW，额定功率因数 0.8（感性）。当电源的角频率 $\omega = 100\text{rad/s}$，电源的相电压为 $\dot U_A = 220\angle 0°$ V，线路阻抗 $Z_1 = (1+j2)\Omega$，电源端对地电容为 $C_0 = 2000\mu\text{F}$，电源的中性点接的电感为 $L_0 = \dfrac{50}{3}\text{mH}$。试求：（1）三相负载的参数；（2）线路上的电流 $\dot I_A$、$\dot I_B$、$\dot I_C$；（3）当开关 S 闭合后，线路上的稳定电流 $\dot I_A$、$\dot I_B$、$\dot I_C$ 及接地电流 $\dot I_{LN}$。

13. 对称三相电路如图 4-49 所示，已知电源 $\dot U_{AB} = 380\angle 30°$V，$\dot U_{BC} = 380\angle -90°$V，$\dot U_{CA} = 380\angle 150°$V，阻抗 $Z_1 = (9+j12)\Omega$，$Z_2 = (4+j3)\Omega$，角频率 $\omega = 314\text{rad/s}$，试求：（1）功率表的读数；（2）为使系统的功率因数提高到 0.92，应并联多大的电容？

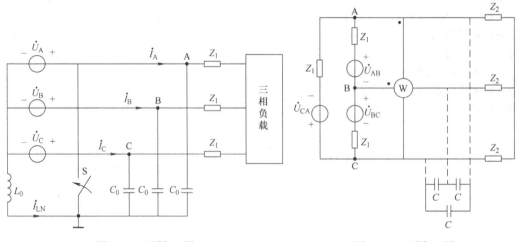

图 4-48　习题 12 图　　　　　图 4-49　习题 13 图

14. 对称三相电路如图 4-50 所示，已知相电压 $\dot{U}_A = 220\angle0°V$，$\dot{U}_B = 220\angle-120°V$，$\dot{U}_C = 220\angle120°V$，功率表 W_1 的读数为 4kW，功率表 W_2 的读数 2kW，试求线电流 $\dot{I}_B$。

15. 对称三相电路如图 4-51 所示，已知电源线电压为 380V，负载电阻 $R = 2\Omega$，阻抗 $Z_1 = -j10\Omega$，$Z_2 = (5 + j12)\Omega$。试求：（1）当开关 S 闭合时，功率表 W、电流表 A_1、电流表 A_2 的读数；（2）当开关 S 打开时，功率表 W、电流表 A_1、电流表 A_2 的读数又是多少？

16. 电气设备若已采用接零保护，在发生一相接壳事故，但熔丝未起作用前，如人体接触设备外壳有无危险？为什么？

17. 什么是安全电压，如何选用安全电压？

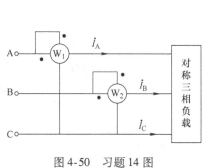

图 4-50　习题 14 图

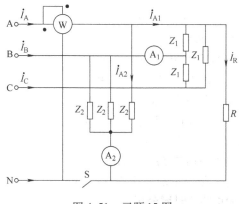

图 4-51　习题 15 图

第5章 一阶电路的时域分析

提要 本章主要介绍 RC、RL 电路的时域分析。内容包括：时域分析的初始条件的确定，一阶电路的三要素法，一阶电路的零输入响应，一阶电路的零状态响应，一阶电路的全响应。讨论了输入电压为矩形脉冲电压时，RC 微分电路和 RC 积分电路。

先讨论一些本章电路分析中有关的基本概念。

1. 一阶电路

当 RC 电路中只含有一个等效电容（如图 5-1a 所示），或 RL 电路中只含有一个等效电感（如图 5-1b 所示）时，其电路的 KCL、KVL 方程是一阶微分方程，称这种电路为**一阶电路**。在时域中分析一阶电路变量的变化规律，称为一阶电路的**时域分析**。

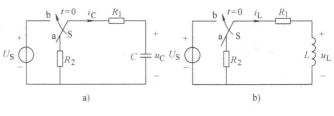

图 5-1　一阶电路

a）RC 电路　b）RL 电路

例如，设图 5-1 中的开关 S 与 b 点闭合，在时域中分析电路，可根据 KVL 列方程。图 5-1a 所示的 RC 电路方程为

$$R_1 C \frac{\mathrm{d}u_C}{\mathrm{d}t} + u_C = U_S \tag{5-1}$$

图 5-1b 所示的 RL 电路方程为

$$R_1 i_L + L \frac{\mathrm{d}i_L}{\mathrm{d}t} = U_S \tag{5-2}$$

可见，图示 5-1 中的两个电路的电压、电流都可以用时域中的一阶微分方程来描述，因此常常将这种电路统称为一阶电路。

2. 换路

当电路元件的参数、电源的激励信号或电路的结构（负载的加入或去掉）发生突变时，称电路发生**换路**，用变量 $y(t_0)$ 表示换路时刻的参数值。本教材主要讨论由开关动作而引起换路的电路，换路的时间一般设在 $t = 0$ 时刻，常用变量 $y(0_-)$ [如：$u(0_-)$、$i(0_-)$] 表示换路前电压或电流的最终时刻，用变量 $y(0_+)$ [如：$u(0_+)$、$i(0_+)$] 表示换路后的最初时刻，$y(0_+)$ 时刻的值又称为**初始值**。即 $U(0_+)$ 称为初始电压值，$i(0_+)$ 称为初始电流值。

例如，电路如图 5-1 所示，在 $t = 0$ 时刻以前，开关 S 连接于 a 点。$t = 0$ 时刻开关 S 动作，动作后开关 S 连接于 b 点，电路的结构发生突变，即称电路发生了换路。

3. 稳态

本教材的前 4 章讨论的电路都是稳态电路，即：当激励为直流电源时，响应为直流电量；当激励为正弦交流电源时，响应则为同频率的正弦交流量，电路激励加入的时间为无限长（即 $t = \infty$），并且电路中没有换路发生。这时所对应的电路分析称为**稳态分析**，本章用变量 $y(\infty)$ [如：$u(\infty)$、$i(\infty)$] 表示换路后电压或电流的稳态电量。

4. 过渡过程

当电路处于稳态时，电路由于换路而从一种稳态转变到另一种稳态，这个"转变"的过程称为**过渡过程**。又因过渡过程仅在一段时间内存在，所以又称为**暂态过程**。

例如，图5-1所示电路，在 $t < 0$ 时，开关S连接于a点，电路处于稳态，这时电容上的电压 $u_C(0_-) = 0$、电感中的电流 $i_L(0_-) = 0$。当 $t = 0$ 时开关S动作连接到b点，经过无限长的时间后（即时间 $t = \infty$ 后），电路达到新的稳态，此时电容上的稳态电压 $u_C(\infty) = U_S$、电感中的稳态电流 $i_L(\infty) = \dfrac{U_S}{R_1}$。可见，由于在 $t = 0$ 时开关S动作，使电路产生了换路，换路则引发电路由一个稳态过渡到另一个稳态，出现了过渡过程。

产生过渡过程的原因是由于电路中有储能元件（电容或电感元件）。例如，图5-1a中，在电容支路中无冲激电流，电容储存的电场能量不能跃变，因此，电容端电压由0V充电到 U_S 时需要有一个过渡过程。如果电路中没有电容、电感元件，建立起来的电路方程是代数方程，电路从一个稳态到另一个稳态是瞬时完成，即不存在过渡过程。

5.1 换路定则及初始值

如图5-1所示电路，在 $t = 0$ 时开关S动作，由a点切换连接到b点，换路后（$t \geq 0$），电路的KVL方程为一阶微分式（5-1）和式（5-2），在求解方程前必须确定电路的初始值 $u_C(0_+)$ 和 $i_L(0_+)$。即：在解电路的微分方程时，首先确定电路变量的初始值。

5.1.1 换路定则

在一阶电路中，由于电容和电感元件为储能元件，因此，在电路发生换路瞬间，如果电路中不存在无限大的电流和无限大的电压，则电容上的电压和电感中的电流不会发生突变，即在换路瞬间，电容上的电压不发生跃变，电感中的电流不发生跃变，这一规律又称为**换路定则**，或**换路条件**。常用下式表示：

$$\begin{cases} u_C(0_+) = u_C(0_-) \\ i_L(0_+) = i_L(0_-) \end{cases} \tag{5-3}$$

求证：在 $(0_-, 0_+)$ 内，若流经电容元件的电流 i_C 为有界函数，则 $u_C(0_+) = u_C(0_-)$。

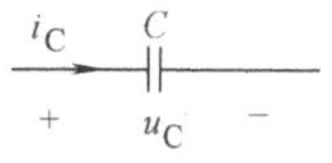

证明：如图5-2所示，u_C 与 i_C 的特性方程为

图5-2 电容元件

$$u_C(t) = \frac{1}{C} \int_{\infty}^{t} i_C(\xi) \mathrm{d}\xi$$

在 $t = 0$ 时有

$$u_C(0_+) = \frac{1}{C} \int_{-\infty}^{0_+} i_C(\xi) \mathrm{d}\xi = \frac{1}{C} \int_{-\infty}^{0_-} i_C \mathrm{d}\xi + \frac{1}{C} \int_{0_-}^{0_+} i_C \mathrm{d}\xi = u_C(0_-) + \frac{1}{C} \int_{0_-}^{0_+} i_C \mathrm{d}\xi$$

因在 $(0_-, 0_+)$ 内时，电流 i_C 为一有界函数，即

$$\frac{1}{C} \int_{0_-}^{0_+} i_C \mathrm{d}\xi = 0$$

这样，在 $t = 0_+$ 时，有

$$u_C(0_+) = u_C(0_-)$$

以上分析说明：在时刻 t_0，如果电容中的电流 $i_C(t_0)$ 为有限值，则在该时刻电压 $u_C(t_0)$ 是连读

变化的，即电容上的电压不发生突变。

同理，可以证明电感元件在 t_0 时刻换路时，如果电感中的电压 $u_L(t_0)$ 为有限值，则在该时刻电流 $i_L(t_0)$ 是连续变化的，即电感中的电流不发生突变。

例5-1 电路如图5-3a 所示，已知电阻 $R_1 = R_2 = 4\Omega$，电容 $C = 2F$，电压源 $U_S = 10V$，开关 S 动作前电路已处于稳态，在 $t = 0$ 时开关 S 由 b 点连接到 a 点，试求电容电压的初始状态值 $u_C(0_+)$。

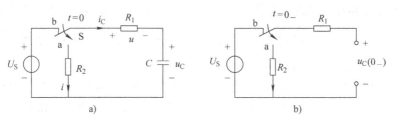

图 5-3 例 5-1 图及 $t = 0_-$ 时的电路图

a) 例5-1图 b) 图 a 在 $t = 0_-$ 时的等效电路图

解 在 $t < 0$ 时，开关连接于 b 点，电压源 U_S 为直流，电路中的电压和电流已恒定不变，有

$$\frac{du_C}{dt} = 0$$

故

$$i_C = C\frac{du_C}{dt} = 0$$

即此时电容中的电流为零，电容 C 相当于开路，如图 5-3b 所示，所以

$$u_C(0_-) = U_S = 10V$$

$t = 0_+$ 时，根据换路定则式(5-3)有

$$u_C(0_+) = u_C(0_-) = 10V$$

注意：换路定则仅适用于电容上的电压，而电容中的电流 $i_C(0_+)$ 及电路中的其他变量 [$u(0_+)$、$i(0_+)$] 有可能发生突变，这些变量的初始值则要根据 $t = 0_+$ 瞬间的电路求解。

例5-2 电路如图5-4a 所示，已知电阻 $R_1 = 4\Omega$，$R_2 = R_3 = 8\Omega$，电感 $L = 2H$，电压源 $U_S = 4V$，开关 S 动作前电路已处于稳态，在 $t = 0$ 时开关 S 闭合，试求电感电流的初始状态值 $i_L(0_+)$。

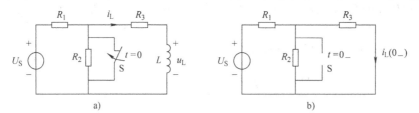

图 5-4 例 5-2 图及 $t = 0_-$ 时的电路图

a) 例5-2图 b) 图 a 在 $t = 0_-$ 时的电路图

解 在 $t < 0$ 时，开关 S 断开，电源 U_S 为直流，电路处于稳态，有

$$\frac{di_L}{dt} = 0$$

故

$$u_L = L\frac{di_L}{dt} = 0$$

即此时电感上的端电压为零，电感 L 相当于短路，如图 5-4b 所示。所以

$$i_L(0_-) = \frac{U_s(R_2 /\!/ R_3)}{R_1 + R_2 /\!/ R_3} \frac{1}{R_3} = \frac{4 \times 8 /\!/ 8}{4 + 8 /\!/ 8} \frac{1}{8} \mathrm{A}$$

$$= \frac{16}{8} \frac{1}{8} \mathrm{A} = 0.25 \mathrm{A}$$

$t = 0_+$ 时，根据换路定则式(15-3)，有

$$i_L(0_+) = i_L(0_-) = 0.25 \mathrm{A}$$

同样要注意：换路定则仅适用于电感中的电流，而电感上的电压 $u_L(0_+)$ 及电路中的其他电压、电流变量初始值有可能发生突变。这些初始值由 $t = 0_+$ 瞬间的电路求解。

5.1.2 初始值

在 $t = 0_+$ 瞬间，只有电容电压 $u_C(0_+) = u_C(0_-)$ 和电感电流 $i_L(0_+) = i_L(0_-)$ 成立，其余元件上的电压 $u(0_+)$、电流 $i(0_+)$ 没有这样的约束条件，但可以根据 $t = 0_+$ 瞬间的等效电路求得，其一般求解步骤为

1. 计算 $u_C(0_+)$、$i_L(0_+)$ 值

1）根据 $t = 0_-$ 时的电路，计算 $u_C(0_-)$、$i_L(0_-)$。如果电路在 $t = 0_-$ 时为直流稳态电路，则电容 C 用开路等效替代，电感 L 用短路线等效替代，运用直流电路分析方法求解出 $u_C(0_-)$、$i_L(0_-)$ 值。

如果电路在 $t = 0_-$ 时为正弦稳态电路，用相量分析方法确定 $\dot{U}_C$、$\dot{I}_L$，再写出时域式 $u_C(t)$、$i_L(t)$，令式中 $t = 0_-$，即解得 $u_C(0_-)$、$i_L(0_-)$ 值。

2）$t = 0_+$ 时，由换路定则 $u_C(0_+) = u_C(0_-)$、$i_L(0_+) = i_L(0_-)$，得 $u_C(0_+)$、$i_L(0_+)$ 值。

2. 画 $t = 0_+$ 瞬间的等效电路图

1）电容 C 的等效变换。若在 $t = 0_+$ 瞬间，电容上的电压值为 $u_C(0_+)$，而且 $u_C(0_+) \neq 0$，则电路中的电容 C 可以用直流电压源来等效替代，如图 5-5a 所示。如果 $u_C(0_+) = 0$，则可将电容 C 视为短路。即用"短路线"等效替代电容 C，如图 5-5b 所示。

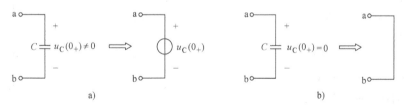

a)   b)

图 5-5 $t = 0_+$ 时 $u_C(0_+)$ 的瞬时等效电路图

a) $u_C(0_+) \neq 0$ 的电容 C 等效为电压源电路图   b) $u_C(0_+) = 0$ 时的电容 C 等效为短路电路图

2）电感 L 的等效变换。若在 $t = 0_+$ 瞬间，电感中的电流值为 $i_L(0_+)$，而且 $i_L(0_+) \neq 0$，则电路中的电感 L 可以用的直流电流源来等效替代，如图 5-6a 所示。如果 $i_L(0_+) = 0$，则可将电感 L 视为开路。即用"开路"等效替代电感 L，如图 5-6b 所示。

3. 计算其他初始值

根据 $t = 0_+$ 瞬间的等效电路，用前四章所学的电路分析方法，计算电路中除了 $u_C(0_+)$、$i_L(0_+)$ 外，其余元件上的初始值 $y(0_+)$，即电压 $u(0_+)$、电流 $i(0_+)$。

4. 举例

例 5-3 电路如图5-7所示。$t < 0$ 时电路处于稳态，$t = 0$ 时开关 S 断开。已知：电阻 $R_1 = 3\Omega$，

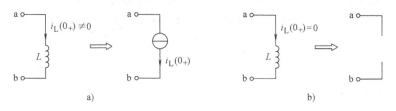

图 5-6 $t=0_+$ 时 $i_L(0_+)$ 的瞬时等效电路

a) $i_L(0_+)\neq0$ 时的电感 L 等效为电流源电路图 b) $i_L(0_+)=0$ 时的电感 L 等效为开路电路图

$R_2=4\Omega$，$R_3=8\Omega$，$R_4=12\Omega$，$R_5=1\Omega$，电压源 $U_S=20V$。试求电路的初始电流 $i(0_+)$。

解 首先确定电容上的初始电压 $u_{C1}(0_+)$、$u_{C2}(0_+)$，当 $t=0_-$ 时，电路如图 5-8 所示，解得

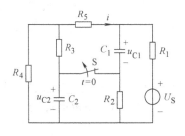

图 5-7 例 5-3 图

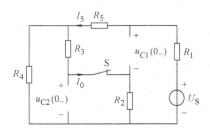

图 5-8 $t=0_-$ 时的等效电路

$$I_5=\frac{U_S}{R_1+R_5+R_4/\!/(R_3+R_2)}=\frac{20}{3+1+12/\!/(8+4)}A=2A$$

$$I_0=\frac{I_5}{2}=1A$$

$$u_{C1}(0_-)=R_5I_5+R_3I_0$$
$$=(1\times2+8\times1)V=10V$$
$$u_{C2}(0_-)=R_2I_0=4V$$

根据换路定则，有

$$u_{C1}(0_+)=u_{C1}(0_-)=10V$$
$$u_{C2}(0_+)=u_{C2}(0_-)=4V$$

当 $t=0_+$ 时的瞬时等效电路（电容元件用电压源等效替代）如图 5-9a 所示，用戴维南定理解电路，得：

（1）开路电压 $U(0_+)$，电路如图 5-10a 所示。

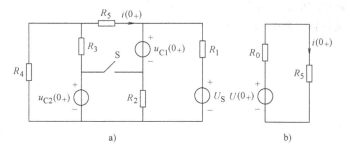

图 5-9 $t=0_+$ 瞬时的电路

a) $t=0_+$ 瞬时的等效电路 b) 戴维南等效电路

$$U(0_+)=\frac{u_{C2}(0_+)}{R_3+R_4}R_4-u_{C1}(0_+)-\frac{U_S-u_{C1}(0_+)}{R_1+R_2}R_2$$

$$=\left(\frac{4}{8+12}\times12-10-\frac{20-10}{3+4}\times4\right)V\approx-13.31V$$

（2）等效电阻 R_0，电路如图 5-10b 所示。

$$R_0=R_3/\!/R_4+R_1/\!/R_2=\left(\frac{8\times12}{8+12}+\frac{3\times4}{3+4}\right)\Omega\approx6.51\Omega$$

（3）由戴维南等效电路求初始电流 $i(0_+)$，电路如图5-9b所示。

$$i(0_+) = \frac{U(0_+)}{R_0 + R_5} = \frac{-13.31}{6.51 + 1}A \approx -1.77A$$

可见，初始值的分析计算除了运用基本的换路定则外，还涉及稳态电路的分析方法。

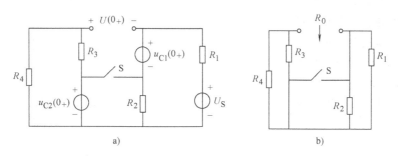

图 5-10　$t=0_+$ 瞬时的戴维南定理分析图

a）求图 5-9a 的开路电压源 $U(0_+)$ 电路图　b）求图 5-10a 的等效电阻 R_0 的电路图

例 5-4　如图5-11a所示电路。$t<0$ 时电路处于稳态，$t=0$ 时开关 S 闭合。已知电阻 $R_1 = R_2 = 10\Omega$，电感 $L=2H$，电压源 $U_S = 10V$。试求电流 $i_1(0_+)$、$i_2(0_+)$、$i_L(0_+)$ 及电压 $u_L(0_+)$。

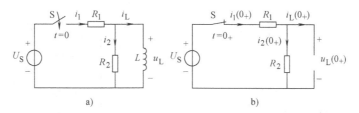

图 5-11　例 5-4 图

a）RL 一阶电路　b）$t=0_+$ 瞬时等效电路

解　先计算电感电流 $i_L(0_+)$，因换路前电路处于稳态，即 $i_L(0_-)=0A$，根据换路定则有

$$i_L(0_+) = i_L(0_-) = 0A$$

当 $t=0_+$ 时 $i_L(0_+)=0A$，所以电感元件可以用开路等效替代，其 $t=0_+$ 瞬时电路如图5-11b所示，解得

$$i_1(0_+) = i_2(0_+) = \frac{U_S}{R_1 + R_2} = \frac{10}{10+10}A = 0.5A$$

$$u_L(0_+) = R_2 i_2(0_+) = 10 \times 0.5V = 5V$$

可见，在换路瞬间，电感电流不发生跃变，但电感两端的电压则由 $u_L(0_-)=0V$ 跳变为 $u_L(0_+)=5V$。

例 5-5　电路如图5-12所示，当 $t<0$ 时电路为稳态，$t=0$ 时开关 S 闭合。已知电阻 $R_1 = R_2 = 20\Omega$，电感 $L=2H$，电压源 $U_{S1} = 10V$，$U_{S2} = 20V$。试求初始电流 $i_1(0_+)$、$i_2(0_+)$、$i_L(0_+)$ 和电压 $u_L(0_+)$。

解　首先根据 $t<0$ 图 5-12b 所示的等效电路（注意：电感元件在直流稳态电路中相当于短路），计算电感中的初始电流值

$$i_L(0_-) = \frac{U_{S1}}{R_2} = \frac{10}{20}A = 0.5A$$

由换路定则得

$$i_L(0_+) = i_L(0_-) = 0.5A$$

画出 $t=0_+$ 瞬时的电路图，用一个电流源为 $i_L(0_+)$ 等效替代电感元件 L，如图 5-13a 所示。用电源模型等效变换法计算待求电流量 $i_2(0_+)$，如图 5-13 所示。

由图 5-13d 电路得

$$i_2(0_+) = \frac{10 - U_{S1}}{R_1 + R_2} = \frac{10-10}{40}A = 0A$$

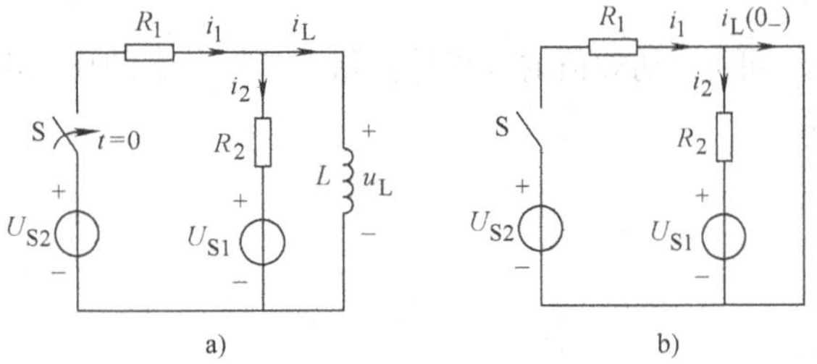

根据图 5-13a 电路得

$$i_1(0_+) = i_2(0_+) + i_L(0_+) = i_L(0_+) = 0.5A$$

因 $i_2(0_+) = 0A$，R_2 上的端电压为零，所以

$$u_L(0_+) = U_{S1} = 10V$$

图 5-12　例 5-5 图

a）RL 一阶电路　b）$t<0$ 时的稳态电路

可见，电路初始值的分析计算方法，往往是综合运用电路的基本定律、基本定理、基本的计算方法。例如，还可运用结点电压法来完成电路图 5-13a 初始值的分析计算。

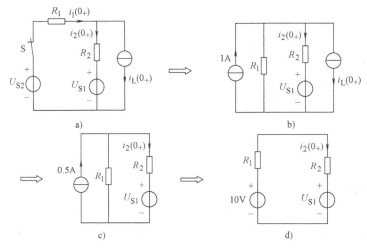

图 5-13　$t=0_+$ 瞬时等效变换电路

a）$t=0_+$ 瞬时等效电路　b）、c）、d）等效变换电路

5.2　三要素法

RC 一阶电路和 RL 一阶电路具有共同的特点：即电路的 KCL、KVL 方程都可以用一阶线性方程来描述。例如，图 5-14a 和图 5-15a 所示为一阶电路，其电路的 KCL、KVL 方程式为一阶线性方程。下面重点讨论一阶线性方程的解，即三要素法。

5.2.1　一阶电路微分方程的建立

1. RC 一阶电路分析

当 $t<0$ 时，开关 S 连接 b 点，如图 5-14a 所示。电路处于稳态，则

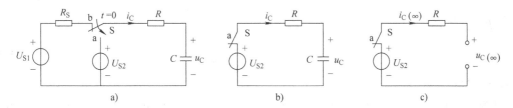

图 5-14　RC 一阶电路分析图

a) RC 一阶电路　b) $t \geq 0$ 时 RC 电路　c) $t = \infty$ 时的等效电路

$$u_C(0_-) = U_{S1}$$

当 $t \geq 0$ 时，开关 S 动作，如图 5-14b 所示。由换路定则，得

$$u_C(0_+) = u_C(0_-) = U_{S1}$$

根据 $t \geq 0$ 时所示的 RC 电路图 5-14b，列 KVL 方程为

$$RC \frac{\mathrm{d}u_C}{\mathrm{d}t} + u_C = U_{S2}$$

整理得

$$\frac{\mathrm{d}u_C}{\mathrm{d}t} + \frac{1}{RC}u_C = \frac{1}{RC}U_{S2}$$

令 $\tau = RC$，则有

$$\frac{\mathrm{d}u_C}{\mathrm{d}t} + \frac{1}{\tau}u_C = \frac{1}{\tau}U_{S2} \tag{5-4}$$

式中，τ 称为**时间常数**，单位为秒(s)，$\tau = RC$。

2. RL 一阶电路分析

当 $t < 0$ 时，开关 S 连接 b 点，如图 5-15a 所示。电路处于稳态，则

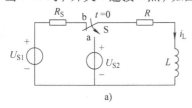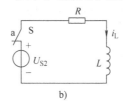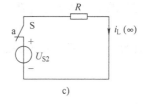

图 5-15　RL 一阶电路分析图

a) RL 一阶电路　b) $t \geq 0$ 时 RL 电路　c) $t = \infty$ 时的等效电路

$$i_L(0_-) = \frac{U_{S1}}{R_S + R}$$

当 $t \geq 0$ 时，开关 S 动作，如图 5-15b 所示。由换路定则，得

$$i_L(0_+) = i_L(0_-) = \frac{U_{S1}}{R_S + R}$$

根据 $t \geq 0$ 时图 5-15b 所示的 RL 电路，列 KVL 方程为

$$Ri_L + L \frac{\mathrm{d}i_L}{\mathrm{d}t} = U_{S2}$$

整理得

$$\frac{\mathrm{d}i_L}{\mathrm{d}t} + \frac{1}{\dfrac{L}{R}}i_L = \frac{1}{L}U_{S2}$$

令 $\tau = \dfrac{L}{R}$，则有

$$\frac{di_L}{dt} + \frac{1}{\tau}i_L = \frac{1}{R\tau}U_{S2} \tag{5-5}$$

式中，τ 为时间常数，单位为秒(s)，$\tau = L/R$。

注意：对于以上两例电路(如图 5-14 和图 5-15 所示)中的其他电压、电流变量，也可列出类似形式的一阶方程。

5.2.2 一阶电路微分方程的解——三要素法

1. 三要素法概述

若以 $y(t)$ 作为电路变量，即用变量 $y(t)$ 表示电压 $u(t)$，或电流 $i(t)$，根据式(5-4)式(5-5)所具有的相同数学模型特点，则可写出一阶电路微分方程的一般表达式为

$$\frac{dy}{dt} + ay = f(t) \tag{5-6}$$

式中，$f(t)$ 与电源激励有关，当激励不为零时，$f(t)$ 可能不为零，式(5-6)称为一阶非齐次微分方程；当激励为零时，$f(t) = 0$，式(5-6)称为一阶齐次微分方程。

因此，式(5-4)和式(5-5)的一般数学表达式为

$$\left.\begin{array}{l}\dfrac{du_C}{dt} + \dfrac{1}{\tau}u_C = \dfrac{1}{\tau}U_{S2}\\[2mm]\dfrac{di_L}{dt} + \dfrac{1}{\tau}i_L = \dfrac{1}{R\tau}U_{S2}\end{array}\right\}\dfrac{dy}{dt} + \dfrac{1}{\tau}y = F \tag{5-7}$$

式(5-7)为一阶常系数线性非齐次微分方程，F 为直流电路激励下的常数。在数学分析中，非齐次方程的解由两部分组成：特解 y_p 和通解 y_h，即

$$y(t) = y_p + y_h \tag{5-8}$$

通解 y_h 是一阶齐次方程的解，即

$$\frac{dy}{dt} + \frac{1}{\tau}y = 0$$

其解为

$$y_h = Ae^{-\frac{t}{\tau}} \tag{5-9}$$

式中，A 为积分常数，其值由电路初始值 $y(0_+)$ 确定。将式(5-9)代入式(5-8)，得

$$y(t) = y_p + Ae^{-\frac{t}{\tau}} \tag{5-10}$$

对于稳定电路，当 $t = \infty$ 时，$y_h = Ae^{-\frac{t}{\tau}} = 0$，即一阶齐次方程对应的解 y_h 随时间变化最终趋于零，电路进入新的稳态，设稳态响应为 $y(\infty)$，由式(5-10)得

$$y(\infty) = y_p$$

上式代入式(5-10)为

$$y(t) = y(\infty) + Ae^{-\frac{t}{\tau}} \tag{5-11}$$

当式 (5-11)中的 $t = 0_+$ 时，得

$$y(0_+) = y(\infty) + A$$

上式中 $y(0_+)$ 为已知电路的初始值，则积分常数 A 为

$$A = y(0_+) - y(\infty)$$

将上式中的 A 代入式(5-11)，得

$$y(t) = y(\infty) + [y(0_+) - y(\infty)]e^{-\frac{t}{\tau}} \qquad t \geq 0 \qquad (5-12)$$

式(5-12)为三要素法的基本形式。即只要求解出**初始值** $y(0_+)$、**稳态值** $y(\infty)$ 和**时间常数** τ，直接代入式(5-12)中，便可求得响应 $y(t)$。因此，$y(0_+)$、$y(\infty)$ 和 τ 称为**一阶电路的三要素**。三要素法不仅适用于求解电容电压和电感电流，同样适用于求解一阶电路中的其他电压电流变量。

例如，前面分析的图 5-14 得初始值和时间常数为

$$u_C(0_+) = u_C(0_-) = U_{S1}$$

$$\tau = RC$$

根据图 5-14b，当 $t = \infty$ 时，如图 5-14c 所示，有

$$u_C(\infty) = U_{S2}$$

则用三要素法，解得图 5-14 电容电压的响应为

$$u_C(t) = u_C(\infty) + [u_C(0_+) - u_C(\infty)]e^{-\frac{t}{\tau}} = U_{S2} + (U_{S1} - U_{S2})e^{-\frac{t}{RC}} \qquad t \geq 0$$

同样，前面分析图 5-15 得初始值和时间常数为

$$i_L(0_+) = i_L(0_-) = \frac{U_{S1}}{R_S + R}$$

$$\tau = \frac{L}{R}$$

根据图 5-15b，当 $t = \infty$ 时，如图 5-15c 所示，有

$$i_L(\infty) = \frac{U_{S2}}{R}$$

则用三要素法，解得图 5-15 电感电流的响应为

$$i_L(t) = i_L(\infty) + [i_L(0_+) - i_L(\infty)]e^{-\frac{1}{\tau}t} = \frac{U_{S2}}{R} + \left(\frac{U_{S1}}{R_S + R} - \frac{U_{S2}}{R}\right)e^{-\frac{R}{L}t} \qquad t \geq 0$$

注意：

1）在一阶微分方程式的求解中，必须注明方程式的时域 $t \geq 0$。

2）只有一阶电路才有时间常数 τ 的概念，即电路暂态过程的长短，由时间常数 τ 决定。τ 越大，暂态过程就越长。τ 的大小与初始值、电路激励源无关，即 RC 一阶电路中 $\tau = RC$，RL 一阶电路中 $\tau = L/R$。

从理论上讲，电路完成暂态的时间为无限长（即 $t = \infty$ 时，电路达到稳态），在工程上认为换路后经过 $3\tau \sim 5\tau$，暂态过程结束。

3）三要素法只适用于一阶电路。式(5-12)主要应用于一阶电路中的激励为直流电源。

2. 三要素法解题基本步骤

（1）初始值 $y(0_+)$　按本章"5.1 节换路定则及初始值"介绍的方法求解。一般分两步完成：第一步根据换路前（$t \leq 0$）稳态电路，计算电容电压 $u_C(0_+) = u_C(0_-)$、电感电流 $i_L(0_+) = i_L(0_-)$，对于直流稳态电路，电容相当于开路，电感相当于短路；第二步根据换路后 $t = 0_+$ 瞬间电路，计算电路中其余电压、电流变量的初始值 $y(0_+)$，其中电容用直流电压源 $U_S = u_C(0_+)$ 等效替代，电感用直流电流源 $I_S = i_L(0_+)$ 等效替代。

（2）时间常数 τ　根据换路后的等效二端网络 N，求储能元件 C、L 两端的戴维南等效电阻 R，如图 5-16 所示。

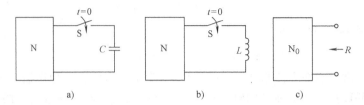

图 5-16 戴维南等效电阻 R

a) $t \geqslant 0$ 时 RC 电路 b) $t \geqslant 0$ 时 RL 电路 c) 戴维南等效电阻 R

$$\begin{cases} RC \text{ 一阶电路有} & \tau = RC \\ RL \text{ 一阶电路有} & \tau = \dfrac{L}{R} \end{cases}$$

（3）稳态解 $y(\infty)$ 根据换路后 $t = \infty$ 时的直流稳态电路，即电容为开路，电感为短路，求电路电压、电流变量的稳态解 $y(\infty)$。

例 5-6 题意如例 5-5 所示。试求电路响应电流 $i_1(t)$、$i_2(t)$、$i_L(t)$ 和电压 $u_L(t)$，并画出电流 $i_L(t)$ 的波形图。

解 由例 5-5 题解得电路电压、电流的初始值为

$$\begin{cases} i_L(0_+) = i_L(0_-) = 0.5\text{A} \\ i_2(0_+) = 0\text{A} \\ i_1(0_+) = 0.5\text{A} \\ u_L(0_+) = 10\text{V} \end{cases}$$

当 $t = \infty$ 时，电路进入稳态，这时电感 L 相当于短路，如图 5-17 所示，解得各电压、电流的稳态值为

$$\begin{cases} u_L(\infty) = 0\text{V} \\ i_1(\infty) = \dfrac{U_{S2}}{R_1} = \dfrac{20}{20}\text{A} = 1\text{A} \\ i_2(\infty) = -\dfrac{U_{S1}}{R_2} = -\dfrac{10}{20}\text{A} = -0.5\text{A} \\ i_L(\infty) = i_1(\infty) - i_2(\infty) = 1.5\text{A} \end{cases}$$

当 $t > 0$ 时，储能元件 L 两端的戴维南等效电阻为 R，即电压源为零相当于短路，如图 5-18 所示，得

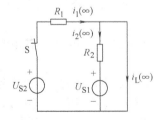

图 5-17 $t = \infty$ 时的稳态电路

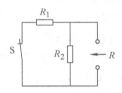

图 5-18 $t > 0$ 时，时间常数 τ

$$R = R_1 /\!/ R_2 = \dfrac{R_1}{2} = 10\Omega$$

时间常数为

$$\tau = \frac{L}{R} = \frac{2}{10}\text{s} = \frac{1}{5}\text{s}$$

所以,由三要素法解式(5-12)得电路中的各电压、电流响应为

$$
\begin{cases}
u_L(t) = u_L(\infty) + [u_L(0_+) - u_L(\infty)]e^{-\frac{t}{\tau}} \\
\qquad = [0 + (10-0)e^{-5t}]\text{V} = 10e^{-5t}\text{V} \qquad t \geqslant 0 \\
i_1(t) = i_1(\infty) + [i_1(0_+) - i_1(\infty)]e^{-\frac{t}{\tau}} \\
\qquad = [1 + (0.5-1)e^{-5t}]\text{A} = (1 - 0.5e^{-5t})\text{A} \qquad t \geqslant 0 \\
i_2(t) = i_2(\infty) + [i_2(0_+) - i_2(\infty)]e^{-\frac{t}{\tau}} \\
\qquad = [-0.5 + (0+0.5)e^{-5t}]\text{A} = (-0.5 + 0.5e^{-5t})\text{A} \qquad t \geqslant 0 \\
i_L(t) = i_L(\infty) + [i_L(0_+) - i_L(\infty)]e^{-\frac{t}{\tau}} \\
\qquad = [1.5 + (0.5-1.5)e^{-5t}]\text{A} = (1.5 - e^{-5t})\text{A} \qquad t \geqslant 0
\end{cases}
$$

也可以用 KCL 计算电感电流,即

$$i_L(t) = i_1(t) - i_2(t) = (1.5 - e^{-5t})\text{A} \qquad t \geqslant 0$$

画出 $i_L(t)$ 的波形如图 5-19 所示。

可见,求解一阶电路的响应方法不是唯一的。还可以利用已求解出的响应,根据电路的基尔霍夫定律解之。并且,可以用三要素法式(5-12)求解一阶线性电路中所有元件上的电压、电流响应。

例 5-7 电路如图5-20a所示,当 $t < 0$ 时电路为稳态,$t = 0$ 时开关 S_1 闭合、S_2 断开。已知:电阻 $R_1 = 20\text{k}\Omega$,$R_2 = 10\text{k}\Omega$,$R_3 = 30\text{k}\Omega$,电容 $C = 1000\text{pF}$,电压源 $U_{S1} = 12\text{V}$,$U_{S2} = 8\text{V}$。试求电路响应电流 $i_1(t)$、$i_C(t)$ 和电压 $u_C(t)$。

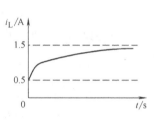

图 5-19 $i_L(t)$ 的波形图

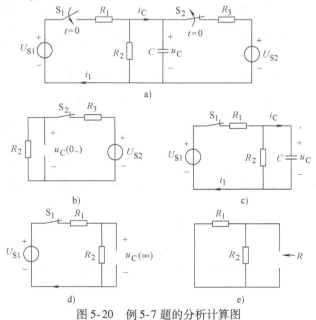

图 5-20 例 5-7 题的分析计算图

a) 例5-7图 b) $t < 0$ 时的电路图 c) $t \geqslant 0$ 时的电路图

d) $t = \infty$ 时的电路图 e) 戴维南等效电阻 R

解 当 $t < 0$ 时，电路稳态，电容相当于开路，如图 5-20b 所示，得

$$u_C(0_-) = \frac{U_{S2}}{R_2 + R_3}R_2 = \frac{8}{10 + 30} \times 10\text{V} = 2\text{V}$$

由换路定则，得

$$u_C(0_+) = u_C(0_-) = 2\text{V}$$

当 $t \geq 0$ 时，电容电压的稳态值可由图 5-20d 求得

$$u_C(\infty) = \frac{U_{S1}}{R_1 + R_2}R_2 = \frac{12}{20 + 10} \times 10\text{V} = 4\text{V}$$

电容两端的戴维南等效电阻 R，如图 5-21e 所示，即

$$R = R_1 // R_2 = \frac{20 \times 10}{20 + 10} \times 10^3 \Omega = \frac{20}{3}\text{k}\Omega$$

时间常数 τ 为

$$\tau = RC = \frac{20}{3} \times 10^3 \times 1000 \times 10^{-12}\text{s} = \frac{2}{3} \times 10^{-5}\text{s}$$

由三要素法式 (5-12)，得

$$u_C(t) = u_C(\infty) + [u_C(0_+) - u_C(\infty)]e^{-\frac{t}{\tau}} = [4 + (2-4)e^{-1.5 \times 10^5 t}]\text{V}$$

$$= (4 - 2e^{-1.5 \times 10^5 t})\text{V} \qquad t \geq 0$$

当 $t \geq 0$ 时电路如图 5-20c 所示，根据电容元件特性有

$$i_C(t) = C\frac{\mathrm{d}u_C}{\mathrm{d}t} = C\frac{\mathrm{d}}{\mathrm{d}t}(4 - 2e^{-1.5 \times 10^5 t})$$

$$= 10^{-9}(2 \times 1.5 \times 10^5 e^{-1.5 \times 10^5 t})\text{A} = 0.3e^{-1.5 \times 10^5 t}\text{mA} \qquad t \geq 0$$

$$i_1(t) = \frac{U_{S1} - u_C(t)}{R_1} = \frac{12 - (4 - 2e^{-1.5 \times 10^5 t})}{20 \times 10^3}\text{A} = (0.4 + 0.1e^{-1.5 \times 10^5 t})\text{mA} \qquad t \geq 0$$

电路分析中有两个重要的基本知识点必须掌握，即元件上电压与电流的基本特性，电路中的各支路的电压、各结点的电流受基尔霍夫定律的约束关系。例如，$i_C(t) = C\dfrac{\mathrm{d}u_C}{\mathrm{d}t}$ 就是运用了电容元件上电压与电流的特性；$i_1(t) = \dfrac{U_{S1} - u_C(t)}{R_1}$ 则是运用了 KVL 和电阻的欧姆定律。可见，一阶电路的分析，是建立在稳态电路理论基础上，各电量的分析和三要素的求解，无一不涉及电路分析的基础知识，所以，在学习本章时，应充分运用前面所学的各知识点内容，灵活地分析求解各题的响应。

例 5-8 电路如图 5-21a 所示，当 $t < 0$ 时电路为稳态。已知：电压源 $U_S = 100\text{V}$，电阻 $R_1 = R_2 = 25\Omega$，电感 $L = 12.5\text{H}$，$t = 0$ 时开关 S 闭合，经过 2s 后又将开关 S 断开。试求开关 S 断开后的电流 $i_L(t)$ 及 $i_2(t)$。

解 由题意可知，$t < 0$ 时电路为稳态，即

$$i_L(0_+) = i_L(0_-) = 0$$

当 $0 \leq t < 2\text{s}$ 时，电路如图 5-21b 所示。在 $t = \infty$ 时，电路处于稳态，电感上电压为零，电感元件相当于短路，则有

$$i_L(\infty) = \frac{U_S}{R_1} = 4\text{A}$$

图 5-21b 所示电路的时间常数 τ 为

$$\tau = \frac{L}{\dfrac{R_1 R_2}{R_1 + R_2}} = \frac{12.5}{\dfrac{25}{2}}\text{s} = 1\text{s}$$

所以

$$i_L(t) = i_L(\infty) + [i_L(0_+) - i_L(\infty)]e^{-\frac{t}{\tau}} = 4(1 - e^{-t})\text{A} \qquad 0 \leqslant t \leqslant 2\text{s}$$

当 $t = 2\text{s}$ 时，由上式得 $i_L(2_-)$ 为

$$i_L(2_+) = i_L(2_-) = 4(1 - e^{-2})\text{A} \approx 3.46\text{A}$$

当 $t \geqslant 2\text{s}$ 时，电路如图 5-21c 所示，有

$$i_L(\infty) = 0$$

$$\tau_2 = \frac{L}{R_2} = 0.5\text{s}$$

解得

$$i_L(t) = i_L(\infty) + [i_L(2_+) - i_L(\infty)]e^{-\frac{t-2}{\tau_2}} = 3.46e^{-2(t-2)}\text{A} \qquad t \geqslant 2\text{s}$$

$$i_2(t) = -i_L(t) = -3.46e^{-2(t-2)}\text{A} \qquad t \geqslant 2\text{s}$$

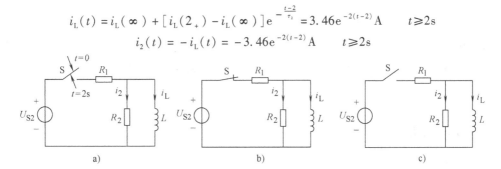

图 5-21　例 5-8 题的分析计算图

a) RL 一阶电路　b) $0 \leqslant t < 2\text{s}$ 时的电路　c) $t \geqslant 2\text{s}$ 时的电路

本题开关 S 动作了两次，所以分析电路时必须分成三个时间段进行求解，第一个时间段是：$t < 0$ 时电路的初始值 $i_L(0_-)$；第二个时间段是：$0 \leqslant t \leqslant 2\text{s}$ 时电路中电感电流的响应；第三个时间段是：$t \geqslant 2\text{s}$ 时电路的最终响应。

注意： 当因换路发生了新的过渡过程时，时间常数 τ 由换路后的电路确定。上例中，在 $0 \leqslant t \leqslant 2\text{s}$ 时间段中，电路换路后如图 5-21b 所示，时间常数 $\tau = 1\text{s}$；在 $t \geqslant 2\text{s}$ 时间段中，电路换路后如图 5-21c 所示，时间常数 $\tau_2 = 0.5\text{s}$。

5.3　一阶电路的零输入响应、零状态响应和全响应

三要素法不仅可以对直流一阶电路暂态过程作数学分析，还可以根据线性电路的特点，对电路响应进行分解与叠加，即电路响应可分解为零输入响应、零状态响应，同时这两种响应又可以叠加为全响应。下面分别讨论这些响应的物理意义，加深理解一阶电路的暂态过程及响应。

5.3.1　一阶电路的零输入响应

零输入响应是指一阶电路换路以后，当外加激励源为零时，由储能元件 C、L 的初始储能所引起的响应。即电路中所有的电压源和电流源值为零，而电容电压 $u_C(0_+) \neq 0$、电感电流 $i_L(0_+) \neq 0$，这时的电路响应称为零输入响应。

1. RC 电路的零输入响应

RC 一阶电路如图 5-22a 所示，当 $t < 0$ 时有：$u_C(0_-) = U_s$，所以，$u_C(0_+) = U_s$，当 $t \geqslant 0$ 时，

其等效电路是一个没有外加激励源的 RC 电路，如图 5-22b 所示，这时电路中的电压、电流响应为零输入响应。根据 KVL 可列出响应 $u_C(t)$ 的方程为

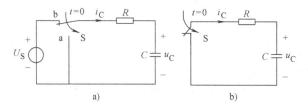

图 5-22　RC 电路的零输入响应

a) RC 一阶电路　b) $t \geq 0$ 时 RC 电路

$$RC \frac{\mathrm{d}u_C}{\mathrm{d}t} + u_C = 0$$

$$\frac{\mathrm{d}u_C}{\mathrm{d}t} + \frac{1}{\tau} u_C = 0$$

式中，$\tau = RC$。

可见，零输入响应是由一阶电路的通解所得，即一阶齐次方程的解为

$$u_C(t) = A \mathrm{e}^{-\frac{t}{\tau}}$$

已知 $u_C(0_+) = U_S$，得

$$A = U_S$$

解得零输入响应

$$u_C(t) = U_S \mathrm{e}^{-\frac{t}{RC}} \qquad t \geq 0$$

同理，其零输入响应也可直接由三要素法解得，即

$$u_C(0_+) = u_C(0_-) = U_S$$
$$\tau = RC$$
$$u_C(\infty) = 0$$

由三要素法得零输入响应

$$u_C(t) = u_C(\infty) + [u_C(0_+) - u_C(\infty)] \mathrm{e}^{-\frac{t}{\tau}} = 0 + [U_S - 0] \mathrm{e}^{-\frac{t}{RC}}$$

$$= U_S \mathrm{e}^{-\frac{t}{RC}} \qquad t \geq 0$$

由电容元件特性，可得电路电流的零输入响应为

$$i_C(t) = C \frac{\mathrm{d}u_C}{\mathrm{d}t} = -\frac{U_S}{R} \mathrm{e}^{-\frac{t}{RC}} \qquad t \geq 0$$

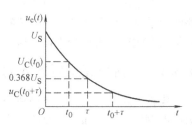

图 5-23　u_C 曲线与时间常数 τ 的关系

可见，$u_C(0_+) = U_S$ 说明在 $t = 0_+$ 时电容有能量储存，这些能量又通过耗能元件电阻 R 转化为热能消耗掉，而电容器储存的能量是有限的，所以，理论上讲，经过了无限长的时间（$t \to \infty$）后，$u_C \to 0$ 和 $i_C \to 0$，电容上储存的电场能全部消耗殆尽，即暂态结束，如图 5-23 所示。但工程上通常认为换路后经过 $3 \sim 5\tau$ 过渡过程就结束了，见表 5-1。

表 5-1　u_C 参数值与时间常数 τ 的关系

零输入响应	$u_C = U_S e^{-\frac{t}{\tau}}$ $\quad t \geqslant 0$						
t	0_+	τ	2τ	3τ	4τ	5τ	$\cdots$	∞
u_C	U_S	$0.368 U_S$	$0.135 U_S$	$0.05 U_S$	$0.018 U_S$	$0.007 U_S$	$\cdots$	0

2. *RL* 电路的零输入响应

图 5-24 是一个 *RL* 一阶电路，$t = 0$ 时开关 S 闭合 a 点，分析 $t \geqslant 0$ 时的电感电流 i_L 和 u_L。

当 $t < 0$ 时电路处于稳态，有

$$i_L(0_-) = \frac{U_S}{R}$$

由换路定则有

$$i_L(0_+) = i_L(0_-) = \frac{U_S}{R}$$

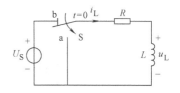

图 5-24　*RL* 电路的零输入响应

当 $t \geqslant 0$ 时有

$$L\frac{\mathrm{d}i_L}{\mathrm{d}t} + Ri_L = 0$$

可见，*RL* 零输入响应也是一阶齐次方程的解，所以，直接用三要素法分析为

$$\tau = \frac{L}{R}$$

$$i_L(\infty) = 0$$

则由式(5-12)得电感电流的零输入响应为

$$i_L(t) = i_L(\infty) + [i_L(0_+) - i_L(\infty)]e^{-\frac{t}{\tau}}$$

$$= 0 + \left[\frac{U_S}{R} - 0\right]e^{-\frac{R}{L}t}$$

$$= \frac{U_S}{R}e^{-\frac{R}{L}t} \qquad t \geqslant 0$$

电感电压的零输入响应为

$$u_L(t) = L\frac{\mathrm{d}i_L}{\mathrm{d}t} = -U_S e^{-\frac{R}{L}t} \qquad t \geqslant 0$$

同理，电路的零输入响应也可直接用三要素法进行分析求解。

例 5-9　电路如图 5-25a 所示，当 $t < 0$ 时电路为稳态。已知电压源 $U_{S1} = 8\text{V}$，$U_{S2} = 12\text{V}$，电阻 $R_1 = 8\Omega$，$R_2 = 2\Omega$，$R_3 = R_4 = 4\Omega$，电感 $L = 1\text{H}$，$t = 0$ 时开关 S 由 b 位置向 a 位置闭合。试求 $t \geqslant 0$ 时的电流 $i_L(t)$ 及电压 $u_R(t)$ 的零输入响应。

解　开关 S 动作前，电路处于稳态，电感储存磁场能；开关 S 动作后，电感向电阻释放能量，而无能量补充，电路响应属于零输入响应。

当 $t < 0$ 时电路为稳态，电感短路，如图 5-25b 所示。列图 5-25b 结点电压方程为

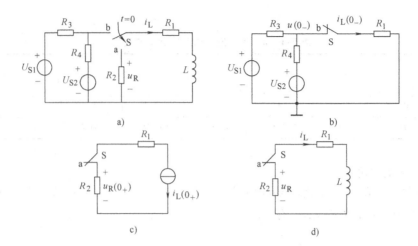

图 5-25 例 5-9 图

a) RL 一阶电路的零输入响应 b) $t<0$ 时的电路 c) $t=0_+$ 瞬间电路 d) $t \geq 0$ 时的电路

$$\frac{u(0_-) - U_{S1}}{R_3} + \frac{u(0_-) - U_{S2}}{R_4} + \frac{u(0_-)}{R_1} = 0$$

$$\frac{u(0_-) - 8}{4} + \frac{u(0_-) - 12}{4} + \frac{u(0_-)}{8} = 0$$

解得

$$u(0_-) = 8V$$

所以，电感电流初始值为

$$i_L(0_-) = \frac{u(0_-)}{R_1} = \frac{8}{8}A = 1A$$

由换路定则得

$$i_L(0_+) = i_L(0_-) = 1A$$

$t=0_+$ 时瞬间电路如图 5-25c 所示，电阻元件上初始电压为

$$u_R(0_+) = -R_2 i_L(0_+) = -2 \times 1V = -2V$$

$t \geq 0$ 时电路如图 5-25d 所示。

$$\tau = \frac{L}{R_1 + R_2} = \frac{1}{8+2}s = 0.1s$$

由三要素法得

$$i_L(t) = i_L(0_+) e^{-\frac{t}{\tau}} = e^{-10t}A \qquad t \geq 0$$

$$u_R(t) = u_R(0_+) e^{-\frac{t}{\tau}} = -2e^{-10t}V \qquad t \geq 0$$

零输入响应一般只含有暂态分量，无稳态分量。当过渡过程结束时，电路中电压、电流的响应为零。

例 5-10 电路如图 5-26 所示，当 $t<0$ 时电路为稳态。已知电阻 $R_1 = 20\Omega$，$R_2 = 40\Omega$，$R_3 = R_4 = 60\Omega$，电容 $C = 0.005F$，电压源 $U_{S1} = 35V$，$U_{S2} = 30V$，

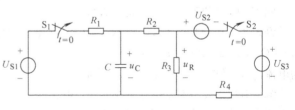

图 5-26 例 5-10 图

$U_{S3} = 10V$，$t = 0$ 时开关 S_1 和 S_2 同时断开。试求 $t \geq 0$ 时电容上的电压 $u_C(t)$ 和电阻 R_3 上的电压 $u_R(t)$。

解 当 $t < 0$ 时电容充电，电路处于稳态时电容相当于开路，电路如图 5-27 所示，利用结点电压法计算电容电压 $u_C(0_-)$ 为

$$\frac{u(0_-) - U_{S1}}{R_1 + R_2} + \frac{u(0_-)}{R_3} + \frac{u(0_-) + U_{S2} - U_{S3}}{R_4} = 0$$

$$\frac{u(0_-) - 35}{20 + 40} + \frac{u(0_-)}{60} + \frac{u(0_-) + 30 - 10}{60} = 0$$

得

$$u(0_-) = 5V$$

解得

$$u_C(0_-) = \frac{u(0_-) - U_{S1}}{R_1 + R_2}R_1 + U_{S1}$$

$$= \left(\frac{5 - 35}{20 + 40} \times 20 + 35\right)V = 25V$$

当 $t \geq 0$ 时开关动作，电路如图 5-28 所示，电容放电，响应属于零输入响应。

电阻 R_3 上的初始电压为

$$u_R(0_+) = \frac{u_C(0_+)}{R_2 + R_3}R_3$$

$$= \frac{25}{40 + 60} \times 60V = 15V$$

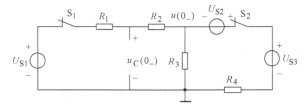

图 5-27　$t < 0$ 时的等效稳态电路

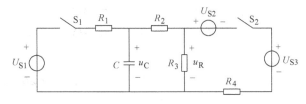

图 5-28　$t \geq 0$ 时的电路

时间常数 τ 为

$$\tau = (R_2 + R_3)C = (40 + 60) \times 0.005s = 0.5s$$

所以电路响应为

$$u_C(t) = u_C(\infty) + [u_C(0_+) - u_C(\infty)]e^{-\frac{t}{\tau}}$$

$$= [0 + (25 - 0)e^{-\frac{t}{0.5}}]V = 25e^{-2t}V \qquad t \geq 0$$

$$u_R(t) = u_R(\infty) + [u_R(0_+) - u_R(\infty)]e^{-\frac{t}{\tau}}$$

$$= [0 + (15-0)e^{-\frac{t}{0.5}}]V = 15e^{-2t}V \qquad t \geq 0$$

同理，电阻电压 $u_R(t)$ 响应也可以不用三要素法求解，由换路后的电路得

$$u_R(t) = \frac{u_C(t)}{R_2 + R_3}R_3 = 15e^{-2t}V \qquad t \geq 0$$

即解电路响应的方法不是唯一的。

例 5-11 电路如图 5-29a 所示，已知电容电压 $u_C(0_-) = 20V$，电阻 $R_1 = 10k\Omega$，$R_2 = R_3 = 5k\Omega$，电容 $C = 10\mu F$。$t = 0$ 时开关 S_1 闭合，$t = 0.1s$ 时 S_2 闭合。试求 $t \geq 0$ 时电容电压 $u_C(t)$ 和电阻 R_2 上的端电压 $u_2(t)$，并画出电容电压 $u_C(t)$ 的变化曲线。

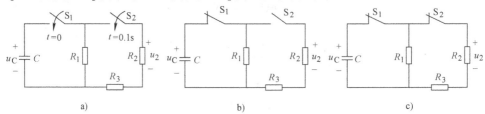

图 5-29　例 5-11 图

a) RC 一阶电路　b) $0 \leq t < 0.1s$　c) $t \geq 0.1s$

解 由换路定则得

$$u_C(0_+) = u_C(0_-) = 20V$$

$0 \leq t < 0.1s$ 时，电路如图 5-9b 所示，其时间常数 τ_1 为

$$\tau_1 = R_1 C = 10 \times 10^3 \times 10 \times 10^{-6}s = 0.1s$$

由三要素法求出电容电压响应为

$$u_C(t) = u_C(0_+)e^{-\frac{t}{\tau}} = 20e^{-10t}V \qquad 0 \leq t < 0.1s$$

当 $t \geq 0.1s$ 时，电路如图 5-29c 所示，其时间常数 τ_2 为

$$\tau_2 = [R_1 // (R_2 + R_3)]C$$

$$= \frac{10 \times 10^3}{2} \times 10 \times 10^{-6}s = 0.05s$$

换路前电容电压 $u_C(0.1_-)$ 由 $0 \leq t < 0.1s$ 时方程式解得

$$u_C(0.1_-) = 20e^{-10 \times 0.1}V \approx 7.358V$$

$$u_C(0.1_+) = u_C(0.1_-) = 7.358V$$

所以由三要素法解得

$$u_C(t) = u_C(0.1_+)e^{-\frac{t-0.1}{\tau}} = 7.358e^{-20(t-0.1)}V \qquad t \geq 0.1s$$

由电路的分压概念得

$$u_2(t) = \frac{u_C(t)}{2} = 3.679e^{-20(t-0.1)}V \qquad t \geq 0.1s$$

则 $t \geq 0$ 时电路的响应为

$$u_C(t) = \begin{cases} 20e^{-10t}V & 0 \leq t < 0.1s \\ 7.358e^{-20(t-0.1)}V & t \geq 0.1s \end{cases}$$

$$u_2(t) = \begin{cases} 0 & 0 \leq t < 0.1s \\ 3679e^{-20(t-0.1)}V & t \geq 0.1s \end{cases}$$

$u_C(t)$ 对应的变化曲线如图 5-30 所示。

由图 5-30 可见，一阶电路无论何时发生换路，只要换路时电容中的电流为有界函数，则电容电压就不会发生跃变。另外，换路有可能会引起电路时间常数 τ 的改变，即过渡过程完成的速度有所变化。例如，曲线中反映出在两个区间衰减的快慢是不一样，τ 越小，暂态的时间越短。

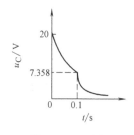

图 5-30　$u_C(t)$ 的变化曲线

5.3.2　一阶电路的零状态响应

零状态响应是指一阶电路换路瞬间，储能元件 C、L 上储存的能量为零，换路后电路由外加激励源所引起的电压、电流响应。即换路瞬间有的电容电压 $u_C(0_+) = 0$、电感电流 $i_L(0_+) = 0$，称为零状态电路，零状态电路对外加激励源的响应称为零状态响应。

1. RC 电路的零状态响应

RC 电路如图 5-31 所示。试分析电路的零状态响应 $u_C(t)$ 和 $i_C(t)$。

当 $t < 0$ 时电路处于稳态，有

$$u_C(0_-) = 0$$

由换路定则得

$$u_C(0_+) = u_C(0_-) = 0$$

当 $t \geqslant 0$ 时有

$$RC \frac{\mathrm{d}u_C}{\mathrm{d}t} + u_C = U_s$$

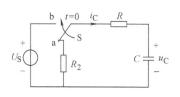

图 5-31　RC 电路的零状态响应

可见，电路为一阶非齐次微分方程，其解可由式(5-12)得

$$u_C = u_C(\infty) + [u_C(0_+) - u_C(\infty)]\mathrm{e}^{-\frac{t}{\tau}} \qquad t \geqslant 0$$

式中，$\tau = RC$，$u_C(\infty) = U_s$，所以，零状态响应为

$$u_C = U_s + [0 - U_s]\mathrm{e}^{-\frac{t}{RC}} = U_s(1 - \mathrm{e}^{-\frac{t}{RC}}) \qquad t \geqslant 0$$

$$i_C = \frac{U_s - u_C}{R} = \frac{U_s}{R}\mathrm{e}^{-\frac{t}{RC}} \qquad t \geqslant 0$$

由上分析可知：零状态响应可直接利用三要素法求解。理论上讲，当 $t \to \infty$ 时，暂态过程结束，电路达到稳态。u_C 零状态响应曲线如图 5-32 所示。

2. RL 电路的零状态响应

RL 电路的零状态响应如图 5-33 所示。试用三要素法分析电路的零状态响应 $i_L(t)$ 和 $u_L(t)$。

当 $t < 0$ 时电路处于稳态，得

$$i_L(0_+) = i_L(0_-) = 0$$

图 5-32　u_C 零状态响应曲线

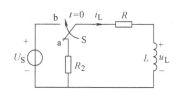

图 5-33　RL 电路的零状态响应

当 $t \geqslant 0$ 时，开关 S 动作，有

$$\tau = \frac{L}{R}$$

$$i_{\mathrm{L}}(\infty) = \frac{U_{\mathrm{s}}}{R}$$

由三要素公式得零状态响应为

$$i_{\mathrm{L}}(t) = i_{\mathrm{L}}(\infty) + [i_{\mathrm{L}}(0_+) - i_{\mathrm{L}}(\infty)]e^{-\frac{t}{\tau}}$$

$$= \frac{U_{\mathrm{s}}}{R} + \left[0 - \frac{U_{\mathrm{s}}}{R}\right]e^{-\frac{R}{L}t} = \frac{U_{\mathrm{s}}}{R}(1 - e^{-\frac{R}{L}t}) \qquad t \geqslant 0$$

$$u_{\mathrm{L}}(t) = U_{\mathrm{s}} - Ri_{\mathrm{L}}$$

$$= U_{\mathrm{s}} - R\left[\frac{U_{\mathrm{s}}}{R}(1 - e^{-\frac{R}{L}t})\right] = U_{\mathrm{s}}e^{-\frac{R}{L}t} \qquad t \geqslant 0$$

例 5-12 RL 一阶电路如图 5-34a 所示,当 $t < 0$ 时电路为稳态(即 S_1 断开、S_2 闭合)。已知电压源 $U_{\mathrm{s}} = 10\mathrm{V}$,电阻 $R_1 = 3\Omega$, $R_2 = 2\Omega$,电感 $L = 5\mathrm{H}$。当 $t = 0$ 时开关 S_1 闭合、S_2 断开,经过 2s 后又将时 S_2 闭合。试求 $t \geqslant 0$ 时电感电流 $i_{\mathrm{L}}(t)$,并画出电流 $i_{\mathrm{L}}(t)$ 的变化曲线。

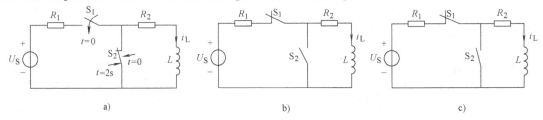

a)　　　　　　　　　　b)　　　　　　　　　　c)

图 5-34　例 5-12 图

a) RL 一阶电路　b) $0 \leqslant t < 2\mathrm{s}$　c) $t \geqslant 2\mathrm{s}$

解　当 $t < 0$ 时电路为稳态,电感元件的初始储能为零,即

$$i_{\mathrm{L}}(0_+) = i_{\mathrm{L}}(0_-) = 0$$

当 $0 \leqslant t < 2\mathrm{s}$ 时,电感电流的初始状态为零,电路响应由外加电压源 U_{s} 产生,所以响应为零状态响应。当 $t = 0$ 时,开关 S_1 闭合、S_2 断开,电路如图 5-34b 所示,其解为

$$i_{\mathrm{L}}(\infty) = \frac{U_{\mathrm{s}}}{R_1 + R_2} = \frac{10}{3 + 2}\mathrm{A} = 2\mathrm{A}$$

时间常数 τ_1 为

$$\tau_1 = \frac{L}{R_1 + R_2} = \frac{5}{3 + 2}\mathrm{s} = 1\mathrm{s}$$

由三要素法得

$$i_{\mathrm{L}}(t) = i_{\mathrm{L}}(\infty) + [i_{\mathrm{L}}(0_+) - i_{\mathrm{L}}(\infty)]e^{-\frac{t}{\tau_1}}$$

$$= [2 + (0 - 2)e^{-t}]\mathrm{A} = 2(1 - e^{-t})\mathrm{A} \qquad 0 \leqslant t < 2\mathrm{s}$$

当 $t = 2\mathrm{s}$ 时,S_2 闭合,电路如图 5-34c 所示,则 $t \geqslant 2\mathrm{s}$ 时电感电流的初始状态值为

$$i_{\mathrm{L}}(2_-) = 2(1 - e^{-2})\mathrm{A} \approx 1.73\mathrm{A}$$

$$i_{\mathrm{L}}(2_+) = i_{\mathrm{L}}(2_-) = 1.73\mathrm{A}$$

$t \geqslant 2\mathrm{s}$ 时(见图 5-34c),$i_{\mathrm{L}}(t)$ 响应由电路的初始状态 $i_{\mathrm{L}}(2_+) = 1.73\mathrm{A}$ 产生,即

$$i_{\mathrm{L}}(\infty) = 0$$

时间常数 τ_2 为

$$\tau_2 = \frac{L}{R_2} = \frac{5}{2}\text{s} = 2.5\text{s}$$

由三要素法得

$$i_L(t) = i_L(\infty) + [i_L(2_+) - i_L(\infty)]e^{-\frac{t-2}{\tau_2}}$$
$$= [0 + (1.73 - 0)e^{-0.4(t-2)}]\text{A} = 1.73e^{-0.4(t-2)}\text{A} \qquad t \geq 2\text{s}$$

所以

$$i_L(t) = \begin{cases} 2(1 - e^{-t})\text{A} & 0 \leq t < 2\text{s} \\ 1.73e^{-0.4(t-2)}\text{A} & t \geq 2\text{s} \end{cases}$$

$t \geq 0$ 时电流 $i_L(t)$ 的变化曲线如图 5-35 所示。

可见，电路第一次换路产生了零状态响应，第二次换路产生了零输入响应。在两次换路瞬间时，电感上的电压都是有界函数，所以，电感电流在换路瞬间没有发生跃变，如图 5-35 所示，即 $i_L(t)$ 在 $t \geq 0$ 时的变化曲线是连续的。

例 5-13 电路如图 5-36a 所示，$t < 0$ 时电路为稳态。已知电压源 $U_S = 100\text{V}$，电容 $C = 100\mu\text{F}$，电阻 $R_1 = R_2 = R_3 = 100\Omega$。当 $t = 0$ 时开关 S 闭合。试求 $t \geq 0$ 时电流 $i_C(t)$ 和 $i_3(t)$。

解 $t < 0$ 时电路为稳态，电容元件储存的电场能为零，即初始状态为

$$u_C(0_+) = u_C(0_-) = 0$$

当 $t \geq 0$ 时，在外加激励源的作用下，电容充电，电路响应为零状态响应。由 $t = 0_+$ 瞬间电路图 5-36b 得

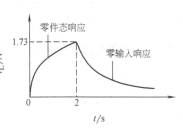

图 5-35　$i_L(t)$ 的变化曲线

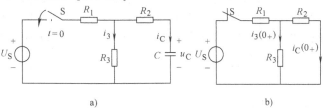

图 5-36　例 5-13 图
a) RC 一阶电路　b) $t = 0_+$ 瞬间电路

$$i_C(0_+) = \frac{U_S}{R_1 + R_2 /\!/ R_3}(R_2 /\!/ R_3)\frac{1}{R_2}$$

$$= \frac{100}{100 + \frac{100}{2}} \times \frac{100}{2} \times \frac{1}{100}\text{A} = \frac{1}{3}\text{A} \approx 0.333\text{A}$$

因 $R_2 = R_3$，所以

$$i_3(0_+) = i_C(0_+) = 0.333\text{A}$$

当 $t = \infty$ 时，电容相当于开路，有

$$i_C(\infty) = 0$$

$$i_3(\infty) = \frac{U_S}{R_1 + R_3} = \frac{100}{100 + 100}\text{A} = 0.5\text{A}$$

当 $t \geq 0$ 时电路的时间常数 τ 为

$$\tau = [(R_1 /\!/ R_3) + R_2]C$$

$$= \left(\frac{100}{2} + 100\right) \times 100 \times 10^{-6}\text{s} = 15\text{ms}$$

由三要素法得

$$i_C(t) = i_C(\infty) + [i_C(0_+) - i_C(\infty)] e^{-\frac{t}{\tau}}$$

$$= \left[0 + (0.333 - 0) e^{-\frac{1000}{15}t} \right] A = 0.333 e^{-\frac{200}{3}t} A \qquad t \geqslant 0$$

$$i_3(t) = i_3(\infty) + [i_3(0_+) - i_3(\infty)] e^{-\frac{t}{\tau}}$$

$$= \left[0.5 + (0.333 - 0.5) e^{-\frac{1000}{15}t} \right] A = (0.5 - 0.167 e^{-\frac{200}{3}t}) A \qquad t \geqslant 0$$

可见,在零状态响应中,初始状态为零($u_C(0_+) = 0$、$i_L(0_+) = 0$),电路其他支路电压、电流的初始值且不一定为零。

5.3.3 一阶电路的全响应

当一阶电路的外加激励源和储能元件初始状态都不为零时,由此产生的电路响应称为**全响应**。即一阶电路换路后外加电压源或电流源不为零,电路初始状态值电容电压 $u_C(0_+) \neq 0$、电感电流 $i_L(0_+) \neq 0$,这时的电路响应称为**一阶电路的全响应**。

前面讨论了由外加激励源产生的电路响应为零状态响应,由初始状态值产生的电路响应为零输入响应,因此,全响应可以由三要素法求得,也可以由零状态响应和零输入响应的叠加而成。

例如,一阶电路如图 5-37a 所示。在 $t < 0$ 时电路处于稳态,当 $t = 0$ 时开关 S 闭合 b 点,试分析电路中电容电压 $u_C(t)$ 的零输入响应、零状态响应和全响应。

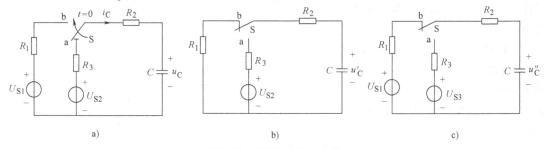

图 5-37 *RC* 电路的全响应

a) *RC* 一阶电路 b) 零输入响应 c) 零状态响应

先计算图 5-37a 的三要素为

$$u_C(0_+) = u_C(0_-) = U_{S2}$$
$$\tau = (R_1 + R_2)C$$
$$u_C(\infty) = U_{S1}$$

根据各种响应的基本定义,分析如下:

(1) 零输入响应 $u_C'(t)$ 令换路后电路中的独立电源为零,即电压源 $U_{S1} = 0$,用短路线等效替代,如图 5-37b 所示,则电路的稳态值为

$$u_C(\infty) = 0$$

零输入响应

$$u_C'(t) = u_C(0_+) \cdot e^{-\frac{t}{\tau}}$$

$$= U_{S2} e^{-\frac{t}{(R_1 + R_2)C}} \qquad t \geqslant 0$$

(2) 零状态响应 $u_C''(t)$ 令换路瞬间电容电压为零,即 $u_C(0_+) = 0$,如图 5-37c 所示,则零状

态响应为

$$u''_C(t) = u_C(\infty)(1 - e^{-\frac{t}{\tau}})$$

$$= U_{S1}(1 - e^{-\frac{t}{(R_1+R_2)C}}) \qquad t \geq 0$$

（3）全响应　用三要素法解得

$$u_C(t) = u_C(\infty) + [u_C(0_+) - u_C(\infty)]e^{-\frac{t}{\tau}}$$

$$= U_{S1} + (U_{S2} - U_{S1})e^{-\frac{t}{(R_1+R_2)C}}$$

$$= \underbrace{U_{S2}e^{-\frac{t}{(R_1+R_2)C}}}_{\text{零输入响应}} + \underbrace{U_{S1}(1 - e^{-\frac{t}{(R_1+R_2)C}})}_{\text{零状态响应}} \qquad t \geq 0$$

式中，$(U_{S2} - U_{S1})e^{-\frac{t}{(R_1+R_2)C}}$ 称为暂态分量（或暂态响应），它反映了由换路引起的电路从一个稳态过渡到另一个稳态时电量变化的规律，即随着时间的增长，暂态分量按指数规律 $e^{-\frac{t}{\tau}}$ 衰减，最后为零，过渡过程结束。U_{S1} 称为稳态分量，当暂态结束时电路进入新的稳定状态。即

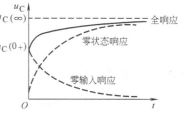

图 5-38　零输入响应、零状态响应与全响应曲线

$$全响应 = 稳态分量 + 暂态分量$$
$$= 零输入响应 + 零状态响应$$

零输入响应、零状态响应和全响应的变化规律可用曲线来描述，如图 5-38 所示。

例 5-14　电路如图 5-39a 所示，$t < 0$ 时电路为稳态。已知电压源 $U_S = 15\text{V}$，电感 $L = 0.5\text{H}$，电阻 $R_1 = R_3 = 100\Omega$，$R_2 = 200\Omega$。当 $t = 0$ 时开关 S 闭合。试求 $t \geq 0$ 时：（1）电压 $u_L(t)$、$u_3(t)$ 和电流 $i(t)$、$i_L(t)$ 的全响应；（2）电压 $u_3(t)$ 的零输入响应、零状态响应。

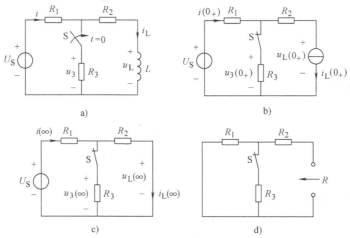

图 5-39　例 5-14 图

a）RL 一阶电路　b）$t = 0_+$ 瞬间电路　c）$t = \infty$ 时电路　d）$t \geq 0$ 时戴维南等效电阻

解　（1）求全响应　本例题分别用两种方法来分析。

方法一：用三要素法直接求解各响应；方法二：根据先求出的电感电流 $i_L(t)$ 响应，运用电路分析基本知识再计算电路中其他响应。

方法一：三要素法

$t<0$ 时电路为稳态得 $i_L(0_-)$，由图 5-39b 所示电路计算电路中各电量的初始值。

$$i_L(0_+) = i_L(0_-) = \frac{U_s}{R_1 + R_2} = \frac{15}{100 + 200}A = 0.05A$$

由等效变换法（如图 5-40 所示）解
电流的初始值为

$$i(0_+) = \frac{U_s + R_3 i_L(0_+)}{R_1 + R_3}$$

$$= \frac{15 + 100 \times 5 \times 10^{-2}}{100 + 100}A$$

$$= 0.1A$$

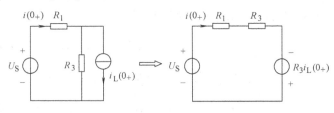

图 5-40　用等效变换法解 $t = 0_+$ 瞬间 $i(0_+)$

列图 5-39b 的 KVL 方程，得

$$u_L(0_+) = -R_2 i_L(0_+) - R_1 i(0_+) + U_s$$

$$= (-200 \times 0.05 - 100 \times 0.1 + 15)V = -5V$$

$$u_3(0_+) = R_2 i_L(0_+) + u_L(0_+)$$

$$= [200 \times 0.05 + (-5)]V = 5V$$

$t = 0$ 开关 S 闭合，当电路达到稳态时如图 5-39c 所示，其解为

$$i(\infty) = \frac{U_s}{R_1 + R_2 /\!/ R_3}$$

$$= \frac{15}{100 + \dfrac{200 \times 100}{200 + 100}}A = 0.09A$$

$$i_L(\infty) = i(\infty)(R_2 /\!/ R_3)\frac{1}{R_2}$$

$$= 0.09 \times \frac{100}{200 + 100}A = 0.03A$$

$$u_L(\infty) = 0$$

$$u_3(\infty) = R_2 i_L(\infty) = 200 \times 0.03V = 6V$$

由图 5-39d 得时间常数 τ 为

$$\tau = \frac{L}{R} = \frac{L}{R_2 + R_1 /\!/ R_3}$$

$$= \frac{0.5}{200 + \dfrac{100}{2}}s = \frac{0.5}{250}s = \frac{1}{500}s$$

由三要素法求全响应为

$$i_L(t) = i_L(\infty) + [i_L(0_+) - i_L(\infty)]e^{-\frac{t}{\tau}}$$

$$= [0.03 + (0.05 - 0.03)e^{-500t}]A$$

$$= (0.03 + 0.02e^{-500t})A \qquad t \geqslant 0$$

$$u_L(t) = u_L(\infty) + [u_L(0_+) - u_L(\infty)]e^{-\frac{t}{\tau}}$$

$$= [0 + (-5 - 0)e^{-500t}]V$$

$$= -5e^{-500t}V \qquad t \geqslant 0$$

$$i(t) = i(\infty) + [i(0_+) - i(\infty)]e^{-\frac{t}{\tau}}$$
$$= [0.09 + (0.1 - 0.09)e^{-500t}]V$$
$$= (0.09 + 0.01e^{-500t})A \qquad t \geq 0$$

$$u_3(t) = u_3(\infty) + [u_3(0_+) - u_3(\infty)]e^{-\frac{t}{\tau}}$$
$$= [6 + (5-6)e^{-500t}]V$$
$$= (6 - e^{-500t})V \qquad t \geq 0$$

方法二：电路分析法求 $u_L(t)$、$u_3(t)$、$i(t)$ 响应

用三要素法已解得电感电流响应为

$$i_L(t) = (0.03 + 0.02e^{-500t})A \qquad t \geq 0$$

由电感元件特性得

$$u_L(t) = L\frac{di_L}{dt}$$
$$= L\frac{d}{dt}(0.03 + 0.02e^{-500t})$$
$$= [0.5 \times 0.02 \times (-500)e^{-500t}]V$$
$$= -5e^{-500t}V \qquad t \geq 0$$

由图 5-41 所示电路得

$$u_3(t) = R_2 i_L(t) + u_L(t)$$
$$= [200 \times (0.03 + 0.02e^{-500t}) + (-5e^{-500t})]V$$
$$= (6 - e^{-500t})V \qquad t \geq 0$$

$$i(t) = \frac{u_3(t)}{R_3} + i_L(t)$$
$$= \left(\frac{6 - e^{-500t}}{100} + 0.03 + 0.02e^{-500t}\right)A$$
$$= (0.09 + 0.01e^{-500t})A \qquad t \geq 0$$

（2）$u_3(t)$ 的零输入响应、零状态响应 令电压源 $U_S = 0$，$t \geq 0$ 时零输入响应电路如图 5-42 所示，求零输入响应

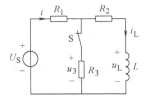

图 5-41 $t \geq 0$ 时

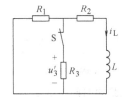

图 5-42 $t \geq 0$ 时零输入响应

$$u'_3(0_+) = -R_3\frac{i_L(0_+)}{2}$$
$$= -100 \times \frac{0.05}{2}V = -2.5V$$

$$u'_3(t) = u'_3(0_+)e^{-\frac{t}{\tau}}$$

$$= -2.5 \mathrm{e}^{-500t} \mathrm{V} \qquad t \geqslant 0$$

令 $i_L(0_+) = 0$，电路如图 5-41 所示，求零状态响应

$$u''_3(0_+) = \frac{U_S}{R_1 + R_3} R_3 = \frac{15}{2} \mathrm{V} = 7.5 \mathrm{V}$$

$$u''_3(\infty) = \frac{U_S}{R_1 + R_2 /\!/ R_3} R_2 /\!/ R_3$$

$$= \frac{15}{100 + \dfrac{200 \times 100}{200 + 100}} \times \frac{200 \times 100}{200 + 100} \mathrm{V} = 6 \mathrm{V}$$

$$u''_3(t) = u''_3(\infty) + [u''_3(0_+) - u''_3(\infty)] \mathrm{e}^{-\frac{t}{\tau}}$$

$$= [6 + (7.5 - 6)\mathrm{e}^{-500t}] \mathrm{V} = (6 + 1.5\mathrm{e}^{-500t}) \mathrm{V} \qquad t \geqslant 0$$

可见，全响应等于零输入响应与零状态响应的叠加，即 $u_3(t) = u'_3(t) + u''_3(t)$。

5.4 RC 微分电路和积分电路

在电子电路中，常运用 RC 电路的充电和放电特性与其他电子器件组成自激振荡电路、信号产生电路等，其中 RC 电路的激励 u_i 为矩形脉冲（如图 5-44 所示）。本节主要讨论 RC 电路输入电压（矩形脉冲激励电压）与输出电压之间（电路响应电压）的特定（微分或积分）的近似关系。

5.4.1 RC 微分电路

如图 5-43 所示为 RC 微分电路，设 u_i 为输入矩形脉冲电压，u_o 为输出端开路电压，则输入电压与输出电压关系为

$$u_o = Ri = RC \frac{\mathrm{d}u_C}{\mathrm{d}t}$$

若 $u_C \gg u_o$ 有

$$u_i \approx u_C$$

则

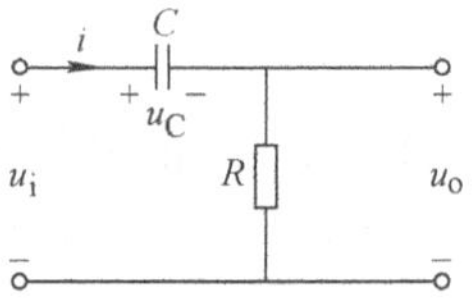

图 5-43　RC 微分电路

$$u_o = RC \frac{\mathrm{d}u_C}{\mathrm{d}t} \approx RC \frac{\mathrm{d}u_i}{\mathrm{d}t} \qquad (5\text{-}13)$$

可见，式（5-13）中的输出电压 u_o 与输入电压 u_i 近似成微分关系，因此图 5-43 称为**微分电路**。

1. RC 微分电路的时间常数 τ

由于 RC 微分电路要求 $u_C \gg u_o$，则

$$u_C = \frac{1}{C} \int_{-\infty}^{t} i \mathrm{d}\xi \gg Ri \qquad (5\text{-}14)$$

由式（5-14）可得满足 $u_C \gg Ri$ 的条件为：电阻 R 和电容 C 参数值要小，即 RC 微分电路的时间常数 $\tau = RC$ 要很小。由此可得 RC 微分电路的时间常数 $\tau \ll t_p$（t_p 如图 5-44 所示）。

2. RC 微分电路的零状态响应

当输入电压 u_i 为矩形脉冲电压（如图 5-44 所示），如电容电压的初始条件为 $u_C(0_-) = 0\mathrm{V}$，则在 0

$\leqslant t \leqslant t_1$ 时，电容电压的零状态响应 $u_C(t)$ 为

$$u_C(t) = U_S \left(1 - e^{-\frac{t}{\tau}} \right) \qquad 0 \leqslant t \leqslant t_1$$

由式（5-1）得输出电压的零状态响应 u_o 为

$$u_o(t) = RC \frac{du_C}{dt} = U_S e^{-\frac{t}{\tau}} \qquad 0 \leqslant t \leqslant t_1$$

由于时间常数 $\tau \ll t_P$，则 $t > 0$ 时对电容 C 迅速充电到 $u_C = U_S$；与此同时，u_o 迅速衰减到零值，形成一个正尖脉冲（如图 5-44 所示）。即 $t = t_1$ 时，$u_C(t_1) = U_S$。

3. RC 微分电路的零输入响应

当输入矩形脉冲电压 u_i 为 $t_1 \leqslant t \leqslant t_2$（如图 5-44 所示）时，$u_C(t_1) = U_S$，零输入响应 $u_C(t)$ 为

$$u_C(t) = U_S e^{-\frac{t-t_1}{\tau}} \qquad t_1 \leqslant t \leqslant t_2$$

则

$$u_o(t) = -u_C(t) = -U_S e^{-\frac{t-t_1}{\tau}} \qquad t_1 \leqslant t \leqslant t_2$$

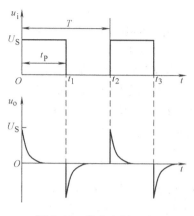

图 5-44　输入电压 u_i 与输出电压 u_o 的波形

同理，在 $t_1 \leqslant t \leqslant t_2$ 时，由于 $\tau \ll t_P$，电容 C 电压通过电阻 R 迅速放电到零值，形成负尖脉冲（如图 5-44 所示）。

注意，在输入电压 u_i 为矩形脉冲电压时，RC 微分电路的功能条件是：①时间常数 $\tau \ll t_P$；②输出电压 u_o 由电阻 R 端引出。

5.4.2　RC 积分电路

如图 5-45 所示为 RC 积分电路，设 u_i 为输入矩形脉冲电压，u_o 为输出端开路电压，则输入电压与输出电压关系为

$$
\begin{aligned}
u_o &= \frac{1}{C} \int_{-\infty}^{t} i\,d\xi = \frac{1}{C} \int_{-\infty}^{t} \frac{u_R}{R}\,d\xi \\
&= \frac{1}{RC} \int_{-\infty}^{t} u_R\,d\xi
\end{aligned}
$$

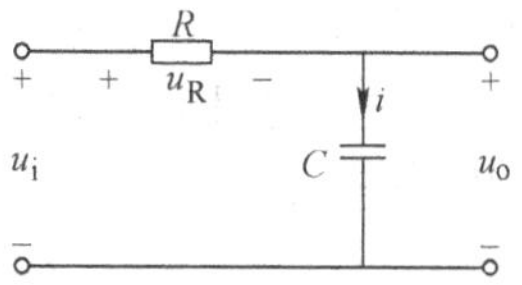

若 $u_R \gg u_o$ 有

$$u_i \approx u_R$$

则

$$u_o = \frac{1}{RC} \int_{-\infty}^{t} u_i\,d\xi \tag{5-15}$$

图 5-45　RC 积分电路

可见，式（5-15）中的输出电压 u_o 与输入电压 u_i 近似成积分关系，因此图 5-45 称为**积分电路**。

1. RC 积分电路的时间常数 τ

由于 RC 积分电路要求 $u_R \gg u_o$，则

$$u_C = \frac{1}{C} \int_{-\infty}^{t} i\,d\xi \ll Ri \tag{5-16}$$

由式（5-16）可得满足 $u_C \ll Ri$ 的条件为：电阻 R 和电容 C 参数值要大，即 RC 积分电路的时间常数 $\tau = RC$ 要很大。由此可得 RC 积分电路的时间常数 $\tau \gg t_P$。

由于 RC 积分电路的时间常数 $\tau \gg t_P$，所以无论是对电容器的充电还是放电，其过渡过程时间限长，即利用电容器的缓慢充放电特性，使输出电压 u_o 近似线性增长或线性减小，如图 5-46 所示。

2. RC 积分电路的零状态响应

当输入电压 u_i 为矩形脉冲电压（如图 5-46 所示），如电容电压的初始条件为 $u_C(0_-) = 0V$，则在 $0 \leqslant t \leqslant t_1$ 时，输出电压的零状态响应 $u_o(t)$ 为

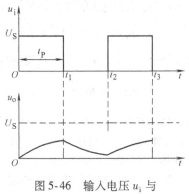

图 5-46 输入电压 u_i 与
输出电压 u_o 的波形

$$u_o(t) = U_S \left(1 - e^{-\frac{t}{\tau}} \right) \qquad 0 \leqslant t \leqslant t_1$$

由于 $\tau \gg t_P$，电容 C 缓慢充电，输出电压近似线性增长，当 $t = t_1$ 时，$u_o(t_1)$ 小于其稳态值，如图 5-46 所示。

3. RC 积分电路的零输入响应

当输入矩形脉冲电压 u_i 为 $t_1 \leqslant t \leqslant t_2$ 时，设 $u_o(t_1) = U_{o1}$，零输入响应 $u_o(t)$ 为

$$u_o(t) = U_{o1} e^{-\frac{t-t_1}{\tau}} \qquad t_1 \leqslant t \leqslant t_2$$

同理，由于 $\tau \gg t_P$，电容 C 缓慢放电，输出电压近似线性减小，如图 5-46 所示。

注意，在输入电压 u_i 为矩形脉冲电压时，RC 积分电路的功能条件是：①时间常数 $\tau \gg t_P$；②输出电压 u_o 由电容 C 端引出。当时间常数 τ 越大，其电容器的充放电过程就越缓慢，输出锯齿波的线性度就越好。

5.5 综合计算与分析

例 5-15 电路如图 5-47a 所示，已知：电容电压 $u_C(0.1) = 20V$，电容 $C = 0.02F$，电阻 $R_1 = 20\Omega$，$R_2 = 15\Omega$，$R_3 = R_6 = 18\Omega$，$R_4 = R_5 = 2\Omega$，$R_7 = 8\Omega$，$R_8 = 4\Omega$，电感 $L = 1H$；当 $0 \leqslant t \leqslant 0.1s$，电感电流 $i_L(t) = (1.5 - 0.5e^{-\frac{t}{\tau_1}} - e^{-\frac{t}{\tau_2}})A$。当 $t = 0.1s$ 时开关闭合，试求 $t \geqslant 0.1s$ 时的电容电压 $u_C(t)$ 和电流 $i_1(t)$。

解 等效化简图 5-47a 中含受控源模块的电路，如图 5-47b 所示。并用外加电压源法求出等效电阻 R_{ab} 为

$$\begin{cases} \dfrac{u - 5i_1}{R_1} + i_1 = i \\ i_1 = \dfrac{u}{R_2} \end{cases}$$

解联立方程组得

$$\frac{u - 5\dfrac{u}{R_2}}{R_1} + \frac{u}{R_2} = i$$

$$\frac{u - 5\dfrac{u}{15}}{20} + \frac{u}{15} = i$$

$$\frac{u}{10} = i$$

则

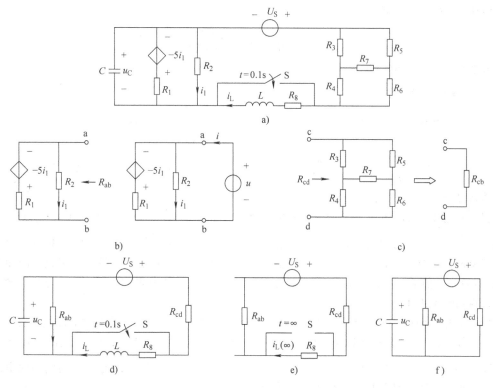

图 5-47　例 5-15 分析求解图

a) 例 5-47 图　b) 受控源模块的等效电阻分析图　c) 平衡电桥等效电路图

d) 图 a 的等效变换图　e) 开关开路时 $t = \infty$ 的等效电路图　f) $t \geq 0.1$s 时图 a 的等效电路图

$$R_{ab} = \frac{u}{i} = 10\Omega$$

等效化简图 5-47a 中电桥模块的电路，如图 5-47c 所示，而且有

$$R_3 R_6 = R_4 R_5$$

所以满足电桥平衡系条件，电阻 R_7 中的电流为零，等效电阻 R_{cd} 为

$$R_{cd} = (R_3 + R_4) // (R_5 + R_6) = (18 + 2) // (2 + 18)\Omega = \frac{20}{2}\Omega = 10\Omega$$

则图 5-47a 等效变换为图 5-47d 电路。

当 $t < 0.1$s 时，已知电流 $i_L(t) = (1.5 - 0.5e^{-\frac{t}{\tau_1}} - e^{-\frac{t}{\tau_2}})$A，并且开关是 S 打开的，此时，设 $t = \infty$ 时电路如图 5-47e 所示，得

$$i_L(\infty) = (1.5 - 0.5e^{-\frac{\infty}{\tau_1}} - e^{-\frac{\infty}{\tau_2}})\text{A} = 1.5\text{A}$$

$$U_S = (R_{11} + R_{22} + R_8) i_L(\infty) = (10 + 10 + 4) \times 1.5\text{V} = 36\text{V}$$

当 $t \geq 0.1$s 时，开关 S 闭合，图 5-47a 的等效电路如图 5-47f 所示。$t = 0.1$s 时，已知电容电压 $u_C(0.1)$ 为

$$u_C(0.1) = 20\text{V}$$

时间常数 τ 为

$$\tau = (R_{ab} // R_{cd})C = \frac{10}{2} \times 0.02\text{s} = 0.1\text{s}$$

电容电压 $u_C(\infty)$ 的稳态值为

$$u_C(\infty) = -\frac{U_S}{R_{ab} + R_{cd}}R_{ab} = -\frac{36}{10+10} \times 10V - 18V$$

由三要素式（5-12）得

$$u_C(t) = u_C(\infty) + [u_C(0.1) - u_C(\infty)]e^{-\frac{t-0.1}{\tau}}$$

$$= [-18 + (20+18)e^{-\frac{t-0.1}{0.1}}]V = (-18 + 38e^{-10(t-0.1)})V \qquad t \geqslant 0.1s$$

由图 5-47a 得

$$i_1(t) = \frac{u_C(t)}{R_2} = \frac{-18 + 38e^{-10(t-0.1)}}{15}A \approx (-1.2 + 2.53e^{-10(t-0.1)})A \qquad t \geqslant 0.1s$$

综合分析：

（1）稳态电路的分析是一阶电路分析的基础　"三要素法"（即 $y(t) = y(\infty) + [y(0_+) - y(\infty)]e^{-\frac{t}{\tau}}$）是一阶电路分析过程中的核心知识点，即以三个参数（初始值 $y(0_+)$、稳态值 $y(\infty)$ 和时间常数 τ）的分析为中心，覆盖学习掌握了的稳态电路分析各个知识点。例如图 5-47a 在计算初始值前，可利用平衡电桥知识点和含有受控源等效电阻的分析方法，进行等效变换化简，得到图 5-47d。

（2）利用一阶电路的"解"分析其他电量　一阶电路的"解"，常常是含有时间限制的，但在一定条件下，又可突破时间的限制。例如本题中已知：当 $0 \leqslant t \leqslant 0.1s$，电感电流 $i_L(t) = (1.5 - 0.5e^{-\frac{t}{\tau_1}} - e^{-\frac{t}{\tau_2}})A$，我们可以假设电路在 $t = 0.1s$ 时，开关 S 不闭合，则 $t = \infty$ 时的等效电路如图 5-47e 所示，从而解得电压源 U_S 的参数值 36V。

电阻 R_2 与电容 C 是并联，所以电流 $i_1(t)$ 不一定要用三要素法进行分析，可利用电容电压 $u_C(t)$ 的"解"和电阻元件的特性（欧姆定律），分析得电流 $i_1(t) = u_C(t)/R_2$。

例5-16　电路如图 5-48a 所示，已知：开关 S 动作前电路处于稳态，电容 $C = 2F$，电感 $L = 1H$。电阻 $R_1 = 2\Omega$，$R_2 = 3\Omega$，$R_3 = R_4 = 1\Omega$，$R_5 = R_6 = 6\Omega$，电压源 $U_S = 12V$，$U_S = 12V$，电流源 $I_S = 2A$，当 $t = 0$ 时开关 S 闭合，试求 $t \geqslant 0$ 时的电压 $u_C(t)$、$u_{ab}(t)$ 和电流 $i_L(t)$。

解　当 $t = 0_-$ 时，电路处于稳态，其等效电路如图 5-48b 所示，解得

$$i_L(0_-) = I_S = 2A$$

$$u_C(0_-) = (R_1 + R_3 + R_4)I_S = (2+1+1)2V = 8V$$

由换路定则得

$$i_L(0_+) = i_L(0_-) = 2A$$

$$u_C(0_+) = u_C(0_-) = 8V$$

$t \geqslant 0$ 时，开关 S 闭合，其等效变换电路如图 5-48c 所示。因此，图 5-48c 可等效拆分为图 5-48d、图 5-48f，分别计算电压 $u_C(t)$ 和电流 $i_L(t)$。

（1）电流 $i_L(t)$　由图 5-48d 得 $t = \infty$ 时电流 $i_L(\infty)$ 为

$$i_L(\infty) = \frac{(R_1 /\!/ R_2)}{R_1}I_S = \frac{2 \times 3}{2+3} \times \frac{1}{2} \times 2A = 1.2A$$

由 5-48e 得时间常数 τ_{RL} 为

$$\tau_{RL} = \frac{L}{R_{cd}} = \frac{L}{R_1 + R_2} = \frac{1}{2+3}s = 0.2s$$

则电流 $i_L(t)$ 为

$$i_L(t) = i_L(\infty) + [i_L(0_+) - i_L(\infty)]e^{-\frac{t}{\tau_{RL}}}$$

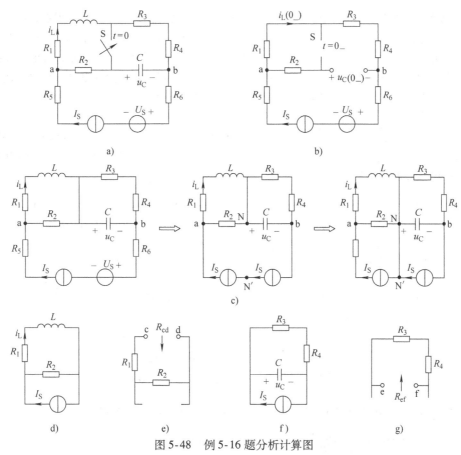

图 5-48 例 5-16 题分析计算图

a）例 5-16 图　b）$t=0_-$ 时刻图　c）$t \geqslant 0$ 时等效变换图　d）由图 c 得分析 $i_L(t)$ 等效图
e）计算等效 R_{cd} 图　f）由图 c 得分析 $u_C(t)$ 等效图　g）计算等效 R_{ef} 图

$$= \left[1.2 + (2 - 1.2) e^{-\frac{t}{0.2}} \right] A = (1.2 + 0.8 e^{-5t}) A \quad t \geqslant 0$$

（2）电压 $u_C(t)$　由图 5-48f 得 $t=\infty$ 时电流 $u_C(\infty)$ 为

$$u_C(\infty) = (R_3 + R_4) I_S = (1 + 1) \times 2 V = 4 V$$

由 5-48g 得时间常数 τ_{RC} 为

$$\tau_{RC} = R_{ef} C = (R_3 + R_4) C = (1 + 1) \times 2 s = 4 s$$

则电压 $u_C(t)$ 为

$$u_C(t) = u_C(\infty) + \left[u_C(0_+) - u_C(\infty) \right] e^{-\frac{t}{\tau_{RC}}}$$

$$= \left[4 + (8 - 4) e^{-\frac{t}{4}} \right] V = (4 + 4 e^{-0.25t}) V \quad t \geqslant 0$$

（3）电压 $u_{ab}(t)$　由图 5-48a 得电压 $u_{ab}(t)$ 为

$$u_{ab}(t) = \left[I_S - i_L(t) \right] R_2 + u_C(t)$$

$$= \left[2 - (1.2 + 0.8 e^{-5t}) \right] \times 3 V + (4 + 4 e^{-0.25t}) V = (6.4 - 2.4 e^{-5t} + 4 e^{-0.25t}) V \quad t \geqslant 0$$

综合分析：

（1）一阶电路　当电路中同时含有电容 C、电感 L 元件时，并不能说明换路后的电路就不是一阶电路。例如 $t \geqslant 0$ 时，开关 S 闭合，等效变换电路图 5-48c 可等效拆分为两个一阶电路，即图 5-48d 和图 5-48f。

（2）电流源迁移法　电流源迁移法如图5-48c所示，其主要引用了两个知识点，第一是电流源的特性，即电流源输出的电流大小、方向由电流源决定，而电流源的端电压由外接电路所决定；第二是电路的定律，即KCL。所以，一个电流源 I_S 对外电路可等效为两个大小、方向相同的电流源 I_S 串联，如图5-48c中第二个电路所示。用一条短路线将电路中的N、N′两点连接，对于新的结点 N N′，仍满足KCL，即各支路电流不变，如图5-48c中第三个电路所示。第三个等效电路所使用的方法称为电流源迁移法。

例5-17　电路如图5-49a所示，已知：开关S动作前电路处于稳态，电压源 $U_{S1} = 24\text{V}$，$U_{S2} = 36\text{V}$，$U_{S3} = 12\text{V}$，电容 $C_1 = C_2 = 1\text{F}$，电感 $L_1 = L_2 = 2\text{H}$。电阻 $R_1 = R_2 = R_3 = 2\Omega$，当 $t = 0$ 时开关S闭合，试求 $t \geqslant 0$ 时的电流 $i(t)$。

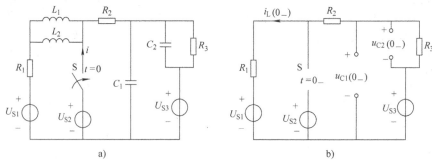

图5-49　例5-17及初始值分析图

a）例5-17图　b）$t = 0_-$ 时的初始状态分析图

解　当 $t = 0_-$ 时，电路处于稳态，其等效电路如图5-49b所示，解得

$$i_L(0_-) = \frac{U_{S3} - U_{S1}}{R_1 + R_2 + R_3} = \frac{12 - 24}{2 + 2 + 2}\text{A} = -2\text{A}$$

$$u_{C1}(0_-) = (R_1 + R_2)i_L(0_-) + U_{S1} = [(2 + 2) \times (-2) + 24]\text{V} = 16\text{V}$$

$$u_{C2}(0_-) = u_{C1}(0_-) - U_{S3} = (16 - 12)\text{V} = 4\text{V}$$

由换路定则得

$$i_L(0_+) = i_L(0_-) = -2\text{A}$$

$$u_{C1}(0_+) = u_{C1}(0_-) = 16\text{V}$$

$$u_{C2}(0_+) = u_{C2}(0_-) = 4\text{V}$$

$t \geqslant 0$ 时，开关S闭合，其等效变换电路如图5-50a所示。其中等效电感 L 为

$$L = L_1 /\!/ L_2 = \frac{L_1 L_2}{L_1 + L_2} = \frac{2 \times 2}{2 + 2}\text{H} = 1\text{H}$$

因此，图5-50a可等效拆分为图5-50b、图5-50c，分别计算电流 $i_L(t)$、$i_2(t)$。

（1）电流 $i_L(t)$　由图5-50b解 $t = \infty$ 时电流 $i_L(\infty)$ 为

$$i_L(\infty) = \frac{U_{S2} - U_{S1}}{R_1} = \frac{36 - 24}{2}\text{A} = 6\text{A}$$

时间常数 τ_{RL} 为

$$\tau_{RL} = \frac{L}{R_1} = \frac{1}{2}\text{s}$$

则电流 $i_L(t)$ 为

$$i_L(t) = i_L(\infty) + [i_L(0_+) - i_L(\infty)]\text{e}^{-\frac{t}{\tau_{RL}}}$$

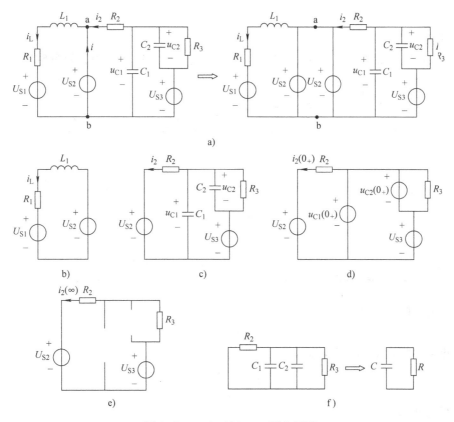

图 5-50 $t \geqslant 0$ 时例 5-17 题分析图

a) $t \geqslant 0$ 时例 5-17 等效图 b) 由图 a 等效拆分计算 $i_L(t)$ 图 c) 由图 a 等效拆分计算 $i_2(t)$ 图

d) $t = 0_+$ 时图 c 的瞬时图 e) $t = \infty$ 时图 c 的稳态图 f) 图 c 的时间常数分析图

$$= [6 + (-2 - 6)e^{-\frac{t}{0.5}}]A = (6 - 8e^{-2t})A \quad t \geqslant 0$$

（2）电流 $i_2(t)$ $t = 0_+$ 时，由图 5-50c 得等效电路图 5-50d，解 $i_2(0_+)$ 为

$$i_2(0_+) = \frac{u_{C1}(0_+) - U_{S2}}{R_2} = \frac{16 - 36}{2}A = -10A$$

$t = \infty$ 时，由图 5-50e 得 $i_2(\infty)$ 为

$$i_2(\infty) = \frac{U_{S3} - U_{S2}}{R_2 + R_3} = \frac{12 - 36}{2 + 2}A = -6A$$

由图 5-50f 的等效电路得时间常数 τ_{RC} 为

$$C = C_1 + C_2 = (1 + 1)F = 2F$$

$$R = R_2 // R_3 = (2 // 2)\Omega = 1\Omega$$

$$\tau_{RC} = RC = 1 \times 2s = 2s$$

则电流 $i_2(t)$ 为

$$i_2(t) = i_2(\infty) + [i_2(0_+) - i_2(\infty)]e^{-\frac{t}{\tau_{RL}}}$$

$$= [-6 + (-10 + 6)e^{-\frac{t}{2}}]A = (-6 - 4e^{-0.5t})A \quad t \geqslant 0$$

（3）电流 $i(t)$ 列图 5-50a 电路的 KCL 方程得 $i(t)$ 为

$$i(t) = i_L(t) - i_2(t)$$

$$= [(6 - 8e^{-2t}) - (-6 - 4e^{-0.5t})]A = (12 - 8e^{-2t} + 4e^{-0.5t})A \quad t \geq 0$$

综合分析：

（1）电容 C、电感 L 的串、并联电路　电容 C、电感 L 的串、并联电路如图5-51所示。

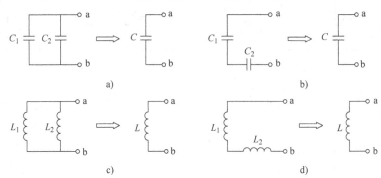

图5-51　电容 C、电感 L 的串、并联电路

a）电容并联电路图　b）电容串联电路图　c）电感并联电路图　d）电感串联电路图

两个电容并联的等效电容 C 为

$$C = C_1 + C_2$$

两个电容串联的等效电容 C 为

$$C = \frac{C_1 C_2}{C_1 + C_2}$$

两个电感并联的等效电感 L 为

$$L = \frac{L_1 L_2}{L_1 + L_2}$$

两个电感串联的等效电感 L 为

$$L = L_1 + L_2$$

（2）电压源迁移法　电压源迁移法如图5-50a所示。主要引用了两个知识点：第一个是电压源的特性，即电压源输出的电压大小、方向由电压源决定，而流过电压源的电流由外接电路所决定；第二个是电路的定律，即KVL。所以，一个电压源 U_S 对外电路可等效为两个大小、方向相同的电压源 U_S 并联，如图5-50a中等效变换电路所示。a、b两点并联两个电压源 U_{S2}，对外等效为一个电压源 U_{S2}，并且a、b两点的电压不变，即满足KVL。所以，将图5-50a中的第二个电路图中的a点断开，等效拆分为图5-50b和图5-50c。这种利用并联电压源来拆分电路的方法称为电压源迁移法。

小　结

本章主要是应用三要素法分析一阶电路的过渡过程。

1. 三要素法

初始值 $y(0_+)$、时间常数 τ、换路后的稳态值 $y(\infty)$ 称为一阶电路的三要素。

（1）初始值 $y(0_+)$

1）换路瞬间的电容电压 $u_C(0_+)$、电感电流 $i_L(0_+)$ 称为初始状态值（或初始值）。除初始状态值以外的初始电压 $u(0_+)$、初始电流 $i(0_+)$ 称为一阶电路的初始值。

2）在一阶电路发生换路瞬间，如果电路中不存在无限大的电流和电压，则有换路定则

$$u_C(0_+) = u_C(0_-)$$

$$i_L(0_+) = i_L(0_-)$$

3）$y(0_+)$的分析步骤：

● 计算换路前的电容电压$u_C(0_-)$、电感电流$i_L(0_-)$。注意：在直流稳态电路中，电容等效于开路，电感等效于短路。

● 由换路定则得初始状态值，即$u_C(0_+) = u_C(0_-)$，$i_L(0_+) = i_L(0_-)$。

● 计算电路中其他初始电压$u(0_+)$、初始电流$i(0_+)$。在画$t = 0_+$瞬间电路时注意：如果$u_C(0_+) \neq 0$，可用电压源等效替代；如果$i_L(0_+) \neq 0$，可用电流源等效替代；如果$u_C(0_+) = 0$，电容等效于短路；如果$i_L(0_+) = 0$，电感等效于开路。

（2）稳态值$y(\infty)$ 当一阶电路换路后经过了无限长的时间（即$t = \infty$），达到新的稳态时的电压、电流值称为一阶电路的稳态值$y(\infty)$。注意：

1）正确运用电路分析方法，如电源模型的等效变换法、戴维南定理、叠加定理、结点电压法等。

2）在直流稳态电路中电容等效于开路、电感等效于短路的特性。

（3）时间常数τ 时间常数τ决定了一阶电路过渡过程的时间长短。时间常数τ越小，过渡过程就越短。从理论上讲，电路完成暂态的时间为无限长，实际上认为，换路后经过$3 \sim 5\tau$时暂态过程结束。

时间常数τ的大小与电路中电阻、电容或电感参数以及连接方式有关。

1）RC一阶电路的时间常数：$\tau = RC$

2）RL一阶电路的时间常数：$\tau = \dfrac{L}{R}$

3）时间常数τ中的R，是储能元件两端计算出的戴维南等效电阻。

（4）在直流激励下三要素法公式

$$y(t) = y(\infty) + [y(0_+) - y(\infty)]e^{-\frac{t}{\tau}} \qquad t \geq 0$$

2. 一阶电路响应

（1）零输入响应 当电路换路后，一阶电路中的外加激励电源为零时的响应，称为零输入响应。其解为

$$\begin{cases} y(\infty) = 0 \\ y(t) = y(0_+)e^{-\frac{t}{\tau}} \qquad t \geq 0 \end{cases}$$

（2）零状态响应 当电路换路后，电路的初始状态值为零，电路由外加激励电源产生的响应称为零状态响应。其解为

$$\begin{cases} u_C(0_+) = 0, i_L(0_+) = 0 \\ y(t) = y(\infty) + [y(0_+) - y(\infty)]e^{-\frac{t}{\tau}} \qquad t \geq 0 \end{cases}$$

注意：初始状态不等于电路中其他电压、电流的初始值为零，即$y(0_+)$不一定为零。

（3）全响应

$$全响应 = 零输入响应 + 零状态响应$$

$$\begin{cases} u_C(0_+) \neq 0, i_L(0_+) \neq 0, 换路后外加激励电源 \neq 0 \\ y(t) = y(\infty) + [y(0_+) - y(\infty)]e^{-\frac{t}{\tau}} \qquad t \geq 0 \end{cases}$$

选 择 题

1. 电路如图 5-52 所示，换路前电路处于稳态，在 $t=0$ 时开关 S 闭合，则电路的初始值电流 $i(0_+)$ 为( )。

(a) 0.25A   (b) 0.5A   (c) 0.75A   (d) 0A

2. 电路如图 5-53 所示，换路前电路处于稳态，在 $t=0$ 时开关 S 闭合，则电路的初始值电流 $i_C(0_+)$ 为( )。

(a) 0.25A   (b) 0.5A   (c) 0.75A   (d) 0A

3. 电路如图 5-54 所示，换路前电路处于稳态，在 $t=0$ 时开关 S 闭合，则电路的初始值电流 $i(0_+)$ 为( )。

(a) 0A   (b) 0.25A   (c) 0.5A   (d) 0.75A

4. 电路如图 5-55 所示，换路前电路处于稳态，在 $t=0$ 时开关 S 闭合，则电路的初始值电压 $u_L(0_+)$ 为( )。

(a) 0V   (b) 5V   (c) 10V   (d) 7.5V

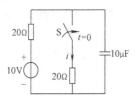
图 5-52　选择题 1 图

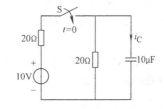
图 5-53　选择题 2 图

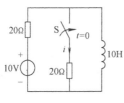
图 5-54　选择题 3 图

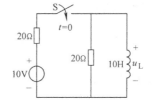
图 5-55　选择题 4 图

5. 电路如图 5-56 所示，换路前电路处于稳态，在 $t=0$ 时开关 S 闭合，该电路将产生过渡过程的原因是( )。

(a) 电路中有储能元件，而且电路发生了换路

(b) 电路发生了换路

(c) 电路换路后，电感中的电流的发生了变化

(d) 电路换路后，电阻中的电流发生了变化

6. 电路如图 5-57 所示，在 $t=0$ 时开关 S 闭合，若已知换路前电容上的电压 $u_C(0_-)=15V$，则在开关 S 闭合后该电路( )。

(a) 不产生过渡过程

(b) 产生过渡过程

(c) 不一定产生过渡过程

（d）是否产生过渡过程，这取决于电阻 R 的大小

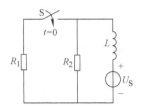

图 5-56　选择题 5 图

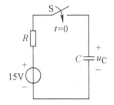

图 5-57　选择题 6 图

7. 电路如图 5-58 所示，换路前电路处于稳态，在 $t=0$ 时开关 S 闭合，则电路的初始值电流 $i(0_+)$ 为（　　）。

（a）1A　　　　　　（b）2A　　　　　　（c）3A　　　　　　（d）4A

8. 电路如图 5-53 所示，换路前电路处于稳态，在 $t=0$ 时开关 S 闭合，当 $t=\infty$ 时，电路的稳态电流 $i_C(\infty)$ 为（　　）。

（a）20V　　　　　　（b）10V

（c）5V　　　　　　　（d）0V

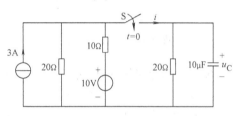

图 5-58　选择题 7 图

9. 电路如图 5-54 所示，换路前电路处于稳态，在 $t=0$ 时开关 S 闭合，当 $t=\infty$ 时，电路的稳态电流 $i(\infty)$ 为（　　）。

（a）0A　　　　　　（b）0.25A

（c）0.5A　　　　　（d）0.75A

10. 电路如图 5-55 所示，换路前电路处于稳态，在 $t=0$ 时开关 S 闭合，当 $t=\infty$ 时，电路的稳态电压 $u_L(\infty)$ 为（　　）。

（a）0V　　　　　　（b）5V　　　　　　（c）10V　　　　　　（d）7.5V

11. 在换路瞬间，如果电路中电压、电流为有限值，则下列各项中除（　　）不能跃变外，其他全可跃变。

（a）电感电压　　　（b）电容电流　　　（c）电感电流　　　（d）电阻电压

12. 电路如图 5-59 所示，在 $t=0$ 时开关 S 闭合，则换路后电路的时间常数 τ 为（　　）。

（a）$\dfrac{L}{90}$　　　　　（b）$\dfrac{L}{60}$　　　　　（c）$\dfrac{L}{30}$　　　　　（d）$\dfrac{L}{15}$

13. 电路如图 5-60 所示，在 $t=0$ 时开关 S 闭合，则换路后电路的时间常数 τ 为（　　）。

（a）$90C$　　　　　（b）$60C$　　　　　（c）$30C$　　　　　（d）$15C$

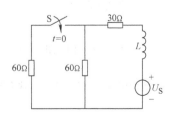

图 5-59　选择题 12 图

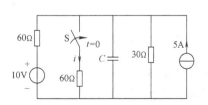

图 5-60　选择题 13 图

14. 电路如图 5-61 所示，电流源 $I_s = 2A$，电阻 $R_1 = R_3 = 15\Omega$，$R_2 = R_4 = 5\Omega$，电感 $L_1 = L_2 = 4H$，在 $t = 0$ 时开关 S 打开，则 $t \geq 0$ 时电路的时间常数 τ 为（　　）。

(a) 0.2s　　　　　　(b) 0.25s　　　　(c) 2.5s　　　　　(d) 5s

15. 电路如图 5-62 所示，电压源 $U_s = 2V$，电阻 $R_1 = R_2 = R_3 = R_4 = R_5 = 1\Omega$，电感 $L_1 = L_2 = 1H$，在 $t = 0$ 时开关 S 闭合，则 $t \geq 0$ 时电路的时间常数 τ 为（　　）。

(a) 0.25s　　　　　(b) 0.5s　　　　(c) 2s　　　　　　(d) 4s

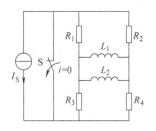
图 5-61　选择题 14 图

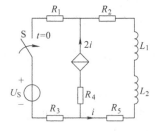
图 5-62　选择题 15 图

16. 设一阶电路的时间常数为 5s，电路的零输入响应经过 4s 后衰减为原值的（　　）。

(a) 28.65%　　　　(b) 36.8%　　　　(c) 44.93%　　　　(d) 80%

17. 电路如图 5-63a 所示，换路前电路处于稳态，在 $t = 0$ 时开关 S 闭合，已知电容电压 $u_C(0_-) = 0$，当电容的值分别为 10μF、20μF、30μF 时得到三条电容电压响应 $u_C(t)$ 曲线，如图 5-63b 所示，则 10μF 电容所对应的电压 $u_C(t)$ 曲线是（　　）。

18. 电路如图 5-63a 所示，换路前电路处于稳态，在 $t = 0$ 时开关 S 闭合，已知电容电压 $u_C(0_-) = 0$，当电容的值分别为 10μF、20μF、30μF、40μF 时得到四条电容电流响应 $i_C(t)$ 曲线，如图 5-64 所示，则 30μF 电容所对应的电流 $i_C(t)$ 曲线是（　　）。

19. 电路如图 5-65a 所示，换路前电路处于稳态，在 $t = 0$ 时开关 S 闭合，已知电感电流 $i_L(0_-) = 0$，当电容的值分别为 10mH、30mH、45mH、60mH 时得到 4 条响应电阻电压 $u_R(t)$ 曲线，如图 5-65b 所示，则 30mH 电感所对应的 $u_R(t)$ 曲线是（　　）。

20. 电路如图 5-65a 所示，换路前电路处于稳态，在 $t = 0$ 时开关 S 闭合，已知电感电流 $i_L(0_-) = 0$，当电感的值分别为 10mH、30mH、45mH、60mH 时得到 4 条电感电流响应 $u_L(t)$ 曲线，如图 5-66 所示，则 30mH 电感所对应的 $u_L(t)$ 曲线是（　　）。

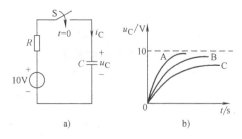
图 5-63　选择题 17 图

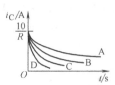
图 5-64　选择题 18 图

21. 电路如图 5-67 所示，换路前电路处于稳态，并已知电感电流 $i_L(0_-) = 0$，在 $t = 0$ 时开关 S 闭合，则 $t \geq 0$ 时电感电流响应 $i_L(t) = $（　　）。

(a) 1A　　　　　　(b) e^{-2t}　　　　　(c) $1 - e^{-2t}$　　　　(d) $1 - e^{-5t}$

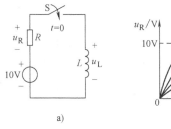
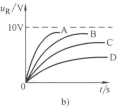
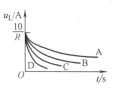

图 5-65　选择题 19 图　　　　　　　　图 5-66　选择题 20 图

22. 电路如图 5-68 所示，换路前电路处于稳态，在 $t=0$ 时开关 S 断开，则 $t \geq 0$ 时电感电流响应 $i_L(t)=(\quad\quad)$。

（a）1A　　　　（b）$\dfrac{10}{R}\mathrm{e}^{-\frac{R}{L}t}$　　　　（c）$\dfrac{10}{R}\mathrm{e}^{-\frac{L}{R}t}$　　　　（d）$\dfrac{10}{R}\left(1-\mathrm{e}^{-\frac{L}{R}t}\right)$

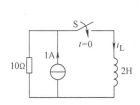
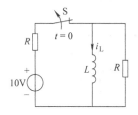

图 5-67　选择题 21 图　　　　　　　　图 5-68　选择题 22 图

习　　题

1. 如图 5-69 所示电路中，换路前电路已处于稳态，$t=0$ 时开关 S 闭合，试求电流 $i_1(0_+)$、$i_L(0_+)$ 及电压 $u_L(0_-)$ 和 $u_L(0_+)$，并解释为什么 $u_L(0_+)\neq u_L(0_-)$。

2. 如图 5-70 所示电路中，换路前电路已处于稳态，$t=0$ 时开关 S 闭合，试求电流 $i_1(0_+)$ 和电压 $u_C(0_+)$ 及电流 $i_C(0_-)$ 和 $i_C(0_+)$，并解释为什么 $i_C(0_+)\neq i_C(0_-)$。

3. 如图 5-71 所示电路中，换路前电路已处于稳态，$t=0$ 时开关 S 断开，试求 $i_L(0_+)$、$u_C(0_+)$ 和 $u(0_+)$。

4. 如图 5-72 所示电路中，换路前电路已处于稳态。已知电阻 $R_1=200\Omega$，$R_2=100\Omega$，电压源 $U_S=300\mathrm{V}$，$t=0$ 时将开关 S 断开，试求电流 $i_1(0_+)$、$i_2(0_+)$ 和 $i_3(0_+)$。

5. 如图 5-73 所示电路中，换路前电路已处于稳态，已知：电阻 $R_1=R_2=R_3=2\Omega$，电感 $L=1\mathrm{H}$，电流 $C=1\mu\mathrm{F}$，电流源 $I_S=2\mathrm{A}$。$t=0$ 时将开关 S 闭合，试求：（1）开关 S 闭合瞬间的电流 $i_1(0_+)$、$i_L(0_+)$ 和电压 $u(0_+)$ 及电路稳定后的电流 $i_1(\infty)$、$i_L(\infty)$、电压 $u(\infty)$；（2）开关 S 闭合瞬间的电感的储能和电容的储能。

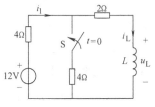
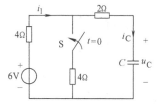

图 5-69　习题 1 图　　　　　　　　图 5-70　习题 2 图

6. 如图 5-74 所示电路中，换路前电路已处于稳态。$t=0$ 时将开关 S 闭合，试求：（1）开关 S 闭合瞬间的电流 $i(0_+)$ 及电压 $u_C(0_+)$、$u(0_+)$；（2）开关 S 闭合电路稳定后的 $i(\infty)$ 及电压 $u_C(\infty)$、$u(\infty)$。

7. 如图 5-75 所示电路中，已知：$U_S=10V$，$R_1=2\Omega$，$R_2=8\Omega$。换路前电路已处于稳态。$t=0$ 时将开关 S 闭合，试求：（1）开关 S 闭合瞬间电流 $i_1(0_+)$、$i_2(0_+)$ 和电压 $u_{L1}(0_+)$、$u_{L2}(0_+)$；（2）开关 S 闭合电路稳定后电流 $i_1(\infty)$、$i_2(\infty)$ 和电压 $u_{L1}(\infty)$、$u_{L2}(\infty)$。

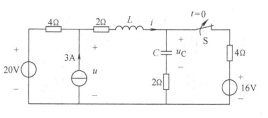

图 5-71　习题 3 图

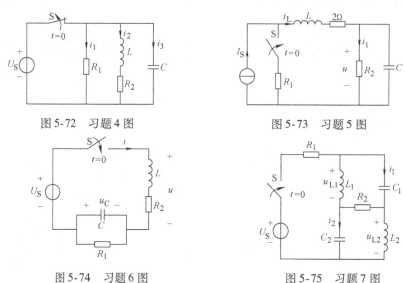

图 5-72　习题 4 图　　　　　　图 5-73　习题 5 图

图 5-74　习题 6 图　　　　　　图 5-75　习题 7 图

8. 已知图 5-69 所示电路中电感 $L=2H$，试分析习题 1 中当 $t\geq0$ 时电路的电流 $i_1(t)$、$i_L(t)$ 和电压 $u_L(t)$，并画出电流 $i_L(t)$ 的波形图。

9. 已知图 5-70 所示电路中电容 $C=0.125F$，试分析习题 2 中当 $t\geq0$ 时电路的电流 $i_1(t)$、$i_C(t)$ 和电压 $u_C(t)$，并画出电压 $u_C(t)$ 的波形图。

10. 如图 5-76 所示电路中，换路前电路已处于稳态，$t=0$ 时开关 S 闭合，试求 $t\geq0$ 时电路中的电流 $i_L(t)$、$i_1(t)$ 和电压 $u_L(t)$。

11. 如图 5-77 所示电路中，已知电阻 $R_1=R_2=R_3=10k\Omega$，$R_4=20k\Omega$，$U_S=10V$，$I_S=2mA$，$C=10\mu F$，换路前电路已处于稳态，$t=0$ 时开关 S 闭合，试求 $t\geq0$ 时电路中的电流 $i_1(t)$ 和电压 $u_C(t)$。

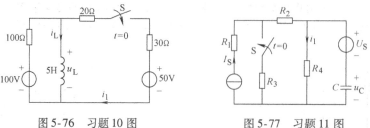

图 5-76　习题 10 图　　　　　图 5-77　习题 11 图

12. 如图 5-78 所示电路中，已知电压源 $U_{S1}=200V$，$U_{S2}=100V$，电阻 $R_1=25\Omega$，$R_2=15\Omega$，电感 $L=10H$，换路前电路已处于稳态，$t=0$ 时将开关 S 闭合，试求 $t\geq0$ 时的电流 $i_L(t)$ 及电流 $i_L(t)$ 增长到 6A 时所需时间。

13. 如图 5-79 所示电路中，已知电阻 $R_1 = R_2 = 50\Omega$，电容 $C = 40\,\mu F$，电压源 $U_S = 10V$，电流源 $I_S = 1A$，换路前电路已处于稳态，$t = 0$ 时将开关 S 闭合，试求 $t \geq 0$ 时的电压 $u_C(t)$ 和电流 $i(t)$。

14. 如图 5-80 所示电路中，已知电阻 $R_1 = 60\Omega$，$R_2 = 120\Omega$，$R_3 = 40\Omega$，电感 $L = 4H$，电压源 $U_{S1} = 24V$，$U_{S2} = 20V$，换路前电路已处于稳态，$t = 0$ 时将开关 S 闭合，试求 $t \geq 0$ 时的电流 $i_L(t)$。

15. 如图 5-81 所示电路中，已知电阻 $R_1 = R_2 = 1k\Omega$，电感 $L_1 = 15mH$，$L_2 = L_3 = 10mH$，电流源 $I_S = 10mA$，换路前电路已处于稳态，$t = 0$ 时将开关 S 闭合，试求 $t \geq 0$ 时的电流 $i(t)$。

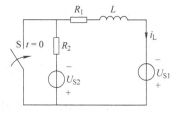

图 5-78　习题 12 图

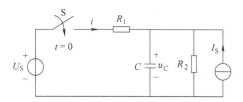

图 5-79　习题 13 图

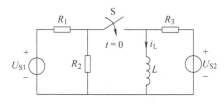

图 5-80　习题 14 图

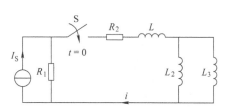

图 5-81　习题 15 图

16. 如图 5-82 所示电路中，已知电压源 $U_S = 20V$，电阻 $R_1 = 5\Omega$，$R_2 = R_3 = 10\Omega$，电容 $C_1 = 2F$，$C_2 = C_3 = 1F$，电压 $u_{C1}(0_-) = 10V$，$u_{C2}(0_-) = u_{C2} = 0V$，$t = 0$ 时将开关 S 闭合，试求 $t \geq 0$ 时的电压 $u_{C1}(t)$、$u_{C2}(t)$、$u_{C3}(t)$ 和电流 $i(t)$。

17. 如图 5-83 所示电路中，已知电压源 $U_{S1} = 9V$，$U_{S2} = 3V$，电阻 $R_1 = 3\Omega$，$R_2 = 6\Omega$，电容 $C_1 = 0.2F$，$C_2 = 0.3F$，换路前电路已处于稳态，$t = 0$ 时将开关 S 闭合，试求 $t \geq 0$ 时的电压 $u_{C1}(t)$、$u_{C2}(t)$。

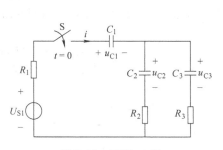

图 5-82　习题 16 图

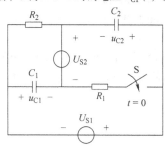

图 5-83　习题 17 图

18. 如图 5-84 所示电路中，已知电压源 $U_S = 12V$，电流源 $I_S = 3A$，电阻 $R_1 = 4\Omega$，$R_2 = 5\Omega$，$R_3 = 20\Omega$，电感 $L_1 = L_2 = 1H$，换路前电路已处于稳态，$t = 0$ 时将开关 S 闭合，试求 $t \geq 0$ 时的电流 $i(t)$。

19. 如图 5-85 所示电路中，已知电压源 $U_S = 6V$，电阻 $R_1 = 2\Omega$，$R_2 = R_4 = 4\Omega$，$R_3 = R_5 = 6\Omega$，$R_6 = 5\Omega$，电容 $C_1 = C_2 = 1\mu F$，电压 $u_{C1}(0_-) = 1V$，$u_{C2}(0_-) = 5V$，$t = 0$ 时将开关 S 闭合，试求 $t \geq 0$ 时的电压 $u_{C1}(t)$、$u_{C2}(t)$。

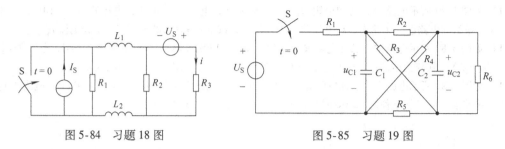

图 5-84　习题 18 图　　　　　　　　　　图 5-85　习题 19 图

20. 如图 5-86 所示电路中，已知 $t<0$ 时电容器 C 的储能为 0，电阻 $R_1 = R_3 = 5\text{k}\Omega$，$R_2 = 10\text{k}\Omega$，电压源 $U_S = 12\text{V}$，电容 $C = 100\text{pF}$，在 $t=0$ 时开关 S 断开，而又在 $t=2\mu\text{s}$ 时接通的情况下，试求输出电压 $u(t)$ 的表达式，并画出其波形图。

21. 如图 5-87 所示电路中，已知开关动作前电容 C 的储能为 0，电阻 $R_1 = 4\text{k}\Omega$，$R_2 = 16\text{k}\Omega$，电流源 $I_S = 5\text{mA}$，电压源 $U_S = 30\text{V}$，电容 $C = 20\mu\text{F}$，当 $t=0$ 时开关 S_1 闭合，10ms 后开关 S_2 闭合，试求 $t \geqslant 0$ 时的电压 $u_C(t)$。

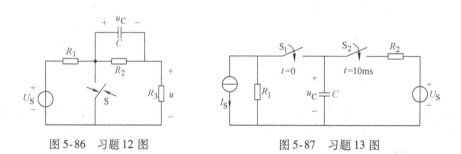

图 5-86　习题 12 图　　　　　　　　　图 5-87　习题 13 图

22. 如图 5-88 所示电路中，已知电压源 $U_S = 10\text{V}$，电阻 $R_1 = 3\Omega$，$R_2 = 2\Omega$，电感 $L = 5\text{H}$，电感线圈的初始储能为零，$t=0$ 时开关 S_1 闭合，经过 2s 后又将开关 S_2 闭合，试求 $t \geqslant 2\text{s}$ 时的电流 $i_L(t)$，并画出电流 $i_L(t)$ 的波形图。

23. 如图 5-89 所示电路中，已知电压源 $U_S = 100\text{V}$，电阻 $R_1 = R_2 = 25\Omega$，电感 $L = 12.5\text{H}$，$t<0$ 时电路已处于稳态，$t=0$ 时开关 S 闭合，经过 2s 后又将开关 S 断开，试求 $t \geqslant 2\text{s}$ 时的电流 $i_L(t)$、$i_2(t)$。

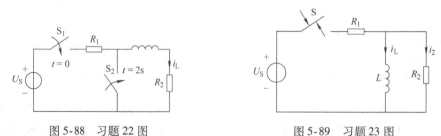

图 5-88　习题 22 图　　　　　　　　　图 5-89　习题 23 图

24. 试分析题 5.10 当 $t \geqslant 0$ 时电感电流 $i_L(t)$ 和电压 $u_L(t)$ 的零输入响应、零状态响应及全响应。

25. 试分析题 5.11 当 $t \geqslant 0$ 时电流 $i_1(t)$ 和电容电压 $u_C(t)$ 的零输入响应、零状态响应及全响应。

26. 如图 5-90 所示电路中，已知电阻 $R_1 = 10\Omega$，$R_2 = 20\Omega$，电压源 $U_S = 60\text{V}$，电容 $C_1 = 2\mu\text{F}$，$C_2 = 1\mu\text{F}$，在 $t<0$ 时电路处于稳态，$t=0$ 开关 S 打开，试求 $t \geqslant 0$ 时电压 $u(t)$。

27. 如图 5-91 所示电路中，已知电阻 $R_1 = R_2 = 50\Omega$，电压源 $U_S = 10\text{V}$，电感 $L = 0.2\text{H}$，$t<0$ 时电路处

于稳态，$t=0$ 时开关 S 打开，试求 $t\geq0$ 时的电感电流 $i_L(t)$。

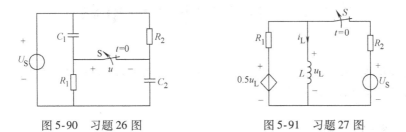

图 5-90　习题 26 图　　　　　图 5-91　习题 27 图

28. 如图 5-92 所示电路中，已知电阻 $R_1=3\Omega$，$R_2=1\Omega$，电流源 $I_{S1}=1A$，$I_{S2}=2A$，电容 $C=1F$，$t<0$ 时电路处于稳态，$t=0$ 时开关 S 打开，试求 $t\geq0$ 时的电流 $i(t)$。

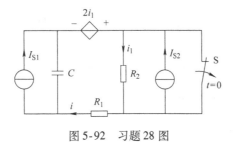

图 5-92　习题 28 图

第6章　周期性非正弦电路

提要　本章介绍非正弦周期函数的傅里叶级数和非正弦周期量的有效值、平均值及平均功率的基本概念。讨论了周期性非正弦稳态电路的分析方法。

6.1　周期函数的傅里叶级数

对于周期为 T 的函数 $f(t)$，如果满足狄里赫利条件，则可分解为傅里叶级数，为

$$f(t) = \frac{a_0}{2} + \sum_{k=1}^{\infty}(a_k\cos k\omega t + b_k\sin k\omega t) \tag{6-1}$$

式中，$\omega = \dfrac{2\pi}{T}$，$a_0 = \dfrac{2}{T}\displaystyle\int_{-T/2}^{T/2}f(t)\,\mathrm{d}t = \dfrac{2}{T}\displaystyle\int_0^T f(t)\,\mathrm{d}t$；$a_k = \dfrac{2}{T}\displaystyle\int_{-T/2}^{T/2}f(t)\cos k\omega t\mathrm{d}t = \dfrac{2}{T}\displaystyle\int_0^T f(t)\cos k\omega t\mathrm{d}t$；$b_k = \dfrac{2}{T}\displaystyle\int_{-T/2}^{T/2}f(t)\sin k\omega t\mathrm{d}t = \dfrac{2}{T}\displaystyle\int_0^T f(t)\sin k\omega t\mathrm{d}t$。

式（6-1）也可以写成下列形式

$$f(t) = A_0 + \sum_{k=1}^{\infty}A_{km}\sin(k\omega t + \varphi_k) \tag{6-2}$$

式中，$A_0 = \dfrac{a_0}{2}$；$A_{km} = \sqrt{a_k^2 + b_k^2}$；$\varphi_k = \arctan\dfrac{a_k}{b_k}$。

式（6-2）中的每一项都是正弦的谐波分量，简称**谐波**。其中：A_0 为常数，也可写成 $A_0 = \dfrac{a_0}{2}\sin(0t + 90°)$，所以称为 **0 次谐波**。在电路中为直流分量；$A_{1m}\sin(\omega t + \varphi_1)$ 称为 1 次谐波，简称**基波**。其周期、频率与原函数 $f(t)$ 相同；$A_{km}\sin(k\omega t + \varphi_k)$ 称为 **k 次谐波**，其谐波频率是基波的 k 倍。

通常把 2 次以上的谐波统称为**高次谐波**；k 为奇数的分量称为**奇次谐波**；k 为偶数的分量称为**偶次谐波**。表 6-1 中列出一些典型的周期性非正弦函数的傅里叶级数展开式。

表 6-1　一些典型的周期性非正弦函数的傅里叶级数展开式

函数 $f(t)$ 的波形图	函数 $f(t)$ 的傅里叶级数展开式
	$f(t) = \dfrac{2}{\pi}A_m\left(1 - \dfrac{2}{3}\cos2\omega t - \dfrac{2}{15}\cos4\omega t - \cdots\right)$
	$f(t) = \dfrac{1}{\pi}A_m\left(1 + \dfrac{\pi}{2}\sin\omega t - \dfrac{2}{3}\cos2\omega t - \dfrac{4}{15}\cos4\omega t - \cdots\right)$

函数 $f(t)$ 的波形图	函数 $f(t)$ 的傅里叶级数展开式
	$$f(t) = \frac{4}{\pi} A_m \left(\cos\omega t - \frac{1}{3}\cos3\omega t + \frac{1}{5}\cos5\omega t - \cdots \right)$$
	$$f(t) = \frac{\tau}{T} A_m + \sum_{k=1}^{\infty} \frac{2}{k\pi} A_m \sin\left(\frac{k\pi\tau}{T} \right)\cos k\omega t$$
	$$f(t) = \frac{8}{\pi^2} A_m \left(\sin\omega t - \frac{1}{9}\sin3\omega t + \frac{1}{25}\sin5\omega t - \cdots \right)$$
	$$f(t) = \frac{A_m}{\pi} - \frac{4}{\pi^2} A_m \left(\cos\omega t + \frac{1}{9}\cos3\omega t + \frac{1}{25}\cos5\omega t + \cdots \right)$$

6.2　非正弦周期量的有效值、平均值和平均功率

6.2.1　有效值

设有一非正弦电流为

$$i(t) = I_0 + \sum_{k=1}^{\infty} I_{km}\sin(k\omega t + \varphi_k) \tag{6-3}$$

有效值定义

$$I = \sqrt{\frac{1}{T}\int_0^T i(t)\,\mathrm{d}t}$$

则式(6-3)的有效值为

$$
\begin{aligned}
I &= \sqrt{\frac{1}{T}\int_0^T \left[I_0 + \sum_{k=1}^{\infty} I_{km}\sin(k\omega t + \varphi_k) \right]\mathrm{d}t} \\
&= \sqrt{I_0^2 + \sum_{k=1}^{\infty} I_k^2} \\
&= \sqrt{I_0^2 + I_1^2 + I_2^2 + I_3^2 + \cdots}
\end{aligned} \tag{6-4}
$$

式中，I_0 为直流分量；I_k 为 k 次谐波分量的有效值。

同理，非正弦电压 u 为

$$u(t) = U_0 + \sum_{k=1}^{\infty} U_{km}\sin(k\omega t + \varphi_k)$$

其有效值为

$$U = \sqrt{U_0^2 + \sum_{k=1}^{\infty} U_k^2}$$

6.2.2　平均值

设周期电流 $i(t)$ 为

$$i(t) = I_m \sin\omega t$$

定义　周期电流 $i(t)$[或电压 $u(t)$]，在一个周期 T 内，其**平均值**为

$$I_{av} = \frac{1}{T}\int_0^T i(t)\,\mathrm{d}t$$

在一般情况下，平均值与绝对平均值是不一样的。对于原点对称与横轴对称的周期量，其平均值为零。例如，正弦交流电流 $i(t)$ 的波形同时对称于原点和横轴，如图 6-1a 所示，其平均值 $I_{av}=0$，但其 $i(t)$ 绝对值如图 6-1b 所示，**绝对平均值**为

$$I_{aav} = \frac{1}{T}\int_0^T |i(t)|\,\mathrm{d}t = \frac{2}{T}\int_0^{T/2} I_m\sin\omega t\,\mathrm{d}t = \frac{2}{\pi}I_m$$

6.2.3　平均功率

定义　设无源二端网络 N_0（如图 6-2 所示）端口的电压 $u(t)$、电流 $i(t)$ 为周期性非正弦交流量，则该网络的平均功率为

$$P = \frac{1}{T}\int_0^T p(t)\,\mathrm{d}t = \frac{1}{T}\int_0^T u(t)i(t)\,\mathrm{d}t$$

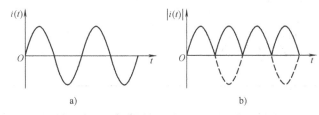

图 6-1　电流波形
a)正弦交流电流　b)脉动电流

如果周期性电压 $u(t)$ 和电流 $i(t)$ 均可分解为

$$\begin{cases} u(t) = U_0 + \sum_{k=1}^{\infty} U_{km}\sin(k\omega t + \varphi_{u_k}) \\ i(t) = I_0 + \sum_{k=1}^{\infty} I_{km}\sin(k\omega t + \varphi_{i_k}) \end{cases}$$

则平均功率为

$$P = \frac{1}{T}\int_0^T \left[U_0 + \sum_{k=1}^{\infty} U_{km}\sin(k\omega t + \varphi_{u_k}) \right]\left[I_0 + \sum_{k=1}^{\infty} I_{km}\sin(k\omega t + \varphi_{i_k}) \right]\mathrm{d}t$$

$$= U_0 I_0 + \sum_{k=1}^{\infty} U_k I_k \cos(\varphi_{u_k} - \varphi_{i_k})$$

$$= P_0 + \sum_{k=1}^{\infty} P_k \tag{6-5}$$

式中，U_k、I_k 分别为 k 次谐波电压、电流分量的有效值；φ_{u_k}、φ_{i_k} 分别为 k 次谐波电压、电流分量的初相角；$P_0 = U_0 I_0$ 为直流分量的平均功率；$P_1 = U_1 I_1 \cos(\varphi_{u_1} - \varphi_{i_1})$ 为正弦基波分量的平均功率；$P_k = U_k I_k \cos(\varphi_{u_k} - \varphi_{i_k})$ 为正弦 k 次谐波分量的平均功率。

结论：周期性非正弦电路中的平均功率，等于各次谐波（包括直流分量）电压、电流单独作用产生的平均功率之代数和，即当电压 $u(t)$ 与电流 i

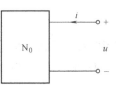

图 6-2　无源二端网络

(t) 的频率不相等时，$u(t)$、$i(t)$ 不能直接用于计算其平均功率。

6.3　周期性非正弦稳态电路的分析

周期性非正弦稳态电路的分析是以线性电路的叠加原理和傅里叶级数分解为理论依据，其**分析步骤为**

1）将周期性非正弦信号分解为傅里叶级数（由所需的精度决定高次谐波的项数）。

2）应用叠加原理计算各次谐波激励单独作用下的稳态响应。

3）各谐波的时域响应叠加。

在分析中应**注意**以下几点：

1）激励为直流分量时，电容 C 相当于开路，电感 L 相当于短路。

2）激励为 k 次谐波正弦分量时，容抗为 $X_{Ck} = \dfrac{1}{k\omega C}$，感抗为 $X_{Lk} = k\omega L$，即阻抗的大小与正弦量的频率有关。

3）各次谐波单独作用的平均功率可以叠加，但各个电源单独作用的平均功率不能叠加。

4）各次谐波的响应叠加，是指时域中的响应叠加。

例6-1　电路如图 6-3a 所示，已知 $R = 200\Omega$，$C = 10.98\mu\text{F}$，$\omega = 314\text{rad/s}$，电压源 $u(t)$ 如图 6-3b 所示，$U_\text{m} = 6.282\text{V}$。试求电路中的电流 $i(t)$（计算精度为 4 次谐波）。

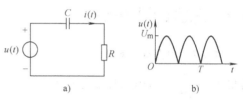

图 6-3　例 6-1 图

解　非正弦激励 $u(t)$ 可分解为

$$u(t) = \frac{2}{\pi} U_\text{m} \left(1 - \frac{2}{3}\cos 2\omega t - \frac{2}{15}\cos 4\omega t \right)$$

$$= \left[\frac{2}{\pi} \times 6.282 \left(1 - \frac{2}{3}\cos 2 \times 314t - \frac{2}{15}\cos 4 \times 314t \right) \right] \text{V}$$

$$= (4 - 2.666\cos 628t - 0.533\cos 1256t)\text{V}$$

（1）直流电压 $U_0 = 4\text{V}$ 分量单独作用　由于电容 C 在直流稳态电路中相当于开路，所以

$$I_0 = 0\text{A}$$

（2）正弦电压 $u_2 = 2.666\cos 628t$ V 分量单独作用

$$X_{C2} = \frac{1}{2\omega C} = \frac{1}{628 \times 10.98 \times 10^{-6}}\Omega = 145\Omega$$

$$Z_2 = R - jX_{C2} = (200 - j145)\Omega \approx 247\angle -35.94°\Omega$$

$$\dot{I}_{2\text{m}} = \frac{\dot{U}_{2\text{m}}}{Z_2} = \frac{2.666\angle 0°}{247\angle -35.94°}\text{A} \approx 10.79\angle 35.94°\text{mA}$$

得

$$i_2(t) = 10.79\cos(2\omega t + 35.94°)\text{mA}$$

（3）正弦电压 $u_4 = 0.533\cos 1256t$ V 分量单独作用

$$X_{C4} = \frac{1}{4\omega C} = \frac{1}{1256 \times 10.98 \times 10^{-6}}\Omega \approx 72.51\Omega$$

$$Z_4 = R - jX_{C4} = (200 - j72.51)\Omega \approx 212.74\angle -19.93°\Omega$$

$$\dot{I}_{4m} = \frac{\dot{U}_{4m}}{Z_4} = \frac{0.533\angle 0°}{212.74\angle -19.93°}A \approx 2.51\angle 19.93° \text{mA}$$

得

$$i_4(t) = 2.51\cos(4\omega t + 19.93°)\text{mA}$$

各次谐波响应叠加得电路中电流 $i(t)$ 为

$$\begin{aligned}
i(t) &= I_0 + i_2(t) + i_4(t) \\
&= [10.79\cos(2\omega t + 35.94°) + 2.51\cos(4\omega t + 19.93°)]\text{mA}
\end{aligned}$$

6.4 综合计算与分析

例 6-2 电路如图 6-4a 所示，已知电阻 $R_1 = 50\Omega$，$R_2 = R_3 = 600\Omega$，感抗 $X_L = \omega L = 200\Omega$，容抗 $X_C = \frac{1}{\omega C} = 200\Omega$，直流电压源 $U_S = 15V$，非正弦电压源 $u_S(t) = (50 + 50\sqrt{2}\sin \omega t + 25\sqrt{2}\sin 2\omega t)V$，试求电流 $i(t)$ 及电压 $u(t)$ 的有效值。

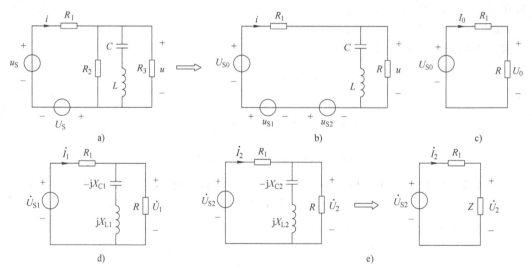

图 6-4 例 6-2 分析图

a) 例 6-2 题图 b) 图 a 的等效图 c) 直流电压源单独作用图
d) 角频率为 ω 电压源单独作用图 e) 角频率为 2ω 电压源单独作用图

解 设非正弦电压源 $u_S(t)$ 为

$$u_S(t) = (35 + 50\sqrt{2}\sin \omega t + 25\sqrt{2}\sin 2\omega t)V = U'_{S0} + u_{S1}(t) + u_{S2}(t)$$

则如图 6-4b 所示等效变换电路中参数为

$$R = R_2 // R_3 = \frac{600 \times 600}{600 + 600}\Omega = 300\Omega$$

$$U_{S0} = U'_{S0} - U_S = (50 - 15)V = 35V$$

$$u_{S1}(t) = 50\sqrt{2}\sin\omega t \ V$$

$$u_{S2}(t) = 25\sqrt{2}\sin 2\omega t \ V$$

（1）当电压源 U_{S0} 单独作用时，电路如图 6-4c 所示。有

$$I_0 = \frac{U_{S0}}{R_1 + R} = \frac{35}{50 + 300}A = 0.1A$$

$$U_0 = RI_0 = 300 \times 0.1V = 30V$$

（2）当电压源 $u_{S1}(t)$ 单独作用时，电路如图 6-4d 所示。
根据已知条件，得

$$jX_{L1} = jX_L = 200\Omega$$

$$-jX_{C1} = -jX_C = 200\Omega$$

并且有

$$jX_{L1} - jX_{C1} = 0$$

则图 6-4d 发生 RL 串联谐振，有

$$\dot{U}_1 = 0V$$

$$\dot{I}_1 = \frac{\dot{U}_{S1}}{R_1} = \frac{50\angle 0°}{50}A = 1\angle 0°A$$

电流 $i_1(t)$、$u_1(t)$ 为

$$i_1(t) = \sqrt{2}\sin\omega t \ A$$

$$u_1(t) = 0$$

（3）当电压源 $u_{S2}(t)$ 单独作用时，电路如图 6-4e 所示。
图 6-4e 电路中感抗 jX_{L2}、容抗 $-jX_{C2}$ 为

$$jX_{L2} = j2X_L = (j2 \times 220)\Omega = j400 \ \Omega$$

$$-jX_{C2} = -j\frac{1}{2}X_C = -j100\Omega$$

则阻抗 Z 为

$$Z = (jX_{L2} - jX_{C2}) // R = \frac{(j400 - j100) \times 300}{(j400 - j100) + 300}\Omega = (150 + j150)\Omega = 150\sqrt{2}\angle 45°\Omega$$

解 $\dot{I}_2$、$\dot{U}_2$ 为

$$\dot{I}_2 = \frac{\dot{U}_{S2}}{R_1 + Z} = \frac{25\angle 0°}{50 + 150 + j150}A = 0.1\angle -36.9°A$$

$$\dot{U}_2 = Z\dot{I}_2 = 150\sqrt{2}\angle 45° \times 0.1\angle -36.9°V = 15\sqrt{2}\angle 8.1°V$$

电流 $i_2(t)$、$u_2(t)$ 为

$$i_2(t) = 0.1\sqrt{2}\sin(2\omega t - 36.9°)A$$

$$u_2(t) = 30\sin(2\omega t + 8.1°)V$$

（4）电流 $i(t)$ 及电压 $u(t)$ 的有效值

$$i(t) = I_0 + i_1(t) + i_2(t) = [0.1 + \sqrt{2}\sin \omega t + 0.1\sqrt{2}\sin(2\omega t - 36.9°)]A$$

$$u_2(t) = U_0 + u_1(t) + u_2(t) = [30 + 30\sin(2\omega t + 8.1°)]V$$

$$U_2 = \sqrt{U_0^2 + U_2^2} \sqrt{30^2 + (\sqrt{2}15)^2}V \approx 36.7V$$

综合分析：

（1）周期性非正弦电源的等效变换 本章节电路最大特点就是电源是周期性非正弦电压源（或非正弦电流源），在分析计算电路时，可根据电压源的串联、电流源的并联特性进行等效变换。例如图 6-4b 所示，将已知的周期性非正弦电压源 $u_S(t)$ 等效变换为三个电压源的串联，即直流电压源 U'_{S0}、正弦交流基波电压源 $u_{S1}(t)$ 和 2 次谐波电压源 $u_{S2}(t)$ 的串联。

（2）叠加定理的应用 电路中的电源是周期性非正弦电源，但电路仍是线性电路。所以，在周期性非正弦电源电路的分析中，常常应用叠加定理进行计算，将周期性非正弦电源电路图分解为多个叠加电路图，用直流电路和正弦交流稳态电路的分析方法，求解各个叠加电路图中的电压、电流等参数，最后叠加得周期性非正弦电压 $u(t)$、电流 $i(t)$ 的解。例如本题的叠加电路如图 6-4c、d、e 所示，然后通过线性稳态电路的分析方法，求解图 6-4c、d、e 所示的电路中电压 U_0、$u_1(t)$、$u_2(t)$ 和电流 I_0、$i_1(t)$、$i_2(t)$，而后叠加得电流 $i(t)$ 及电压 $u(t)$。

例 6-3 电路如图 6-5a 所示，已知角频率 $\omega = 314\text{rad/s}$，周期性非正弦电压源 $u_S(t) = [100\sqrt{2}\cos\omega t + 50\sqrt{2}\cos(3\omega t - 30°)]V$，电路电流 $i(t) = [10\sqrt{2}\cos\omega t + 1.755\sqrt{2}\cos(3\omega t + \varphi_{i3})]A$，试求：（1）电阻 R、电感 L、电容 C 和相角 φ_{i3}；（2）电路消耗的功率

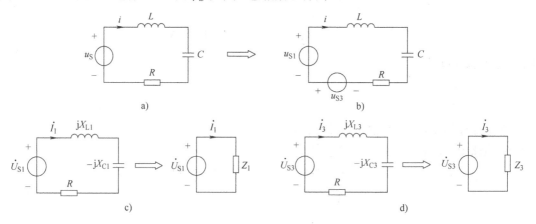

图 6-5 例 6-3 分析图

a）例 6-3 题图 b）图 a 的等效图 c）电压源 $u_{S1}(t)$ 单独作用图 d）电压源 $u_{S3}(t)$ 单独作用图

解 （1）电阻 R、电感 L、电容 C 和相角 φ_{i3}

电压源 $u_S(t)$ 可等效为

$$u_S(t) = u_{S1}(t) + u_{S3}(t)$$

电路如图 6-5b 所示，其中

$$u_{S1}(t) = 100\sqrt{2}\cos\omega t \ V$$

$$u_{S3}(t) = 50\sqrt{2}\cos(3\omega t - 30°)V$$

电流等效为

$$i(t) = i_1(t) + i_3(t)$$

其中

$$i_1(t) = 10\sqrt{2}\cos \omega t \text{ A}$$

$$i_3(t) = 1.755\sqrt{2}\cos(3\omega t + \varphi_{i3}) \text{ A}$$

当电压源 $u_{S1}(t)$ 单独作用时，如图 6-5c 所示，有

$$Z_1 = \frac{\dot{U}_{S1}}{\dot{I}_{S1}} = \frac{100\angle 0°}{10\angle 0°}\Omega = 10\angle 0°\Omega$$

由上式可知，电路发生串联谐振，则得电路电阻 R 参数为

$$R = Z_1 = 10\Omega$$

串联谐振时，有

$$\omega L - \frac{1}{\omega C} = 0$$

则

$$LC = \frac{1}{\omega^2} \tag{6-6}$$

当电压源 $u_{S3}(t)$ 单独作用时，如图 6-5d 所示，有

$$Z_3 = \frac{\dot{U}_{S3}}{\dot{I}_{S3}} = \frac{50\angle -30°}{1.755\angle \varphi_{i3}}\Omega \approx 28.5\angle -30° - \varphi_{i3}\ \Omega$$

由阻抗三角形得

$$\cos(-30° - \varphi_{i3}) = \frac{R}{|Z_3|} = \frac{10}{28.5} = 0.351$$

$$-30° - \varphi_{i3} = \arccos 0.351 = 69.46°$$

则

$$\varphi_{i3} = -99.46°$$

即

$$Z_3 = 28.5\angle -30° - \varphi_{i3}\ \Omega = 28.5\angle 69.46°\ \Omega = (10 + \text{j}26.7)\Omega$$

$$3\omega L - \frac{1}{3\omega C} = 26.7\Omega \tag{6-7}$$

联立式（6-6）、式（6-7）求解得

$$L \approx 31.9\text{mH}$$

$$C \approx 318.1\mu\text{F}$$

（2）电路消耗的功率 P

$$P = U_{S1}I_1\cos 0° + U_{S3}I_3\cos(-30° + 99.46°)$$

$$= (100 \times 10 + 50 \times 1.755 \times \cos 69.46°)\text{W} \approx 1030.8\text{W}$$

综合分析：

在利用周期性非正弦电压、电流量分析电路参数时，注意电路的 KCL、KVL 方程和元件的特性方程必须满足同频率条件。例如本题分析电路参数电阻 R、电感 L、电容 C 等时，利用叠加定理，将图 6-5a 拆分为两个同频率的叠加电路图 6-5c、d。

小　结

1. 周期性非正弦电压、电流的有效值为

$$\left.\begin{aligned} I &= \sqrt{I_0^2 + \sum_{k=1}^{\infty} I_k^2} \\ U &= \sqrt{U_0^2 + \sum_{k=1}^{\infty} U_k^2} \end{aligned}\right\} \tag{6-8}$$

式中，U_k、I_k 分别为 k 次谐波电压、电流分量的有效值；U_0、I_0 为直流分量。

2. 平均功率为

$$P = P_0 + \sum_{k=1}^{\infty} P_k \tag{6-9}$$

式中，$P_k = U_k I_k \cos (\varphi_{u_k} - \varphi_{i_k})$ 为正弦 k 次谐波分量的平均功率；$P_0 = U_0 I_0$ 为直流分量的平均功率；U_k、I_k 分别为 k 次谐波电压、电流分量的有效值；φ_{u_k}、φ_{i_k} 分别为 k 次谐波电压、电流分量的初相角。

选　择　题

1. 周期性非正弦电压的有效值 U 与各谐波电压有效值 U_k（$k = 0, 1, \cdots, \infty$）的关系为（　　）。

(a) $U = \sqrt{U_0^2 + \sum\limits_{k=1}^{\infty} U_k^2}$　　　　(b) $U = U_0^2 + \sum\limits_{k=1}^{\infty} U_k^2$　　　　(c) $U = U_0 + \sum\limits_{k=1}^{\infty} U_k$

2. 周期性非正弦电路的平均功率为（　　）。

(a) $P = \sqrt{(U_0 I_0)^2 + \sum\limits_{k=1}^{\infty} (U_k I_k)^2}$　(b) $P = U_0 I_0 + \sum\limits_{k=1}^{\infty} U_k I_k$　　(c) $P = P_0 + \sum\limits_{k=1}^{\infty} P_k$

3. 若某电容的基波容抗为 120Ω，则 4 次谐波容抗为（　　）。

(a) 120Ω　　　　(b) 480Ω　　　　(c) 40Ω　　　　(d) 30Ω

4. 若 RL 串联电路对基的阻抗为（$2 + j8$）Ω，则对 3 次谐波的阻抗为（　　）。

(a) （$6 + j8$）Ω　　(b) （$2 + j24$）Ω　　(c) （$6 + j24$）Ω　　(d) （$2 + j8$）Ω

5. 已知周期性非正弦电压 $u(t) = (40\cos\omega t + 20\cos 3\omega t)$ V，则有效值 U 为（　　）。

(a) $\sqrt{2000}$ V　　(b) $\sqrt{1200}$ V　　(c) $\sqrt{1000}$ V　　(d) $\sqrt{100}$ V

习　题

1. 如图 6-6 所示电路中，已知电流 $i_1 = (3 + 5\sin\omega t)$ A，$i_2 = (3\sin\omega t - 2\sin 3\omega t)$ A，$R = 1\Omega$，试求电阻 R 两端电压 u_R 的有效值。

2. 如图 6-7 所示电路中，已知直流电压源 $U_S = 200$V，正弦电压源 $u_S(t) = 200\sqrt{2}\sin 314t$ V，$R = 100\Omega$，$L_1 = 50$mH，$L_2 = 100$mH，$C = 50\mu$F。试求（1）电容电压 $u_C(t)$；（2）分别求出直流电压源、正弦电压源输出的功率。

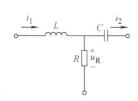

图 6-6　习题 1 图

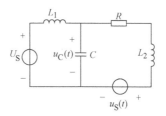

图 6-7　习题 2 图

3. 如图 6-8 所示电路中，已知 $u_S(t) = (3 + 10\sqrt{2}\sin2t)$ V，$R_1 = 1\Omega$，$R_2 = 2\Omega$，$L = 1$H，$C = 0.25$F。试求电容电压有效值 U_C、电流有效值 I 和电压源输出的有功功率。

4. 如图 6-9 所示电路中，已知 $u_S(t) = [220\sqrt{2}\sin(314t + 30°) + 100\sqrt{2}\sin942t]$ V，$R = 100\Omega$，$L = 1$H。欲使 $u_0(t)$ 中不含基波电压分量，试求电容 C 和电压 $u_0(t)$ 的表达式。

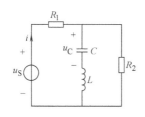

图 6-8　习题 3 图

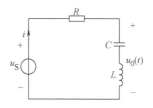

图 6-9　习题 4 图

5. 如图 6-10 所示稳态电路中，已知电阻 $R_1 = 50\Omega$，$R_2 = 100\Omega$，感抗 $X_L = \omega L = 70\Omega$，容抗 $X_C = \dfrac{1}{\omega C} = 100\Omega$，电压源 $u_S(t) = U_0 + U_{S1}\sqrt{2}\sin(\omega t + \varphi_{S1})$ V，电容 C 支路的有效值电流 $I_C = 1$A，电阻 R_2 支路的有效值电流 $I_2 = 1.5$A。试求：（1）电压源电压 $u_S(t)$ 和电流 $i(t)$；（2）有效值电压 U_S 和有效值电流 I；（3）电压源 $u_S(t)$ 发出的平均功率。

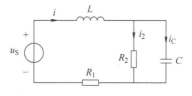

图 6-10　习题 5 图

第 2 篇

电 动 机 与 控 制

（电动机外形特征　选用方法　使用注意事项）

学 习 目 的 与 要 求

本篇主要介绍了磁路、变压器、异步电动机和控制电机等。从应用的角度出发，讲解异步电动机的工作原理和基本控制方法，重点放在电动机的外特性上。最后借助经典的继电接触器控制概念，介绍了PLC（可编程序控制器）控制技术。

第7章 磁 路

提要 上篇讨论了电路的基本规律和分析方法。由于许多电工设备和装置如变压器、电动机和各种低压电器都是依靠电和磁的相互作用而工作的，因此了解各种常用电气设备、电磁元件的磁路原理和性能，不仅要从等效电路的角度去定量分析技术指标，还必须从磁路的角度进行定性分析电磁关系。

本章主要介绍磁路的基本知识，了解铁心线圈工作时电流与磁场的关系，以便较好地理解和掌握电磁耦合传递电能和机电能量互相转换的原理和计算，为学习变压器、电动机、电磁元件等知识奠定理论基础。

7.1 磁场的基本物理量与磁路定律

磁路问题是局限在一定路径内的磁场问题，因此物理学所讲磁场的主要物理量和基本定律完全适用于磁路。为了分析好磁路问题，首先对物理学中学过的有关磁场的一些基本知识进行复习。

7.1.1 磁感应强度

磁感应强度 B 又称为磁通密度，是表示磁场中某一点磁场强弱和方向的物理量。B 定义为：单位正电荷在场中以单位速度沿与磁场垂直方向运动时所受的最大磁场力，即

$$B = \frac{F}{qv} \tag{7-1}$$

式中，F 表示磁场力；q 表示正电荷；v 表示正电荷运动的速度。磁感应强度 B 的单位用特斯拉（Tesla），简称特（T）。

磁感应强度 B 是一个矢量，它的方向与产生磁场的励磁电流的方向遵循右手螺旋定则。

如果磁场内各点的磁感应强度 B 的大小相等，方向相同，则称为均匀磁场。

7.1.2 磁通

通过某一截面 S 的磁感应强度 B 的通量称为磁通量 Φ，简称磁通 Φ。磁通可定义为

$$\Phi = \int_S B dS \tag{7-2}$$

如果均匀磁场中的磁感应强度 B（如果不是均匀磁场，则取 B 的平均值）的磁场方向与所取截面 S 垂直，则式（7-2）又可写为

$$\Phi = BS \tag{7-3}$$

式中，面积 S 的单位是平方米（m^2）；磁通 Φ 的单位是韦［伯］（Wb）；磁通 Φ 的单位可由电磁感应定律得出，即

$$u = N \frac{d\Phi}{dt} \tag{7-4}$$

式中，电压 u 的单位是伏特（V），时间 t 的单位是秒（s），所以，磁通 Φ 的单位是伏秒（Vs），

又称为韦［伯］（Wb）。

$$1 \text{韦伯（Wb）} = 1 \text{伏秒（Vs）}$$

7.1.3 磁场强度

磁场强度 H 是计算磁场时引入的一个物理量，通过它来确定磁场与电流的关系（见 7.3.2 节），它与磁感应强度 B 满足如下关系，即

$$H = \frac{B}{\mu} \tag{7-5}$$

式中，μ 称为磁导率，是衡量物质导磁能力的物理量；磁场强度 H 的单位在国际单位制中为安/米（A/m）。

7.1.4 磁导率

用来表示物质导磁能力大小的物理量称为导磁系数或磁导率 μ。按导磁性能的不同分为铁磁物质（铁、钴、镍及其合金）和非铁磁物质（铜、铝和橡胶等各种绝缘材料及空气等）两类。非铁磁物质的磁导率 μ 与真空的磁导率 μ_0 相差很小，工程上通常认为二者相同。铁磁物质的磁导率要比真空的磁导率大很多倍（几百至几万倍不等），因此，工程上用铁磁物质做成各种形状的磁路，以便使磁通能集中在选定的空间，以增强磁场。

在国际单位制中磁导率 μ 的单位为亨/米（H/m）。μ_0 为真空的磁导率，是一常数，即

$$\mu_0 = 4\pi \times 10^{-7} \text{H/m}$$

任意一种物质的磁导率 μ 和真空的磁导率 μ_0 的比值，称为该物质的相对磁导率 μ_γ，即

$$\mu_\gamma = \frac{\mu}{\mu_0} \tag{7-6}$$

由式（7-5）代入式（7-6）得

$$\mu_\gamma = \frac{\mu H}{\mu_0 H} = \frac{B}{B_0} \tag{7-7}$$

式（7-7）说明在同一电流作用下，相对磁导率 μ_γ 等于某点有媒质时的磁感应强度 B 与该点为真空时的磁感应强度 B_0 之比值。

7.1.5 磁通的连续性原理

磁通连续性原理是指由于磁力线总是闭合的，如果在磁场中作任一闭合曲面，则穿过此曲面的磁通为零

$$\oint_S B dS = 0 \tag{7-8}$$

7.2 磁性材料

7.2.1 磁性材料的主要特性

1. 磁导率高

铁磁性物质的磁导率极高，相对磁导率 μ_γ 可达 $10^2 \sim 10^4$ 的数量级。为什么铁磁性物质具有

如此好的导磁特性呢？实践证明，铁磁性物质的内部含有磁畴分子。所谓"磁畴"是指分子电流磁场，而分子电流即是由自由电子的旋转与电子绕原子核的运转所形成的电流。磁畴相当于一个小磁铁，铁磁性物质含有无穷多个磁畴分子。在没有外磁场作用时，铁磁性物质的各个磁畴分子无序地排列着，但是整体来看其磁畴效应是相互抵消的，对外不显磁性，如图 7-1a 所示。若将

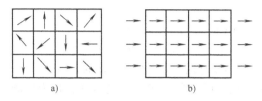

图 7-1　铁磁性物质的磁化
a）没有外磁场作用　b）有外磁场作用

磁性材料置于外磁场中，它们转动成较规则的排列，形成与外磁场同方向的附加磁场，从而加强了原来的磁场，如图 7-1b 所示，这就是磁介质的磁化过程。所以铁磁材料的磁导率很高，当外磁场消失后，磁畴排列又恢复到杂乱状态。

磁性材料的高导磁性被广泛地应用于电工设备中，例如，电机、变压器及各种铁磁元件的线圈中都放有铁心。在获得相同磁感应强度数值的情况下，使用铁心后可以减小线圈中的励磁电流并减小导线线径，节省了电能和金属材料。这就解决了既要磁通大，又要励磁电流小的矛盾。利用优质的磁性材料可使同一容量的电机的重量和体积都大大减小。

2. 磁饱和性

铁磁物质的另一个磁特性可通过磁化曲线（B-H 曲线）来描述。磁化曲线是指磁性材料在磁化过程中，磁感应强度 B 随磁场强度（外加磁场）H 变化的曲线。由实验测定作出某磁介质的磁化曲线，如图 7-2 曲线 1 所示。

从图 7-2 曲线 1 可以看出，当外磁场由零逐渐增大时，开始由于外磁场较弱，对磁畴作用不大，附加磁场增长缓慢，所以磁感应强度 B 随磁场强度 H 增加较慢（Oa 段）。随着外磁场强度的增强，磁畴所产生的附加磁场几乎是与 H 成比例地增强，因此 B 与 H 的增长也近于正比例关系（ab 段），此时磁化效果最显著。但是它的稳定性较差，H 稍有微小的波动，B 就有较大的变化。当外加磁场强度继续增大时，磁感应强度 B 的增长率减慢（bc 段）逐渐趋于饱和，这就是铁磁材料的磁饱和性。

为显示铁磁材料的特征，在图中绘出了真空（或空气）的 B_0-H 曲线，如图 7-2 曲线 3 所示。

铁磁性物质在磁化过程中，具有磁饱和性，B-H 呈非线性关系，所以 μ 不是常数，随 H 的变化而发生变化，如图 7-2 曲线 2 所示。

3. 磁滞现象

实际工作时，磁性材料往往长期工作在交变磁场中，当 H 增加到一定数值后就要减小，那么 H 减小时，B-H 曲线是按原磁化曲线回降到零吗？实验证明并非如此。将一块尚未磁化的铁磁材料放在磁场内反复交变磁化，便可获得一个对称于原点的闭合曲线，称为**磁滞回线**。如图 7-3 所示。

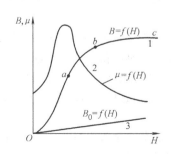

图 7-2　铁磁性物质的磁化曲线

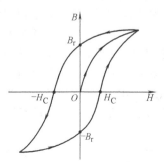

图 7-3　铁磁性物质的磁滞回线

由图 7-3 可见，磁介质磁化达到磁饱和后，若外加磁场 H 逐渐减小，磁感应强度 B 会随之减小，但是它不是沿原路返回，而是走另一条途径。当 H 减小到零时，B 并未回到零，也就是说，$H = 0$ 时磁介质还带有一定的磁性 B_r，这个 B_r 叫做**剩磁**；要使剩磁消失（即 $B = 0$），必须加入反向磁场，使 $B = 0$ 所需的磁场，称为**矫顽磁力** H_c。磁介质被反复磁化，将形成一组磁滞回线，可以进一步说明铁磁性物质具有磁滞特性。

永久磁铁的磁性就是由剩磁产生的，自励直流发电机要使电压能够建立起来，其磁极也需要有一定的剩磁，这些都体现了剩磁的有用方面。当然，剩磁的存在，也有不好的一面。例如，平面磨床加工工件时，需要电磁吸力固定工件，以便于加工。当加工完毕后，由于电磁铁心剩磁的存在使得工件无法立即取下，必须采取反向去磁后才能将工件拿下来，使得工作效率受到了影响。

铁磁材料对工作温度有一定的限度。当温度高过限度值时，磁畴被破坏，失去了铁磁材料的特点，这一极限温度称为**居里温度**。铁的居里温度约为 760℃。

7.2.2 磁性材料的分类

不同的磁性材料，其磁滞回线和磁化曲线也不同。图 7-4 给出了几种常用磁性材料的磁化曲线。图 7-5 和图 7-6 给出了不同磁性材料的磁滞回线。

磁性材料按其磁滞回线的形状和用途通常分为软磁材料、硬磁材料和矩磁材料三大类。

（1）软磁材料 软磁材料的特点为磁滞回线窄而长，回线面积小。软磁材料的磁导率高，易于磁化，剩磁也易消失。工程上常用的软磁材料有电工软铁、硅钢片和铁镍合金（也称坡莫合金），分别用来制造直流电磁铁、电机、变压器和继电器等的铁心、脉冲变压器的铁心。如图 7-5 中曲线 a 所示。

（2）硬磁材料 硬磁材料的特点为经过深度饱和磁化后，具有较大的剩磁、较高的矫顽力和较大的磁滞回线面积。这类材料一经磁化即可保持较强的恒定磁场，因此，又称为永久材料。如图 7-5 中曲线 b 所示，这类材料常用来制造永久磁铁。硬磁材料有碳钢、钴钢、铁、镍铝钴合金、铁硼合金等。例如，用于制造精密仪器、仪表、永磁电机、微电机、传感器、扬声器等。

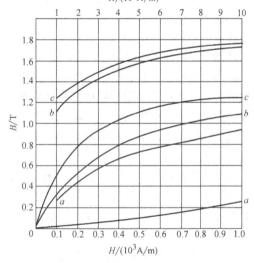

图 7-4 磁化曲线
a—铸铁 b—铸钢 c—硅钢片

（3）矩磁材料 矩磁材料的特点为具有较小的矫顽力和较大的剩磁，稳定性较好，磁滞回线接近矩形，如图 7-6 所示。这种材料在两个方向上磁化后，剩磁都很大，接近饱和磁感应强度，而且很稳定。但它的矫顽力较小，易于翻转。即在很小的外磁场的作用下能使它磁化达到饱和。由于矫顽力小，消除剩磁并不需要很强的外磁场，只要反向磁场一超过矫顽力，磁化方向就立即翻转。

具有矩形磁滞回线的铁磁材料，例如，铁氧体材料、坡莫合金等，目前广泛应用在电子技术、计算机技术中。主要用于生产记忆元件、开关元件、逻辑元件，制造内存储器的磁心和外围设备的磁带、磁盘等。

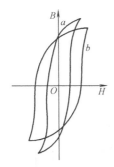
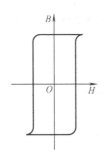

图 7-5　软磁和硬磁材料的磁滞回线　　　　　图 7-6　矩磁材料的磁滞回线

7.3　磁路的概念及磁路的基本定律

7.3.1　磁路的概念

研究磁路的目的在于如何用较小的电流、较少的材料建立较强的符合要求的磁场。铁磁材料具有优良的导磁能力，将铁磁材料制成一定的形状，使磁通的绝大部分通过此铁心构成的闭合路径，磁通集中通过的闭合路径称为磁路。磁路通常由铁磁材料及空气隙两部分组成。图 7-7 为典型磁路示意图，图 7-7a、b、c 分别是单相变压器、直流电机和电磁型继电器磁路示意图。

变压器的磁路由电工钢片叠成；直流电机的磁路由铁磁铁心、空气隙、电枢铁心和机轭组成，铁心是电工钢片叠成，机轭用铸钢材料制造，它们都是磁导率高的铁磁材料；继电器的磁路由不同的导磁材料和空气隙组成。继电器和电机的空气隙是机电能量进行转换的场所，铁心的作用是加强磁场，将磁场能量导引在选定的空间。

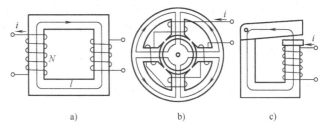

图 7-7　典型磁路示意图

7.3.2　磁路的基本定律

1. 安培环路定律

早在公元前，人们就知道了磁的存在。但在很长时间里，人们都把磁场和电流当成两种独立无关的自然现象，直到 1829 年才发现了它们之间的内在联系，即磁场是由电流的激励而产生的。换句话说，磁场的存在与产生磁场的电流同时存在。安培环路定律就是描述这种电磁联系的基本电磁定律。

安培环路定律（Ampere's Circuit Law）也称全电流定律，在磁场中，任取一闭合路径，沿此路径对磁场强度 H 的矢量的线积分恒等于积分线所环链的传导电流的代数和，即

$$\oint_l H dl = \sum_{k=1}^{n} I_k \qquad k = 1,2,3,\cdots,n \tag{7-9}$$

式（7-9）中，当电流参考方向与闭合路径的方向符合右螺旋法则时，电流取正号，反之取负

号，如图 7-8 所示。

由于积分与路径无关，只与路径内包含的各个导体电流的大小和方向有关，可见电流是产生磁场的源泉，如果磁路如图 7-9 所示，则有

$$\oint_l H \mathrm{d}l = Hl = IN \tag{7-10}$$

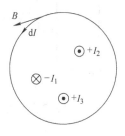

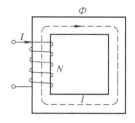

图 7-8　全电流定律　　　　　　　　图 7-9　无分支的磁路

式中，H 是磁路铁心的磁场强度；N 是线圈的匝数，单位为匝；l 是磁路（闭合回路）的平均长度，单位为米（m）。线圈的匝数 N 与电流 I 的乘积 NI 称为磁通势（又称磁动势），用字母 F_{m}（或 F）表示，即

$$F_{\mathrm{m}} = NI \tag{7-11}$$

式中，磁通势 F_{m} 的单位为安（A）。

安培环路定律在电机中应用很广，它是电机和变压器磁路计算的基础。

2. 磁路欧姆定律

设由某种铁磁材料构成的均匀磁路，如图 7-9 所示，其长度为 l，截面积为 S。由于磁路上各点的磁导率 μ 值、磁感应强度 B 值相等，磁场强度 H 也相等，故根据式（7-3）和式（7-5）可知，通过 S 截面的磁通可表示为

$$\Phi = BS = \mu HS \tag{7-12}$$

将式（7-10）代入式（7-12），可得磁路欧姆定律表达式为

$$\Phi = \frac{H}{\dfrac{l}{\mu S}} = \frac{NI}{\dfrac{l}{\mu S}} = \frac{F_{\mathrm{m}}}{R_{\mathrm{m}}} \tag{7-13}$$

式中，$\dfrac{l}{\mu S}$ 称为磁路的磁阻，用字母 R_{m} 表示，即

$$R_{\mathrm{m}} = \frac{l}{\mu S}$$

根据式（7-13）可知，磁阻 R_{m} 与磁通 Φ 成反比，表现出对磁通的阻碍作用。

磁路欧姆定律表明，磁通势越大，所激发的磁通量会越大；但特别应该注意的是磁性材料的磁导率并不是常数，它随励磁电流大小的不同而改变，故磁阻 R_{m} 也不是常数，并随励磁电流变化。所以一般情况下很难用这个公式直接计算磁路中的磁通。但是从这个公式中可以直接看出磁导率和截面积的大小对磁通的影响，这对理解磁路的基本概念及定性分析磁路中各物理量之间的关系还是很有用处的。

3. 磁路的基尔霍夫第一定律

由于磁力线是闭合曲线，因此，对任一封闭面而言，穿入的磁通等于穿出的磁通，这就是磁通的连续性原理。对于有分支的磁路而言，在磁通汇合处的封闭面上磁通的代数和等于零，即

$$\sum \Phi = 0 \tag{7-14}$$

如图 7-10 中所示的封闭面上有

$$\Phi_1 + \Phi_2 - \Phi_3 = 0$$

4. 磁路的基尔霍夫第二定律

在磁路计算中，若构成磁路的各部分有不同的材料和截面，则应将磁路分段，使有相同材料和截面，其 B、μ 相同。每段磁路上磁场强度 H 与磁路长度 l 的乘积 Hl 称为该段磁路的磁压降。将安培环路定律应用到任一闭合磁路上，则有

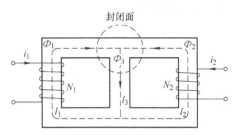

$$\oint_l H \mathrm{d}l = \sum Hl = \sum Ni \tag{7-15}$$

图 7-10　有分支的磁路图

即沿任一闭合磁路，磁压降的代数和等于磁通势（磁动势）的代数和。

如图 7-9 所示磁路中，沿磁路 l_1、l_2 所构成的最大闭合磁路有

$$H_1 l_1 - H_2 l_2 = N_1 i_1 - N_2 i_2$$

可见，磁路与电路定律在形式上是类似的，其一一对应关系如表 7-1 所示。

表 7-1　磁路与电路的对照关系表

磁路	电路
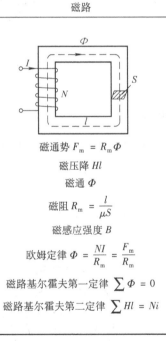	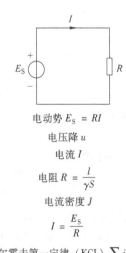
磁通势 $F_m = R_m \Phi$	电动势 $E_S = RI$
磁压降 Hl	电压降 u
磁通 Φ	电流 I
磁阻 $R_m = \dfrac{l}{\mu S}$	电阻 $R = \dfrac{l}{\gamma S}$
磁感应强度 B	电流密度 J
欧姆定律 $\Phi = \dfrac{NI}{R_m} = \dfrac{F_m}{R_m}$	$I = \dfrac{E_S}{R}$
磁路基尔霍夫第一定律 $\sum \Phi = 0$	基尔霍夫第一定律（KCL）$\sum i = 0$
磁路基尔霍夫第二定律 $\sum Hl = Ni$	基尔霍夫第二定律（KVL）$\sum u = 0$

注意：由于磁路是有限范围内的磁场，电路是有限范围内的电场，所以，二者有着物理本质上的不同，具体表现为

（1）电路中可以有电动势而无电流，磁路中有磁动势则必然有磁通。

（2）电路中有电流就有功率损耗，但在恒定磁通下，磁路中无损耗。

（3）电流在导体中流动，而磁通除了在铁心磁路中闭合，还会通过其他非磁性媒介闭合（如空气隙），即有主磁通和漏磁通之别。

（4）电路中电阻率 ρ 在一定温度下是恒定不变的，而铁磁磁路的磁导率 μ 随磁感应强度 B 变化。

7.4 直流磁路

直流磁路的励磁线圈中通入的是直流电流，磁路的磁通势 F_m 和磁通 Φ 都是恒定的。下面就通过两道例题，介绍简单直流磁路的计算方法。

例 7-1 一个环形线圈如图 7-11 所示，其外径 $D_1 = 86\text{mm}$，内径 $D_2 = 74\text{mm}$，线圈匝数 $N = 100$，励磁电流 $I = 1.25\text{A}$。若环形线圈的心子分别采用铸钢、电工钢片和非磁性材料塑料制成，试分别计算磁路中的磁通和它们的磁导率。

分析：这是一个没有分支的均匀磁路，已知磁通势 NI，要求计算磁通 Φ。无分支磁路是指只有一个回路的磁路，均匀磁路是指磁路中各处材料相同且质地均匀、截面积相等。

本题的磁通、磁导率等问题不能直接用磁路的欧姆定律求解。因为对于磁性材料来说，其磁导率 μ 不是常数，它是随激励电流的大小不同而变化的，现为未知数，所以磁阻 R_m 为未知。但是可以应用磁路的有关定律和公式，例如式（7-3）、式（7-5）、式（7-10）。下面按 $H \to B \to \Phi \to \mu$ 顺序进行分析求解。

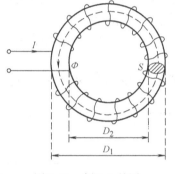

图 7-11 例 7-1 的图

磁路的平均长度

$$l = \pi \frac{D_1 + D_2}{2} = \pi \frac{86 + 74}{2} \times 10^{-3}\text{m} = 0.25\text{m}$$

由式（7-12）磁场强度 H 为

$$H = \frac{NI}{l} = \frac{100 \times 1.25}{0.25}\text{A/m} = 500\text{A/m}$$

查阅图 7-4 可得，当 $H = 500\text{A/m}$ 时，铸钢的磁感应强度 $B = 0.64\text{T}$，电工硅钢片的磁感应强度 $B = 1.25\text{T}$。

环形铁心的截面积 S 为

$$S = \pi \left(\frac{D_1 - D_2}{4} \right)^2 = \pi \left(\frac{86 - 74}{4} \right)^2 \times 10^6 \text{m}^2 = 2.83 \times 10^{-5}\text{m}^2$$

当材料是铸钢时，磁通 Φ 和磁导率 μ 为

$$\Phi = BS = 0.64 \times 2.83 \times 10^{-5}\text{Wb} = 1.81 \times 10^{-5}\text{Wb}$$

$$\mu = \frac{B}{H} = \frac{0.64}{500}\text{H/m} = 1.28 \times 10^{-3}\text{H/m}$$

当材料是电工硅钢片时，Φ 和 μ 又为

$$\Phi = BS = 1.25 \times 2.83 \times 10^{-5}\text{Wb} = 3.54 \times 10^{-5}\text{Wb}$$

$$\mu = \frac{B}{H} = \frac{1.25}{500}\text{H/m} = 2.5 \times 10^{-3}\text{H/m}$$

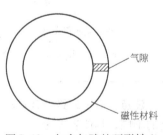

图 7-12 包含气隙的环形铁心

当材料为塑料时，塑料是非磁性树料，它的磁导率为 $\mu \approx \mu_0 = 4\pi \times 10^{-7}\text{H/m}$

其磁感应强度 B 为

$$B = \mu_0 H = 4\pi \times 10^{-7} \times 500 \text{T} = 6.28 \times 10^{-4} \text{T}$$

$$\Phi = BS = 6.28 \times 10^{-4} \times 2.83 \times 10^{-5} \text{Wb} = 1.78 \times 10^{-8} \text{Wb}$$

从以上的计算结果可以看出，磁路的几何形状及外形尺寸完全一样，磁通势也相同，只是材料不同，磁路中的磁通则相差悬殊。这就是为什么电机等电气设备要采用磁性材料构成磁路的原因。

如果上述环形线圈的铁心由磁性材料做成，且在铁心上开一个很小的空气隙，如图 7-11 所示（图中励磁线圈略去未画），这时铁心中的磁通如何改变？

这时图 7-12 所表示的磁路是一个由不同材料组成的非均匀磁路，虽不能直接应用磁路的欧姆定律计算求解，但可以做定性分析。因为磁路中增加了一段空气隙，其磁导率极小，故该段磁阻极大，从而使整个磁路的磁阻大大增加。在磁通势不变的前提下，磁路中的磁通将会明显下降。

例 7-2 一线圈，匝数 $N = 1000$ 匝，绕在铸钢制成的铁心上，铁心截面积 $S = 20\text{cm}^2$，铁心平均长度 $l = 50\text{cm}$，该磁路如图 7-13 所示。

（1）当磁路如图 7-13a 所示时，欲在铁心中产生磁通 $\Phi = 0.002\text{Wb}$，应在绕组中通入多大的直流励磁电流？

（2）若在图 7-13a 铁心中加入一个 0.2cm 的空气隙如图 7-13b 所示，欲保持磁通不变，通入绕组的直流励磁电流 $I = ?$

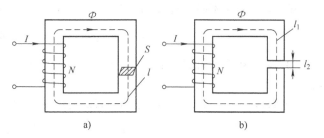

图 7-13 例 7-2 的图
a) 均匀磁路 b) 不均匀磁路

解 （1）当磁路如图 7-13a 所示时，产生 $\Phi = 0.002\text{Wb}$ 所需直流励磁电流 I。

已知磁路为均匀磁路，则磁感应强度 B 为

$$B = \frac{\Phi}{S} = \frac{0.002}{20 \times 10^{-4}} \text{T} = 1\text{T}$$

查图 7-4 得铸钢材料在 $B = 1\text{T}$ 时，磁场强度 $H = 1000\text{A/m}$，则所需直流励磁电流 I 为

$$I = \frac{Hl}{N} = \frac{1000 \times 50}{1000} \times 10^{-2} \text{A} = 0.5\text{A}$$

（2）当磁路如图 7-13b 所示时，产生 $\Phi = 0.002\text{Wb}$ 所需直流励磁电流 I。

铸钢材料在 $B_1 = 1\text{T}$ 时的磁场强度 H_1 为

$$H_1 = 1000\text{A/m}$$

因无分支磁路磁通 Φ 处处相等，则空气隙中的磁感应强度 B_0 为

$$B_0 = B_1 = \frac{\Phi}{S} = 1\text{T}$$

而空气隙中的磁导率 μ_0 为已知，则磁场强度 H_0 为

$$H_0 = \frac{B_0}{\mu_0} = \frac{1}{4\pi \times 10^{-7}} \text{A/m} = 7.96 \times 10^5 \text{A/m}$$

根据安培环路定律有

$$NI = H_1 l_1 + H_0 l_0$$

$$I = \frac{H_1 l_1 + H_0 l_0}{N} = \frac{1000 \times 50 \times 10^{-2} + 7.96 \times 10^5 \times 0.2 \times 10^{-2}}{1000} \text{A} = 2.092\text{A}$$

可见磁路中增加了空气隙，虽然气隙很短，但因空气的磁导率 μ_0 极小，使空气隙的磁阻很大。要产生同样的磁通 Φ，所需的励磁电流将显著增加。因此，当磁路中必须包含有工作气隙时，应尽量减少气隙的长度。

在分析磁路的各参数时，除了要根据磁路所使用的材料性质查阅图 7-4 外，还要注意整个磁路的材料性质是否相同，即是均匀磁路还是不均匀磁路，其分析过程有所不同。

（1）均匀磁路的分析　均匀磁路分析时可直接应用相关的定律和公式，常用的有

磁通：$\Phi = BS$

磁场强度：$B = \mu H$

安培环路定律：$Hl = NI$

（2）不均匀磁路的分析　如果磁路由不同材料或者不同截面积的几段组成，则称为**不均匀磁路**。例如图 7-13b 所示的磁路中加入了空气隙，则构成的磁路为不均匀磁路。

对于不均匀磁路可采用分段分析法。特别是对于**无分支磁路**（如图 7-13b 所示），各种材料中的磁通 Φ 是相等的。即在无分支磁路条件下，分段分析有

第一步，对于不同截面积的磁路，分段计算磁感应强度 B。故

$$B_1 = \frac{\Phi}{S_1}, \ B_2 = \frac{\Phi}{S_2}, \ \cdots, \ B_n = \frac{\Phi}{S_n}$$

第二步，根据材料的磁化曲线 $B = f(H)$（见图 7-4）查出与磁感应强度 B 对应的磁场强度 H 值。

如材料是空气隙，其磁场强度 H_0 可以直接计算得出

$$H_0 = \frac{B_0}{\mu_0} = \frac{B_0}{4\pi \times 10^{-7}} \mathrm{A/m}$$

第三步，分段计算磁通势 $F_m = Hl$ 值，即

$$F_{m1} = H_1 l_1, \ F_{m2} = H_2 l_2, \ \cdots, \ F_{mn} = H_n l_n$$

第四步，根据安培环路定律得

$$NI = H_1 l_1 + H_2 l_2 + \cdots + H_n l_n$$

7.5　交流磁路与交流铁心线圈

很多电气设备的磁通是由交流电产生的，由交流电励磁的磁路称为交流磁路，励磁线圈为交流铁心线圈。交流励磁下铁心线圈的电压、电流与磁通的关系是本节讨论的问题。

7.5.1　磁通与电压的关系

一般由硅钢片叠成的铁心构成一个闭合的磁路，在铁心上绕上交流线圈，并外加的是正弦交流电压，则构成的是**交流铁心线圈**，如图 7-14 所示。

当交流铁心线圈中外加正弦电压 u，线圈中产生交流电流 i（磁通势 Ni），从而在线圈中产生正弦交变磁场（即正弦交变的磁通），其磁场的方向（即磁通的方向）由右手螺旋法则确定。

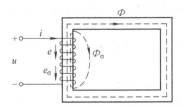

图 7-14　交流铁心线圈

具体方法是：右手握住线圈，四指为电流方向，则大姆指所示方向为磁通方向。

磁通势 Ni 产生的磁通绝大部分在铁心内闭合流通，这部分磁通称为主磁通 Φ，另外，还有极少部分通过周围的空气或其他非磁性材料闭合，这部分磁通称为漏磁通 Φ_σ。主磁通 Φ 在线圈

中产生主磁感应电动势 $e = -N\dfrac{\mathrm{d}\Phi}{\mathrm{d}t}$ ；漏磁通 Φ_σ 在线圈中产生漏磁感应电功势 $e_\sigma = -N\dfrac{\mathrm{d}\Phi_\sigma}{\mathrm{d}t}$ 。其电磁关系表示如下：

$$外加电压u \xrightarrow{\text{线圈}} 磁通势Ni \xrightarrow[\text{空气闭合}]{\text{铁心闭合}} \begin{cases} 主磁通\Phi \xrightarrow{\text{线圈}} 主磁感应电动势e \\ 漏磁通\Phi_\sigma \xrightarrow{\text{线圈}} 漏磁感应电动势e_\sigma \end{cases}$$

有了交流铁心线圈图 7-14 中的电磁关系，根据 KVL 可以得出交流铁心线圈电路的电压和电流之间的关系，即

$$u + e + e_\sigma = Ri \tag{7-16}$$

$$u = Ri - \left(-L_\sigma \frac{\mathrm{d}i}{\mathrm{d}t}\right) - e$$

式中，电阻 R 为线圈电阻；$e_\sigma = -L_\sigma \dfrac{\mathrm{d}i}{\mathrm{d}t}$ 为漏磁感应电动势；e 为主磁感应电动势。其的相量式为

$$\dot{U} = R\dot{I} + (-\dot{E}_\sigma) + (-\dot{E}) = R\dot{I} + \mathrm{j}X_\sigma\dot{I} - \dot{E} \tag{7-17}$$

式中，X_σ 为由漏磁产生的漏磁感抗。

在实际的交流铁心线圈电路分析中，由于空气的磁导率 μ_0 为常数，远小于铁心的磁导率 μ ，即 $\Phi \gg \Phi_\sigma$ ，因此，感抗 X_σ 和线圈电阻 R 均较小，忽略它们在电路分析中的影响（即 $Ri \approx 0$ ，$e_\sigma \approx 0$ ）。式（7-16）简写为

$$u + e \approx 0$$

即

$$u \approx -e = N\frac{\mathrm{d}\Phi}{\mathrm{d}t} \tag{7-18}$$

在式（7-18）中，因为外加电压 u 是正弦电压，则主磁通 Φ 也是同频率的正弦函数。设主磁通的变化规律为

$$\Phi = \Phi_\mathrm{m}\sin\omega t \tag{7-19}$$

式（7-19）代入式（7-18），得

$$u \approx -e = N\frac{\mathrm{d}(\Phi_\mathrm{m}\sin\omega t)}{\mathrm{d}t}$$

$$= \omega N\Phi_\mathrm{m}\sin(\omega t + 90°) = U\sqrt{2}\sin(\omega t + 90°) \tag{7-20}$$

则式（7-20）中有效值电压 U 为

$$U \approx E = \frac{\omega N\Phi_\mathrm{m}}{\sqrt{2}} = \frac{2\pi f N\Phi_\mathrm{m}}{\sqrt{2}} = 4.44fN\Phi_\mathrm{m} \tag{7-21}$$

将 $\Phi_\mathrm{m} = B_\mathrm{m}S$ 关系式代入式（7-21），得

$$U \approx E = 4.44fN\Phi_\mathrm{m} = 4.44fNSB_\mathrm{m} \tag{7-22}$$

式中，B_m 和 Φ_m 分别为铁心中磁感应强度和主磁通的幅值；S 为铁心的截面积；f 为外加电压 u 的频率；N 为线圈匝数。

由此可见，励磁电压 u 在相位上比铁心磁通 Φ 超前 $90°$ ，二者数量关系基本是固定的，与线圈的电流和磁路的磁阻无关。在 f 、N 和 S 不变的前提下，只要电压 U 不变，磁通也基本不变，交流磁路外施电压与磁通近似为线性关系。在电压 U 和磁感应强度的幅值 B_m 保持一定时，若提高电源频率 f ，则线圈的匝数 N 和铁心的面积 S 均可减少，即减少了铁心线圈的用铜量和用铁量。因此，在同样电压和磁感应强度的幅值下高频工作时的铁心线圈比低频工作时的铁心线圈尺寸

小、重量轻。

7.5.2 铁心线圈的功率损耗

在交流铁心线圈中，功率损耗分为铜损耗（P_{Cu}）和铁损耗（P_{Fe}）两大类，铁损耗又由磁滞损耗 P_h 与涡流损耗 P_e 两部分组成。

1. 铜损耗

铜损（P_{Cu}）是指线圈导线电阻 R 上消耗的功率，即

$$\Delta P_{Cu} = I^2 R \tag{7-23}$$

式中，R 为线圈导线电阻，线圈匝数越多，线圈导线截面积越小，则 R 值越大；I 为线圈中电流有效值。

2. 铁损耗

铁损（P_{Fe}）由磁滞损耗和涡流损耗两部分组成。

（1）磁滞损耗　铁磁物质在交变磁化过程中，由于磁滞现象而发生能量损耗，称为**磁滞损耗** P_h。这种损耗的能量转变为热能而使铁磁材料发热。材料每交变磁化一周单位体积所损耗的能量正比于磁滞回线的面积。因此 P_h 正比于交流电的频率 f 与磁滞回线的面积之积。磁滞回线界定的面积与 B_m 及材料的特性有关。根据实验得出计算磁滞损耗的经验公式为

$$P_h = K_h f B_m^n \tag{7-24}$$

式中，K_h 为材料的特性常数；B_m 的指数 n 与材料特性有关，其值在 $1.5 \sim 2.5$ 之间。

为了减小磁滞损耗，应选用磁滞回线狭窄的铁磁材料作铁心。硅钢就是变压器和电机中常用的铁心材料。

（2）涡流损耗　铁磁材料反复磁化时，铁心中的磁通要发生变化，在交变磁场的作用下，在垂直磁通的截面上处处都有感应电流，此感应电流成涡旋状自成闭合回路如图 7-15a 所示，故称为涡流。涡流与其回路的电阻相作用产生热能，造成功率损耗，称为**涡流损耗** P_e，这种损耗也使铁心发热。

为了减小涡流损耗，就要千方百计减小涡流的数值。为此，铁心不是由整块的硅钢

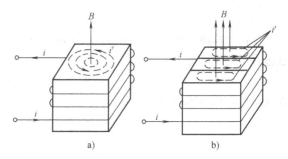

图 7-15　涡流示意图

做成，而是由表面涂有绝缘漆的硅钢片叠成，如图 7-15b 所示。这样，大范围内的涡流通路被切断，使涡流限制在很小的截面内（一片硅钢片的截面）流通。此外硅钢片中含有一定比例的硅，电阻率较大，也可使涡流大大减小。

计算涡流损耗的经验公式为

$$P_e = K_e f^2 B_m^2 \tag{7-25}$$

式中，K_e 为材料特征常数。

涡流有有害的一面，应尽量减小，但也可利用涡流为人类服务。例如，利用涡流的热效应来冶炼金属，利用涡流与磁场相互作用而产生电磁力的原理来制造感应式仪器、涡流测距器等。最典型的例子是利用涡流原理来冶炼金属的高频感应炉。

7.5.3 交流铁心线圈的等效电路

交流铁心线圈可用等效电路进行分析，即用一个不含铁心的交流电路来等效代替它。这样可

将磁路的计算转化为电路的计算，使问题得以简化等效的条件是：在同样电压作用下，功率、电流及各量之间的相位关系保持不变。

对如图 7-14 所示的交流铁心线圈，首先将线圈的电阻 R 及和漏磁感抗 X_σ 画出，如图 7-16a 所示，则剩下的就成为一个没有电阻和漏磁通的理想铁心线圈电路。但是铁心中仍有能量损耗和能量的储放（即存储或释放）。因此，可将该理想铁心线圈交流电路用具有电阻 R_0 和感抗 X_0 的串联电路来等效代替，

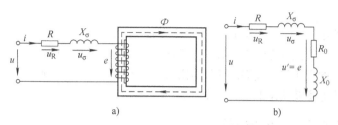

图 7-16　交流铁心线圈的等效电路

a) 铁心线圈的等效电路　b) R_0 串联 X_0 的铁心等效电路

如图 7-16b 所示。其中电阻 R_0 是和铁心中铁损相对应的等效电阻，其值为

$$R_0 = \frac{\Delta P_{Fe}}{I^2} \tag{7-26}$$

式中，ΔP_{Fe} 为铁损；I 为线圈中的电流有效值。

感抗 X_0 是和铁心中能量储放（与电源发生能量交换）相对应的等效感抗，其值为

$$X_0 = \frac{Q_{Fe}}{I} \tag{7-27}$$

式中，Q_{Fe} 是表示铁心储放能量的无功功率。

R_0 串联 X_0 的等效阻抗模 $|Z_0|$ 为

$$|Z_0| = \sqrt{R_0^2 + X_0^2} = \frac{U'}{I} \approx \frac{U}{I} \tag{7-28}$$

式中，U' 为主磁感应电动势 e 的有效值电压，当忽略电阻电压 u_R 和漏磁电压 u_σ 时，则有 $U' \approx U$。

7.6　电磁铁

电磁铁是自动控制系统中广泛应用的一种执行元件。利用通电线圈在铁心中产生磁场，电磁场对磁性材料产生吸力的原理制造的机构统称为**电磁铁**。例如图 7-17 所示的是其中一种电磁铁结构，其工作原理为：当励磁线圈通有电流 I 时，铁心中产生磁场，磁场对衔铁产生电磁吸力 F，所以图 7-17 称为电磁铁。由于电磁铁是通过衔铁的运动，将电磁能转换为机械能。因此，工业上常利用电磁铁完成起重、制动、吸持（电磁吸盘）及开闭（电磁阀门）等机械动作。

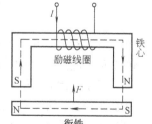

图 7-17　电磁铁的结构示意图

电磁铁的种类很多，但基本结构原理是相同的。一般由励磁线圈、铁心及衔铁三部分构成，如图 7-17 所示。

电磁铁按励磁电流分为直流电磁铁和交流电磁铁两种。

7.6.1　直流电磁铁

直流电磁铁衔铁所受到的吸力 F 的大小与两极间的磁感应强度 B 的平方成正比。此外，在 B 为一定值的情况下，若气隙磁路的截面积 S 越大，则吸力 F 也越大。

计算直流电磁力 F 的基本公式为

$$F = \frac{10^7}{8\pi}B^2S \tag{7-29}$$

式中，B 的单位为 T；S 的单位为 m^2；F 的单位为 N。

直流电磁铁中没有涡流损耗，所以铁心由整块的硅钢制成。另外，在直流电磁铁中，励磁电流的大小仅与线圈的导线电阻有关，不因气隙的大小而变化，当电压一定时，电流也为定值。直流电磁铁动作平稳，工作可靠，适于动作频繁的机构。

7.6.2 交流电磁铁

励磁线圈中通入交流电，产生电磁吸力，称为**交流电磁铁**。为了减小涡流损耗，交流电磁铁的铁心都是由硅钢片叠成。交流电磁铁线圈中的励磁电流大小不仅与线圈的导线电阻有关，还与线圈的感抗、铁心磁阻、气隙的大小有关。如果衔铁在吸合过程中被卡住，此时气隙较大，总磁阻较大，从而使励磁电流增大，进而导致线圈过热而烧毁。反之，在吸合过程中，随着气隙的减小，磁阻较小，线圈的电感和感抗增大，使线圈中的电流减小。因此，在交流电磁铁中，线圈中的电流随气隙的大小而变化。

在使用时，一旦发现衔铁被卡住，气隙不能闭合，就应立即切断电源，排除故障。

当励磁电流 i 为工频正弦交流电时，交流电磁铁的磁感应强度是交变的，设

$$B = B_\mathrm{m}\sin\omega t$$

将上式 B 代入式（7-29），即得

$$f = \frac{10^7}{8\pi}B_\mathrm{m}^2 S_0 \sin^2\omega t = \frac{1}{2}F_\mathrm{max} - \frac{1}{2}F_\mathrm{max}\cos 2\omega t \tag{7-30}$$

式中，$F_\mathrm{max} = \dfrac{10^7}{8\pi}B_\mathrm{m}^2 S_0$ 是吸力的最大值。

一般所说的吸力大小均是吸力的平均值，即

$$F = \frac{1}{T}\int_0^T f\mathrm{d}t = \frac{1}{T}\int_0^T \left[\frac{1}{2}F_\mathrm{max} - \frac{1}{2}F_\mathrm{max}\cos 2\omega t\right]\mathrm{d}t$$

$$\tag{7-31}$$

$$= \frac{1}{2}F_\mathrm{max} = \frac{10^7}{16\pi}B_\mathrm{m}^2 S_0$$

由式（7-31）可知，吸力在零与最大值 F_max 之间脉动，如图 7-18 所示，脉动的频率是电源频率的 2 倍。电磁铁的衔铁都装有释放弹簧，其作用力与电磁吸力相反。衔铁受到的吸力时而最大，时而最小，因而将使铁心产生机械振动，并发出噪声。振动使铁心易磨损，且增大功率损耗。为防止振动，可在铁心上装阻尼环，如图 7-19 所示。阻尼环为一短路环，受交变磁通的感应，环中产生滞后磁通的感应电流。因此阻尼环所包围的铁心部分中的磁通与环外铁心部分的磁通便有一相位差存在，使两部分的磁通和吸力不同时降为零，消除了振动和噪声。

直流电磁铁与交流电磁铁除上述的差别外，在使用时还应注意，在吸合过程中它们的电流和吸力的变化情况是不相同的。

要特别注意，即使是额定电压相同的交、直流电磁铁，也绝不能互换使用。若将交流电磁铁接在直流电源上，由于线圈的感抗为零，会使线圈中的电流比接在相同电压的交流电源上的电流大出许多倍，将导致线圈过热而烧毁。

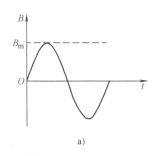 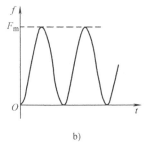

a)   b)

图 7-18 交流磁通和磁力的变化曲线

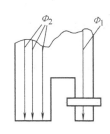

图 7-19 阻尼环

7.6.3 电磁铁的应用

在日常生活和国民经济中，电磁铁的应用非常普遍。特别是在远距离控制以及自动控制系统、电动机的控制与保护电路中应用更为广泛。例如，起重吊车上的制动电磁铁；起重搬运各种钢铁材料的起重电磁铁；电力传动系统中的电磁离合器；作为机械工具用的电动锤；磨床上作夹具用的电磁吸盘；在电机控制和保护电路中大量使用的各种交流接触器、电磁阀、中间继电器、时间继电器、过流继电器等都属于电磁铁应用的例子。交流接触器和各种继电器的基本功能是依靠衔铁的动作来接通或断开电路。

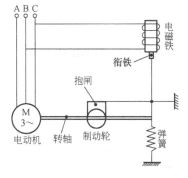

图 7-20 电磁铁的应用

图 7-20 就是利用电磁铁来制动机床和起重机的电动机的例子。当接通电源时，电磁铁将衔铁吸起，拉起弹簧，将抱闸提起，放开了装在转轴上的制动轮，这时电动机就可自由转动。

电源断开后，电磁铁失磁，吸力消失，衔铁落下。同时在弹簧作用下，把抱闸压在制动轮上，电动机立即被制动而停车。在机床中，也常用电磁铁控制气动或液压传动机构的阀门或控制变速机构。

7.7 综合计算与分析

例 7-3 如图 7-21 所示磁路由硅钢片叠成，铁心的占空比系数 $K = 0.91$，各部分的尺寸为 $l_0 = 0.5\mathrm{cm}$，$l_1 = 12\mathrm{cm}$，$l_2 = 16\mathrm{cm}$，$l_3 = 5.5\mathrm{cm}$，$l_4 = 5\mathrm{cm}$，$l_5 = 6\mathrm{cm}$，$l_6 = 3\mathrm{cm}$，$l_7 = 4\mathrm{cm}$；绕圈匝数 $N = 200$ 匝，试求磁路中产生恒定磁通 $\Phi = 1.8 \times 10^{-3}\mathrm{Wb}$ 时，线圈中所需的励磁电流 I。

解 空气隙截面积为
$$S_0 = l_3 l_7 = 5.5 \times 4\mathrm{cm}^2 = 22\mathrm{cm}^2 = 22 \times 10^{-4}\mathrm{m}^2$$
各段铁心的有效截面积为
$$S_1 = l_3 l_5 K = 5.5 \times 6 \times 0.91\ \mathrm{cm}^2 = 30.03\ \mathrm{cm}^2 = 30.03 \times 10^{-4}\mathrm{m}^2$$
$$S_2 = l_3 l_4 K = 5.5 \times 5 \times 0.91\ \mathrm{cm}^2 = 25.025\ \mathrm{cm}^2 = 25.025 \times 10^{-4}\mathrm{m}^2$$
$$S_3 = l_3 l_6 K = 5.5 \times 3 \times 0.91\ \mathrm{cm}^2 = 15.01\ \mathrm{cm}^2 = 15.01 \times 10^{-4}\mathrm{m}^2$$
$$S_4 = l_3 l_7 K = 5.5 \times 4 \times 0.91\ \mathrm{cm}^2 = 20.02\ \mathrm{cm}^2 = 20.02 \times 10^{-4}\mathrm{m}^2$$
空气隙的磁感应强度为

$$B_0 = \frac{\Phi}{S_0} = \frac{1.8 \times 10^{-3}}{22 \times 10^{-4}}\mathrm{T} = 0.82\mathrm{T}$$

各段铁心的磁感应强度为

$$B_1 = \frac{\Phi}{S_1} = \frac{1.8 \times 10^{-3}}{30.03 \times 10^{-4}}\mathrm{T} = 0.6\mathrm{T}$$

$$B_2 = \frac{\Phi}{S_2} = \frac{1.8 \times 10^{-3}}{25.025 \times 10^{-4}}\mathrm{T} = 0.72\mathrm{T}$$

$$B_3 = \frac{\Phi}{S_3} = \frac{1.8 \times 10^{-3}}{15.01 \times 10^{-4}}\mathrm{T} = 1.2\mathrm{T}$$

$$B_4 = \frac{\Phi}{S_4} = \frac{1.8 \times 10^{-3}}{20.02 \times 10^{-4}}\mathrm{T} = 0.9\mathrm{T}$$

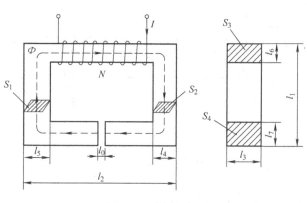

图 7-21 例 7-3 图

空气隙的磁场强度为

$$H_0 = \frac{B_0}{\mu_0} = \frac{0.82}{4\pi \times 10^{-7}}\mathrm{A/m} = 6.53 \times 10^5 \mathrm{A/m}$$

查 $B-H$ 曲线，得各段铁心的磁场强度为

$$H_1 = 0.13 \times 10^3 \mathrm{A/m}$$

$$H_2 = 0.17 \times 10^3 \mathrm{A/m}$$

$$H_3 = 1 \times 10^3 \mathrm{A/m}$$

$$H_4 = 0.25 \times 10^3 \mathrm{A/m}$$

各段磁通势为

$$F_0 = H_0 l_0 = 6.53 \times 10^5 \times 0.5 \times 10^{-2}\mathrm{A} = 3.265 \times 10^3 \mathrm{A}$$

$$F_1 = H_1\left(l_1 - \frac{l_6}{2} - \frac{l_7}{2}\right) = 0.13 \times 10^3 \times \left(12 - \frac{3}{2} - \frac{4}{2}\right) \times 10^{-2}\mathrm{A} = 11.05\mathrm{A}$$

$$F_2 = H_2\left(l_1 - \frac{l_6}{2} - \frac{l_7}{2}\right) = 0.17 \times 10^3 \times \left(12 - \frac{3}{2} - \frac{4}{2}\right) \times 10^{-2}\mathrm{A} = 14.45\mathrm{A}$$

$$F_3 = H_3\left(l_2 - \frac{l_4}{2} - \frac{l_5}{2}\right) = 1 \times 10^3 \times \left(16 - \frac{5}{2} - \frac{6}{2}\right) \times 10^{-2}\mathrm{A} = 105\mathrm{A}$$

$$F_4 = H_4\left(l_2 - \frac{l_4}{2} - \frac{l_5}{2} - l_0\right) = 0.25 \times 10^3 \times \left(16 - \frac{5}{2} - \frac{6}{2} - 0.5\right) \times 10^{-2}\mathrm{A} = 25\mathrm{A}$$

总磁通势为

$$\begin{aligned}
F &= F_0 + F_1 + F_2 + F_3 + F_4 \\
&= (3265 + 11.05 + 14.45 + 105 + 25)\mathrm{A} = 3420.5\mathrm{A}
\end{aligned}$$

线圈中所需的励磁电流 I 为

$$I = \frac{F}{N} = \frac{3420.5}{200}\mathrm{A} \approx 17.1\mathrm{A}$$

综合分析：

当磁路的材料发生变化时，磁感应强度也发生变化，例如本题的磁路由硅钢片和空气隙构成；当相同材料的铁心截面积发生变化时，磁感应强度也随着发生变化，但磁通不发生变化，如本题中各段铁心的磁感应强度计算式所示。

例 7-4 要绕制一个铁心线圈,已知电源电压 $U = 220\text{V}$,频率 $f = 50\text{Hz}$,铁心截面积为 30.2cm^2,铁心由硅钢片叠成,设叠片间隙数 $K = 0.91$。试求:(1)如磁感应强度幅值 $B_m = 1.2\text{T}$,求线圈的匝数 N;(2)如磁路平均长度 $l = 60\text{cm}$,求励磁电流的有效值 I;(3)如测得绕制的铁心线圈功率 $P = 25\text{W}$,求铁心线圈的功率因数、等效电阻和感抗(忽略漏磁通和线圈电阻上的压降)。

解 (1)$B_m = 1.2\text{T}$ 时的线圈匝数 N 铁心的有效截面积为
$$S = 30.2\text{cm}^2 K = 30.2 \times 0.91 \text{ cm}^2 \approx 27.5\text{cm}^2$$
线圈匝数 N 为
$$N = \frac{U}{4.44fB_mS} = \frac{220}{4.44 \times 50 \times 1.2 \times 27.5 \times 10^{-4}} \text{ 匝} \approx 300 \text{ 匝}$$

(2)励磁电流有效值 I 当 $B_m = 1.2\text{T}$ 时,查 $B-H$ 曲线得磁场强度为
$$H_m = 700\text{A/m}$$
则励磁电流有效值 I 为
$$I = \frac{H_m l}{\sqrt{2}N} = \frac{700 \times 60 \times 10^{-2}}{\sqrt{2} \times 300}\text{A} \approx 1\text{A}$$

(3)铁心线圈的功率因数、等效电阻和感抗 铁心线圈的功率因数 $\cos\varphi$ 为
$$\cos\varphi = \frac{P}{UI} = \frac{25}{220 \times 1} \approx 0.114$$
铁心线圈的等效阻抗模 $|Z_0|$ 为
$$|Z_0| \approx \frac{U}{I} = \frac{220}{1}\Omega = 220\Omega$$
铁心线圈的等效电阻 R_0 为
$$R_0 = \frac{P}{I^2} = \frac{25}{1^2}\Omega = 25\Omega$$
铁心线圈的等效感抗 X_0 为
$$X_0 = \sqrt{|Z_0|^2 - R_0^2} = \sqrt{220^2 - 25^2}\Omega \approx 218.6\Omega$$

综合分析:

当正弦交流励磁电压 u、频率 f 和线圈匝数 N 一定时,磁通 Φ 也基本是不变的,即 $U = 4.44fN\Phi_m$,磁通与磁阻 R_m 大小基本无关。当磁路的长度或气隙改变时,磁阻 R_m 将发生变化,根据式 $I = \frac{\Phi R_m}{N} = \frac{Hl}{N}$,励磁电流 I 发生变化。

小 结

1. 磁性物质的性能

1)磁性物质都能被磁化,而非磁性物质均不能被磁化。

2)磁性物质具有磁导率高、磁饱和性、磁滞现象。

3)磁性物质通常分为软磁、硬磁、矩磁三大类。

2. 磁路基本定律

由铁磁材料组成的闭合通路(中间可含有微小气隙)称为磁路,磁通绝大部分集中在磁路内。

　　磁路中的磁通势（磁动势）F_m、磁压降 Hl、磁通 $\varPhi$ 和磁阻 R_m 与电路中的电动势 e、电压 u、电流 i 和电阻 R 相对应。

　　与电路欧姆定律对应的有磁路欧姆定律，即

$$\varPhi = \frac{F_\mathrm{m}}{R_\mathrm{m}} = \frac{NI}{R_\mathrm{m}} \tag{7-32}$$

　　与 KCL 对应的有磁路基尔霍夫定律第一定律，即

$$\sum \varPhi = 0$$

　　与 KVL 对应的有磁路基尔霍夫定律第二定律，即

$$\sum Hl = \sum IN$$

3. 直流磁路与交流磁路

（1）直流磁路

1）当直流励磁电压一定时，线圈中的电流不变；当磁路中气隙改变时，磁阻 R_m 将改变，根据式（7-32），磁通 $\varPhi$ 改变。

2）直流磁路的磁通 $\varPhi$ 不随时间变化，则主要的磁损耗为铜损 P_Cu，即电阻损耗。

3）简单的无分支直流磁路的计算分为两类问题：一类是已知磁通求磁通势，其计算步骤可归纳为

$$已知 \varPhi \rightarrow B = \frac{\varPhi}{S} \rightarrow \frac{根据 B 由 B - H 曲线查 H}{对于气隙直接求解} \rightarrow H \rightarrow \sum Hl = \sum IN$$

另一类问题是已知磁通势求磁通，通常采用的方法是试探法。

（2）交流磁路

1）当交流电励磁时，磁通 $\varPhi$ 是交变的，而且在铁心中产生涡流损耗 P_e 和磁滞损耗 P_h。则交流磁路的损耗为

$$\Delta P = P_\mathrm{Cu} + P_\mathrm{e} + P_\mathrm{h} = P_\mathrm{Cu} + P_\mathrm{Fe}$$

2）正弦交流磁路的电磁关系为

$$U = 4.44fN\varPhi_\mathrm{m}$$

3）当正弦交流励磁电压 u、频率 f 和线圈匝数 N 一定时，磁通 $\varPhi$ 也基本是不变的。当磁路的气隙改变时，磁阻 R_m 改变，根据式（7-32），励磁电流改变。

4. 电磁铁

（1）直流电磁铁　直流电磁铁衔铁所受到吸引力 F 为

$$F = \frac{10^7}{8\pi}B^2 S$$

直流电磁铁动作平稳，工作可靠，适于动作频繁的机构。

（2）交流电磁铁　平时所说吸力大小均是吸力的平均值，即

$$F = \frac{10^7}{16\pi}B_\mathrm{m}^2 S_0$$

交流电磁铁适用于动作时间短、行程大、动作不频繁的机构。

思 考 题

一、判断题

1. 磁感应强度一定时，磁场强度与铁磁材料的磁导率成正比。

2. 真空的磁导率等于零。

3. 只有直流励磁电流才能在铁磁材料中引起剩磁。

4. 剩磁对某些电机和电器有不利的影响。

5. 电机和变压器的铁心采用硬磁材料。

6. 矩磁材料一般用来制造永久磁铁。

7. 直流电磁铁的铁心，稳定工作时既有磁滞损耗，也有涡流损耗。

8. 工程上，将由铁磁材料组成，磁力线集中通过的闭合路径称为磁路。

9. 在电机和电器中，磁路通常是无分支的闭合路径。

10. 为了保护励磁线圈不出现短路故障，电磁铁铁心通常设有短路环。

二、选择题

1. 直流铁心线圈，当线圈匝数 N 增加一倍，则磁通 Φ 将（　　），磁感应强度 B 将（　　）。

（a）增大　　　　　（b）减小　　　　　（c）不变

2. 交流铁心线圈，当线圈匝数 N 增加一倍，则磁通 Φ 将（　　），磁感应强度 B 将（　　）。

（a）增大　　　　　（b）减小　　　　　（c）不变

3. 交流铁心线圈，当铁心截面积 A 加倍，则磁通 Φ 将（　　），磁感应强度 B 将（　　）。

（a）增大　　　　　（b）减小　　　　　（c）不变

4. 交流铁心线圈，如果励磁电压和频率均减半，则铜损 P_{Cu} 将（　　），铁损 P_{Fe} 将（　　）。

（a）增大　　　　　（b）减小　　　　　（c）不变

5. 交流铁心线圈，如果励磁电压不变，而频率减半，则铜损 P_{Cu} 将（　　）。

（a）增大　　　　　（b）减小　　　　　（c）不变

6. 图 7-22 所示为一直流电磁铁磁路，线圈接恒定电压 U。当气隙长度 δ 增加时，磁路中的磁通 Φ 将（　　）。

（a）增大　　　　　（b）减小　　　　　（c）保持不变

7. 图 7-22 为一交流电磁铁磁路，线圈电压 U 保持不变。当气隙长度 δ 增加时，线圈电流 i 将（　　）。

（a）增大　　　　　（b）减小　　　　　（c）保持不变

8. 在电压相等的情况下，将一直流电磁铁接到交流电源上，此时线圈中的磁通 Φ 将（　　）。

（a）增大　　　　　（b）减小　　　　　（c）保持不变

9. 交流电磁铁线圈通电时，衔铁吸合后较吸合前的线圈电流将（　　）。

（a）增大　　　　　（b）减小　　　　　（c）保持不变

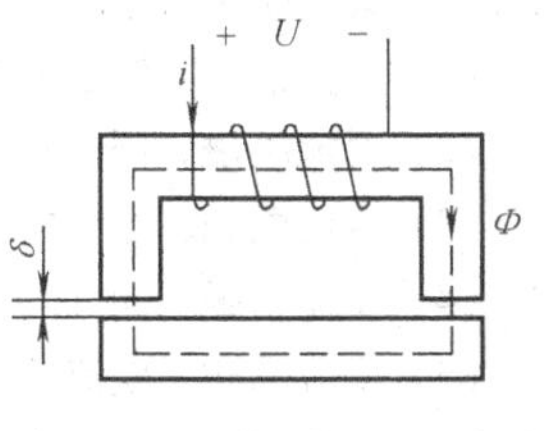

图 7-22　选择题 6、7 题图

10. 两个直流铁心线圈除了铁心截面积不同（$A_1 = 2A_2$）外，其他参数都相同。若两者的磁感应强度相等，则两线圈的电流 I_1 和 I_2 的关系为（　　）。

（a）$I_1 = 2I_2$　　　　（b）$I_1 = \dfrac{1}{2}I_2$　　　　（c）$I_1 = I_2$

11. 两个交流铁心线圈除了匝数不同（$N_1 = 2N_2$）外，其他参数都相同，若将这两个线圈接在同一交流电源上，它们的电流 I_1 和 I_2 的关系为（　　）。

（a）$I_1 > I_2$　　　　（b）$I_1 < I_2$　　　　（c）$I_1 = I_2$

12. 两个完全相同的交流铁心线圈，分别工作在电压相同而频率不同（$f_1 > f_2$）的两电源下，此时线圈的电流 I_1 和 I_2 的关系是（　　　）。

（a）$I_1 > I_2$ 　　　　（b）$I_1 < I_2$ 　　　　（c）$I_1 = I_2$

13. 交流铁心线圈中的功率损耗来源于（　　　）。

（a）漏磁通 　　　　（b）铁心的磁导率 　　（c）铜损耗和铁损耗

三、简答题

1. 说明磁感应强度与磁通的关系和磁感应强度与磁场强度有什么区别。

2. 说明 B、H 和 μ 三者的关系，物理意义和所用的国际单位。

3. 铁磁材料的基本特性是什么？

4. 什么是剩磁？哪些因素会引起剩磁的减弱甚至消失？

5. 什么是铁损？一个电器的铁损与磁通及其变化频率大体上有怎样的关系？

6. 什么是磁路？为什么磁通势激励的磁通绝大部分集中在铁心磁路中？

7. 为什么气隙磁阻比铁心磁阻大得多？

8. 电磁铁的主要组成部件是什么？

9. 为什么说直流电压电磁铁是恒磁通势型的？当线圈通电后若衔铁不吸合会产生什么后果？

10. 为什么说交流电压电磁铁是恒磁通型的？当线圈通电后若衔铁不吸合会产生什么后果？

习　　题

1. 已知线圈电感 $L = N\Phi / I$，试用磁路欧姆定律推导出 $L = N^2 \mu S / l$，并由此分析增加线圈电感有哪些途径。

2. 有一线圈，其匝数 $N = 800$，绕在由铸钢制成的闭合铁心上，铁心的截面积 $S_{Fe} = 20\text{cm}^2$，铁心的平均长度 $l_{Fe} = 40\text{cm}$。如果要在铁心中产生磁通 $\Phi = 0.002\text{Wb}$，试求线圈中应该通入多大的直流电？

3. 如果上题的铁心中含有 $\delta = 0.3\text{cm}$ 的空气隙（与铁心柱垂直），由于空气隙较短，磁通的边缘扩散可以忽略不计，试问线圈中的电流必须多大才可以使铁心中的磁感应强度保持上题中的数值？

4. 有一铁心线圈，试分析铁心中的磁感应强度、线圈中的电流和铜损耗 I^2R 在下列几种情况下将如何变化：（假设在下述各种情况下工作点在磁化曲线的直线段。在交流励磁的情况下，设电源电压与感应电动势在数值上近似相等，而且忽略磁滞和涡流。铁心是闭合的，截面均匀。）

（1）直流励磁：铁心的面积加倍，线圈的电阻和匝数以及电源电压保持不变。

（2）交流励磁，同（1）。

（3）直流励磁，线圈的匝数加倍，线圈的电阻以及电源电压保持不变。

（4）交流励磁：同（3）。

（5）交流励磁：电流的频率减半，电源电压的大小保持不变。

（6）交流励磁：频率和电源电压大小减半。

5. 为了求出铁心线圈的铁损耗，先将它接在直流电源上，从而测得线圈的电阻为 1.75Ω；然后接在交流电源上，测得电压 $U = 120\text{V}$，功率 $P = 70\text{W}$，电流 $I = 2\text{A}$，试求铁损耗和线圈的功率因数。

6. 计算图 7-23 所示环形磁路的磁阻。已知径 $r_1 = 2.0\text{cm}$，外径 $r_2 = 3.0\text{cm}$，截面为圆形，具有 1mm 的气隙，铁心材料的相对磁导率 $\mu_r = 500$。

7. 设图 7-23 所示的环形材料为铸铁，并绕上 800 匝励磁线圈。欲在气隙中得到 1.3T 的磁感强度，试求线圈电流。

8. 如果在一个直流电磁铁吸合后的电磁铁与一个交流电磁铁吸合以后的电磁力相等，那么在下列情况下它们的吸力是否仍然相等？为什么？

（1）将它们的电压都降低一半。

（2）将它们的励磁绕组的匝数都增加一倍。

（3）在它们的衔铁与铁心之间都填入同样厚的木片。

9. 有一直流电磁铁，其磁路由铁心、衔铁和气隙三部分构成，如图 7-24 所示。铁心的材料是硅钢片，衔铁的材料是铸钢。各部分的尺寸（以厘米计）见图。今需要在空气隙中产生磁通 0.06Wb，而已知线圈匝数为 2600，试求线圈中必须通入的电流，并计算电磁铁的吸力。

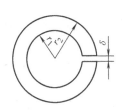

图 7-23　习题 6、7 图

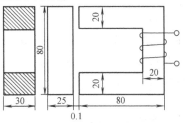

图 7-24　习题 9 图

10. 两个线圈的连接方式如图 7-25 所示，已知直流电压电源 $U = 110V$，图 7-25a 绕组匝数 $N_1 = 4000$ 匝，电阻 $R_1 = 40\Omega$；图 7-25b 绕组匝数 $N_2 = 2000$ 匝，电阻 $R_1 = 20\Omega$。试分别求图 7-25a、b 中磁路的总磁通势。

11. 有一个交流铁心线圈，已知电源电压 $U = 220V$，频率 $f = 50Hz$，电路电流 $I = 4A$，电路功率 $P = 100W$，忽略漏磁通和线圈电阻上的压降。试求：

（1）铁心线圈的功率因数。

（2）铁心线圈的等效电阻和感抗。

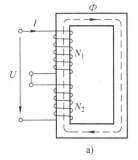
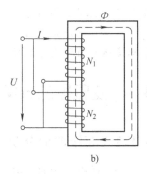

a)　　　　b)

图 7-25　习题 10 图

第8章 变 压 器

提要 变压器是一种静止的电器设备，它利用电磁感应原理，将一种电压的交流电能转换成同频率的另一种电压的电能。

在电力系统中，为了将大功率的电能输送到远距离的用户区，需采用升压变压器将交流发电机发出的电压升高到输电电压，通过高压输电线将电能传送到用电地区，然后再用降压变压器逐步将输电电压降到配电电压，供用户安全而方便地使用。所以在电力系统中，变压器具有重要的作用。

在电子线路中，除电源变压器外，变压器还用来耦合电路、传递信号并实现阻抗匹配。

此外，还有自耦变压器、互感器及各种专用变压器。变压器的种类很多，但是它们的基本构造和工作原理是相同的。

本章首先介绍单相变压器的结构，然后着重分析单相变压器的运行原理与特性，再讨论几种特殊变压器的理论与运行。

8.1 变压器的分类、基本结构及工作原理

8.1.1 变压器的分类

为了适应不同的使用目的和工作条件，变压器的类型很多，可以从不同的角度予以分类。

按用途可分为：电力变压器（又可分为升压变压器、降压变压器、配电变压器等）、仪用变压器（电流、电压互感器等）、试验用变压器、整流变压器等。

按绕组数目可分为：双绕组变压器、三绕组变压器、多绕组变压器（一般用于特种用途）及自耦变压器。

按铁心结构分心式变压器和壳式变压器。

按相数可分为单相变压器、三相变压器、多相变压器。

按冷却方式的不同，可分为干式变压器、油浸自冷变压器、油浸风冷变压器、油浸水冷变压器、强迫油循环风冷变压器、强迫油循环水冷变压器等。

按线圈导线使用材质的不同，分为铝线变压器、铜线变压器。

按调压方式可分为无励磁调压变压器、有载调压变压器。

8.1.2 变压器的基本结构

从变压器的功能来看，铁心和绕组是变压的主要部件，被称为变压器的器身。变压器的一般结构如图 8-1 所示。

1. 铁心

变压器铁心是变压器的主要部件之一，是变压器的磁路和安装骨架，其对变压器的性能有很大的影响。

铁心的作用是导磁，以减小励磁电流。为了提高磁路的导磁性能和减小涡流及磁滞损耗，铁心通常用涂有绝缘漆的 0.35mm 或 0.5mm 厚的硅钢片叠成。根据不同要求，铁心可制成心式和

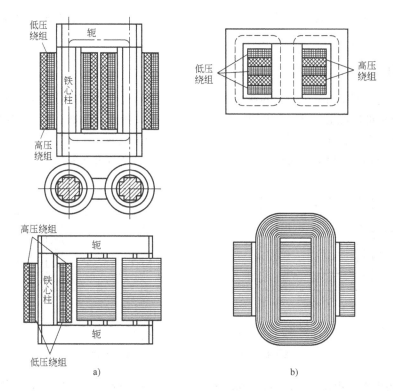

图 8-1　变压器的构造

a）心式变压器　b）壳式变压器

壳式。一般大容量的变压器用心式铁心，而小容量的变压器用壳式铁心。

变压器的铁心是框形闭合结构。其中，套线圈的部分称为心柱，不套线圈只起闭合磁路作用的部分称为铁轭。

变压器在运行或试验时，为了防止由于静电感应在铁心或其他金属构件上产生悬浮电位面，造成对地放电，铁心及其构件（除穿心螺杆外）都应接地。

2. 绕组

变压器（Transformer）中绕在铁心上的线圈称为**绕组**，如图 8-1 所示。与电网（电源）连接的绕组，称为**一次绕组**（或称原绕组），主要功能是从电源吸收电能；与负载相连的绕组，称为**二次绕组**（或称副绕组），主要功能是向负载输出电能。通常将一次绕组的参数用下标"1"表示，如一次绕组的匝数为 N_1，二次绕组的参数用下标"2"表示，如二次绕组的匝数为 N_2。如图 8-2 所示。

在电气工程中广泛使用单相变压器和三相变压器。单相变压器一次绕组只有一个，二次绕组可以有多个；三相变压器则有三个一次绕组和一一对应的三个二次绕组，即 A 相一次绕组对应二次绕组 A 相，B 相一次绕组对应二次绕组 B 相，C 相一次绕组对应二次绕组 C 相。

在结构上，三相变压器每相的一次、二次绕组做成圆筒形，同心地套装在铁心柱上。由于低压绕组对铁心的绝缘要求低，故将其布置在贴靠铁心的内层，高压绕组布置在外层。如此，可借助低压绕组，提高高压绕组和铁心间的绝缘水平。

小容量变压器的高压绕组通常采用高强度漆包线或纱包线绕制在绝缘纸板卷成的圆筒上，形成圆筒形线圈，线匝的层间垫以绝缘或用绝缘撑条构成的油道来绝缘。低压绕组则用绝缘扁铜、铝线绕制。

本章节讨论中，电源施加到一次侧的电压默认为正弦稳态电压，其各物理量的方向规定用正方向，如图 8-2 所示。

8.1.3 变压器的工作原理

最简单的变压器是由一个闭合的铁心和绕在铁心上的两个匝数不等的绕组组成。为了便于分析，高压绕组和低压绕组分别画在两边，变压器原理图 8-2 所示。虽然一次、二次绕组在电路上是相互分开的，但二者却处在同一磁路上，即主磁通同时交链着一次、二次绕组。因此，在变压器中，从一次侧到二次侧的能量传递过程就是依靠主磁通作为媒介来实现的。

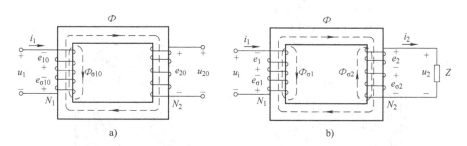

图 8-2　变压器的原理图

a）变压器的空载原理图　b）变压器的负载原理图

当一次绕组接上交流电压 u_1 时，一次绕组中产生电流 i_0 或 i_1 和磁通势 $N_1 i_0$ 或 $N_1 i_1$。在磁通势 $N_1 i_0$ 或 $N_1 i_1$ 的作用下，产生一个交变的主磁通 Φ_0 或 Φ_1（是绝大部分通过铁心而闭合的磁通）和一次侧漏磁通 $\Phi_{\sigma 10}$ 或 $\Phi_{\sigma 1}$（磁力线主要沿非铁磁材料闭合），一次侧漏磁通 $\Phi_{\sigma 10}$ 或 $\Phi_{\sigma 1}$ 产生漏磁感应电动势 $e_{\sigma 10}$ 或 $e_{\sigma 1}$，如图 8-2 所示。在交变的主磁通 Φ_0 或 Φ_1 作用下，二次绕组中产生感应电动势。下面分变压器的空载和负载两种情况分析。

（1）变压器的空载工作原理　变压器的空载工作原理如图 8-2a 所示。在磁通势 $N_1 i_0$ 产生的交变主磁通 Φ_0 作用下，一次绕组、二次绕组中产生主磁感应电动势 e_{10} 和 e_{20}；一次侧漏磁通 $\Phi_{\sigma 10}$ 产生漏磁感应电动势 $e_{\sigma 10}$，其电磁关系和工作原理如下表示：

$$\text{外加电压} u_1 \xrightarrow{\text{一次线圈}} i_0 \text{和磁通势} N_1 i_0 \begin{cases} \xrightarrow[\text{铁心闭合}]{} \text{主磁通} \Phi_0 \longrightarrow \begin{cases} \xrightarrow{\text{一次线圈}} \text{感应电动势} e_{10} \\ \xrightarrow{\text{二次线圈}} \text{感应电动势} e_{20} \end{cases} \\ \xrightarrow[\text{空气闭合}]{} \text{漏磁通} \Phi_{\sigma 10} \xrightarrow{\text{一次线圈}} \text{漏磁感应电动势} e_{\sigma 10} \end{cases}$$

注意：

1）变压器空载运行是指一次绕组接入电源，二次绕组开路，如图 8-2a 所示。

2）变压器空载运行时，只有一次绕组中有电流 i_{10}，此电流称为**空载电流**。空载电流一般都很小，约为额定电流的 3% ~ 8%。i_{10} 的大小反映出变压器的优劣，其值越小越好。

3）铁心中的主磁通是由空载磁通势 $F_0 = N_1 i_0$ 作用下产生的。由于铁磁材料的饱和现象，主磁通 $\Phi = \Phi_0$ 与 i_0 呈非线性关系。

4）空载磁通势 $F_0 = N_1 i_0$ 作用下产生一次绕组的漏磁通 $\Phi_{\sigma 1}$，漏磁通 $\Phi_{\sigma 1}$ 与 i_0 呈线性关系。

（2）变压器的负载工作原理　变压器的负载工作原理如图 8-2b 所示。在磁通势 $N_1 i_1$ 产生的交变主磁通 Φ_1 作用下，二次绕组产生感应电动势，感应电动势的作用使二次绕组中有电流 i_2 和磁通势 $N_2 i_2$ 产生。这时，二次绕组的磁通势 $N_2 i_2$ 将产生主磁通 Φ_2 和二次侧漏磁通 $\Phi_{\sigma 2}$，二次侧

漏磁通 $\Phi_{\sigma2}$ 产生漏磁电动势 $e_{\sigma2}$（如图8-2所示）。而铁心中存在着磁动势 $N_1 i_1$ 和磁通势 $N_2 i_2$ 产生的磁通 Φ_1 和 Φ_2，即铁心中的磁通是由磁通 Φ_1 和 Φ_2 合成得到的磁通，称为**主磁通 Φ**。主磁通 Φ 作用一次绕组和二次绕组，使绕组中产生主磁感应电动势 e_1 和 e_2，其电磁关系和工作原理如下表示：

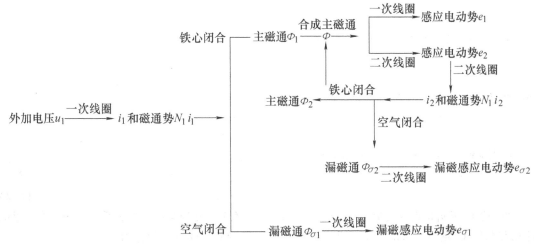

注意：

1）主磁通 Φ 是由磁通 Φ_1 和 Φ_2 合成得到的。

2）主磁通 Φ 是同时与一次绕组、二次绕组相交链的磁通，亦称为互感磁通。而漏磁通没有相交链关系，即 $N_1 i_1$ 产生的一次侧漏磁通 $\Phi_{\sigma2}$，仅在一次绕组中产生漏磁感应电动势 $e_{\sigma1}$；$N_2 i_2$ 产生的二次侧漏磁通 $\Phi_{\sigma2}$，仅在二次绕组中产生漏磁感应电动势 $e_{\sigma2}$。

1. 电压变换

根据第7章7.5.3中交流铁心线圈的等效电路分析，得变压器原理图8-2的等效电路图，如图8-3所示。

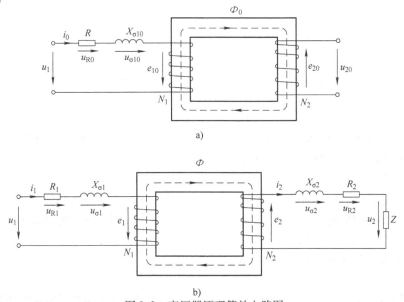

图 8-3　变压器原理等效电路图

a）空载等效电路图　b）负载等效电路图

根据电磁感应定律，图 8-3b 等效电路图的主磁通 Φ 在一次、二次绕组中产生的主磁感应电动势分别为

$$e_1 = -N_1 \frac{\mathrm{d}\Phi}{\mathrm{d}t}$$

$$e_2 = -N_2 \frac{\mathrm{d}\Phi}{\mathrm{d}t}$$

漏磁通 $\Phi_{\sigma 1}$ 在一次绕组中的漏磁感应电动势为

$$u_{\sigma 1} = -e_{\sigma 1} = N_1 \frac{\mathrm{d}\Phi_{\sigma 1}}{\mathrm{d}t}$$

漏磁通 $\Phi_{\sigma 2}$ 在二次绕组中的漏磁感应电动势为

$$u_{\sigma 2} = -e_{\sigma 2} = N_2 \frac{\mathrm{d}\Phi_{\sigma 2}}{\mathrm{d}t}$$

根据 KVL，对一次、二次侧电路有

$$u_1 = R_1 i_1 + u_{\sigma 1} - e_1 \tag{8-1}$$

$$u_2 = R_2 i_2 + u_{\sigma 2} - e_2 \tag{8-2}$$

当外加电压 u_1 是正弦交流电压时，根据第 7 章 7.5.1 中磁通与电压的关系，可知一次绕组电阻 R_1 和漏抗 $X_{\sigma 1}$ 很小，忽略不计，即 $R_1 i_1 \approx 0$，$u_{\sigma 1} \approx 0$，则式（8-1）简化为

$$u_1 \approx -e_1$$

由式（7-20）得感应电动势 e_1 的有效值为

$$E_1 = 4.44 f N_1 \Phi_m \approx U_1 \tag{8-3}$$

式（8-2）中感应电动势 e_2 的有效值为

$$E_2 = 4.44 f N_2 \Phi_m \tag{8-4}$$

当变压器空载时，其等效电路如 8-3a 所示。二次绕组电流为

$$i_2 = 0$$

由式（8-2）得

$$u_{20} = -e_{20}$$

由式（8-4）得感应电动势 e_{20} 的有效值为

$$E_{20} = E_2 = 4.44 f N_2 \Phi_m = U_{20} \tag{8-5}$$

由式（8-3）和式（8-5）得一次、二次绕组的电压之比，即电压变换式为

$$\frac{U_1}{U_{20}} \approx \frac{E_1}{E_2} = \frac{N_1}{N_2} = K \tag{8-6}$$

电压变换式（8-6）中，K 称为变压器的电压比，即一次、二次绕组的匝数比。可见，当电源电压 U_1 一定时，只要改变匝数比，就可得出不同的输出电压 U_2。

2. 电流变换

变压器空载运行是无意义的，只有二次侧接上负载，它才能起到传递能量（或信号）的作用。由 $U_1 \approx E_1 = 4.44 f N_1 \Phi_m$ 可见，当电源电压 U_1 和频率 f 不变时，感应电动势 E_1 和主磁通的最大值 Φ_m 也都几乎不变。就是说，铁心中主磁通的最大值在变压器空载或负载时是差不多恒定的。即图 8-3a 与图 8-3b 的主磁通关系为

$$\Phi_{m0} \approx \Phi_m \tag{8-7}$$

因此，负载时图 8-3b 中产生的合成磁通 Φ 的磁通势 $(N_1 i_1 + N_2 i_2)$ 近似等于空载时图 8-3a 中产生主磁通 Φ_0 的磁通势 $N_1 i_0$，即

$$N_1 i_0 = N_1 i_1 + N_2 i_2 \tag{8-8}$$

或
$$N_1 \dot{I}_1 + N_2 \dot{I}_2 = N_1 \dot{I}_0 \tag{8-9}$$

变压器的空载时，由于铁心的磁导率高，空载励磁电流 i_0 很小，即电流 i_0 的有效值 I_0 小于等于一次绕组额定电流 I_{1N} 的 10%，因此，$N_1 i_0 << N_1 i_1$，可忽略 $N_1 i_0$，则式（8-9）可写成

$$N_1 \dot{I}_1 \approx - N_2 \dot{I}_2 \tag{8-10}$$

式（8-10）说明，二次绕组磁通势与一次绕组磁通势相位近似相反，对主磁通是起去磁作用的。

由式（8-10）可知，变压器一、二次电流有效值之比，即电流变换式为

$$\frac{I_1}{I_2} \approx \frac{U_2}{U_1} = \frac{N_2}{N_1} = \frac{1}{K} \tag{8-11}$$

电流变换式（8-11）表明变压器一次、二次绕组的电流之比近似等于它们的匝数比的倒数。可见，变压器中的电流虽然由负载的大小确定，但是一次、二次绕组中电流有效值的比值是不变的；因为当负载增加时，I_2 和 $N_2 I_2$ 随着增大，而 I_1 和 $N_1 I_1$ 也必须相应增大，以抵偿二次绕组的电流和磁通势对主磁通的影响，从而维持主磁通的最大值不变。

3. 阻抗变换

阻抗变换是变压器的第三个功能，即变压器有电压变换、电流变换和阻抗变换等三项功能。通过阻抗变换，可以使负载从电源获得最大功率，即常称为电源与负载达到**阻抗匹配**。

在变压器分析中，常常用电路图 8-4a 表示铁心变压器原理图 8-2a。即用图 8-4 进行分析变压器的电压变换、电流变换和阻抗变换等。

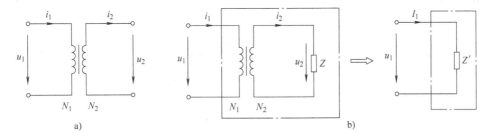

图 8-4　变压器电路图

a）空载时变压器电路图　b）负载时变压器电路图及阻抗变换图

当变压器接有负载 $|Z|$ 时，图 8-4b 中含有变压器负载的点画线框部分，可以等效为一个阻抗 $|Z'|$ 电路。即对电源来讲，电源接入变压器负载 $|Z|$ 模块，或直接接入一个阻抗 $|Z'|$ 模块，其电源输出的电压 u_1、电流 i_1 都不变。用一个阻抗 $|Z'|$ 等效替代变压器负载 $|Z|$ 模块，称为**阻抗变换**。

由图 8-4b 电路得阻抗模为 $|Z|$、$|Z'|$ 上的电压、电流关系为

$$|Z| = \frac{U_2}{I_2} \tag{8-12}$$

$$|Z'| = \frac{U_1}{I_1} \tag{8-13}$$

根据电压变换式（8-6）和电流变换式（8-11）可推导出

$$\frac{U_1}{I_1} = \frac{\dfrac{N_1}{N_2}U_2}{\dfrac{N_2}{N_1}I_2} = \left(\frac{N_1}{N_2}\right)^2 \frac{U_2}{I_2} \tag{8-14}$$

将式（8-12）、式（8-13）代入式（8-14）得阻抗变换式为

$$|Z'| = \left(\frac{N_1}{N_2}\right)^2 |Z| = K^2 |Z| \tag{8-15}$$

变压器的绕组匝数比不同，负载阻抗模 $|Z|$ 反映到一次侧的等效阻抗模 $|Z'|$ 也不同。采用不同的匝数比，可以将负载阻抗模 $|Z|$ 变换为所需要的、比较合适的数值，这种方法通常称为 **阻抗匹配**。

例 8-1 已知某收音机输出变压器的一次绕组匝数为 600，二次绕组匝数为 30，二次侧原接有 16Ω 的扬声器，如果改接成 4Ω 扬声器，试求在电源输出电压、电流不变条件下，二次绕组匝数 N_2 为多少？

解 当变压器负载为 16Ω 扬声器时，电压比 K_1 为

$$K_1 = \frac{N_1}{N_2} = \frac{600}{30} = 20$$

$R_1 = 16Ω$ 扬声器等效到一次侧电阻 R'_1 为

$$R'_1 = K_1^2 R_1 = 20^2 \times 16Ω = 6400Ω$$

当变压器负载为 $R_2 = 4Ω$ 扬声器时，因为题意要求保持电源输出电压、电流不变，即阻抗变换到一次侧电阻 R'_1 不变，则电压比 K_2 为

$$R'_1 = K_2^2 R_2$$

$$K_2 = \sqrt{\frac{R'_1}{R_2}} = \sqrt{\frac{6400}{4}} = 40$$

即

$$N_2 = \frac{N_1}{K_2} = \frac{600}{40} = 15$$

8.2 变压器的运行特性

变压器的运行特性有两个重要指标：电压变化率（ΔU）和效率（η）。电压变化率 ΔU 的大小反映了变压器负载运行时二次侧端电压的稳定性，而效率 η 则表明变压器运行时的经济性。ΔU 和 η 的大小不仅与变压器的本身参数有关，还与负载的大小和性质有关。

1. 电压变化率

由于变压器一次、二次绕组都有漏阻抗，当负载电流通过时必然在这些漏抗上产生电压降，二次电压将随负载的变化而变化。

当电源电压 U_1（有效值电压）不变时，随着二次绕组电流 I_2（有效值电流）的增大，一次、二次绕组阻抗上的电压降也增大，这使二次绕组的端电压 U_2 发生变动。当电源电压 U_1 和负载功率因数为常数时，二次侧 U_2 和 I_2 的变化关系可用所谓外特性曲线 $U_2 = f(I_2)$ 来表示，如图 8-5 所示。对电阻性和电感性负载而言，电压 U_2 随电流 I_2 的增大而下降。

通常希望电压 U_2 的变动越小越好。为了描述这种电压变化的大小，引入电压变化率。电压变化率 $\Delta U\%$ 定义为：变压器一次绕组施加额定电压，空载和负载两种工况下，二次端电压之差

$U_{20} - U_2$ 与额定电压 U_{20} 之比，称为电压变化率，即

$$\Delta U\% = \frac{U_{20} - U_2}{U_{20}} \times 100\% \qquad (8\text{-}16)$$

电压变化率反映了变压器运行时输出电压的稳定性，是变压器的主要性能指标之一。一般电力变压器中，如工厂动力用变压器，居民照明用变压器，由于其电阻和漏磁感抗均甚小，电压变化率是不大的，约为 $5\% \sim 10\%$ 左右。

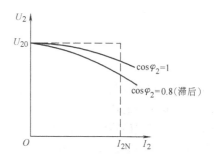

图 8-5 变压器的外特性曲线

例 8-2 一单相变压器，额定容量为 50kV·A，额定电压为 1000/230V，当该变压器向 $R = 0.83\Omega$、感抗 $X_L = 0.618\Omega$ 的负载供电时，正好达到满载，试求变压器一次、二次绕组的额定电流和电压变化率。

解 已知 $S_N = 50\text{kV·A}$，$U_{N1} = 1000\text{V}$，$U_{N2} = 230\text{V}$，则一次绕组的额定电流 I_{N1} 为

$$I_{N1} = \frac{S_N}{U_{N1}} = \frac{50 \times 10^3}{10000}\text{A} = 5\text{A}$$

二次绕组的额定电流 I_{N2} 为

$$I_{N2} = \frac{S_N}{U_{N2}} = \frac{50 \times 10^3}{230}\text{A} \approx 217.4\text{A}$$

负载阻抗模 $|Z_L|$ 为

$$|Z_L| = \sqrt{R^2 + X_L^2} = \sqrt{0.83^2 + 0.618^2}\,\Omega \approx 1.03\Omega$$

则满载时负载端电压 U_Z 为

$$U_Z = |Z_L| I_{N2} = 1.03 \times 217.4\text{V} \approx 223.9\text{V}$$

故电压变化率 ΔU 为

$$\Delta U = \frac{U_{N2} - U_2}{U_{N2}} \times 100\% = \frac{230 - 223.9}{230} \times 100\% \approx 2.6\%$$

2. 变压器的损耗与效率

和交流铁心线圈一样，变压器的功率损耗包括铁心中的铁损 Δp_{Fe} 和绕组上的铜损 Δp_{Cu} 两部分。铁损包括磁滞损耗和涡流损耗，铁损的大小与铁心内磁感应强度的最大值 B_m 有关，与负载大小无关，而铜损则与负载大小（正比于电流二次方）有关。

变压器的效率 η 为输出功率 P_2 与输入功率 P_1 之比，即

$$\eta = \frac{P_2}{P_1} = \frac{P_2}{P_2 + \Delta p_{Cu} + \Delta p_{Fe}} \qquad (8\text{-}17)$$

变压器的效率一般都较高，大多数在 95% 以上，大型变压器效率可达 99% 以上。在一般电力变压器中，当负载为额定负载的 $50\% \sim 75\%$ 时，效率达到最大值。

8.3 变压器的应用

变压器的种类很多，应用非常广泛，本节简单介绍几种工程上常用的变压器。

1. 自耦变压器

图 8-6 所示的是一种自耦变压器的原理图，其结构特点是二次绕组是一次绕组的一部分。其一次、二次绕组电压之比及电流之比也是

$$\frac{U_1}{U_2} = \frac{N_1}{N_2} = K$$

$$\frac{I_1}{I_2} = \frac{N_2}{N_1} = \frac{1}{K}$$

实验室中常用的调压器就是一种可改变二次绕组匝数的自耦变压器，其外形和电路如图 8-7 所示。自耦变压器的特点是一次、二次绕组间不仅有磁的耦合，而且还有电的直接联系，故其一部分功率不通过电磁感应，而直接由一次侧传递到二次侧，因此和同容量普通变压器相比，自耦变压器具有省材料、损耗小、体积小等优点。但自耦变压器也有缺点，如短路电流较大等。

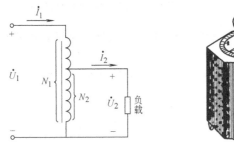

图 8-6　自耦变压器原理图　　　　　　　　图 8-7　调压器的外形和电路

2. 电流互感器

电流互感器是根据变压器的原理制成的，主要是用来扩大测量交流电流的量程。因为要测量交流电路的大电流时（如测量容量较大的电动机、工频炉，焊机等的电流时），普通电流表的量程是不够的。

此外，使用电流互感器也是为了使测量仪表与高压电路隔离，以保证人身与设备的安全。

电流互感器的接线图及其符号如图 8-8 所示。一次绕组的匝数很少（只有一匝或几匝），它串联在被测电路中。

二次绕组的匝数较多，它与电流表或其他仪表及继电器的电流线圈相连接。

根据变压器原理，可认为

$$\frac{I_1}{I_2} = \frac{N_2}{N_1} = K_i \tag{8-18}$$

式中，K_i 是电流互感器的变换系数。

由式（8-18）可见，利用电流互感器可将大电流变换为小电流。电流表的读数 I_2 乘上变换系数 K_i 即为被测电流 I_1，电流表的刻度便可按一次电流标出。通常电流互感器二次绕组的额定电流都规定为 5A 或 1A。

测流钳是电流互感器的一种变形。应用测流钳测试导线中的电流时，用手压紧钳柄，待钳口张开后将被测通电导线置于钳口之内，这时被测通电导线相当于电流互感器的一次绕组，二次绕组绕在铁心上并与电流表接通。利用测流钳可以随时随地测量线路中的电流，不必像普通电流互感器那样必须固定在一处或者在测量时要断开电路而将一次绕组串接进去。测流钳的原理如图 8-9 所示。

在使用电流互感器时，二次绕组电路是不允许断开的。这点和普通变压器不一样。因为它的一次绕组是与负载串联的，其中电流 I_1 的大小决定于负载的大小，而不是决定于二次绕组电流 I_2。所以当二次绕组电路断开时（例如在拆下仪表时未将二次绕组短接），二次绕组的电流和磁动势立即消失。但是一次绕组的电流 I_1 未变，这时铁心内的磁通全由一次绕组的磁通势 N_1I_1 产生，结果造成铁心内很大的磁通（因为这时二次绕组磁动势为零，不能对一次绕组的磁动势起去磁作用了）。这一方面使铁损大大增加，使铁心发热到不能容许的程度；另一方面又使二次绕组的感应电动势增高到危险的程度。

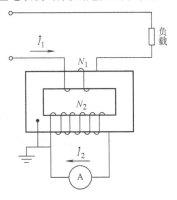

图 8-8　电流互感器的原理图

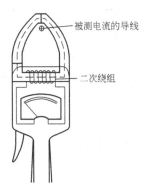

图 8-9　测流钳的原理图

此外，为了安全起见，电流互感器的铁心及二次绕组的一端应该接地。

3. 电压互感器

电压互感器的结构与普通变压器一样，二次额定电压设计为 100V。图 8-10 是电压互感器测量高电压的接线原理图，二次侧与电压表或功率表的电压线圈相接。由变压器的电压变换原理得

$$\frac{U_1}{U_2} = \frac{N_1}{N_2} = K_u$$

为了安全，电压互感器的铁心和二次绕组必须接地，否则由于绝缘损坏会导致二次侧出现过高的电压而造成人员伤害和设备的损坏。

电压互感器的二次侧是不准短路的，因为正常工作时，电压表、功率表的电压线圈的阻抗值很高，I_1 和 I_2 较小，如二次侧电路短路，则 I_1、I_2 将急剧增加，变压器的铜损加大，易引起线圈发热、烧毁。

4. 电焊变压器

电焊变压器从结构上讲是一台特殊的降压变压器，是交流电焊机的主要组成部分。它与普通变压器相比，有如下特点：

1）变压器空载时（焊条没有接触工件前），具有 60 ~ 80V 的输出电压，作为焊接电弧的点火电压。

2）当焊条接触工件的瞬间，输出电流增大，输出电压迅速下降。因此，要求电焊变压器具有陡降的外特性，如图 8-11 所示。

3）正常焊接（焊条离开工作件 3 ~ 4mm），输出电压变化时，输出电流变化不大，保持电弧比较稳定。即使输出端短路（焊条接触在工件上，输出电压降到零），输出电流也不太大。

电焊变压器具有输出端电压随输出电流的增大而迅速降低的特性。为满足电焊变压器的特性要求，电焊变压器的一次、二次绕组不是同心地套在一起，而是分装在两个铁心柱上，以增大其漏抗，并且在变压器的二次回路中串联一个可调的铁心电抗器，如图 8-12 所示。

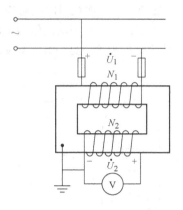

图 8-10　电压互感器的原理图

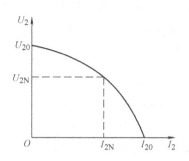

图 8-11　电焊变压器的外特性

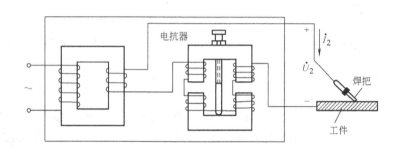

图 8-12　电焊变压器的原理示意图

5. 三相变压器

三相变压器的用途是变换三相电压。它主要用于输电、配电系统中，也用于三相整流电路等场合。其结构如图 8-13 所示，特点是具有三个铁心柱，每个铁心柱上绕着属于同一相的高压绕组和低压绕组。

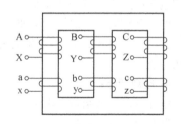

根据国家最新标准，三相变压器的三个相绕组或组成三相组的三台单相变压器同一电压的绕组联结成星形、三角形或曲折形时，对高压绕组应用大写字母 Y、D 或 Z 表示；对中压或低压绕组用同一字母的小写形式 y、d 或 z 表示；对有中性点引出的星形或曲折形联结应用 YN(yn) 或 ZN(zn) 表示。

图 8-13　三相变压器结构原理图

注意：三相变压器的电压比是指一次额定相电压与二次额定相电压之比值，而不是额定线电压的比值。可以将三台单相变压器按三相电路连接，其作用与三相变压器相同。三相变压器中的每一相，工作情况相当于一个单相变压器。因此，单相变压器的工作原理、基本方程式和运行特性都完全适用于三相变压器。

8.4　变压器使用中的问题

小容量变压器的使用问题与电力变压器不同，因其容量小，重点不在效率和电压变化率上。对于小容量变压器应注意额定值、绕组极性及干扰等问题。

8.4.1 变压器的额定值

使用变压器之前应先了解变压器铭牌上规定的各项额定值，以便根据额定值正确使用变压器。

1. 额定电压

一次额定电压 U_{1N} 是指在一次绕组上应加的电源电压，它应在变压器绝缘强度和温升所允许的范围内。二次额定电压 U_{2N} 是指一次侧加额定电压时二次侧的空载电压。使用时一次电压不允许超过额定电压。变压器负载运行时因有内阻抗压降，所以二次额定电压 U_{2N} 应比负载所需的额定电压高约 $5\% \sim 10\%$。对用于恒定负载的电源变压器，其二次额定电压有时是指额定负载下的输出电压。

2. 额定电流

在一次侧加额定电压、二次侧加额定负载条件下，变压器长时间正常运行时，一次绕组和二次绕组通过的电流称为额定电流，分别用 I_{1N} 和 I_{2N} 表示。变压器在额定负载下运行，绝缘材料不易老化，其使用寿命长达 20 年以上。如果工作电流长期超过额定电流，变压器的温度就会超过允许范围，使绝缘材料加快老化，会大大缩短变压器的使用寿命。

3. 额定容量

额定容量是指变压器额定电压和额定电流的乘积。对于单相变压器为

$$S_N = U_{2N}I_{2N} \approx U_{1N}I_{1N} \tag{8-19}$$

对于三相变压器则为

$$S_N = \sqrt{3}U_{2N}I_{2N} \approx \sqrt{3}U_{1N}I_{1N} \tag{8-20}$$

式中，U_{1N}、U_{2N} 为变压器的额定电压；I_{1N}、I_{2N} 为变压器的额定电流。

额定容量表示一个变压器所具有的传输电能的能力，其单位为伏安或千伏安。应当指出，变压器二次侧输出功率并不等于额定容量 S_N，因为 P_2 还与负载的功率因数有关。

4. 额定频率

变压器铭牌上注明的频率为变压器的额定频率 f_N。我国的电力标准频率为 50Hz，也称工频。额定频率不同的变压器不能互相代用。

除上述额定数据外，还应注意变压器的连接形式、冷却方式、允许温升、阻抗压降及使用条件等。

8.4.2 变压器绕组的极性

变压器有两个或两个以上绕组时，各绕组上电压瞬时极性相同的对应端称为同极性端，或同名端。同极性端用符号"·"或"*"标记，如图 8-14 所示。在使用变压器或者其他有磁耦合的互感线圈时，要注意线圈的正确连接。例如，一台变压器的一次绕组有相同的两个绕组，如图 8-14a 中的 1-2 和 3-4。当接到 220V 的电源上时，两绕组串联如图 8-14b；接到 110V 的电源上时，两绕组并联如图 8-14c 所示。如果连接错误，例如串联时将 2 和 4 两端连在一起，将 1 和 3 两端接电源，这样，两个绕组的磁通势就互相抵消，铁心中不产生磁通，绕组中也就没有感应电动势，绕组中将流过很大的电流，把变压器烧毁。

为了正确连接，在线圈上标以记号"·"。标有"·"号的两端称为同极性端，图 8-14 中的 1 和 3 是同极性端，当然 2 和 4 也是同极性端。当电流从两个线圈的同极性端流入（或流出）时，产生的磁通的方向相同；或者当磁通变化（增大或减小）时，在同极性端感应电动势的极

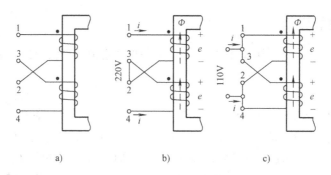

图 8-14 变压器一次绕组的正确连接

性也相同。

如果将其中一个线圈反绕，如图 8-15 所示，则 1 和 4 两端应为同极性端。串联对应将 2 和 4 两端连在一起。可见，哪两端是同极性端，还和线圈绕向有关。只要线圈绕向已知，同极性端就不难定出。

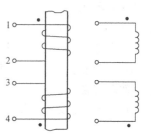

图 8-15 线圈绕组

8.4.3 小型变压器的设计与计算

实际生活里所使用的电子产品中，常常会用到小型单相变压器，一台小型单相变压器的设计与计算可分为 6 部分组成，下面以图 8-16 为例，介绍其设计与计算步骤。

1. 根据负载要求的电压、电流值，计算变压器总的输出视在功率 S_2

$$S_2 = U_2 I_2 + U_3 I_3 + U_4 I_4$$

即

$$S_2 = U_2 I_2 + U_3 I_3 + \cdots + U_n I_n \qquad (8\text{-}21)$$

式中，有效值电压 U_2、$U_3 \cdots U_n$ 为二次侧各绕组电压，单位为伏特（V）；有效值电流 I_2、$I_3 \cdots I_n$ 为二次侧各绕组电流，单位为安培（A）。

2. 变压器输入视在功率 S_1 及一次绕组电流 I_1 和额定容量 S

由效率计算式（8-17）计算出变压器输入视在功率 S_1 为

$$S_1 = \frac{S_2}{\eta} \qquad (8\text{-}22)$$

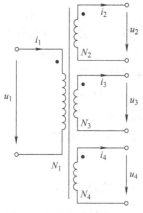

图 8-16 小型单相变压器

式中，η 为变压器的效率，一般效率 η 可参考表 8-1 中的经验数据进行计算。

表 8-1 变压器效率与功率的经验数据

功率/V·A	<20	20~50	50~100	100~200	>200
效率%	70~80	80~85	85~90	90~95	>95

一次绕组电流 I_1 参考计算式为

$$I_1 = (1.1 \sim 1.2)\frac{S_1}{U_1} \qquad (8\text{-}23)$$

式中，U_1 为一次绕组电压；1.1～1.2 为考虑变压器空载电流时的经验系数，容量越大，其值越大。

变压器的额定容量一般取一次、二次侧容量之和的平均值，即

$$S = \frac{S_1 + S_2}{2} \tag{8-24}$$

式中，S_1、S_1 为一次、二次侧视在功率。

3. 变压器铁心截面积 S_{Fe} 和硅钢片尺寸

小型单相变压器的铁心多采用壳式结构，铁心的几何尺寸如图 8-17 所示。其中柱截面积 S_{Fe} 与变压器功率有关，一般可按下面的经验公式计算：

$$S_{Fe} = K\sqrt{S} \tag{8-25}$$

式中，S_{Fe} 的单位为平方米（m^2）；K 为与硅钢片质量有关的经验系数，一般 K 值选在 $1.0～1.5$ 之间，K 值越小，质量越好；S 为额定容量。

由于硅钢片之间有绝缘和间隙，实际铁心截面积略大于计算值。铁心厚度 b 与舌宽 a 之比，应在 $1～2$ 之间。

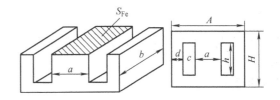

图 8-17 小型变压器硅钢片尺寸

4. 各个绕组的匝数

式（7-21）有

$$U \approx E = 4.44fN\Phi_m = 4.44fB_m S_{Fe}$$

$$N = \frac{U}{4.44fB_m S_{Fe}}$$

则推导出每伏电压所需要的线圈匝数 N_0 为

$$N_0 = \frac{N}{U} = \frac{1}{4.44fB_m S_{Fe}} \tag{8-26}$$

式中，N_0 的单位为匝/V；B_m 为铁心柱磁感应强度最大值，单位为 T，一般冷轧硅钢片 B_m 取 $(1.2～1.4)$ T；热轧硅钢片取 $(1.0～1.2)$ T；普通铁皮的 B_m 在 0.7T 以下。

这样，一次绕组的匝数 N_1 为

$$N_1 = U_1 N_0 \tag{8-27}$$

二次绕组匝数 N_n（其中，n 为二次绕组的组数）为

$$N_2 = 1.05U_2 N_0$$

$$N_3 = 1.05U_3 N_0$$

则通式为

$$N_n = 1.05U_n N_0 \tag{8-28}$$

式中，系数 1.05 是考虑二次绕组随阻抗压降而增加的匝数系数。

5. 各绕组导线的直径 d_1

导线直径可以按下式计算：

$$I_1 = \frac{\pi}{4}d_1^2 j = S_1 j \tag{8-29}$$

式中，I_1 为绕组电流，单位为 A；S_1 为导线截面积，单位为 mm^2；d_1 为导线直径，单位为 mm；j 为电流密度，单位为 A/mm^2，则

$$d_1 = \sqrt{\frac{4I_1}{\pi j}} = 1.13 \sqrt{\frac{I_1}{j}} \tag{8-30}$$

式中，电流密度一般选用 $j = (2 \sim 3) \text{A/mm}^2$，短时工作的变压器可取 $j = (4 \sim 5) \text{A/mm}^2$。

根据计算的直径 d_1 查圆导线规格表，选出标称直径接近而稍大的标准漆包线。

6. 绕组的总尺寸和铁心窗口面积的校核

变压器线圈需绕在框架上，根据已知的绕组匝数、线径、绝缘厚度等计算出的绕组总厚度应小于铁心窗口宽度 c，否则，应重新计算或选铁心才行。

铁心选定后，自制线圈框架（略），线圈框架长度应等于窗口高度 h。线圈在框架两端约有 10% 不绕线。因此，框架的有效长度为 $h' = 0.9(h-2) \text{mm}$。

如绕组匝数为 N，需要绕的层数为 m 层，则每层可绕匝数 N_n 为

$$N_n = \frac{0.9(h-2)}{K_p d'_n} \tag{8-31}$$

式中，K_p 为排绕系数。按线径粗细，一般选在 $1.05 \sim 1.15$ 之间；d'_n 为包括绝缘厚度在内的导线直径。

需要绕的层数 m 为

$$m = \frac{N}{N_n}$$

则绕组的总厚度 B 为

$$B = (B_0 + B_1 + B_2 + \cdots)(1.1 \sim 1.2) \tag{8-32}$$

式中，B_0 为绕组框架的厚度，单位为 mm；$1.1 \sim 1.2$ 为叠绕系数；B_1、B_2、$\cdots$ 为各个绕组的厚度，例如一次绕组的厚度 B_1 为

$$B_1 = m_1(d'_1 + \delta_1) + r_1 \tag{8-33}$$

式中，δ_1 为层间绝缘厚度，导线直径在 0.2mm 以下的，采用每一层厚为 $0.02 \sim 0.04 \text{mm}$ 的白玻璃纸即可，0.2mm 以上的，采用厚为 $0.05 \sim 0.08 \text{mm}$ 的绝缘纸，再粗的导线，可采用厚为 0.12mm 的绝缘纸；r_1 是绕组间绝缘厚度，是指一次、二次绕组间的绝缘层。

当电压在 500V 以下时，可用厚为 0.12mm 的绝缘纸或用 $2 \sim 3$ 层白玻璃纸夹一层聚酯薄膜。

同理，用式（8-33）可计算出各个二次绕组的厚度。

8.4.4 选择变压器容量的简便方法

我们在平时选用配电变压器时，如果把变压器容量选择过大，就会形成"大马拉小车"的现象。这不仅增加了设备投资，而且还会使变压器长期处于空载状态，使无功损失增加。如果变压器容量选择过小，将会使变压器长期处于过负荷状态，易烧毁变压器。因此，正确选择变压器容量是电网降损节能的重要措施之一，在实际应用中，我们可以根据以下的简便方法来选择变压器容量。

对于高频变压器，一般本着"小容量，密布点"的原则，配电变压器应尽量位于负荷中心，供电半径不超过 0.5km。配电变压器的负载率在 $0.5 \sim 0.6$ 之间效率最高，此时变压器的容量称为经济容量。如果负载比较稳定，连续生产的情况可按经济容量选择变压器容量。

对于仅向排灌等动力负载供电的专用变压器，一般可按异步电动机铭牌功率的 1.2 倍选用变压器容量。一般电动机的起动电流是额定电流的 $4 \sim 7$ 倍，变压器应能承受住这种冲击，直接起动的电动机中最大的一台的变压器容量，一般不应超过变压器容量的 30% 左右。应当指出的是：排灌专用变压器一般不应接入其他负荷，以便在非排灌期及时停运，变压器容量减少电能损失。

对于供电照明、农副业产品加工等综合用电变压器容量的选择，要考虑用电设备的同时功率，可按实际可能出现的最大负荷的 1.25 倍选用变压器容量。

根据农村电网用户分散、负荷密度小、负荷季节性和间隙性强等特点，可采用调容量变压器。调容量变压器是一种可以根据负荷大小进行无负荷调整容量的变压器，它适宜于负荷季节性变化明显的地点使用。

变压器容量对于变电所或用电负荷较大的工矿企业，一般采用母子变压器供电方式，其中一台（母变压器）按最大负荷配置，另一台（子变压器）按低负荷状态选择，就可以大大提高配电变压器利用率，降低配电变压器的空载损耗。变压器容量针对农村中某些配变一年中除了少量高峰用电负荷外，长时间处于低负荷运行状态实际情况，对有条件的用户，变压器容量也可采用母子变或变压器并列运行的供电方式。在负荷变化较大时，根据电能损耗最低的原则，投入不同容量的变压器。

8.5　综合计算与分析

例 8-3　某变压器有两组一次绕组，如图 8-18 所示，每组额定电压为 $U_{11} = U_{12} = 110\text{V}$，匝数为 $N_{11} = N_{12} = 440$，二次绕组的匝数为 $N_2 = 80$，二次负载为 $R_L = 4\Omega$，电源频率为 $f = 50\text{Hz}$。试求：（1）当一次绕组串联使用时，变压器的电压比、二次侧输出电压 U_2 和电流 I_2、一次电流及磁路中的磁通 Φ_m 为多少？一次侧的等效负载是多少？（2）一次绕组并联使用时，变压器的电压比、二次侧输出电压 U_2 和电流 I_2、一次电流及磁路中的磁通 Φ_m 为多少？

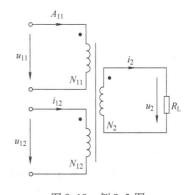

图 8-18　例 8-3 图

解　（1）一次绕组串联使用时的 K、U_2、Φ_m 和 R'_L

变压器的电压比 K 为

$$K = \frac{N_{11} + N_{12}}{N_2} = \frac{440 + 440}{80} = 11$$

二次侧输出电压 U_2 为

$$U_2 = \frac{U_{11} + U_{12}}{K} = \frac{110 + 110}{11}\text{V} = 20\text{V}$$

二次侧输出电流 I_2 为

$$I_2 = \frac{U_2}{R_L} = \frac{20}{4}\text{A} = 5\text{A}$$

一次电流为

$$I_{11} = I_{12} = \frac{I_2}{K} = \frac{5}{11}\text{A} \approx 0.455\text{A}$$

磁通 Φ_m 为

$$\Phi_m = \frac{E}{4.44fN} \approx \frac{U_{11} + U_{12}}{4.44f(N_{11} + N_{12})}$$

$$= \frac{110 + 110}{4.44 \times 50 \times (440 + 440)}\text{Wb} = 0.00113\text{Wb}$$

一次侧的等效负载 R'_L 为

$$R'_L = K^2 R_L = 11^2 \times 4\Omega = 484\Omega$$

（2）一次绕组并联使用时的 K、U_2、Φ_m

$$K = \frac{N_{11}}{N_2} = \frac{N_{12}}{N_2} = \frac{440}{80} = 5.5$$

二次侧输出电压 U_2 为

$$U_2 = \frac{U_{11}}{K} = \frac{U_{12}}{K} = \frac{110}{5.5}V = 20V$$

二次侧输出电流 I_2 为

$$I_2 = \frac{U_2}{R_L} = \frac{20}{4}A = 5A$$

一次电流为

$$I_1 = I_{11} + I_{12} = \frac{I_2}{K} = \frac{5}{5.5}A \approx 0.91A$$

则

$$I_{11} = I_{12} = \frac{I_1}{2} = \frac{5}{5.5}A \approx 0.455A$$

磁通 Φ_m 为

$$\Phi_m = \frac{E}{4.44fN} \approx \frac{U_{11}}{4.44fN_{11}} = \frac{U_{12}}{4.44fN_{12}}$$
$$= \frac{110}{4.44 \times 50 \times 440}Wb \approx 0.001\ 13Wb$$

综合分析：

当一次侧有多个额定电压相等的绕组时，无论一次绕组连接方式（串联或并联）如何，对二次侧负载的电压、电流都是等效不变的，即磁路的磁通 Φ_m 等效不变。所以，一次侧常常用一个绕组。

例 8-4 电路如图 8-19a 所示，已知交流信号源 $U_S = 30V$，电阻 $R_0 = 50\Omega$，$R_1 = 200\Omega$，负载 $R_L = 10\Omega$。为使该负载 R_L 获得最大功率。试求：（1）应采用电压比为多少的输出变压器；（2）变压器一次、二次侧电压和电流各为多少？（3）负载 R_L 吸取的功率为多少？（4）如负载 R_L 直接接入电源电路（即电阻 R 串联电压源 u 电路），则负载 R_L 吸取的功率又为多少？

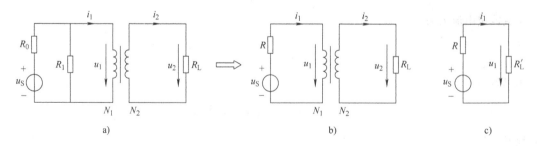

图 8-19　例 8-4 图

解 利用电源模型等效变换法或戴维南定理，求图 8-19a 的等效电路图 8-19b，其等效电路参数为

$$U = \frac{U_\mathrm{S}}{R_0 + R_1}R_1 = \frac{30}{50 + 200} \times 200\mathrm{V} = 24\mathrm{V}$$

$$R = \frac{R_0 R_1}{R_0 + R_1} = \frac{50 \times 200}{50 + 200}\Omega = 40\Omega$$

（1）电压比 K　根据阻抗匹配时负载 R_L 才能获得功率最大的原理，得负载 R_L 折算到一次侧的电阻 R'_L 为

$$R'_\mathrm{L} = R = 40\Omega$$

则变压器达到阻抗匹配时的电压比 K 为

$$K = \sqrt{\frac{R'_\mathrm{L}}{R_\mathrm{L}}} = \sqrt{\frac{40}{10}} = 2$$

（2）变压器一次、二次电压和电流　由图 8-19c 得一次侧的电压 U_1 为

$$U_1 = \frac{UR'_\mathrm{L}}{R + R'_\mathrm{L}} = \frac{24 \times 40}{40 + 40}\mathrm{V} = 12\mathrm{V}$$

二次电压 U_2 和电流 I_2 为

$$U_2 = \frac{U_1}{K} = \frac{12}{2}\mathrm{V} = 6\mathrm{V}$$

$$I_2 = \frac{U_2}{R_\mathrm{L}} = \frac{6}{10}\mathrm{A} = 0.6\mathrm{A}$$

一次电流 I_1 为

$$I_1 = \frac{I_2}{K} = \frac{0.6}{2}\mathrm{A} = 0.3\mathrm{A}$$

（3）负载 R_L 吸取的最大功率　由图 8-19c 得

$$P = \left(\frac{U_1}{R}\right)^2 R = \frac{12^2}{40}\mathrm{W} = 3.6\mathrm{W}$$

（4）负载 R_L 接一次电源上吸取的功率

$$P = \left(\frac{U}{R + R_\mathrm{L}}\right)^2 R_\mathrm{L} = \left(\frac{24}{40 + 10}\right)^2 \times 10\mathrm{W} = 2.304\mathrm{W}$$

综合分析：

变压器不仅可以进行电压、电流变换，还可以进行阻抗变换，通过阻抗变换获得最大功率输出。例如本题中通过变压器实现阻抗匹配，负载 R_L 获得最大功率 3.6W，否则，直接接入电源电路只能获得 2.304W 的功率。

例 8-5　某小型电源变压器铁心截面积为 $S_1 = 15\mathrm{cm}^2$，磁感应强度 $B_\mathrm{m} = 1.2\mathrm{T}$，一次绕组接交流电源电压 $U_1 = 220\mathrm{V}$，频率 $f = 50\mathrm{Hz}$ 上。试求：（1）一次绕组的匝数；（2）若一次绕组线径为 $d = 0.8\mathrm{mm}$，电流密度 $j = 3\mathrm{A/mm}^2$，变压器的容量 S 是多少？

解　（1）一次绕组的匝数 N_1　铁心中的磁通幅值 Φ_m 为

$$\Phi_\mathrm{m} = B_\mathrm{m} S_1 = 1.2 \times 15 \times 10^{-4}\mathrm{Wb} = 1.8 \times 10^{-3}\mathrm{Wb}$$

一次绕组的匝数 N_1 为

$$N_1 = \frac{U_1}{4.44f\Phi_\mathrm{m}} = \frac{220}{4.44 \times 50 \times 1.8 \times 10^{-3}} = 550.55 \approx 551$$

（2）变压器的容量 S　一次电流 I_1 为

$$I_1 = \frac{\pi d^2}{4}j = \frac{3.14 \times 0.8^2 \times 10^{-3}}{4} \times 3 \times 10^6\mathrm{A} \approx 1.51\ \mathrm{A}$$

变压器的容量 S 为

$$S = U_1 I_1 = 220 \times 1.51 \mathrm{V \cdot A} \approx 332 \mathrm{V \cdot A}$$

综合分析：

变压器的正弦交流励磁电压 u_1、频率 f 和线圈匝数 N_1 一定时，根据电磁关系 $U_1 = 4.44 f N_1 \Phi_{\mathrm{m}}$，可知磁通 Φ 是基本是不变的，而一次电流 I_1 大小则随磁阻 R_{m} 的变化而改变。

例 8-6 某台变压器容量为 $S = 10 \mathrm{kV \cdot A}$，铁损耗 $\Delta P_{\mathrm{Fe}} = 280 \mathrm{W}$，满载铜损耗 $\Delta P_{\mathrm{Cu}} = 340 \mathrm{W}$，试求下列两种情况下变压器的效率：（1）在满载情况下给功率因数为 $\cos\varphi_2 = 0.9$（滞后）的负载供电；（2）在75%负载情况下，给功率因数为 $\cos\varphi_2' = 0.8$（滞后）的负载供电。

解 （1）满载情况下变压器的效率　满载时变压器输出的有功功率 P_2 为

$$P_2 = S\cos\varphi_2 = 10 \times 10^3 \times 0.9 \mathrm{W} = 9 \mathrm{kW}$$

变压器的效率 η 为

$$\eta = \frac{P_2}{P_2 + \Delta P_{\mathrm{Cu}} + \Delta P_{\mathrm{Fe}}} = \frac{9 \times 10^3}{9 \times 10^3 + 340 + 280} \approx 0.94$$

（2）75%负载情况下变压器的效率　75%负载时变压器输出的有功功率 P_2' 为

$$P_2' = 0.75 S\cos\varphi_2' = 0.75 \times 10 \times 10^3 \times 0.8 \mathrm{W} = 6 \mathrm{kW}$$

75%负载时变压器的铜损耗 $\Delta P_{\mathrm{Cu}}'$ 为

$$\Delta P_{\mathrm{Cu}}' = 0.75^2 \Delta P_{\mathrm{Cu}} = 0.75^2 \times 340 \mathrm{W} = 191.25 \mathrm{W}$$

变压器的效率 η' 为

$$\eta' = \frac{P_2'}{P_2' + \Delta P_{\mathrm{Cu}}' + \Delta P_{\mathrm{Fe}}} = \frac{6 \times 10^3}{6 \times 10^3 + 191.25 + 280} \approx 0.93$$

综合分析：

当变压器所带负载发生变化时，铜损耗 ΔP_{Cu} 随着改变，而铁损耗 ΔP_{Fe} 则不发生变化。

小　结

1. 变压器功能

变压器是利用电磁感应原理，通过铁心中的交变主磁通，将电能从一次侧传送到二次侧及负载上。

2. 单相变压器

单相变压器电路如图 8-20 所示。

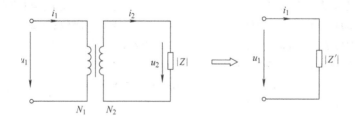

图 8-20　单相变压器电路及等效图

（1）变压器的作用

1）变电压的作用，即电压变换式为

$$\frac{U_1}{U_2} \approx \frac{N_1}{N_2} = K$$

2）变电流的作用，即电流变换式为

$$\frac{I_1}{I_2} \approx \frac{N_2}{N_1} = \frac{1}{K}$$

3）变阻抗的作用，即阻抗等效变换式为

$$|Z'| = \frac{U_1}{I_1} = K^2 |Z|$$

（2）变压器的运行特性

1）电压变化率。电压变化率是反映变压器运行时输出电压的稳定性，是变压器的主要性能指标之一，其计算式为

$$\Delta U = \frac{U_{20} - U_2}{U_{20}} \times 100\%$$

2）变压器的效率。变压器的效率 η 为输出功率 P_2 与输入功率 P_1 之比，即

$$\eta = \frac{P_2}{P_1} = \frac{P_2}{P_2 + \Delta P_{\text{Cu}} + \Delta P_{\text{Fe}}}$$

（3）变压器的额定容量　单相变压器的额定容量 S_{N} 为

$$S_{\text{N}} = U_{\text{N2}} I_{\text{N2}} \approx U_{\text{N1}} I_{\text{N1}}$$

3. 三相变压器

三相变压器的电压比是指一次额定相电压与二次额定相电压之比值，而不是额定线电压的比值，即

$$\frac{U_{\text{A}}}{U_{\text{a}}} \approx \frac{N_{\text{A}}}{N_{\text{a}}} = K$$

单相变压器的工作原理、基本方程式和运行特性都完全适用于三相变压器。

三相变压器的额定容量 S_{N} 为

$$S_{\text{N}} = \sqrt{3} U_{\text{N2}} I_{\text{N2}} \approx \sqrt{3} U_{\text{N1}} I_{\text{N1}}$$

4. 绕组的同极性端

同极性端是指电流从各个线圈的同极性端流入（或流出）时，产生的磁通的方向相同；或者当磁通变化（增大或减小）时，在同极性端感应电动势的极性也相同。

多个绕组相互联接时，要考虑各个绕组的极性端，即当绕组串联时，异极性端相连；当绕组并联时，同极性端相连。

思　考　题

一、判断题

1. 变压器的额定容量是指变压器二次侧输出的视在功率。

2. 变压器接负载后，主磁通是由一次和二次电流共同产生的。

3. 负载变化时，变压器的励磁电流基本保持不变。

4. 电源电压变化时，变压器的励磁电流基本保持不变。

5. 变压器空载和负载时，主磁通基本保持不变。

6. 变压器可以用来进行频率变换。

7. 变压器可以用来进行功率变换。

8. 自耦变压器的电压比越大，共用绕组中的电流越小。

9. 电压互感器的二次绕组线径较一次绕组粗。

10. 电流互感器的二次绕组线径较一次绕组粗。

11. 由于变压器的励磁电流基本不变，所以变压器的铜耗称为不变损耗。

二、选择题

1. 对于电阻性和电感性负载，当变压器二次电流增加时，二次电压将（　　）。

(a) 上升 　　　　　(b) 下降 　　　　　(c) 保持不变

2. 变压器对（　　）的变换不起作用。

(a) 电压 　　　　　(b) 电流 　　　　　(c) 功率 　　　　　(d) 阻抗

3. 变压器是通过（　　）磁通进行能量传递的。

(a) 主 　　　　　(b) 一次侧漏 　　　　　(c) 二次侧漏 　　　　　(d) 一次、二次侧漏

4. 一台电压比为2的单相变压器，二次侧接有8Ω的负载；若从一次侧看，其负载为（　　）Ω。

(a) 4 　　　　　(b) 8 　　　　　(c) 16 　　　　　(d) 32

5. 变压器的负载变化时，其（　　）基本不变。

(a) 输出功率 　　　(b) 输入功率 　　　(c) 励磁电流 　　　(d) 输入电流

6. 变压器电源电压升高，空载时其励磁电流（　　）。

(a) 略有增大 　　　(b) 增大较多 　　　(c) 基本不变 　　　(d) 反而减小

7. 变压器的同名端与绕组的（　　）有关。

(a) 电压 　　　　　(b) 电流 　　　　　(c) 绕向 　　　　　(d) 匝数

8. 工作时电压互感器的二次侧不能（　　）；电流互感器的二次侧不能（　　）。

(a) 短路；短路 　　(b) 短路；开路 　　(c) 开路；短路 　　(d) 开路；开路

9. 自耦变压器的共用绕组导体流过的电流（　　）。

(a) 较大 　　　　　　　　　　(b) 较小

(c) 为一次、二次电流之和 　　　(d) 等于负载电流

10. 变压器的铁损耗称为"不变损耗"，是因为铁损耗不随（　　）而变化。

(a) 负载 　　　　　(b) 电压 　　　　　(c) 磁通 　　　　　(d) 频率

11. 变压器的铁损耗包含（　　），它们与电源的电压和频率有关。

(a) 磁滞损耗和磁阻损耗 　　　　　(b) 磁滞损耗和涡流损耗

(c) 涡流损耗和磁化饱和损耗

12. 变压器空载运行时，自电源输入的功率等于（　　）。

(a) 铜损 　　　　　(b) 铁损 　　　　　(c) 零

13. 220/110V 的单相变压器，若将 220V 绕组接 110V 电源，变压器的容量（　　）。

(a) 不可使用 　　　(b) 保持不变 　　　(c) 为原来 0.5 倍 　　　(d) 为原来 2 倍

14. 220/110V 的单相变压器，若将 110V 绕组接 220V 电源，变压器的容量（　　）。

(a) 不可使用 　　　(b) 保持不变 　　　(b) 为原来 0.5 倍 　　　(d) 为原来 2 倍

15. 负载变化时，变压器能保持输出（　　）不变。

(a) 电压 　　　　　(b) 电流 　　　　　(c) 功率 　　　　　(d) 频率

16. 三相变压器相电压的电压比等于一次、二次（　　）之比。

(a) 线电流 　　　　(b) 线电压 　　　　(c) 绕组匝数 　　　　(d) 额定容量

17. 在降压变压器中，和一次绕组匝数比，二次绕组匝数（   ）。

（a）多   （b）少   （c）相同   （d）随型号而变

18. 某单相变压器如图 8-21 所示，两个一次绕组的额定电压均为 110V，二次绕组额定电压为 6.3V，若电源电压为 220V，则应将一次绕组的（   ）端相连接，其余两端接电源。

（a）2 和 3   （b）1 和 3

（c）2 和 4

图 8-21   选择题 18 图

三、简答题

1. 变压器一次、二次绕组之间没有电的联系，那么一次侧输入的能量是怎样传输到二次侧的？变压器负载增加时，一次侧从电源吸收的功率为什么会增加？试着说明它们的物理过程。

2. 变压器的铁心是起什么作用的？不用铁心行不行？

3. 为什么变压器的铁心要用硅钢片叠成？用整块的铁心行不行？

4. 变压器能否用来变换直流电压？如果将变压器接到与它的额定电压相同的电源上，会产生什么后果？

5. 一台变压器的额定电压为 220/110V，若不慎将低压侧接到 220V 的交流电源上能否得到 440V 的电压？如将高压侧接到 440V 的交流电源上，能否得到 220V 的电压？为什么？

6. 如果把自耦调压器具有滑动触头的二次侧错接到电源上，会有什么后果？为什么？

习   题

1. 有一台额定电压为 220/110V 的单相变压器，其匝数比为 4000/2000，有人为了省铜将匝数比改为 1000/500，这样可以吗？为什么？

2. 额定电压为 110/6.3V 的变压器能否把 6.3V 的交流电压升高到 110V？如果将此变压器错接到 220V 的交流电源上，它的额定电流是不是 110V 的电流两倍？其二次绕组电压能否升到 12.6V？

3. 已知某单相变压器的一次绕组电压为 3000V，二次绕组电压为 220V，负载是一台 220V、25kW 的电阻炉，试求一次、二次绕组的电流各为多少？

4. 额定容量为 50kV·A、额定电压为 3300/220V 的单相变压器，已知高压绕组为 1000 匝，试求：（1）高压低压绕组的额定电流；（2）当一次侧保持额定电压不变时，二次侧接有 $P = 39kW$、$\cos\varphi = 0.8$ 的感性负载，则变压器二次侧端电压是多少？

5. 有一台单相照明变压器，额定容量为 20kV·A，额定电压为 3300/220V，试求此时变压器最多能带多少只 220V、40W、$\cos\varphi = 0.5$ 的荧光灯？

6. 电阻 $R_L = 8\Omega$ 的扬声器通过输出变压器接信号源，如图 8-22 所示，设变压器的一次绕组 $N_1 = 500$ 匝，二次绕组 $N_2 = 100$ 匝。试求：（1）扬声器电阻 R_L 换算到一次侧的等效电阻 R'_L；（2）若信号源的有效值 $U_S = 10V$，内阻 $R_0 = 250\Omega$。输出给扬声器的功率是多少；（3）若不经过输出变压器，直接把扬声器接到信号源上，扬声器获得的功率是多少？

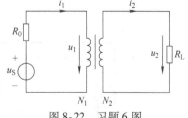

图 8-22   习题 6 图

7. 单相变压器一次绕组匝数 $N_1 = 1000$ 匝，二次绕组 $N_2 = 500$ 匝，当一次侧绕组接交流电源电压 $U_1 = 220V$，二次侧接电阻性负载时，测得二次电流 $I_2 = 4A$，若忽略变压器的内阻抗及损耗，试求：一次侧等效电阻 R'_L 和负载消耗功率 P_2。

8. 有一台容量为 50kV·A 的单相自耦变压器，如图 8-23 所示，已知有效值电压 $U_1 = 220V$，一次绕组匝数 $N_1 = 500$ 匝，如果要得到二次电压 $U_2 = 200V$，则二次绕组应在多少匝处抽出线头？

9. 如图 8-24 所示电路中，已知变压器的一次绕组的匝数为 550，交流电源电压 220V，二次绕组有两个，一个二次绕组的电压 36V、负载功率为 36W，另一个二次绕组的电压为 12V、负载功率为 24W。忽略空载电流，试求：（1）二次侧的两个绕组匝数；（2）一次绕组的电流 I_1；（3）变压器的容量 S 至少应为多少？

10. 有一台 10kV·A，10000/230V 的单相变压器，如果在一次绕组的两端加额定电压，在额定负载时，测得二次绕组电压为 220V。试求：（1）该变压器一次、二次绕组额定电流；（2）电压变化率。

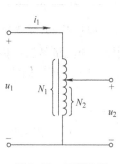

图 8-23 习题 8 图

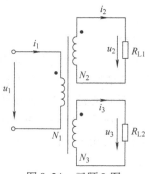

图 8-24 习题 9 图

11. 有一单相变压器，电压为 3300/220V，二次侧接入电阻 $R = 4\Omega$ 与感抗 $X_L = 3\Omega$ 的串联阻抗，如图 8-25 所示。试求：（1）一次、二次侧的电流及功率因数（变压器为理想变压器，其电阻，漏抗及空载电流略去不计）；（2）若将此负载阻抗换算到一次侧，求换算后的电阻和感抗值。

12. 有一台 50kV·A，6600/230V 的单相变压器，空载电流为额定电流的 5%，测得空载损耗（即铁损）$\Delta P_{Fe} = 500W$，满载铜损耗 $\Delta P_{Cu} = 1450W$。把这个变压器作为降压变压器为照明负荷供电，满载时二次电压为 224V。试求：（1）变压器一次、二次侧的额定电流 I_{1N}、I_{2N}；（2）电压变化率 $\Delta U\%$；（3）满载时的效率 η（设负载的功率因数等于 1）。

13. 某理想变压器的绕组如图 8-26 所示，试判断两个绕组的同名端，并用 "·" 表示，若已知变压器的电压比为 4。当一次绕组接电源电压为 $u_1 = 220\sqrt{2}\sin\omega t V$ 时，一次绕组中的电流为 $i_1 = 100\sqrt{2}\sin(\omega t - 30°)$ mA。试求二次电压 u_2 和电流 i_2。

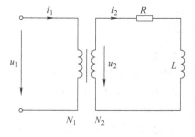

图 8-25 习题 11 图

14. 某理想变压器如图 8-27 所示，已知一次绕组匝数为 $N_1 = 500$ 匝，电压为 $U_1 = 220V$，试问：为了满足二次电压有效值分别为 5V、12V 和 250V 的要求，二次侧各绕组的匝数应为多少？

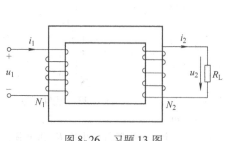

图 8-26 习题 13 图

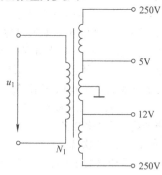

图 8-27 习题 14 图

15. 某理想变压器的绕组如图 8-28 所示，已知电阻 $R_0 = R_L = 1\Omega$，感抗 $X_L = 1\Omega$，容抗 $X_C = 2\Omega$，电源电压有效值 $U_S = 10V$，变压器的电压比 $K = 10$，试求一次电流 I_1 和二次电流 I_2、电压 U_2 及输出电压 U_L。

16. 某三相变压器的一次绕组每相匝数为 $N_1 = 2000$ 匝，二次绕组每相匝数 $N_2 = 100$ 匝。如一次绕组端所加线电压 $U_1 = 6000V$，试求在 Y-Y 和 Y/△ 两种联结时的线电压和相电压。

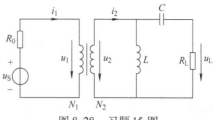

图 8-28　习题 15 图

第9章 电 动 机

提要 电机是机械能与电能相互转换的机械。将电能转换为机械能的电机称为电动机，将机械能转换为电能的电机称为发电机。

电机可分为直流电机和交流电机两大类，交流电机又有同步电机和异步电机两种。直流电动机按照励磁方式的不同分为他励、并励、串励和复励4种。

电动机根据使用场合的不同分为动力用电动机和控制用电动机。动力用电动机中以交流异步电动机使用最为广泛。控制用微电动机体积和输出功率均较小，可作为动力及控制信号的传递和转换用。三相交流异步电动机与其他类型电动机相比，结构简单，制造容易，价格低廉，坚固耐用，维护简单，工作可靠并有较高的效率和适用的工作特性。

异步电动机的主要缺点是功率因数较低，满载时约0.85左右，空载时则只有0.2~0.3，目前尚不能经济地在较大范围内平滑调速，虽然异步电动机的交流调速已有长足进展，但成本较高，尚不能广泛应用；在电网负载中，异步电动机所占的比重较大，这个滞后的无功功率对电网是一个相当重的负担，它增加了线路损耗、妨碍了有功功率的输出。当负载要求电动机单机容量较大而电网功率因数又较低的情况下，最好采用同步电动机来拖动。本章重点介绍三相异步电动机。

9.1 三相异步电动机的结构

三相异步电动机主要是由定子、转子两大部分和机座、轴承、端盖、接线盒、风扇、风扇罩壳以及空气间隙等组成，图9-1是三相异步电动机外形和拆开的各部分图。

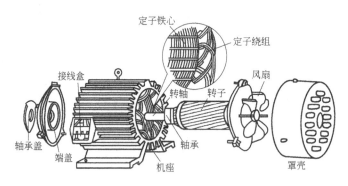

图9-1 三相笼型异步电动机的结构

1. 定子组成及各部分元件的作用

定子由定子铁心、定子绕组、机座、端盖和接线盒等组成（中小型电动机还有风扇罩）。定子铁心是由0.5mm厚的硅钢片叠压而成，在环状的内圆上均匀地开有许多槽，硅钢片间涂有绝缘漆。定子铁心的作用是导磁。三相定子绕组由带有绝缘的铜导线绕成绕组，按一定的规律（即：三个绕组在铁心的空间位置互差120°电角度空间相位，如图9-2a所示）嵌放在定子槽内。定子绕组共有6个引出线端子，分别固定在机座外壳的接线盒里，接线端旁标有各相电压的始末符号，首末端分别为 U_1U_2、V_1V_2、W_1W_2，根据电动机额定电压和供电电源电压的不同，定子绕组可连接成三角形或连接成星形，如图 9-2b、c 所示。另，三相电动机的三相绕组，在原理图中常用 AX、BY、CZ 表示绕组的首末端，并且定子的三相绕组具有对称性。

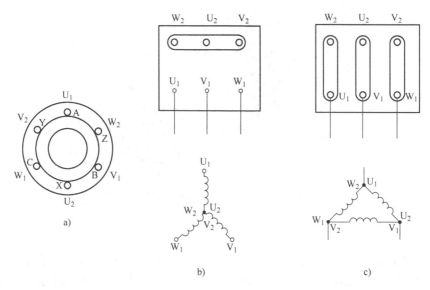

图 9-2 定子绕组的结构与连接

a）绕组在定子槽内的空间位置　b）绕组在接线盒内的 Y 联结　c）绕组在接线盒内的 △联结

2. 转子组成和各部件的作用

转子由转轴、转子铁心、转子绕组和风扇组成，中小型电机轴承也安装在转子轴上。转轴由高碳钢制成，用来支持转子铁心等。转子铁心也是硅钢片叠压而成的，在其外圆上均匀开有许多槽，槽内嵌放转子绕组。转子绕组有笼式和绕线式两种。绕线式转子有集电环。

1）笼型转子。如图 9-3 所示。铜条笼型转子是在转子槽内放置裸铜条，在铁心端部用短路环将铜条焊接起来（如鼠笼状），如图 9-3a 所示。铸铝转子是槽内导体和两端短路环连同风扇叶片一起用铝铸成一个整体，如图 9-3b 所示。

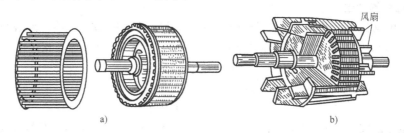

图 9-3 笼型转子

a）用铜条做绕组的笼型转子　b）铸铝的笼型转子

为了改善电动机的起动特性，小型电动机转子采用斜槽结构，而大中型电动机采用深槽式或双笼型转子。深槽式转子是利用交流集肤效应原理限制起动电流，而双笼型转子是利用不同电阻来限制起动电流的。

2）绕线式转子。用绝缘导线绕制而成，绕组的相数、磁极对数和定子绕组相同。三相绕组一般连接成星形，三根引出线连接在固定于转轴上的三个集电环上，由一组支持在端盖上的电刷将集电环与外电路接通，如图9-4所示。

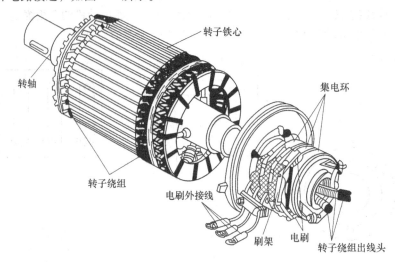

图9-4　绕线式转子

无论何种类形转子，均需要轴承来支撑才能旋转。轴承主要分为两大类，滑动轴承和滚动轴承。微型电机和大型电机常用滑动轴承，而中小型电机多用滚动轴承。滚动轴承又分滚珠和滚柱轴承。大中型电机轴伸端用滚柱轴承，电机后端一般采用滚珠轴承。

9.2　三相异步电动机的工作原理

当异步电动机三相定子绕组中通以三相正弦交流电时，便在磁路空间产生旋转磁场。旋转磁场在转子绕组中感应出电流，此电流与旋转磁场相互作用，又产生电磁力（电磁转矩），使电动机转子沿旋转磁场旋转方向转动起来。

9.2.1　旋转磁场

1. 旋转磁场的产生

三相异步电动机的定子铁心中放有三相对称绕组 AX，BY 和 CZ。设将三相绕组连接成星形（如图9-5a所示），接在三相交流对称电源上，则三相定子绕组中便通入三相对称电流，即

$$i_A = I_m \sin\omega t$$

$$i_B = I_m \sin(\omega t - 120°)$$

$$i_C = I_m \sin(\omega t + 120°)$$

其三相对称电流的波形如图9-5b所示。设电流从定子绕组首端（即 A、B、C 端称为首端）流到末端（即 X、Y、Z 称为末端）的方向作为电流的参考方向，当电流为正半周时，电流的瞬时值为正，电流从首端流入，末端流出；当电流为负半周时，电流的瞬时值为负，电流从末端流入，首端流出。电流流入绕组端用符号⊗表示，流出绕组端用符号⊙表示。如图9-6所示。

在 $\omega t = 0$ 的瞬间，定子绕组中的电流方向如图9-6a所示。这时 $i_A = 0$，无电流；i_B 为负值，电流从 Y 端流入，B 端流出；i_C 为正值，电流从 C 端流入，Z 端流出。用右手螺旋定则确定每相电流所产生的磁场方向，便得出三相电流的合成磁场，如图9-6a所示。此刻，合成磁场轴线的方向是自上而下。

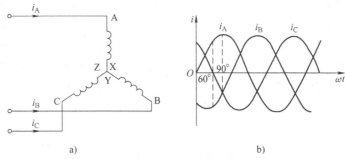

图9-5　定子三相对称绕组与电流

a）Y接定子三相对称绕组图　b）定子绕组中三相电流的波形图

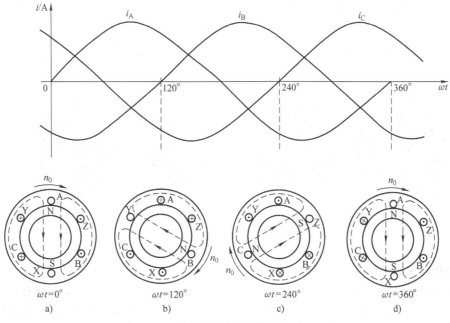

图9-6　三相电流产生的旋转磁场（$p=1$）

a）$\omega t=0$时合成磁场　b）$\omega t=120°$时合成磁场　c）$\omega t=240°$时合成磁场　d）$\omega t=360°$时合成磁场

同理，在$\omega t=120°$的瞬间，$i_B=0$；i_A为正值，电流从A端流入，X端流出；i_C为负值，电流从Z端流入，C端流出。三相电流产生的合成磁场如图9-6b所示。此刻，合成磁场在空间上由图9-6a位置沿顺时针方向旋转了120°。

$\omega t=240°$的瞬间，$i_C=0$；i_A为负值，电流从X端流入，A端流出；i_B为正值，电流从B端流入，Y端流出。三相电流产生的合成磁场如图9-6c所示。此刻，合成磁场在空间位置沿顺时针方向又旋转了120°（即合成磁场现已沿顺时针方向旋转了240°）。

$\omega t=360°$与$\omega t=0$瞬间的定子绕组中的电流方向一致，即三相电流产生的合成磁场如图9-6d所示。此刻，合成磁场在空间位置由图9-6a开始，沿顺时针方向旋转了360°。

由上可知，当定子绕组中通入三相对称电流后，它们共同产生的合成磁场是随电流的交变而在空间上不断地旋转着，这就是**旋转磁场**。图9-6所示三相交流电流交变一周时，旋转磁场在空间上也旋转了一周，其转速为n_0，旋转方向为顺时针。

2. 旋转磁场的转向

设外加三相交流电源电流i_A、i_B、i_C的相序为正相序，即三相电流达到最大值的顺序为A→

B→C 称为**正相序**，图 9-6 所示的顺时针旋转磁场方向是由正向序的三相电流产生，但是正向序的三相交流电流产生的旋转磁场方向不一定为顺时针方向。如图 9-7 所示，在不改变三相电源相序条件下，旋转磁场的方向则发生了改变。可见，当改变三相电源与定子绕组连接顺序时（即联接的三个绕组中的任意两根端线对调位置），旋转磁场的方向将发生改变。例如，在如图 9-7 所示中，定子绕组与三相电源连接时，绕组的 B 与 C 两根端线对调连接电源，则旋转磁场因此反转。这就是改变三相电动机的旋转方向的电磁原理。

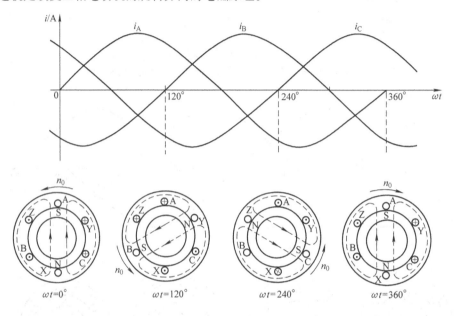

图 9-7　旋转磁场的反转

3. 旋转磁场的极数

三相异步电动机的极数就是旋转磁场的极数。旋转磁场的极数和三相绕组的安排有关。在图 9-6 的情况下，每相绕组只有一个线圈，绕组的始端之间相差 120°空间角，则产生的旋转磁场具有一对极，即 $p=1$（p 表示磁极对数）。如果定子绕组结构和连接如图 9-8 所示，即每相绕组有两个线圈串联，绕组的始端之间相差 60°空间角，则产生的旋转磁场具有两对极，即 $p=2$，如图 9-9 所示。

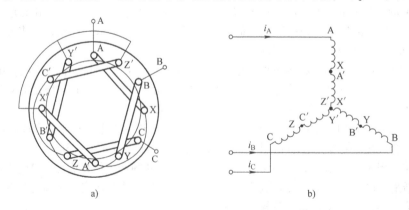

图 9-8　产生两对磁极旋转磁场的定子绕组接线图

a）定子绕组结构与连接图　b）定子绕组连接电路原理图

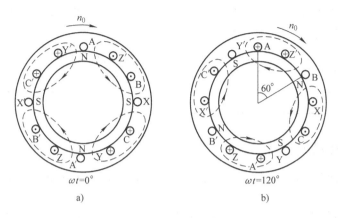

图 9-9 三相电流产生两对磁极旋转磁场（$p=2$）

a）$\omega t=0$ 时的旋转磁场 b）$\omega t=120°$ 时相对图 a 的旋转磁场正转了 60°

同理，如果要产生三对磁极，即 $p=3$ 的旋转磁场，则每相绕组必须有均匀安排在空间的串联的三个线圈，绕组的始端之间相差 40°（$=120°/p$）空间角。

4. 旋转磁场的转速

关于三相异步电动机的转速，它与旋转磁场的转速 n_0 有关，而旋转磁场的转速取决于磁场的极数。在磁极对数 $p=1$ 的情况下，由图 9-6 所示，当电流从 $\omega t=0$ 到 $\omega t=120°$ 经历了 120°时，磁场在空间也旋转了 120°。当电流交变了一个周期时，磁场恰好在空间也旋转了一圈。设电流的频率为 f_1，即电流每秒钟交变 f_1 次或每分钟交变 $60f_1$ 次，则旋转磁场的转速为 $n_0=60f_1$。

在旋转磁场具有两对磁极对数的情况下，如图 9-9 所示，当电流从 $\omega t=0$ 到 $\omega t=120°$ 经历了 120°时，磁场在空间旋转了 60°。就是说，当电流交变了一个周期时，磁场仅旋转了半圈，比磁极对数 $p=1$ 情况下的转速慢了一半，即磁极对数 $p=2$ 的情况下，旋转磁场转速为 $n_0=60f_1/2$。

由此推出，在磁极对数为 p 时，电流交变一个周期，磁场在空间旋转了 $1/p$ 圈，是 $p=1$ 情况下的转速的 p 分之一，即磁场的转速 n_0 为

$$n_0=\frac{60f_1}{p} \tag{9-1}$$

式中，n_0 称为同步转速，单位为转/分（r/min）；f_1 为外加三相对称交流电源的频率，单位赫兹（Hz）；p 为磁极对数。

由式（9-1）可知，旋转磁场的同步转速 n_0 取决于电流频率 f_1 和磁极对数 p 的大小，而磁极对数 p 又由三相定子绕组的结构和连接方式而定。对于三相异步电动机而言，电流频率 f_1 和磁极对数 p 通常是一定的，所以旋转磁场的同步转速 n_0 是个常数。

例 9-1 有一台 JO2 – 52 – 4 三相异步电动机，电源频率 $f_1=50\text{Hz}$。试求电动机的磁极对数 p 和同步转速 n_0。

解 根据三相异步电动机型号 JO2 – 52 – 4 的尾数，得磁极对数 p 为

$$p=\frac{4}{2}=2$$

由式（9-1）得同步转速 n_0 为

$$n_0=\frac{60f_1}{p}=\frac{60\times50}{2}\text{r/min}=1500\text{r/min}$$

注意：三相异步电动机型号的最后一位数字表示磁极数（即：磁极数 $=2p$）。

在我国电网采用的是工频 $f_1 = 50\mathrm{Hz}$，所以，根据式（9-1）可得出对应于不同磁极对数 p 与同步转速 n_0 的对应关系，如表9-1所示。

表9-1 不同磁极对数 p 与同步转速 n_0 的对应关系

p	1	2	3	4	5	6
$n_0/(\mathrm{r/min})$	3000	1500	1000	750	600	500

9.2.2 异步电动机的转动原理

电动机是一种把电能转换成机械能的电气设备，如接通电源，其转子便带动生产机械一同旋转。

图9-10所示的是三相异步电动机转动原理示意图。当定子绕组通过三相对称交流电流时，产生两极旋转磁场，并以 n_0 速度按顺时针方向旋转。这时静止的转子导体因切割磁力线而产生感应电动势。由于旋转磁场是顺时针旋转，相当于转子导体以逆时针方向切割磁力线，用右手定则确定转子上半部导体中感应电动势方向是从里向外，用⊙表示，转子下半部导体中感应电动势方向是从外向里，用⊗表示。如图9-10a所示。在感应电动势的作用下，转子闭合的导条中就有电流产生。该电流与旋转磁场相互作用，使转子导条受到电磁力 F。电磁力 F 的方向可应用左手定则来确定。由电磁力产生电磁转矩，转子就转动起来。如图9-10a所示，转子转动的方向和磁极旋转的方向相同。

如果将图9-10a中的两极旋转磁场等效为一对 N、S 磁极，转子导体等效为两根导条（铜或铝）），则转子的转动原理如图9-10b所示。

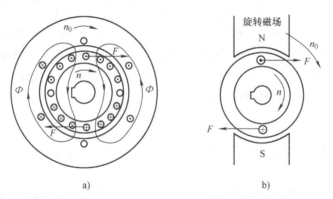

a)   b)

图9-10 三相异步电动机转动原理示意图

a) 异步电动机工作原理图 b) 转子的转动原理图

三相异步电动机的电磁关系及转动原理简述如下：

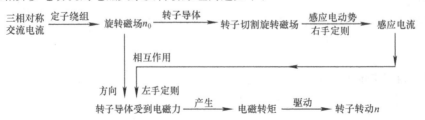

由于转子转动的方向和磁极旋转的方向相同，所以，当旋转磁场的方向反转时，转子的方向

也随着反转。

9.2.3 转差率

三相异步电动机的转子转速 n 总是小于旋转磁场的同步转速 n_0。如果转子转速 n 等于同步转速 n_0，即 $n = n_0$，则转子与旋转磁场之间就没有相对运动，转子导体不切割磁场，转子导体中没有感应电动势和电流产生，也就不存在电磁转矩来驱动转子转动。因此，三相异步电动机正常工作时，转子转速 n 与同步转速 n_0 之间必须存在差别，即 $n < n_0$，并将具有这种"转速之差"特点的电动机称为**异步**电动机。

通常用转差率 s 来表示转子转速 n 与同步转速 n_0 相差的程度，即同步转速 n_0 与转子转速 n 之差与同步转速 n_0 之比称为异步电动机的转差率 s，则转差率 s 为

$$s = \frac{n_0 - n}{n_0} \quad \text{或} \quad s = \frac{n_0 - n}{n_0} \times 100\% \tag{9-2}$$

式（9-2）也可写为

$$n = (1 - s)n_0 \tag{9-3}$$

转差率 s 是说明异步电动机运行情况的一个很重要的物理量。转子转速 n 越接近磁场转速 n_0，转差率 s 越小。由于三相异步电动机的额定转速 n_N 与同步转速 n_0 相近，所以它的额定转差率 s_N 很小，一般 $s_N = 0.01 \sim 0.09$ 或 $s_N = 1\% \sim 9\%$。

注意：异步电动机在起动瞬间，因转子转速 $n = 0$，所以转差率 $s = 1$，这时转差率最大。

例 9-2 有一台三相异步电动机，电源频率 $f_1 = 50\text{Hz}$。其额定转速 n_N 为 985r/min。试求电动机的磁极对数 p 和额定负载时的转差率 s_N。

解 当额定转速 $n_N = 985\text{r/min}$ 时，由表 9-1 查得同步转速 n_0 和对应的磁极对数 p 为

$$n_0 = 1000\text{r/min} \qquad p = 3$$

由式（9-2）得转差率 s_N 为

$$s_N = \frac{n_0 - n_N}{n_0} \times 100\% = \frac{1000 - 985}{1000} \times 100\% = 1.5\%$$

注意：如果已知转子转速 n，则表 9-1 中转子转速 n 与同步转速 n_0 之差最小的为对应的同步转速 n_0，与同步转速 n_0 相对应的为磁极对数 p（即同步转速 n_0 与磁极对数 p 之间存在着一一对应的关系。

9.3 三相异步电动机的电路分析

三相异步电动机中的电磁关系同变压器类似，定子绕组相当于变压器的一次绕组，转子绕组（一般是短接的）相当于二次绕组。当定子绕组接上三相电源电压（相电压为 u_1 时，则有三相电流（相电流为 i_1）通过。定子三相电流产生旋转磁场，其磁力线通过定子和转子铁心而闭合。旋转磁场不仅在转子每相绕组中感应出电动势 e_2，而且在定子每相绕组中也要感应出电动势 e_1。此外，还有漏磁通，在定子绕组和转子绕组中产生漏磁电动势 $e_{\sigma 1}$ 和 $e_{\sigma 2}$。

9.3.1 定子电路

旋转磁场以同步转速在空间旋转，同时与定子绕组和转子绕组切割交链，由于定子绕组是静止的，所以定子的每相绕组电路分析与变压器一次绕组电路的分析相似，则在定子绕组中产生感应电动势有效值 E_1 为

$$E_1 = 4.44 K_1 f_1 N_1 \Phi_m \tag{9-4}$$

式中，K_1 为定子绕组系数，是考虑定子绕组在空间位置不同而引入的系数；Φ_m 是通过每相绕组的磁通最大值，其值等于旋转磁场的每极磁通；N_1 为定子绕组每相线圈的匝数；f_1 为电源频率（即定子绕组上产生的感应电动势频率等于电源频率）。

设定子绕组系数 $K_1 \approx 1$，并忽略定子绕组线圈的阻抗压降，则有

$$\begin{cases} \dot{U}_1 \approx -\dot{E}_1 \\ U_1 \approx E_1 = 4.44 f_1 N_1 \Phi_m \\ \Phi_m = \dfrac{U_1}{4.44 f_1 N_1} \end{cases} \tag{9-5}$$

即最大磁通 Φ_m 与电源电压 U_1 成正比，与电源频率 f_1 成反比。

9.3.2 转子电路

1. 转子频率 f_2

当电动机以转速 n 旋转时，旋转磁场和转子间的相对转速为 $(n_0 - n)$，即转子导体以 $(n_0 - n)$ 的速度切割旋转磁场，所以，转子绕组中产生的感应电动势和电流的频率 f_2 为

$$f_2 = \frac{p(n_0 - n)}{60} \tag{9-6}$$

式(9-6)也可写成

$$f_2 = \frac{(n_0 - n)}{n_0} \times \frac{p n_0}{60} = s f_1 \tag{9-7}$$

由式（9-7）可知，转子频率 f_2 与转差率 s 有关；当电源频率 $f_1 = p n_0/60$ 一定时，转子频率 f_2 则与转子转速 n 有关。

异步电动机在接通电源的瞬间，转子转速 $n = 0$（转子是静止的），转差率 $s = 1$，旋转磁场和转子间的相对转速 $(n_0 - n)$ 最大，转子导体被旋转磁场以同步转速 n_0 切割，切割的速度最快，转子频率 f_{20} 最高，即 $f_{20} = f_1$。下标"20"表示转子静止时的物理量及参数。

异步电动机在额定负载时，额定转差率为 $s_N \approx 1\% \sim 9\%$，如果电源频率为 $f_1 = 50\text{Hz}$，则转子频率为 $f_2 = 0.5 \sim 4.5\text{Hz}$。

2. 转子电动势 E_2

转子感应电动势 e_2 的有效值为

$$E_2 = 4.44 f_2 N_2 \Phi_m = 4.44 s f_1 N_2 \Phi_m \tag{9-8}$$

在转子转速 $n = 0$（转差率 $s = 1$）时，由式（9-8）得转子感应电动势有效值 E_{20} 为

$$E_{20} = 4.44 f_1 N_2 \Phi_m \tag{9-9}$$

这时转子频率 $f_{20} = f_1$ 最高，转子感应电动势最大。

由式（9-8）、式（9-9）可得出

$$E_2 = s E_{20} \tag{9-10}$$

式（9-10）说明转子感应电动势 E_2 与转差率 s 有关。

3. 转子感抗 X_2

转子每相电路中的感抗 X_2 与转子频率 f_2 有关，即

$$X_2 = \omega_2 L_{\sigma 2} = 2\pi f_2 L_{\sigma 2} = 2\pi s f_1 L_{\sigma 2} \tag{9-11}$$

在转子转速 $n = 0$（转差率 $s = 1$）时，转子频率 $f_{20} = f_1$，则转子感抗 X_{20} 为

$$X_{20} = 2\pi f_{20} L_{\sigma 2} = 2\pi f_1 L_{\sigma 2} \tag{9-12}$$

即此时转子感抗 X_{20} 最大。

由式（9-11）、式（9-12）可得出

$$X_2 = s X_{20} \tag{9-13}$$

式（9-13）说明转子感抗 X_2 与转差率 s 有关。

4. 转子电流 I_2 和转子电路的功率因数 $\cos\varphi_2$

转子每相电路的电压相量为

$$\dot{E}_2 = R_2 \dot{I}_2 + (-\dot{E}_{\sigma 2}) = R_2 \dot{I}_2 + j X_2 \dot{I}_2 \tag{9-14}$$

式中，R_2 为每组绕组的电阻。

由式（9-14）可推出转子每相电路的电流有效值 I_2 和转子电路的功率因数 $\cos\varphi_2$，即

$$I_2 = \frac{E_2}{\sqrt{R_2^2 + X_2^2}} = \frac{s E_{20}}{\sqrt{R_2^2 + (s X_{20})^2}} \tag{9-15}$$

$$\cos\varphi_2 = \frac{R_2}{\sqrt{R_2^2 + X_2^2}} = \frac{R_2}{\sqrt{R_2^2 + (s X_{20})^2}} \tag{9-16}$$

由式（9-15）、式（9-16）分析可知，转子电路电流有效值 I_2 和功率因数 $\cos\varphi_2$ 与转差率 s 有关，其关系曲线如图9-11所示。

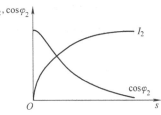

综上所述，转子电路的各物理量及其参数均是转差率 s 的函数，如频率 f_2、感应电动势 E_2、感抗 X_2、电流 I_2 和功率因数 $\cos\varphi_2$ 等均与转差率 s 有关，而转差率 s 又与转速有关。

图 9-11　I_2 及 $\cos\varphi_2$ 与 s 的关系曲线

9.4　三相异步电动机的转矩与机械特性

电磁转矩 T（简称转矩）是三相异步电动机的最重要的物理量之一，机械特性是它的主要特性。在三相异步电动机分析中，往往离不开转矩与机械特性。

9.4.1　电磁转矩特性

三相异步电动机的电磁转矩是由旋转磁场的每相磁通 Φ_m 与转子电流 I_2 相互作用而产生的。但因转子电路是感性的，转子电流比转子感应电动势滞后 φ_2 角。故电动机转轴上的电磁转矩 T 与旋转磁场磁通 Φ_m、转子电流的有功分量 $I_2\cos\varphi_2$ 成正比。即电磁转矩 T 表达式为

$$T = K_T \Phi_m I_2 \cos\varphi_2 \tag{9-17}$$

式中，K_T 为与电动机结构有关的常数；Φ_m 为旋转磁场每极磁通；I_2 为转子电流有效值；$\cos\varphi_2$ 为转子电路功率因数；T 为电磁转矩，单位为牛·米（N·m）。

将式（9-15）、式（9-16）代入式（9-17）整理后得

$$T = K_T \Phi_m \frac{s E_{20}}{\sqrt{R_2^2 + (s X_{20})^2}} \frac{R_2}{\sqrt{R_2^2 + (s X_{20})^2}} \tag{9-18}$$

又因为

$$\Phi_m = \frac{U_1}{4.44 f_1 N_1}$$

$$E_{20} = 4.44 f_1 N_2 \Phi_m \approx \frac{N_2}{N_1} U_1$$

所以
$$T = K_T U_1^2 \frac{sR_2}{R_2^2 + (sX_{20})^2} \tag{9-19}$$

由式（9-19）可见，三相异步电动机的电磁转矩 T 不仅与转差率 s、转子电路参数 R_2、X_2 有关，而且还与电源电压 U_1 的平方成正比。因此，电源电压的波动对电动机的转矩影响很大。例如，电源电压降低至额定电压的 80% 时，则转矩只为原来的 64%。过低的电压常使电动机不能起动或被迫停转，此种现象一旦发生就会引起电流剧增，若不及时切断电源，在短时间内就会使电动机烧毁，故在运行中必须注意。

当电源电压 U_1 和频率 f_1 一定，且电动机参数不变时，异步电动机转矩 T 与转差率 s 的关系 $T = f(s)$ 称为**转矩特性**，其曲线如图 9-12 所示。

9.4.2 机械特性

转矩特性曲线（$T = f(s)$）间接地表示了电磁转矩 T 与转速 n 之间的关系，而人们关心的是电动机的电磁转矩 T 与转速 n 的关系，称为**机械特性**。若将 $T = f(s)$ 曲线的转差率 s 坐标变换成转速 n 坐标，并且设转速 n 为纵坐标，转矩 T 为横坐标，便得到机械特性 $n = f(T)$ 曲线，如图 9-13 所示。

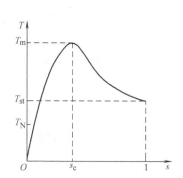

图 9-12　异步电动机转矩 $T = f(s)$ 特性曲线

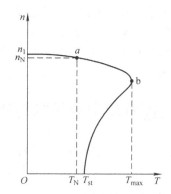

图 9-13　异步电动机机械特性 $n = f(T)$ 曲线

研究机械特性的目的是为了分析电动机的运行性能。下面讨论机械特性曲线（如图9-13所示）中的三个转矩，即额定转矩 T_N、起动转矩 T_{st} 和最大转矩 T_m。

1. 额定转距 T_N

异步电动机的额定转矩 T_N 是指其工作在额定状态下产生的电磁转矩。

在忽略异步电动机本身的机械损耗阻力矩时，可认为电磁转矩近似等于电动机轴上的输出机械转矩，即

$$T = \frac{P_2 \times 10^3}{\frac{2\pi n}{60}} = 9550 \frac{P_2}{n} \tag{9-20}$$

式中，P_2 为异步电动机轴上输出的功率，单位为 kW；n 为异步电动机的转子转速，单位为 r/min；T 为异步电动机轴上输出的转矩，单位为 N·m。

当异步电动机工作在额定状态下，即工作在额定电压、额定频率、额定负载和额定转速下，

其输出功率为额定功率 P_N，则称此时异步电动机的转矩为额定转矩 T_N。根据式（9-20）得

$$T_N = 9550\frac{P_N}{n_N} \qquad (9\text{-}21)$$

式中，P_N 为异步电动机输出的额定功率，单位为 kW；n_N 为异步电动机转子的额定转速，单位为 r/min。

通常三相异步电动机都工作在图 9-13 所示特性曲线的 ab 段。当负载转矩 T_L 增大（如起重机的起重量加大）时，在最初瞬间异步电动机的转矩 $T < T_L$，所以异步电动机的转速 n 开始下降。随着转速 n 的下降，由图 9-13 可见，异步电动机的转矩 T 增加。当转矩 T 增加到 $T = T_L$ 时，异步电动机进入新的稳定状态运行，这时转速 n 略低于加载前的转速。图 9-13 中的 ab 段曲线显示出随着转矩 T 增加，转速 n 减少不多，即 ab 段曲线比较平坦。所以，当异步电动机工作在空载与额定负载之间变化时，转子转速 n 变化不大，这种特性称为**硬的机械特性**。

2. 起动转矩 T_{st}

异步电动机起动瞬间，转子转速 $n = 0$，转差率 $s = 1$，这时产生的电磁转矩称为**起动转矩 T_{st}**。将 $s = 1$ 代入式（9-19）得

$$T_{st} = C_T U_1^2 \frac{R_2}{R_2^2 + (sX_{20})^2} \qquad (9\text{-}22)$$

式（9-22）表明，异步电动机起动转矩 T_{st} 与转子电阻 R_2 成正比，与电压 U_1 的二次方成正比，其正比关系如图 9-14、图 9-15 所示。当转子电阻 R_2 增大时，起动转矩 T_{st} 也随之增大；当电源电压 U_1 降低时，起动转矩 T_{st} 也随之减小。可见，异步电动机的起动性能是可以改善的。

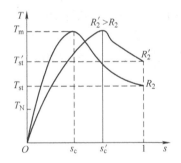

图 9-14　不同转子电阻下的 $T = f(s)$ 曲线

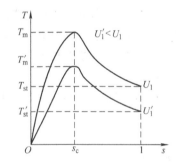

图 9-15　不同电压下的 $T = f(s)$ 曲线

一般，用起动转矩 T_{st} 与额定转矩 T_N 的比值 $K_{st} = T_{st}/T_N$ 表示异步电动机的**起动能力**，其比值 K_{st} 在 1.4 ~ 2.2 之间。

3. 最大转矩 T_m

从 $T = f(s)$ 曲线上可以看出，在转差率 $s = 0$ 时，转矩 $T = 0$，为理想空载工作状态，实际中不存在。如图 9-15 所示 $T = f(s)$ 曲线中，在 $0 < s < s_c$ 区间，转矩 T 随转差率 s 的增大而增大；在 $s_c < s < 1$ 区间，转矩 T 随转差率 s 的增大而减小；在 $s = s_c$ 时，转矩达到最大值 T_m。通常 s_c 称为临界转差率，则 s_c 由 $dT/ds = 0$ 求得

$$s_c = \frac{R_2}{X_{20}} \qquad (9\text{-}23)$$

将式（9-23）代入式（9-19），得最大转矩 T_m 为

$$T_{\mathrm{m}} = K_{\mathrm{T}}U_1^2 \frac{\dfrac{R_2}{X_{20}}R_2}{R_2^2 + \left(\dfrac{R_2}{X_{20}}X_{20}\right)^2} = K_{\mathrm{T}}U_1^2 \frac{1}{2X_{20}} \tag{9-24}$$

从式（9-23）、(9-24) 可以看出，临界转差率 s_c 与转子电阻 R_2 成正比，但最大转矩 T_{m} 与 R_2 无关。R_2 增大，T_{m} 不变，s_c 增大，这就使电动机发生最大转矩时的转速降低，如图 9-15 所示。因此，在绕线型异步电动机转子回路外接变阻器可实现调速的目的。

从式（9-24）可知，异步电动机的最大转矩 T_{m} 与电源电压 U_1 成正比，所以供电电压 U_1 的波动将影响电动机的运行情况。不同电压 U_1 下的 $T = f(s)$ 曲线如图 9-15 所示。

电动机的最大转矩 T_{m} 与额定转矩 T_{N} 之比称为**过载系数**，用 λ_{m} 表示，即

$$\lambda_{\mathrm{m}} = \frac{T_{\mathrm{m}}}{T_{\mathrm{N}}} \tag{9-25}$$

式中，λ_{m} 表示电动机**短时过载能力**，即异步电动机短时过载工作在最大转矩状态下时，电动机不会立即过热而损坏。一般三相异步电动机的过载系数 λ_{m} 在 $1.8 \sim 2.2$ 之间，而冶金、起重等特殊电动机的过载系数 λ_{m} 在 $2.2 \sim 3$ 之间。

应该指出，异步电功机的转矩 T 工作在 $T_{\mathrm{N}} < T < T_{\mathrm{m}}$ 范围时，称异步电动机工作在过载状态下。异步电动机只能短时间运行在过载状态下，否则电流太大，温度升得过高致使电动机绝缘老化，寿命缩短。因此，中、大容量的异步电功机均应装配热保护继电器，其目的就是避免异步电动机长时间过载运行。

例 9-3 一台三相异步电动机的磁极对数为 3，额定频率 $f_{\mathrm{N}} = 50\mathrm{Hz}$，额定转差率 $s_{\mathrm{N}} = 4\%$，额定转矩 $T_{\mathrm{N}} = 50\mathrm{N \cdot m}$，起动能力 $T_{\mathrm{st}}/T_{\mathrm{N}} = 1.2$，临界转差率 $s_c = 13\%$，试求：（1）额定功率、起动转矩；（2）若已知三相异步电动机运行在临界转差率时，其输出功率较额定功率增加了 61%，求电动机的最大转矩。

解 （1）额定功率、起动转矩　同步转速 n_0 为

$$n_0 = \frac{60f_{\mathrm{N}}}{p} = \frac{60 \times 50}{3}\mathrm{r/min} = 1000\mathrm{r/min}$$

额定转速 n_{N} 为

$$n_{\mathrm{N}} = n_0(1 - s_{\mathrm{N}}) = 1000 \times (1 - 0.04)\mathrm{r/min} = 960\mathrm{r/min}$$

则输出的额定功率 P_{N} 为

$$P_{\mathrm{N}} = \frac{T_{\mathrm{N}}n_{\mathrm{N}}}{9550} = \frac{50 \times 960}{9550}\mathrm{kW} \approx 5.03\mathrm{kW}$$

起动转矩 T_{st} 为

$$T_{\mathrm{st}} = 1.2T_{\mathrm{N}} = 1.2 \times 5.03\mathrm{kW} = 6.036\mathrm{N \cdot m}$$

（2）求电动机的最大转矩　电动机运行在临界转差率 s_c 下的转子转速 n_c 为

$$n_c = n_0(1 - s_c) = 1000 \times (1 - 0.13)\mathrm{r/min} = 870\mathrm{r/min}$$

最大功率 P_{m} 为

$$P_{\mathrm{m}} = 1.61P_{\mathrm{N}} = 1.61 \times 5.03\mathrm{kW} \approx 8.1\mathrm{kW}$$

最大转矩 T_{m} 为

$$T_{\mathrm{m}} = 9550\frac{P_{\mathrm{m}}}{n_c} = 9550 \times \frac{8.1}{870}\mathrm{N \cdot m} \approx 88.9\mathrm{N \cdot m}$$

9.5 三相异步电动机的起动、制动和调速

9.5.1 三相异步电动机的起动

在生产过程中，电动机要经常起动、停机。电动机的起动性能好坏对生产影响很大。所以在使用电动机时，要考虑电动机的起动性能和起动方法。

异步电动机的起动性能包括起动电流、起动转矩、起动时间及绕组发热等。其中，起动电流和起动转矩是主要的。一般中小型笼型三相异步电动机的起动电流约为额定电流的 5 ~ 7 倍。通常情况下，电动机的起动时间很短（中小型电动机约为 1 ~ 3s），电流随转速上升而很快下降，因此，只要不是频繁起动的电动机，不会因起动而过热。但是过大的起动电流会在电源线路上产生较大的电压降，影响同一变压器供电的其他负载的正常工作，例如，电灯突然变暗，电动机的电磁转矩突然下降等。

异步电动机正常的起动转矩约为额定转矩的 1.0 ~ 2.2 倍。起动转矩小，会使电动机起动过长，有时甚至不能起动。起动时间过长，消耗能量多，对电动机也不利。

综上所述，实际中应根据电动机的起动转矩、起动电流和电网电源的要求，采用适当的起动方法。常用的起动方法有三种，即直接起动、减压起动和转子回路电阻起动。

1. 直接起动

直接起动就是采用刀闸或接触器，将电动机直接加上额定电压使之运行，也称为全压起动。这种起动方法的优点是简单、经济和起动快。缺点是由于起动电流很大，起动瞬间会造成电网电压的突然下降。

一台电动机能否直接起动，要根据电力管理部门的规定，如果电动机和照明负载共用一台变压器供电，则规定电动机起动时引起的电网电压降不能超过额定电压的 5%；若电动机由独立的变压器供电，如果电动机起动频繁，则其功率不能超过变压器容量 20%，如果电动机不经常起动，则其功率只要不超过变压器容量的 30% 即可。适用于容量小，不频繁起动的电动机。例如，一般 30kW 以下的笼型异步电动机常采用直接起动。

2. 减压起动

如果电动机直接起动时会引起线路上产生较大电压降，则应采用减压起动，即起动时降低加在定子绕组上的电压，以减少起动电流；当电动机起动后并转速接近同步转速时，再加上额定电压运行。常用的减压起动方法有如下三种：

（1）星形 – 三角形转换起动法　星形 – 三角形转换起动法简记为 Y – △起动法。Y – △转换起动法适用于正常时定子绕组是三角形联结的笼型异步电动机，在起动时先联结成星形，待转速接近额定值时再换成三角形，其起动方式如图 9-16a 所示。

Y – △转换起动可采用 Y – △起动器来实现（如图 9-16a 所示）。起动前，先将开关 Q_2 扳到"Y 起动"位置，然后合电源开关 Q_1，于是电动机在 Y 形联结下起动。待转速上升接近额定值时，再将 Q_2 从"Y 起动"位置扳向"△运转"位置，电动机在△联结下进入正常运行。

1）Y – △转换起动电流的变化。Y – △转换起动的优点：在起动时，每相定子绕组所承受的电压降低到正常工作电压的 $1/\sqrt{3}$，而起动电流却减小为原来的 1/3，即因图 9-16b 中的 Y 形与△形的线电压相等，有 $U_{ABY} = U_{AB\triangle}$。

Y 形联结时，每相定子绕组的相电压 U_{pY} 为

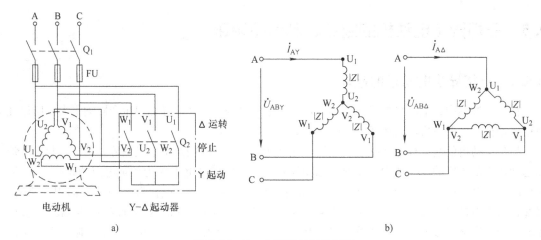

图 9-16 Y - △ 转换起动分析图

a）Y - △ 转换起动控制电路 b）Y - △ 转换时分析电压、电流电路图

$$U_{pY} = \frac{U_{ABY}}{\sqrt{3}} \qquad (9\text{-}26)$$

式（9-26）说明，每相定子绕组电压降低了 $1/\sqrt{3}$，则引起起动线电流 I_{AY} 变化为

$$I_{AY} = \frac{U_{ABY}}{\sqrt{3}\,|Z|} \qquad (9\text{-}27)$$

△ 形联结时，每相定子绕组的相电压 $U_{p\triangle}$ 和起动线电流 $I_{A\triangle}$ 为

$$U_{p\triangle} = U_{ABY}$$

$$I_{A\triangle} = \frac{U_{ABY}}{|Z|}\sqrt{3}$$

得

$$U_{ABY} = \frac{|Z|I_{A\triangle}}{\sqrt{3}} \qquad (9\text{-}28)$$

则将式（9-28）代入式（9-27）得

$$I_{AY} = \frac{1}{\sqrt{3}\,|Z|} \frac{|Z|I_{A\triangle}}{\sqrt{3}} = \frac{1}{3}I_{A\triangle}$$

故

$$\frac{I_{stY}}{I_{st\triangle}} = \frac{1}{3} \qquad (9\text{-}29)$$

由式（9-29）可见，Y 联结起动时的线电流只有 △ 联结起动时线电流的 1/3。

2）Y - △ 转换起动转矩的变化。Y - △ 转换起动的**缺点**：采用 Y - △ 转换起动可以使起动电流减小，但同时也减小了起动转矩。由式（9-22）可已知，起动转矩与电压的平方成正比，即 $T_{st}\alpha U_1^2$。

设 Y 形联结起动转矩为 T_{stY}，△ 形联结起动转矩为 $T_{st\triangle}$，Y 联结与三角形联结时每相定子绕组上电压关系为

$$U_{ZY} = \frac{1}{\sqrt{3}}U_{Z\triangle}$$

则

$$T_{stY} = \left(\frac{1}{\sqrt{3}}\right)^2 T_{st\triangle} = \frac{1}{3}T_{st\triangle} \tag{9-30}$$

由式（9-30）可见，Y 联结起动时的转矩 T_{stY} 只有△联结起动时转矩 $T_{st\triangle}$ 的 1/3。因此，Y - △起动方法只适合于空载或轻载。

（2）自耦减压起动 自耦减压起动是利用三相自耦变压器减压起动，自耦变压器上备有 2 ~ 3 组抽头，输出不同的电压（例如，为电源电压的 80%、60%、40%），供用户选用。这种方法的优点是使用灵活，不受定子绕组接线方式的限制，缺点是设备笨重、投资大。减压起动的专用设备称为起动补偿器。图 9-17 为自耦减压起动电路示意图。

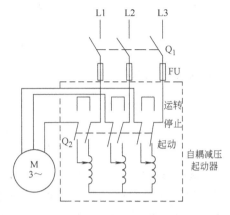

图 9-17　自耦减压起动电路示意图

应该指出，采用自耦变压器减压起动，在减少起动电流的同时，起动转矩也会减小。如果选择的自耦变压器的降压比为 K'（$K' < 1$），则起动电流和起动转矩都为直接起动的 $(K')^2$ 倍。自耦减压起动，常用来起动容量较大或正常运行时为星形联结的笼型转子电动机。

例 9-4　有一台三相异步电动机，已知输出的额定功率为 $P_N = 13$kW，输入额定线电压为 $U_N = 380$V。当△联结时，额定电流 $I_N = 26$A，额定转速 $n_N = 1460$r/min，起动电流与额定电流之比为 $I_{st}/I_N = 7$，起动能力为 $T_{st}/T_N = 1.3$。试求：（1）同步转速、磁极对数、额定转差率和额定转矩；（2）采用 Y - △减压起动时的起动电流和起动转矩；（3）如果采用自耦减压起动，使电动机的起动转矩为额定转矩的 80%，求自耦变压器的降压比和线路上的起动电流。

解　（1）同步转速 n_0、磁极对数 p、额定转差率 s_N 和额定转矩 T_N　由表 9-1 查得额定转速 n_N 时的同步转速 n_0 为 $n_0 = 1500$r/min，磁极对数 p 为 $p = 2$。

额定转差率 s_N 为

$$s_N = \frac{n_0 - n_N}{n_0} = \frac{1500 - 1460}{1500} \approx 0.027$$

额定转矩 T_N 为

$$T_N = 9550\frac{P_N}{n_N} = 9550 \times \frac{13}{1460}\text{N} \cdot \text{m} \approx 85.03\text{N} \cdot \text{m}$$

（2）采用 Y - △减压起动时的起动电流和起动转矩　△形联结时的起动电流 $I_{st\triangle}$ 和起动转矩 $T_{st\triangle}$ 为

$$I_{st\triangle} = 7I_N = 7 \times 26\text{A} = 182\text{A}$$

$$T_{st\triangle} = 1.3T_N = 1.3 \times 85.03\text{N} \cdot \text{m} \approx 110.54\text{N} \cdot \text{m}$$

Y - △减压起动时的起动电流 I_{stY} 和起动转矩 T_{stY} 为

$$I_{stY} = \frac{1}{3}I_{st\triangle} = \frac{1}{3} \times 182\text{A} \approx 60.67\text{A}$$

$$T_{stY} = \frac{1}{3}T_{st\triangle} = \frac{1}{3} \times 110.54\text{N} \cdot \text{m} \approx 36.85\text{N} \cdot \text{m}$$

（3）自耦变压器的降压比和线路上的减压起动电流　起动转矩为额定转矩的 80% 时，减压

起动转矩 T'_{st} 为 $T'_{st} = 0.8T_N$。

设自耦变压器的降压比为 K，则二次电压为 $U_2 = KU_1$。由式（9-22）得减压起动转矩 T'_{st} 和起动转矩 T_{st} 为

$$T'_{st} = C_T U_2^2 \frac{R_2}{R_2^2 + (sX_{20})^2}$$

$$T_{st} = C_T U_1^2 \frac{R_2}{R_2^2 + (sX_{20})^2}$$

则减压起动转矩 T'_{st} 与起动转矩 T_{st} 之比为

$$\frac{T'_{st}}{T_{st}} = \frac{0.8T_N}{1.3T_N} = \frac{U_2^2}{U_1^2} = \frac{(KU_1)^2}{U_1^2} = K^2 \tag{9-31}$$

$$K = \sqrt{\frac{T'_{st}}{T_{st}}} = \sqrt{\frac{0.8}{1.3}} \approx 0.784$$

线路上的减压起动电流 $I'_{st} = K^2 I_{st} = 0.784^2 \times 182A \approx 111.87A$。

（3）软起动法　前面介绍的几种起动方法，如 Y-△ 转换起动、自耦减压起动等，较大地缓解了在供电变压器容量相对不够大时电动机起动的矛盾。但它们还存在着明显的不足之处：如没解决电动机起动瞬间电流冲击问题，而且上述起动设备在起动过程中需要进行电压切换，电动机也将有瞬间大电流冲击问题，以及起动设备的触点多，发生故障也多，维护工作量大等。随着电力电子技术和微机控制的发展，目前，一种性能优良的软起动控制器已经问世，并得到迅速推广。这种软起动器使电动机起动平稳，对电网冲击小，并且具有电动机过载、缺相等保护功能，能实现电动机轻载节能运行。同时还可以实现电动机软停车、软起动。

3. 转子回路串电阻起动

在转子回路中串电阻的起动方法，就是在转子回路中串联大小适当的起动电阻，达到减小起动电流的目的，如图9-18所示，此种方法只适用于绕线转子异步电动机。三相笼型异步电动机采用减压起动的方法来限制起动电流过大，简单可行，其缺点是起动转矩也相应大大减小。因此，对要求满载起动或重载起动的生产机械，不能应用三相笼型

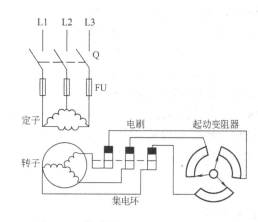

图9-18　绕线转子回路串电阻起动方法

异步电动机拖动。如起重机、锻压机等常采用绕线转子异步电动机拖动，起动后随着转速的上升将起动电阻逐一断开。

9.5.2　三相异步电动机的调速

异步电动机具有结构简单、运行可靠、维护方便等优点，但在调速性能上比不上直流电动机。近年来，随着电力电子技术和数控技术的不断发展，交流调速技术日益成熟，交流调速装置的容量不断扩大，性能不断提高。交流调速已显示出逐步取代直流调速的趋势。

电动机的调速是保持电动机的转矩一定的情况下，人为地改变电动机的转动速度。

异步电动机的转速公式

$$n = (1 - s)n_1 = (1 - s)\frac{60f_1}{p} \tag{9-32}$$

式（9-32）表明，可以通过改变极对数 p、电源频率 f_1 或转差率 s 三种基本方法来改变异步电动机的转速。

1. 变极对数调速

由式（9-32）可知，电源频率 f_1 一定时，改变电动机定子绕组通电后所形成的磁极对数 p，可达到调速的目的。异步电动机的磁极对数取决于定子绕组的布置和联结方式。能够用改变极对数的方法调节转速的电动机，称为多速电动机。笼型多速异步电动机的定子绕组是特殊设计和制造的。可以通过改变外部联结方式来改变磁极对数，使异步电动机的同步转速改变，达到调节转速的目的。常见的多速电动机有双速、三速、四速几种。多速电动机目前已普遍应用在机床上，采用多速电动机后，可以使机床的传动机构简化。

变极调速方法简单、运行可靠、机械特性较硬，由于电动机的极对数的改变只能是一、二、三等的变化，因此，用这种方法调速，电动机的转速不能连续、平滑地进行调节，只能实现有极调速。

2. 变频率调速

用改变电动机电源频率的方法达到调速的目的，称为变频调速。由于电力电子技术的发展，目前可制造出各种规格频率能够连续调节的大功率三相电源供变频调速电动机使用。

由

$$U_1 \approx E_1 = 4.44f_1N_1\Phi_m$$

可以看出，当降低电源频率 f_1 调速时，若电源电压 U_1 不变，则磁通 Φ_m 将增加，使铁心饱和，从而导致励磁电流和铁损耗的大量增加，电动机温升过高等问题，这是不允许的。因此在变频调速的同时，为保持磁通 Φ_m 不变，就必须降低电源电压，使 U_1/f_1 为常数。

变频调速根据电动机输出性能的不同可分为：①保持电动机过载能力不变；②保持电动机恒转矩输出；③保持电动机恒功率输出。

变频调速的优点是调速范围大，平滑性好，变频时可实现恒转矩调速或恒功率调速，以适应不同负载的要求。这是异步电动机最有前途的一种调速方式，其缺点是目前控制装置价格比较昂贵。

3. 改变转差率调速

只有绕线转子异步电动机才能采用改变转差率调速。绕线转子异步电动机通常采用转子串附加电阻的方法进行调速。转子绕组串入不同的电阻值后，电动机的机械特性曲线发生变化，因此在一定负载转矩下，对应着不同的转速，达到调速的目的。

由于附加电阻消耗许多电能，因此，只适用于小功率的电动机。绕线转子异步电动机除采用转子串电阻调速外，还应用电力电子技术进行双馈调速和串极调速，这些调速方法可减小转子电路能量损耗，提高调速性能。

9.5.3 三相异步电动机的制动

阻止电动机转动，使之减速或停车的措施称为制动。异步电动机制动的目的是使电力拖动系统快速停车或者使拖动系统尽快减速，对于位能性负载，制动运行可获得稳定的下降速度（如起吊的重物下降时）。

异步电动机制动的方法有能耗制动、反接制动和发电回馈制动、机械抱闸4种。

1. 能耗制动（动力制动）

方法：当电动机与交流电源断开后，立即给定子绕组通入直流电流，如图 9-19 所示，用断开 Q_1、闭合 Q_2 来实现。

当定子绕组通入直流电源时，在电动机中将产生一个恒定磁场。转子因机械惯性继续旋转时，转子导体切割恒定磁场，在转子绕组中产生感应电动势和电流，转子电流和恒定磁场作用产生电磁转矩，根据右手定则可以判定出电磁转矩的方向与转子转动的方向相反，为制动转矩。在制动转矩作用下，转子转速迅速下降，当 $n = 0$ 时制动过程结束。这种方法是将转子的动能转变为电能，消耗在转子回路的电阻上，所以称能耗制动。

能耗制动的优点是制动准确、平稳，缺点是需要一套专门直流电源供制动用。

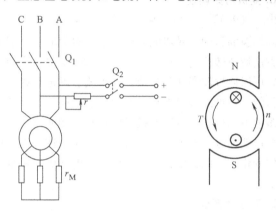

图 9-19　能耗制动原理图

2. 反接制动

反接制动是在电动机停车时，将其所接的三根电源线中任意两根对调，如图 9-20 所示，断开 Q_1 接通 Q_2 即可。这时电动机产生的旋转磁场改变方向，电动机的转矩方向随之改变，这对由于惯性作用仍沿原方向旋转的电动机起到制动作用。反接制动的制动效果较好，但当电动机转速接近零时，应及时将电源自动切断，否则电动机将反转。

3. 发电反馈制动

使电动机在外力（如起重机下放重物）作用下，其电动机的转速超过旋转磁场的同步转速，如图 9-21 所示。起动机下放重物，在下放开始时，$n < n_1$，电动机处于电动状态，如图 9-21a 所示。在位能转矩作用下，$n > n_1$，电动机的转速大于同步转速时，转子中感应电动势、电流和转矩的方向都发生了变化，如图 9-21b 所示，转矩方向与转子转向相反，变成制动转矩。此时电动机将机械能转变为电能馈送电网，所以称回馈制动。

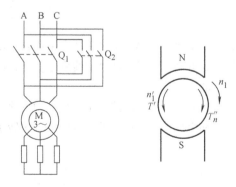

图 9-20　反接制动原理图

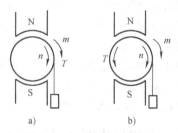

图 9-21　回馈制动原理图

a) $n < n_1$ 电动运行　b) $n > n_1$ 回馈制动

4. 机械抱闸（机械制动）

上述三种制动方法又称为电气制动。电动机制动时，除使用电气制动外有时还需要机械抱闸相配合。机械制动是利用机械摩擦力给电动机施加制动转矩，使电动机停车。常用的方法是采用电磁制动器。

9.6 三相异步电动机的型号和技术数据

电动机的型号和额定数据都标记在铭牌上，要正确使用电动机，必须看懂铭牌。这里以 Y132S—4 型电动机为例，来说明铭牌上各个数据的意义，见表 9-2。

表 9-2 三相异步电动机的铭牌

三相异步电动机		
型号 Y132S—4	功 率 7.5kW	频 率 50Hz
电压 380V	电 流 15.4A	接 法 △
转速 1440r/min	绝缘等级 B	工作方式 连续
年 月 编号		××电机厂

1. 型号

为了适应不同用途和不同工作环境的需要，电动机制成不同的系列，每种系列用各种型号表示。异步电动机的型号意义如下：

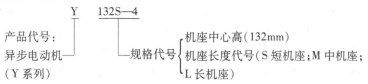

产品代号表示电动机的种类。如 Y 表示异步电动机（异）；T 表示同步起动机（同）；Z 表示直流电动机（直）；YR 表示绕线转子异步电动机（异绕）；YB 表示隔爆异步电动机（异爆）；YD 表示多速异步电动机（异多）等。

2. 额定数据

（1）额定功率 P_N 　电动机在额定状态下运行时，轴上输出的机械功率称为额定功率，单位为千瓦（kW）。

（2）额定电压 U_N 　电动机在规定接法下，定子绕组应加的线电压称为额定电压，单位为 V。有的电动机（一般为 3kW 以下）额定电压为 380/220V，联结 Y – △，表示当线电压为 380V 时，电动机应联结成星形；而当线电压为 220V 时，应联结成三角形。

（3）额定电流 I_N 　电动机在额定状态下运行时，定子绕组的线电流为额定电流，单位为安培（A）。当电动机定子绕组有两种接法时，便有两个相对应的额定电流。例如，接法为 Y – △，额定电流 I_{N1}/I_{N2}，I_{N1} 表示电动机接成星形时的额定线电流，而 I_{N2} 表示电动机接成三角形时的额定线电流。

（4）额定频率 f_N 　电动机在额定状态下运行时，定子绕组所接交流电源的频率为额定频率，单位为赫兹（Hz）。

（5）额定转速 n_N 　电动机在额定状态下运行时转子的转速称为额定转速，单位为转/分（r/min）。

（6）额定功率因数 $\cos\varphi_N$ 　电动机在额定状态下运行时，定子电路的功率因数称为额定功率因数（用 λ_N 表示）。异步电动机的额定功率因数为 0.7 ~ 0.9，空载时额定功率因数只有 0.2 ~ 0.3。

（7）额定效率 η_N 　电动机在额定状态下运行时，轴上输出的机械功率与输入功率的比值为

电动机的额定效率，即

$$\eta_N = \frac{P_N}{P_{1N}}100\%$$ (9-33)

式中，P_N 为轴上输出的额定机械功率；P_{1N} 为定子输入功率，即 P_{1N} 为

$$P_{1N} = \sqrt{3}U_N I_N \cos\varphi_N$$ (9-34)

（8）绝缘等级　电动机的绝缘等级按电动机所用绝缘材料的容许温升或容许极限温度划分的等级。见表9-3。

表9-3　电动机的绝缘等级划分表

绝缘温度	环境温度在40℃时的容许温升/℃	容许极限温升/℃
A	60	105
E	75	120
B	80	130
F	100	155
H	125	180

除上述额定数据外，对绕线转子异步电动机，铭牌上还标有转子开路电压和转子额定电流等数据。此外，铭牌上的工作方式是指电动机的运行方式，一般分为连续、短时和断续三种。

例9-5　Y225M—4 型三相异步电动机的技术数据如下：$P_N = 45\text{kW}$，$U_N = 380\text{V}$，三角形联结，$n_N = 1480\text{r/min}$，$\cos\phi_N = 0.88$，$\eta_N = 92.30\%$，$I_{st}/I_N = 7$，$T_{st}/T_N = 1.9$，$T_{max}/T_N = 2.2$。试求：（1）额定转差率 s_N；（2）额定电流 I_N；（3）起动电流 I_{st}；（4）额定转矩 T_N；（5）起动转矩 T_{st}；（6）最大转矩 T_{max}；（7）额定输入功率 P_{1N}。

解　（1）额定转差率

因为异步电动机的额定转速低于和接近同步转速，而略高于额定转速1480r/min 的同步转速为1500r/min，所以

$$s_N = \frac{n_0 - n_N}{n_0} \times 100\% = \frac{1500 - 1480}{1500} \times 100\% = 1.3\%$$

（2）额定电流 $I_N = \dfrac{P_N \times 10^3}{\sqrt{3}U_N \cos\phi_N \eta_N} = \dfrac{45 \times 10^3}{\sqrt{3} \times 380 \times 0.88 \times 0.923}\text{A} = 84.2\text{A}$

（3）起动电流 $I_{st} = 7I_N = 7 \times 84.2\text{A} = 589.4\text{A}$

（4）额定转矩 $T_N = 9550\dfrac{P_N}{n_N} = 9550 \times \dfrac{45}{1480}\text{N}\cdot\text{m} = 290.4\text{N}\cdot\text{m}$

（5）起动转矩 $T_{st} = 1.9T_N = 1.9 \times 290.4\text{N}\cdot\text{m} = 551.8\text{N}\cdot\text{m}$

（6）最大转矩 $T_{max} = 2.2T_N = 2.2 \times 290.4\text{N}\cdot\text{m} = 638.9\text{N}\cdot\text{m}$

（7）额定输入功率 $P_{1N} = \dfrac{P_N}{\eta_N} = \dfrac{45}{0.923}\text{kW} = 48.75\text{kW}$

9.7　单相异步电动机

单相异步电动机由单相交流电源供电，使用方便，常用于功率小（750W 以下）的电动工具和众多的家用电器、医疗仪器和自动控制系统中。

9.7.1 单相异步电动机的结构

单相异步电动机的结构和三相异步电动机类似，由定子和转子两部分组成。定子上装有绕组，用以建立磁场，转子是笼型的。

在实际应用中，单相异步电动机有一个特殊问题，就是在单相定子绕组中通入单相交流电流时，产生的磁场不是旋转磁场，而是一个位置固定不变、大小随时间按正弦规律变化的脉动磁场。对于静止的转子来说，该磁场与转子电流相互作用产生的电磁转矩刚好互相抵消，使起动转矩为零，故电动机不能自行起动。目前用于解决单相异步电动机起动问题的常用方法有两种，即电容分相式和罩极式。与之对应，单相异步电动机也分为电容分相式和罩极式两种类型。

9.7.2 单相异步电动机的工作原理

1. 电容分相式

由于电动机的工作绕组电路为感性电路，起动绕组串联电容后成了容性电路，若电容器的容量适当，可使两个电流的相位差恰好为90°，两相电流的波形，如图9-22所示。这样两个具有90°相位差的电流，通入到两个空间相差90°的绕组后，所产生的合成磁场也是一个旋转磁场，如图9-23所示。在此旋转磁场作用下，转子上便有了起动转矩，电动机就能转动起来。

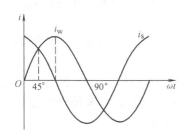

图 9-22 两相电流波形

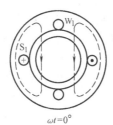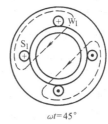

图 9-23 两相旋转磁场的产生

电动机起动后可以有两种运行方式。如果在起动绕组中串联一个开关，当电动机起动完毕后，将开关断开，电动机只在工作绕组通电的情况下继续运行，这种运行方式的电动机称为电容起动电动机。如果电动机起动后不断开起动绕组，若要电动机反转，只需将起动绕组或工作绕组接到电源的两个端子对调即可。

2. 罩极式

罩极式电动机的定子制成凸极式磁极，定子绕组套装在这个磁极上，并在每个磁极表面约1/3部分开有一个凹槽，将磁极分成大小两部分，在磁极的小部分上套着一个短路铜环，如图9-24所示。

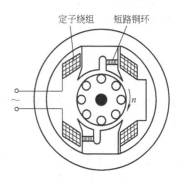

图 9-24 罩极式单相
异步电动机结构

当定子绕组通交流电而产生脉动磁场时，由于短路环中感应电流的作用，使磁极的磁通分成两个部分，这两部分磁通在数量上不相等，在相位上也不同，通过短路环这一部分磁通滞后于另一部分磁通。这两个磁通在空间上也相差一个角度，这相当于在电动机内形成一个向被罩部分移动的磁场。笼型转子在这个磁场的作用下产生电磁转矩而旋转。

9.8 电动机的选择

在生产上，三相异步电动机用得最为广泛，正确地选择它的功率、种类、形式，以及正确地选择它的保护电器和控制电器，是极为重要的。

1. 功率的选择

要为某一生产机械选配一台电动机，首先要考虑电动机的功率需要多大。合理选择电动机的功率具有重大的经济意义。

如果电动机的功率选大了，虽然能保证正常运行，但是不经济。因为这不仅使设备投资增加、电动机未被充分利用，而且由于电动机经常不是在满载下运行，它的效率和功率因数也都不高。如果电动机的功率选小了，就不能保证电动机和生产机械的正常运行，不能充分发挥生产机械的效能，并使电动机由于过载而过早损坏，所以所选电动机的功率是由生产机械所需的功率确定的。

（1）连续运行电动机功率的选择 对连续运行的电动机，先算出生产机械的功率，所选电动机的额定功率等于或稍大于生产机械的功率即可。

在很多场合下，电动机所带的负载是经常随时间而变化的，要计算它的等效功率是比较复杂和困难的，此时可采用统计分析法，即将同类型先进的生产机械所选用的电动机功率进行类比和统计分析，寻找出电动机功率与生产机械主要参数间的关系。

（2）短时运行电动机功率的选择 闸门电动机、机床中的夹紧电动机、尾座和横梁移动电动机以及刀架快速移动电动机等都是短时运行的例子。如果没有合适的专为短时运行设计的电动机，可选用连续运行的电动机。由于发热惯性，在短时运行时可以容许过载。工作时间越短，则过载可以越大，但电动机的过载是受到限制的。因此，通常是根据过载系数 λ 来选择短时运行电动机的功率。电动机的额定功率可以是生产机械所要求的功率的 $1/\lambda$。

2. 种类和型式的选择

（1）种类的选择 选择电动机的种类是从交流或直流、机械特性、调速与起动性能、维护及价格等方面来考虑的。因为通常生产场所用的是三相交流电源，如果没有特殊要求，一般都采用交流电动机。在交流电动机中，三相笼型异步电动机结构简单，坚固耐用，工作可靠，价格低廉，维护方便；其主要缺点是调速困难，功率因数较低，起动性能较差。因此，要求机械特性较硬而无特殊调速要求的一般生产机械的拖动应尽可能采用笼型异步电动机。在功率不大的水泵和通风机、运输机、传送带上，在机床的辅助运动机构（如刀架快速移动，横梁升降和夹紧等）上，差不多都采用笼型异步电动机。一些小型机床上也采用它作为主轴电动机。

绕线转子异步电动机的基本性能与笼型异步电动机相同。其特点是起动性能较好，并可在不大的范围内平滑调速。但是它的价格较笼型异步电动机贵，维护也不方便。因此，对某些起重机、卷扬机、锻压机及重型机床的横梁等不能采用笼型异步电动机的场合，才采用绕线转子异步电动机。

（2）机构型式的选择 生产机械的种类繁多，它们的工作环境也不尽相同。如果电动机在潮湿或含有酸性气体的环境中工作，则绕组的绝缘很快受到侵蚀。

如果在灰尘很多的环境中工作，则电动机很容易脏污，致使散热条件恶化。因此，有必要生产各种结构型式的电动机，以保证在不同的工作环境中能安全可靠地运行。按照上述要求，电动机常制成下列几种结构型式：

1）开启式。在构造上无特殊防护装置，用于干燥无灰尘的场所，通风非常良好。

2）防护式。在机壳或端盖下面有通风罩，以防止铁屑等杂物掉入。也有将外壳做成挡板状，以防止在一定角度内有雨水滴溅入其中。

3）封闭式。封闭式电动机的外壳严密封闭。电动机靠自身风扇或外部风扇冷却，并在外壳带有散热片。在灰尘多、潮湿或含有酸性气体的场所，可采用这种电动机。

4）防爆式。整个电动机严密封闭，用于有爆炸气体的场所。例如，在矿井中。

此外，也要根据安装要求，采用不同的安装结构型式。

3. 电压和转速的选择

（1）电压的选择　电动机电压等级的选择，要根据电动机类型、功率以及使用地点的电源电压来决定。Y 系列笼型异步电动机的额定电压只有 380V 一个等级。只有大功率异步电动机才采用 3000V 和 6000V。

（2）转速的选择　电动机的额定转速是根据生产机械的要求而选定的。但是，通常转速不低于 500r/min。因为当功率一定时，电动机的转速越低，则其尺寸越大，价格越贵，而且效率也较低。因此就不如购买一台高速电动机，再另配减速器合算。

9.9　控制电机

控制电机是一种功能特殊的精密电机。它在自动控制系统中作为检测、放大、执行和解算元件，用于对运动物体的位置或速度进行快速和准确的控制。控制电机被广泛地应用于国民经济和国防建设的各个领域，成为连接信息处理与实物控制的不可缺少的中间环节。例如，在导弹、火箭、人造卫星和航天飞机、雷达等尖端武器装备中，有许多复杂过程的控制都是通过控制电机实现的。而在民用领域，例如，计算机外围设备、数控机床、家用电器、仪器仪表、医疗器械和机器人等，也大量使用了各种各样的控制电机。

控制电机按其特性可分为两类，即功率元件类和信号元件类。凡是将电信号转换为电功率或将电能转换为机械能的都是功率元件类电机；凡是将运动物体的速度或位置等转换为电信号的都是信号元件类电机。属于功率元件类电机的有：伺服电动机、力矩电动机和步进电动机等。属于信号元件类电机的有：测速发电机、旋转变压器和轴角编码器等。关于控制电机更全面的分类资料，可参考相关的专业书籍和手册。本节将着重介绍伺服电动机、测速电动机和步进电动机。

9.9.1　伺服电动机

伺服电动机也被称为执行电动机，它将控制电信号转换为机械系统的实际动作。按照控制系统的要求，伺服电动机必须具备可控性好、稳定性高和响应速度快等基本性能。在运动形式上，伺服电动机既可以实现旋转运动，例如，雷达的目标跟踪机构；也可以直接实现直线运动，例如，数控机床的进给装置。从工作原理上看，常用的伺服电动机主要有直流伺服电动机和交流伺服电动机两大类。它们分别来源于典型的他励直流电动机和两相异步电动机。近年来，由于永磁材料和微处理器性能的大幅度提高，基于同步电动机工作原理的永磁交流伺服电动机也开始得到推广应用。

伺服电动机的性能可以从两个方面来衡量。在选用一台伺服电动机时，首先关心的是它的带负载能力，也就是电动机的机械特性。机械特性是指控制信号一定时，电磁转矩随转速变化的关系。另一方面，还需要知道这台电动机控制起来是否方便，即电动机的调节特性。调节特性是指保持输出的电磁转矩不变时，转速随控制信号变化的关系。除了上述两条基本特性之外，电动机控制回路的电气参数和运动部分的机械惯量的大小也对控制系统的动态性能有较大的影响。

1. 直流伺服电动机

直流伺服电动机的结构与普通的他励直流电动机类似，一般具有励磁绕组和电枢绕组两套绕组。在有些场合下，为了减小体积、提高效率，也可用永磁体代替励磁绕组。由于直流电动机的电磁转矩是电枢电流和励磁磁场共同作用的结果，因此，通过控制励磁绕组和电枢绕组中的任何一套绕组，都可以改变电动机的特性。但不同的控制方式所导致的电动机特性却有很大的差别。

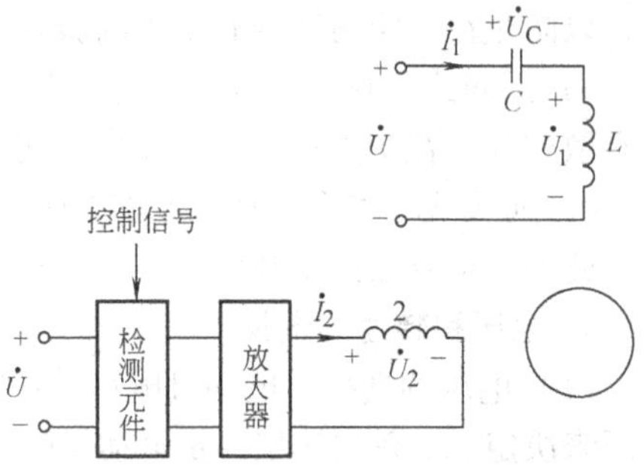

2. 交流伺服电动机

图 9-25 交流伺服电动机的接线图

交流伺服电动机一般采用两相异步电动机结构。它的定子上有两套空间上互差 90°电角度的绕组，图 9-25 是交流伺服电动机的接线图。励磁绕组 1 与电容 C 串联后接到交流电源上，其电压为 $\dot{U}$。控制绕组 2 常接在电子放大器的输出端，控制电压 $\dot{U}_2$ 即为放大器的输出电压。

根据交流电动机理论，电动机定子的磁通势是由两套绕组中的电流共同产生的，一般为一个椭圆旋转磁通势。椭圆旋转磁通势由一个正序旋转圆磁通势分量和一个负序旋转圆磁通势分量组成，它们的旋转速度大小相同，方向相反。通过改变控制绕组上的电压的幅值和相位，可以调节这两个分量各自的大小，从而影响电动机的机械特性。

9.9.2 测速发电机

测速发电机是一种机电感应式测速元件，它将输入的机械转速变换为电压信号输出。作为转速传感器，要求测速发电机的输出电压与转速成正比，即

$$U_2 = Kn \quad \text{或} \quad U_2 = K' \frac{\mathrm{d}\theta}{\mathrm{d}t} \tag{9-35}$$

式中，θ 为测速发电机转子的转角；K、K' 为比例系数。

由于测速发电机的输出电压正比于转子转角对时间的微分，它也可以在模拟运算电路中被当作微分或积分器件使用。

与其他类型电机相比，测速发电机的转动惯量应尽量小，以免影响被测系统的参数，而且希望其测量灵敏度高，能够正确反映转速的变化。

测速发电机也可分为直流和交流两种类型。其中，直流测速发电机包括永磁励磁和电励磁两种形式；交流测速发电机则包括同步测速发电机和异步测速发电机两种形式。近年来，光电码盘和霍尔元件测速传感器也得到了广泛的应用。下面以交流测速发电机中的永磁同步测速发电机为例进行简单的介绍。

永磁同步测速发电机是基于同步发电机工作原理的一类交流测速发电机。在其定子铁心槽内嵌置了分布的单相或三相对称输出绕组，转子则由多对极的永久磁钢构成。当发电机的转子以转速 n 旋转时，定子绕组因切割永久磁钢的磁场产生交变的感应电动势，频率 f 和其有效值 E 分别为

$$f = pn/60$$
$$E = 4.44fK_{\mathrm{W}}N\Phi_{\mathrm{m}} = 4.44pnK_{\mathrm{W}}N\Phi_{\mathrm{m}}/60 \tag{9-36}$$

式中，p 为测速发电机的极对数；N 和 K_{W} 为绕组的匝数和绕组系磁通量。

当永磁同步测速发电机的绕组输出端接一定的负载时，随着转速的变化，感应电动势的幅值

和频率相应变化。但与此同时，负载阻抗中的感抗或容抗也会随频率改变。因此，绕组输出的端电压与转速不再为严格的正比关系。所以，永磁同步测速发电机一般不用于要求较高的控制系统。

9.9.3 步进电动机

步进电动机伺服系统是典型的开环伺服系统。在这种系统中，执行元件是步进电动机，它在驱动电路的控制下将进给脉冲转换为具有一定方向、大小和速度的机械转角位移，并通过传动环节带动工作台移动。进给脉冲的频率决定了驱动速度，进给脉冲的数量决定了位移量。由于系统没有位置检测环节，因此控制精度主要取决于步进电动机及其驱动，同时还要考虑传动环节的误差。

图 9-26 是反应式步进电动机的结构示意图。它的定子具有均匀分布的 6 个磁极，磁极上绕有绕组。两个相对的磁极组成一相，绕组的接法如图 9-26 所示。假定转子具有均匀分布的 4 个齿。

步进电动机经常采用单三相、三相六拍、双三相工作方式。下面介绍单三相工作方式的基本原理。

设 U_1 相首先通电，V_1、W_1 两相不通电，产生 U_1—U_2 轴线方向的磁通，并通过转子形成闭合回路。这时 U_1、U_2 极就是一对 N、S 磁极。在磁场的作用下，转子总是力图转到磁阻最小的位置，也就是要转到转子的齿对齐 U_1、U_2 极的位置，如图 9-27a 所示。接着 V_1 相通电，U_1、W_1 不通电，转子便顺时针方向转过 30°，它的齿和 V_1、V_2 极对齐，如图 9-27b 所示。随后 W_1 相通电，U_1、V_1 两相不通电，转子又顺时针方向转过 30°，它的齿和 W_1、W_2 极对齐，如图 9-27c 所示。不难理解，当脉冲信号一个一个发来，如果按 U_1—V_1—W_1—U_1… 的顺序轮流通电，则电动机转子便顺时针方向一步一步地转动。每一步的转

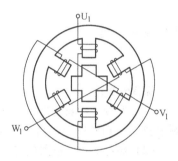

图 9-26 反应式步进
电动机的结构示意图

角为 30°，此角称步距角。电流换接三次，磁场旋转一周，转子前进了一个齿距角（转子 4 个齿时为 90°）。如果按 U_1—W_1—V_1—U_1… 的顺序通电，则电动机转子便逆时针方向转动。这种通电方式称为单三拍方式。

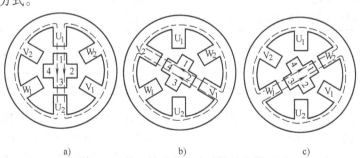

图 9-27 单三拍通电方式时转子的位置图
a) U_1 相通电 b) V_1 相通电 c) W_1 相通电

9.10 综合计算与分析

例 9-6 一台 Y180L—6 型三相异步电动机，额定电压为 380/660V，△ – Y 连接，接在频率

$f_N = 50Hz$，额定电压 $U_N = 380V$ 的电源上运行，额定电流 $I_N = 30A$，额定转差率 $s_N = 4\%$，额定转矩 $T_N = 150N \cdot m$，额定功率 $P_{1N} = 16.86kW$。试求：（1）电动机的接法和磁极数；（2）电动机的额定转速；（3）电动机输出的额定功率；（4）电动机的额定功率因数和电动机的额定效率。

解 （1）电动机的接法和磁极数。电动机的接法：△ 形联结，磁极数为6。

（2）额定转速 同步转速 n_1 为

$$n_1 = \frac{60f_N}{p} = \frac{60 \times 50}{3}r/min = 1000r/min$$

则额定转速 n_N 为

$$n_N = n_1(1 - s_N) = 1000 \times (1 - 0.04)r/min = 960r/min$$

（3）额定功率

$$P_N = \frac{T_N n_N}{9550} = \frac{150 \times 960}{9550}kW \approx 15.08kW$$

（4）额定功率因数和额定效率 额定功率因数 λ_N 为

$$\lambda_N = \cos \varphi_N = \frac{P_{1N}}{\sqrt{3}U_N I_N} = \frac{16.86 \times 10^3}{\sqrt{3} \times 380 \times 30} \approx 0.85$$

额定效率 η_N 为

$$\eta_N = \frac{P_N}{P_{1N}} = \frac{15.08}{16.86} \times 100\% \approx 89.44\%$$

综合分析：

（1）型号 一般三相异步电动机的型号中最后一位数，说明了该电动机的磁极数，例如本题中型号为 Y180L—6，则磁极数为6，磁极对数为3。

（2）额定参数 根据额定电压和电动机的连接方式，可以确定电动机的正常工作方式。例如已知额定电压为 380/660V，△ － Y 联结，则表示电动机工作在 380V 电压下时，其电动机采用的是三角形联结方式；若电动机工作电压为 660V，其采用的是星形联结方式。

（3）注意：a）三相异步电动机的额定电压与电动机连接方式的对应关系；b）额定转速 n_N、额定功率 P_N、额定电磁转矩 T_N 都表示的是转子参数；c）额定电压 U_N、额定电流 I_N 表示的是定子绕组线电量参数；额定功率因数 $\cos\varphi_N$、额定频率 f_N 表示定子相关参数。

例 9-7 Y—41—4 笼型异步电动机的铭牌数据如下表所示。

P_N/kW	U_N/V	n_N /（r/min）	I_N/A	$\cos\varphi_N$	η_N （%）	I_{st}/I_N	T_{st}/T_N	T_{max}/T_N	接线
4	220/380	1440	14.7/8.5	0.85	84	7.0	1.6	2.0	△ － Y

试求：（1）输入的额定功率、额定转差率、额定转矩、最大转矩；（2）起动电流、起动转矩；（3）如果负载转矩为 $40N \cdot m$，问在定子绕组电压 $U_1 = U_N$ 及 $U_1 = 0.9U_N$ 两种情况下，电动机能否起动？（4）采用 Y － △ 减压起动时的起动电流和起动转矩；（5）当负载转矩为额定转矩 T_N 的 60% 和 40% 时，求电动机起动转矩，并判断电动机能否采用 Y － △ 减压起动。

解 （1）输入的额定功率、额定转差率、额定转矩、最大转矩

额定运行时定子输入功率 P_{1N} 为

$$P_{1N} = \frac{P_N}{\eta_N} = \frac{4}{0.84}kW \approx 4.76kW$$

电动机运行在三角形接线状态下时，磁极对数 p 和同步转速 n_0 为 $p = 2$，$n_0 = 1500r/min$。

额定转差率 s_N 为

$$s_N = \frac{n_0 - n_N}{n_0} = \frac{1500 - 1440}{1500} = 0.04$$

额定转矩 T_N 为

$$T_N = 9550 \frac{P_N}{n_N} = 9550 \times \frac{4}{1440} \text{N} \cdot \text{m} \approx 26.53 \text{N} \cdot \text{m}$$

由题意可知

$$T_{max}/T_N = 2.0$$

则最大转矩 T_{max} 为

$$T_{max} = 2T_N = 2 \times 26.53 \text{N} \cdot \text{m} = 53.06 \text{N} \cdot \text{m}$$

（2）起动电流、起动转矩　三角形联结时的起动电流为

$$I_{st\triangle} = 7.0 I_{N\triangle} = 7 \times 14.7 \text{A} = 102.9 \text{A}$$

星形联结时的起动电流为

$$I_{stY} = 7.0 I_{NY} = 7 \times 8.5 \text{A} = 59.5 \text{A}$$

由题意可知

$$T_{st}/T_N = 1.6$$

则起动转矩为

$$T_{st} = 1.6 T_N = 1.6 \times 26.53 \text{N} \cdot \text{m} \approx 42.45 \text{N} \cdot \text{m}$$

（3）$T_F = 40 \text{N} \cdot \text{m}$ 时，$U_1 = U_N$ 及 $U_1 = 0.9 U_N$ 两种情况下电动机能否起动的判断

当 $U_1 = U_N$ 时

$$T_{st} \approx 42.45 \text{N} \cdot \text{m} > T_F = 40 \text{N} \cdot \text{m}$$

所以，$U_1 = U_N$ 时，起动转矩大于负载转矩，电动机能起动。

当 $U_1 = 0.9 U_N$ 时

$$T'_{st} = (0.9)^2 T_{st} = (0.9)^2 \times 42.45 \text{N} \cdot \text{m} \approx 34.38 \text{N} \cdot \text{m}$$

$$T'_{st} < T_F$$

所以，$U_1 = 0.9 U_N$ 时，起动转矩小于负载转矩，电动机不能起动。

（4）采用 Y－△ 减压起动时的起动电流和起动转矩

由题意可知

$$I_{st}/I_N = 7.0$$

星形联结时，Y－△ 减压起动电流为

$$I'_{stY} = \frac{1}{3} I_{st\triangle} = \frac{1}{3} \times 102.9 \text{A} = 34.3 \text{A}$$

星形联结时，Y－△ 减压起动转矩为

$$T_{stY} = \frac{1}{3} T_{st} = \frac{1}{3} \times 42.45 \text{N} \cdot \text{m} = 14.15 \text{N} \cdot \text{m}$$

（5）当负载转矩为额定转矩 T_N 的 60% 和 40% 时，求电动机起动转矩，并判断电动机能否采用 Y－△ 减压起动

当 $T_{F1} = T_N \times 60\%$ 时

$$T_{F1} = 0.6 T_N = 0.6 \times 26.53 \text{N} \cdot \text{m} \approx 15.92 \text{N} \cdot \text{m}$$

$$T_{stY} < T_{F1}$$

所以，$T_{F1} = T_N \times 60\%$ 时，起动转矩 T_{stY} 小于负载转矩 T_{F1}，电动机不能采用 Y－△ 减压起动。

当 $T_{F2} = T_N \times 40\%$ 时

$$T_{F2} = 0.4T_N = 0.4 \times 26.53 \mathrm{N \cdot m} \approx 10.61 \mathrm{N \cdot m}$$

$$T_{stY} > T_{F2}$$

所以，$T_{F2} = T_N \times 40\%$ 时，起动转矩 T_{stY} 大于负载转矩 T_{F2}，电动机可以采用 Y – △ 减压起动。

综合分析：

（1）接线方式与技术指标参数　采用不同的接线方式，其额定电压、额定电流和起动电流有所不同，但额定功率、额定转速、额定效率、额定转矩、起动转矩、最大转矩等技术指标参数不变。

例如：三角形联结时，$U_{N\triangle} = 220V$，$I_{N\triangle} = 14.7A$，$I_{st\triangle} = 102.9A$；星形联结时，$U_{NY} = 380V$，$I_{NY} = 8.5A$，$I_{stY} = 59.5A$。

（2）减压起动　在减压起动中，讨论了三种起动方式：第一种是直接减压起动，例如电压 $U_1 = 0.9U_N$；第二种方式是采用 Y – △ 减压起动；第三种方式是采用自耦变压器减压起动（见例 9-8）。

当减压起动电压 $U_1 = kU_N$ （$0 < k < 1$）时，起动转矩为

$$T'_{st} = k^2 T_{st}$$

当采用 Y – △ 减压起动时，起动转矩为

$$T_{stY} = \frac{1}{3} T_{st}$$

（3）起动　当起动转矩小于负载转矩时，电动机不能起动；当起动转矩大于负载转矩时，电动机则能起动。

（4）注意　三相异步电动机的额定电压与电动机连接方式的对应关系与 Y – △ 减压起动概念上的不同。

例如本题中：额定电压 220V/380V，接线 △ – Y，则说明电压 220V 对应的接线是 △ 联结，而 380V 电压对应的接线是 Y 联结；在采用 Y – △ 减压起动时，电压与接线之间就不存在前面的对应关系，即无论采用接线方式是 △ 联结还是 Y 联结，其所对应的电压都是 220V。

例 9-8　某三相异步电动机，铭牌数据如下：$P_N = 30kW$，$U_N = 380V$，$T_{st}/T_N = 1.2$，△ 形联结。试问：（1）负载转矩为额定转矩的 70% 和 30% 时，电动机能否采用 Y – △ 减压方式起动？（2）若采用自耦变压器减压起动，要求起动转矩为额定转矩的 75%，则自耦变压器的二次电压是多少？

解　（1）负载转矩为额定转矩的 70% 和 30% 时，电动机能否采用 Y – △ 减压方式起动？采用 Y – △ 减压起动转矩为

$$T_{stY} = \frac{1}{3} T_{st\triangle} = \frac{1}{3} \times 1.2T_N = 0.4T_N$$

当 $T_{F1} = T_N \times 70\%$ 时

$$T_{F1} = 0.7T_N > T_{stY} = 0.4T_N$$

即不能采用 Y – △ 减压起动方式起动。

当 $T_{F2} = T_N \times 30\%$ 时

$$T_{F2} = 0.3T_N < T_{stY} = 0.4T_N$$

即可以采用 Y – △ 减压起动方式起动。

（2）自耦变压器减压起动转矩为额定转矩的 75% 时，自耦变压器二次电压 U_2 由题意可知减压起动转矩为

$$T'_{\mathrm{st}} = 0.75 T_{\mathrm{N}}$$

额定工作状态下起动转矩和电压为

$$T_{\mathrm{st}} = 1.2 T_{\mathrm{N}}$$
$$U_{\mathrm{N}} = 380\mathrm{V}$$

由式（9-31）可得

$$\frac{0.75}{1.2} = \frac{U_2^2}{U_{\mathrm{N}}^2}$$

则

$$U_2 = \sqrt{\frac{0.75}{1.2}} U_{\mathrm{N}} = \sqrt{\frac{0.75}{1.2}} \times 380\mathrm{V} \approx 300.42\ \mathrm{V}$$

综合分析：

采用自耦变压器减压起动方式时，一般有两个问题需要分析：一是自耦变压器的降压比，二是自耦变压器二次电压。根据转矩与电压二次方成正比的原理，则起动转矩、电压、降压比之间的关系分析式为

$$\frac{T'_{\mathrm{st}}}{T_{\mathrm{st}}} = \frac{U_2^2}{U_1^2} = K'_2$$

式中，T'_{st} 表示自耦变压器的起动转矩；T_{st} 表示额定工作状态下的起动转矩；U_2 表示自耦变压器的二次电压；U_1 表示正常起动时的定子绕组电压；K' 表示自耦变压器的降压比。

小　　结

1. 三相异步电动机的结构和工作原理

（1）结构　三相异步电动机主要由定子和转子两部分组成。根据转子结构的不同又分为笼型和绕线型两种。

笼型结构简单、维护方便，应用最为广泛。绕线型可外接变阻器，起动、调速性能好，但价格高，常用于对起动性能和调速性能有较高要求的地方。

（2）工作原理

1）旋转磁场。三相异步电动机的工作原理是定子绕组通入三相正弦交流电产生旋转磁场，其旋转磁场转速（又称为同步转速）的转速为

$$n_1 = \frac{60 f_1}{p}$$

即 n_1 与电源频率 f_1 成正比，与磁极对数 p 成反比，其单位为 r/min。

旋转磁场方向与三相定子电流的相序一致。将三根电源线中的任意两根对调可使电动机反转。

2）转子旋转。转子导体切割旋转磁场，产生感应电动势和感应电流，通过电磁感应作用，转子导体受到电磁力作用，从而使转子沿着旋转磁场的旋转方向转动，转子转速称为电动机的转速 n。

当电动机正常工作时，转子转速小于同步转速，即

$$n < n_1$$

转子转速 n 与同步转速 n_0 相差的程度用转差率 s 表示，即

$$s = \frac{n_1 - n}{n_1}$$

2. 三相异步电动机的电磁转矩

电磁转矩 T 与电源电压 U_1 的二次方成正比，即 $T\alpha U_1^2$：

$$T = C_\mathrm{T} U_1^2 \frac{sR_2}{R_2^2 + (sX_{20})^2}$$

1）额定转矩

$$T_\mathrm{N} = 9550 \frac{P_\mathrm{N}}{n_\mathrm{N}}$$

式中，P_N 为转子上输出的机械功率，单位为 kW；T_N 的单位为 N·m。

2）过载能力

$$\lambda_\mathrm{m} = \frac{T_\mathrm{m}}{T_\mathrm{N}}$$

式中，T_m 为最大转矩。

3）起动能力

$$K_\mathrm{st} = \frac{T_\mathrm{st}}{T_\mathrm{N}}$$

式中，T_st 为起动转矩。

3. 三相异步电动机的起动

（1）起动电流大　三相异步电动机直接起动时起动电流较大，为额定电流的 5~7 倍。为了减小对电网的冲击，功率较大的笼型电动机应采用降压起动措施。

（2）减压起动

直接减压起动：采用直接减压起动电压 $U_1 = kU_\mathrm{N}(0 < k < 1)$ 时，因 $T\alpha U_1^2$，则减压起动转矩 T'_st 为

$$T'_\mathrm{st} = k^2 T_\mathrm{st}$$

Y－△减压起动：Y－△减压起动电流和起动转矩均为直接起动的 1/3，即

$$I'_\mathrm{stY} = \frac{1}{3} I_\mathrm{st△}$$

$$T_\mathrm{stY} = \frac{1}{3} T_\mathrm{st}$$

自耦变压器减压起动：设自耦变压器的降压比为 K'，即起动电压 $U_2 = K'U_1$，起动电流和起动转矩均为直接起动时的 K'^2，则

$$\frac{T'_\mathrm{st}}{T_\mathrm{st}} = \frac{U_2^2}{U_1^2} = K'^2 \qquad I'_\mathrm{st} = K'^2 I_\mathrm{st}$$

自耦减压起动对异步电动机定子绕组的接法没有限制，又有不同的电压抽头供用户选择，减压起动器起动可以使电动机平滑起动，对电网的冲击最小。

绕线型异步电动机可采用在转子回路中串电阻起动的方法减小起动电流。

4. 三相异步电动机的调速

三相笼型异步电动机常采用变极和变频两种方法调速，绕线型的电动机可采用改变转差率 s 的方法调速。变极调速为有级调速，变频和改变转差率为无级调速。

5. 三相异步电动机的制动

制动方法有机械制动、电气制动，其中电气制动包括能耗制动、反馈制动和反接制动。

6. 三相异步电动机的额定值和功率

三相异步电动机的额定电压 U_N、电流 I_N 都为额定线值。功率 P_N 为满载时轴上输出的机械

功率，其功率关系为

$$P_{1N} = \sqrt{3} U_N I_N \cos \varphi_1$$

$$P_N = P_{1N} \eta_N = \sqrt{3} U_N I_N \cos\varphi_1 \eta_N$$

$$\eta_N = \frac{P_N}{P_{1N}}$$

式中，P_{1N} 为定子绕组输入的额定功率；$\cos\varphi_1$ 为定子绕组的功率因数；η_N 为额定效率。

三相异步电动机在接近满载运行时，功率因数和效率都较高，在轻载和空载时较低，应尽量避免。

7. 单相异步电动机

单相异步电动机的结构，原理与三相异步机基本相同，只是产生旋转磁场的方法有所不同，常用的有电容分相式和罩极式两种。电容分相式电动机可通过调换电容器与电动机两个定子绕组的串联位置来改变旋转方向，而罩极式电动机则结构简单，但不能改变转向。

思　考　题

一、判断题

1. 异步电动机理想空载转速永远小于旋转磁场转速，所以称为"异步"电动机。

2. 异步电动机工作在电动状态时，转子转向肯定与旋转磁场转向一致。

3. 异步电动机三相定子绕组只有通入不同相位的交流电流，才可产生旋转磁场。

4. 异步电动机旋转磁场的转速与负载转矩有关。

5. 异步电动机起动过程中，转子绕组感应电动势随转速的升高而减小。

6. 异步电动机转子电量频率恒与定子电量频率相同。

7. 异步电动机的转子电流也能产生旋转磁场。

8. 异步电动机空载运行时功率因数最高。

9. 异步电动机起动过程中，定子电流与负载转矩大小有关。

10. 异步电动机负载不变时，电源电压降低，定子电流减小。

11. 异步电动机转子回路电阻增大，临界转差率减小。

12. 异步电动机可变损耗与不变损耗相等时效率最高。

13. 异步电动机的可变损耗主要是铜损耗。

14. 绕线转子异步电动机转子回路所串电阻越大，起动转矩越大。

15. 异步电动机减压起动适用于空载下起动的电力拖动装置。

16. 单相异步电动机没有自起动能力。

17. 运行中的三相异步电动机突然发生缺相故障时，电磁转矩为零。

18. 空载运行的三相异步电动机突然发生缺相故障，定子电流将超过额定电流。

二、选择题

1. 三相异步电动机的旋转方向决定于（　　　）。

（a）电源电压大小　　（b）电源频率高低　　（c）定子电流的相序

2. 三相异步电动机的转速 n 越高，其转子电路的感应电动势 E_2（　　　）。

（a）越大　　　　　（b）越小　　　　　（c）不变

3. 笼型异步电动机转子绕组的磁极对数（　　　）定子的磁极对数。

（a）多于　　　　　（b）少于　　　　　（c）等于　　　　　　　（d）自动适应

4. 异步电动机的额定功率是指 (   ) 功率。

(a) 输入的视在   (b) 输入的有功

(c) 输入的无功   (d) 轴上输出的机械

5. 频率为 50Hz, 磁极对数为 (   ) 的三相异步电动机, 额定转速为: 273r/min。

(a) 8   (b) 9   (c) 10   (d) 11

6. 异步电动机转子电流产生的旋转磁场与定子旋转磁场 (   )。

(a) 相对静止   (b) 转向相反

(c) 同向但转速较慢   (d) 同向但转速较快

7. 异步电动机正常运行时, 定子绕组的电流由 (   ) 决定。

(a) 定子绕组阻抗   (b) 转子绕组阻抗   (c) 铁心磁通   (d) 负载转矩

8. 电源电压降低时, 异步电动机最大转矩 (   ); 临界转差率 (   )。

(a) 减小, 增大   (b) 减小, 不变   (c) 不变, 增大   (d) 不变, 不变

9. 转子电阻增大时, 异步电动机最大转矩 (   ); 临界转差率 (   )。

(a) 减小, 增大   (b) 减小, 减小   (c) 不变, 增大   (d) 不变, 减小

10. 异步电动机减压起动的目的是 (   )。

(a) 减小线路压降   (b) 提高工作效率

(c) 加快起动速度   (d) 延长电动机寿命

11. 接线固定时, 三相异步电动机的旋转方向由 (   ) 决定。

(a) 电源电压   (b) 电源频率   (c) 电源相序   (d) 电源容量

12. 正常运行时, 三相异步电动机旋转磁场的转速由 (   ) 决定。

(a) 电源电压   (b) 电源频率   (c) 负载转矩   (d) 负载性质

13. 三相笼型异步电动机的额定转差率 s_N 与电动机极对数 p 的关系是 (   )。

(a) 无关   (b) $s_N \propto p$ (c) $s_N \propto 1/p$

14. 三相异步电动机产生的电磁转矩是由于 (   )。

(a) 定子磁场与定子电流的相互作用   (b) 转子磁场与转子电流的相互作用

(c) 旋转磁场与转子电流的相互作用

15. 旋转磁场的转速 n_1 与极对数 p 和电源频率 f 的关系是 (   )。

(a) $n_1 = 60\dfrac{f}{p}$ (b) $n_1 = 60\dfrac{f}{2p}$ (c) $n_1 = 60\dfrac{p}{f}$

16. 三相异步电动机在额定转速下运行时, 其转差率 (   )。

(a) 小于 0.1   (b) 接近 1   (c) 大于 0.1

17. 额定电压为 380/220V 的三相异步电动机, 在 Y 联结和 △ 联结两种情况下运行时, 其额定电流 I_Y 和 $I_\triangle$ 的关系是 (   )。

(a) $I_\triangle = \sqrt{3}I_Y$ (b) $I_Y = \sqrt{3}I_\triangle$ (c) $I_Y = I_\triangle$

18. 三相笼型异步电动机在空载和满载两种情况下的起动电流的关系是 (   )。

(a) 满载起动电流较大   (b) 空载起动电流较大

(c) 两者相等

19. 采取适当措施降低三相笼型电动机的起动电流是为了 (   )。

(a) 防止烧坏电动机   (b) 防止烧断熔丝

(c) 减小起动电流所引起的电网电压波动

20. 三相绕线转子异步电动机的转子电路串入外接电阻后, 它的机械特性将 (   )。

（a）变得更硬　　　（b）变得较软　　　（c）保持不变

三、简答题

1. 异步电动机转子有哪两种类型？结构上各有什么特点？

2. 异步电动机的铭牌电压、电流和功率是指什么电压、电流和功率？

3. 使异步电动机自己转动起来的基本条件是什么？简述异步电动机的转动原理。

4. 三相异步电动机在什么情况下转差率 s 为下列数值：$s=1$、$s>1$ 和 $0<s<1$。

5. 在稳定运行情况下，当负载增加时，异步电动机的转矩为什么能相应增加？当负载转矩大于电动机的最大电磁转矩时，电动机将发生什么情况？

6. 为什么说三相异步电动机的主磁通基本保持不变？是否在任何情况下都保持不变？

7. 转子电路的频率与转差率有什么关系？转子不动时和空载时转子频率各为多少？

8. 什么是电动机的机械特性？为什么说异步电动机是硬特性电动机？

9. 为什么说异步电动机对电源电压的变化比较敏感？

10. 异步电动机在满载起动或者空载起动时，起动电流和起动转矩是否一样大？为什么？

11. 三相异步电动机正常运行时，如果转子突然卡住，电动机电流有何变化？对电动机有何影响？

12. 电动机起动时，是否负载越大起动电流越大？负载大小对起动过程有无影响？

13. 三相异步电动机在一定负载转矩下运行时，如果电源电压降低，电动机的转矩、电流及转速有无变化？

14. 为什么三相异步电动机不能在最大电磁转矩 T_{max} 处运行？

15. 绕组转子异步电动机采用转子串接电阻起动，问所串电阻越大，起动转矩是否也越大？

习　　题

1. 一台三相异步电动机，旋转磁场转速 $n_1=1500\text{r/min}$，这台电动机的极数是多少？在电动机转子转速 $n=0\text{r/min}$ 时和 $n=1470\text{r/min}$ 时，该电动机的转差率 $s=$ ？

2. 一台 4 极（$p=2$）的三相异步电动机，电源频率 $f_1=50\text{Hz}$，额定转速 $n_N=1450\text{r/min}$，计算电动机在额定转速下的转差率 s_N 和转子电流频率 f_2。

3. 一台三相异步电动机，$p=3$，额定转速 $n_N=960\text{ r/min}$。转子电阻 $R_2=0.02\Omega$，$X_{20}=0.08\Omega$，转子电动势 $E_{20}=20\text{V}$，电源频率 $f_1=50\text{Hz}$。求该电动机在起动时和额定转速下，转子电流 I_2 是多少？

4. 一台三相异步电动机，在电源线电压为 380V 时，电动机的三相定子绕组为三角形联结，电动机的 $I_{st}/I_N=6$，额定电流 $I_N=15\text{A}$。（1）求三角形联结时电动机的起动电流；（2）若起动改为星形联结，起动电流多大？（3）电动机带负载和空载下起动时，起动电流相同吗？

5. 某三相异步电动机的 $P_N=40\text{kW}$，$U_N=380\text{V}$，$f=50\text{Hz}$，$n=2930\text{r/min}$，$\eta=0.9$，$\cos\varphi=0.85$，$I_{st}/I_N=5.5$，$T_{st}/T_N=1.2$，三角形联结，采用 Y-△ 起动，求：（1）起动电流和起动转矩；（2）保证能顺利起动的最大负载转矩是其额定转矩的多少？

6. 一台三相异步电动机，功率 $P_N=10\text{kW}$，电压 $U_N=380\text{V}$，电流 $I_N=34.6\text{A}$，电源频率 $f_1=50\text{Hz}$，额定转速 $n_N=1460\text{r/min}$，三角形联结。试求：（1）这台电动机的极对数 $p=$ ？同步转速 $n_1=$ ？（2）这台电动机能采用 Y-△ 起动吗？若 $I_{st}/I_N=6.5$，Y-△ 起动时起动电流多大？（3）如果该电动机的功率因数 $\cos\varphi=0.9$，该电动机在额定输出时，输入的电功率 P_1 是多少千瓦？效率 $\eta=$ ？

7. 一台三相异步电动机，铭牌数据如下：三角形联结，$P_N=10\text{kW}$，$U_N=380\text{V}$，$\eta_N=85\%$，$\lambda_N=0.83$，$I_{st}/I_N=7$，$T_{st}/T_N=1.6$。试问此电动机用 Y-△ 起动时的起动电流是多少？当负载转矩为额定转矩的 40% 和 70% 时，电动机能否采用 Y-△ 起动法起动。

8. 三角形联结的三相异步电动机的额定数据如下:

功率/kW	转速/（r/min）	电压/V	效率（%）	功率因数	I_{st}/I_N	T_{st}/T_N	T_{max}/T_N
7.5	1470	380	86.2	0.81	7.0	2.0	2.2

试求:（1）额定电流和起动电流;（2）额定转差率;（3）额定转矩、最大转矩和起动转矩;（4）在额定负载情况下，电动机能否采用 Y-△ 减压起动?

9. 三相异步电动机在电源断掉一根线后为什么不能起动? 在运行中断掉一根线为什么还能继续转动? 长时间运行是否可以?

10. 某三相异步电动机，铭牌数据如下: 三角形联结，$P_N = 45kW$，$U_N = 380V$，$n_N = 980r/min$，$\eta_N = 92\%$，$\lambda_N = 0.87$，$I_{st}/I_N = 6.5$，$T_{st}/T_N = 1.8$。试求:（1）直接起动时的起动转矩及起动电流;（2）采用 Y-△ 方法起动时的起动转矩及起动电流。

11. 某三相异步电动机，铭牌数据如下: $P_N = 22kW$，$n_N = 1470r/min$，$U_N = 220/380V$，$\lambda_N = 0.88$，$\eta_N = 89.5\%$，$I_{st}/I_N = 7$，$T_{st}/T_N = 1.2$。当电源电压为 380V 时，如采用自耦变压器减压起动，变压器二次侧抽头电压为一次电压的 64%。试求:（1）自耦变压器的电压比 K;（2）电动机的起动转矩 T'_{ST};（3）起动时的一次电流。

12. 某三相异步电动机铭牌数据如下: $P_N = 13kW$，$U_N = 220/380V$，$I_N = 43.9/25.4A$，$n_N = 1460r/min$，$I_{st}/I_N = 7$，$T_{st}/T_N = 1.3$，$T_m/T_N = 2$。试求:（1）电动机的极对数及旋转磁场的转速 n_1;（2）额定转差率 s_N，额定转矩和最大转矩;（3）在 380V 线电压下用自耦变压器降至线电压为 260V，问线路起动电流（变压器原边电流）为多少? 起动转矩为多少?

13. 某三相异步电动机铭牌数据如下: △形联结，$U_N = 380V$，$I_N = 15A$，$n_N = 1450r/min$，$I_{st}/I_N = 7$，$T_{st}/T_N = 1.4$，$T_m/T_N = 2$，$\cos\varphi_N = 0.87$，$\eta_N = 87\%$。试求:（1）转子电流的额定频率;（2）电动机的起动电流、额定转矩、起动转矩和最大转矩;（3）当采用 Y - △ 减压起动时，定子每相绕组的起动电压、起动电流和起动转矩各为多少?

14. 某三相异步电动机铭牌数据如下: $U_N = 380V$，$P_N = 55kW$，$n_N = 1480r/min$，$T_{st}/T_N = 1.8$，$T_m/T_N = 2$。试求:（1）画出电动机的机械特性近似曲线;（2）当电动机带额定负载运行时，电源电压短时间降低，最低允许降低到多少伏电压?

第 10 章　电　气　控　制

提要　现代生产中广泛采用自动控制系统，由继电器组成的有触点（开关）控制电路，是实现自动控制的一种简便方法。

继电—接触控制系统中采用的是有触点控制器件，如接触器、继电器、刀开关、按钮等实现对控制对象运行状态的控制。例如，电动机的起动、反转、制动、停车及有级调速等，这种控制方式自动化程度低。控制精度差，但具有简便、造价低、维护容易等优点。所以，至今很多对控制要求不高的场合仍广泛应用。晶体管、晶闸管等半导体器件问世以后，控制系统中出现了无触点控制器件，这类控制器件具有效率高、反应快、寿命长、体积小、重量轻等一系列优点，这使得控制系统的自动化程度、安全程度、控制速度和控制精度都有很大提高。随着计算机技术的发展，自动控制系统中又出现了数字控制技术、可编程序控制器（PLC），使自动控制系统进入到现代控制系统的崭新阶段。

因此，本章将对常用低压电器进行简要介绍，然后着重介绍继电器控制电路的工作原理、控制方法及简单控制电路的设计。最后对可编程序控制器（PLC）进行介绍。

10.1　低压控制电器

在继电器控制系统中常用的低压电器有两类：一类是手动控制的通断电器，也称为主令电器。如开关、按钮等，是人工操作直接控制的电器；另一类是用于自动控制的通断电器，如接触器、继电器等，这类电器是依靠控制电压、电流或其他物理量来改变其工作状态。

实际的一些电器兼有保护功能，便于安装和使用。例如，在刀开关中一般都配有熔断器，自动开关则兼有短路、过载、失电压等保护功能。

部分常用电机、电器的图形符号见表 10-1。

表 10-1　常用电机、电器的图形符号

名　称	符　号	名　称	符　号
电机的一般符号 ＊必须用字母代替,如:G 发动机 　　　　M 电动机 　　　　SM 伺服电动机	＊	双绕组变压器	
同步电动机	MS	三极开关的一般符号(多线表示)	
三相笼型异步电动机	M 3～	照明灯 信号灯	
		熔断器	
三相绕线转子异步电动机	M 3～	按钮触点　动合	
		按钮触点　动断	

（续）

名　称		符　号	名　称		符　号
接触器与继电器的线圈				通电延时线圈	
接触器的主触点	动合		时间继电器触点	断电延时线圈	
	动断			动断延时断开	
继电器的触点与接触器的辅助触点	动合			动合延时断开	
	动断			动断延时闭合	
时间继电器触点	动合延时闭合		行程开关的触点	动合	
				动断	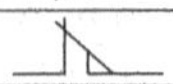
			热继电器	动断触点	
				发热元件	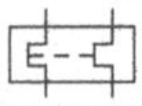

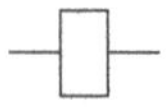

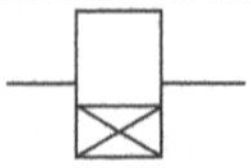

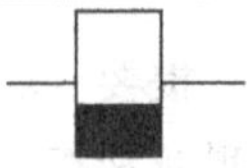

10.1.1　刀开关

1. 低压刀开关

低压刀开关是手动电器中的基本设备，其结构和操作方法较为简单，主要用作分断小容量的低压配电线路，或者用于直接起动小容量电动机，刀的级数分为单极、双极和三极三种。每种又有单掷与双掷的区别。刀开关由刀片（动触头）和刀座（静触头）装在瓷质的底板上再配上胶木盖构成。其电路及文字符号如图10-1所示。

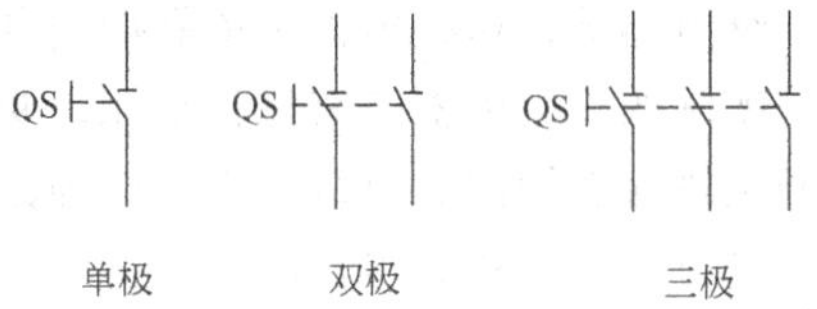

刀开关用于不频繁地接通和切断电源，选用刀开关时应根据电源的负载情况确定其额定电压和额定电流。两极和三极刀开关本身均配有熔断器。用刀开关切断电

图 10-1　低压刀开关

流时，由于电路中电感和空气电离的作用，刀片与刀座分开时会产生电弧，特别当切断较大电流时，电弧持续不易熄灭。因此，为安全起见不允许用无隔弧、灭弧装置的刀闸开关切断大电流。

2. 转换开关

转换开关又称组合开关，是由数层动、静触片组装在绝缘盒内而成的。动触片装在转轴上，用手柄转动转轴使动触片与静触片接通与断开。可实现多条线路、不同连接方式的转换。

转换开关中的弹簧可使动、静触片快速断开，利于熄灭电弧。但转换开关的触片通流能力有限，一般用于交流380V、直流220V，电流100A以下的电路中作电源开关。转换开关具有体积小，使用方便等特点，广泛用于配电柜和机床控制电路中。转换开关的结构和图形符号如图10-2所示。

10.1.2　按钮

按钮是一种手动主令电器，但它与刀开关不一样，按钮用手按下后接通，松手后靠弹簧力将它恢复到断开的状态，按钮一般不用于分合主电路，负荷电流不通过它的触头，它只起发出

"接通"和"断开"信号的作用。最常见的按钮是复合式的，包括一个动合触头和一个动断触头，图10-3a、b所示为按钮的结构示意图和符号。

当用手按压按钮帽时，动触头下移，使动断触头断开，动合触头闭合，当手松开按钮帽时，由于复位弹簧的作用，使动触头复位，动断和动合触头恢复原来的状态。

在电器控制电路中，起动按钮（按钮的触头为动合触头）用来接通电器设备，用符号"ST"表示；停止按钮（按钮的触头为动断触头）用于断开电器设备，用符号"STP"表示；复合按钮用于联锁控制电路中，其两对触头不能同时用作"起动按钮"和"停止按钮"。为了便于识别各个按钮的作用，通常按钮帽有不同的颜色，一般停车按钮用红色表示，起动按钮用绿色或黑色表示。

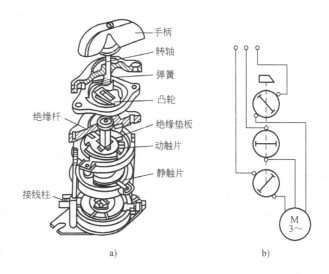

图 10-2　转换开关的结构和图形符号
a）结构图　b）图形符号

还有一种手动闭锁式按钮，内部带有自锁机关，将其按钮按下时，自锁机关会将其动合触头锁住，保持在闭合状态，只有再次按动其按钮时，自锁机关释放，动合触头才打开。这种自锁式按钮开关常用作电子仪器和家用电器的电源开关，其符号如图10-3c所示。

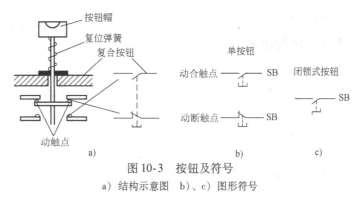

图 10-3　按钮及符号
a）结构示意图　b）、c）图形符号

按钮可按操作方式、防护方式分类，常见的按钮类别及特点：

1）开启式：适用于嵌装固定在开关板、控制柜或控制台的面板上，代号为K。

2）保护式：带保护外壳，可以防止内部的按钮零件受机械损伤或人触及带电部分。代号为H。

3）防水式：带密封的外壳，可防止雨水侵入。代号为S。

4）防腐式：能防止化工腐蚀性气体的侵入。代号为F。

5）防爆式：能用于含有爆炸性气体与尘埃的地方而不引起传爆，如煤矿等场所。代号为B。

6）旋钮式：用手把旋转操作触点，有通断两个位置，一般为面板安装式。代号为X。

7）钥匙式：用钥匙插入旋转进行操作，可防止误操作或供专人操作。代号为Y。

8）紧急式：有红色大蘑菇钮头突出于外，作紧急时切断电源用。代号为J或M。

9）自持按钮：按钮内装有自持用电磁机构，主要用于发电厂、变电站或试验设备中操作人员互通信号及发出指令等，一般为面板操作。代号为Z。

10）带灯按钮：按钮内装有信号灯，除用于发布操作命令外，兼作信号指示，多用于控制柜、控制台的面板上。代号为 D。

11）组合式：多个按钮组合。代号为 E。

12）联锁式：多个触点互相联锁。代号为 C。

按用途和触点的结构不同分类有：1）常开按钮；2）常闭按钮；3）复合按钮。

10.1.3 熔断器

熔断器是一种最常见的短路保护器件。熔断器按照其结构和用途分有插入式、螺旋式、无填料密封式、有填料密封式、快速式等。图 10-4a 为熔断器图形及文字符号。熔断器中的熔丝或熔片统称为熔体。熔体一般用电阻率较高的易熔合金制成。熔断器串接在电路中，在额定电流情况下，熔体不熔断，当发生短路或严重过载时，熔体立即熔断切断电源，保护电路和设备不受损坏。

熔断器具有反时限特性，如图 10-4b 所示，通过熔体的过载电流倍数 I/I_N 越大，熔断所需时间就越短。

熔断器额定电流 I_N 选择应依如下原则：对电阻件负载如电灯、电阻炉等，熔体的额定电流 I_N 可按等于或稍大于负载额定电流 I_L 值选择，即 $I_N \geq I_L$ 确定。对电动机等起动电流 I_{st} 大于工作电流 I_L 的负载，熔断器额定电流 I_N 的选择原则是，既要有短路保护作用，又要在起动瞬间熔断器不能熔断，应依实际情况确定。

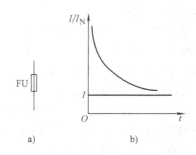

图 10-4 熔断器的符号及保护特性
a）图形符号 b）保护特性

10.1.4 热继电器

热继电器触点的动作不是由电磁力产生的，而是由受热元件产生的机械变形，推动机构动作来完成的。主要用于电动机的过载保护。图 10-5 为其内部结构图，图 10-6 为热继电器的图形符号。

热继电器的发热元件串接在电动机的主电路中，常闭触点串接在电动机的控制电路中。正常情况下，双金属片变形不大，但当电动机过载到一定程度时，热继电器将在规定时间内动作，切断电动机的供电电路，使电动机断电停车，受到保护。

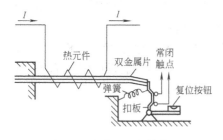

图 10-5 热继电器的结构图

图 10-6 热继电器的电路符号

应当指出，热继电器具有热惯性，不能作为短路保护只能作为过载保护。这种特性符合电动机等负载的需要，可避免电动机起动时的短时过电流而造成不必要的停车。

目前热继电器多为三相（三个发热元件）式，并兼有断相保护功能。将交流接触器和热继电器组装在一起，用以直接起动三相笼型电动机的成套电器称为磁力起动器。

10.1.5 低压断路器

低压断路器俗称空气自动开关。在功能上,它相当于刀开关、热继电器、过电流继电器和欠电压继电器的组合,能有效地对电路进行过载、短路、欠电压保护,以及不频繁地分、合电路。一旦电路发生故障,其保护装置立即动作切断电路,当故障排除后,无需更换零件,可迅速恢复供电。

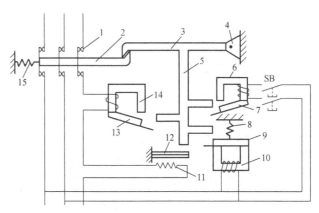

图10-7为低压断路器的结构图,低压断路器的三副主触点串联在被保护的三相主电路中,由于搭钩钩住弹簧,使主触头保持闭合状态。当线路正常工作时,电磁脱扣器中线圈所产生的吸力不能将它的衔铁吸合。如果电路发生短路和产生较大过电流时,电磁脱扣器中线圈所产生的吸力增大,将衔铁吸合,并撞击杠杆,把搭

图 10-7 低压断路器结构图
1—主触点 2—锁键 3—搭钩 4—转轴 5—杠杆 6—分励脱扣器 7、9、13—衔铁 8、15—弹簧 10—欠电压脱扣器 11—热元件 12—双金属片 14—过电流脱扣器

钩顶上去,在弹簧的作用下切断主触点,实现了短路保护。如果电路上电压下降或失去电压时,欠电压脱扣器的吸力减小或失去吸力,衔铁被弹簧拉开,撞击杠杆,把搭钩顶开,切断主触点,实现了过载保护。

10.1.6 交流接触器与中间继电器

交流接触器和中间继电器的基本结构相似,都采用电磁工作原理,属于电磁式低压电器。

1. 交流接触器

交流接触器主要由电磁系统、触点系统和灭弧装置三大部分组成,其结构示意图如图10-8所示。

交流接触器的工作原理是:当线圈通电后,动铁心衔铁带动触点动作,使常闭(动断)触点断断,常开(动合)触点闭合;当线圈断电时,动铁心衔铁在弹簧的反作用力下释放,各触点随之复位。

交流接触器的图形符号如图10-9所示。

交流接触器适用于交流电压380V以下的电路装置,可以频繁地接通和分断主电路,它主要用于控制电动机、电热设备、电焊机和机床控制电路中。交流接触器不仅具有低压释放保护功能,还适用于远距离控制,但是它不具备短路保护作用。

常用的交流接触器有CJ20、CJX1、CJX2、CJ12和引进德国BBC公司生产技术的B系列,其型号的含义如下:

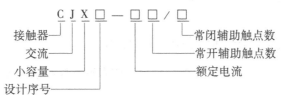

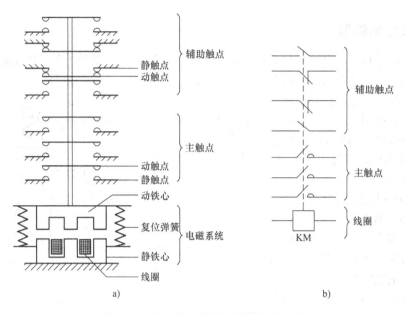

图 10-8　交流接触器的主要结构示意图

a）电磁系统和触点系统组成的结构示意图　b）图形符号组成的结构示意图

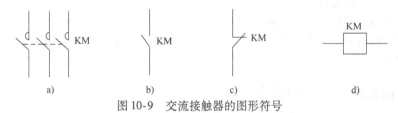

图 10-9　交流接触器的图形符号

a）动合（常开）主触点　b）动合（常开）辅助触点　c）动断（常闭）辅助触点　d）线圈

2. 中间继电器

中间继电器用来传递信号或同时控制多个电路，也可直接用它来控制小容量电动机或其他电气执行元件，起到增加触点容量和扩展触点数量的作用。中间继电器的结构和工作原理与交流接触器基本相同，与接触器的主要区别在于接触器的主触点可以通过大电流，而中间继电器的触点只能通过小电流。所以，它一般用于控制电路中。当采用其他小容量的继电器控制接触器，继电器的容量或触点数量不足时，可采用中间继电器进行扩展。

中间继电器的图形符号如图 10-10 所示。常用的中间继电器有 JZ7、JZ11、JZ14及 JZ15 等系列，其触点数量可达 8 对，其触点形式可任意组合。

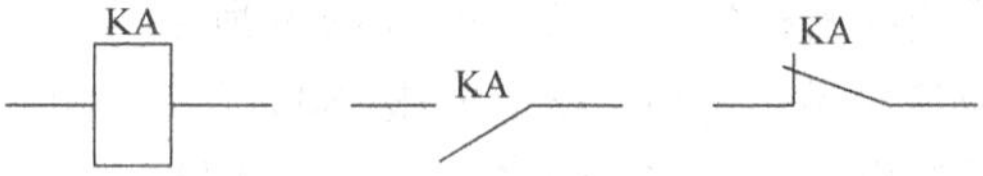

图 10-10　中间继电器的图形符号

10.2　继电—接触器控制电路

10.2.1　继电接触控制器控制电路图的阅读方法

采用继电器、接触器、主令电器等低压电器组成有触点控制系统称为继电接触控制器。例如，对电动机的起动、制动、反转和调速进行控制。

控制电路图是用图形符号和文字符号表示，为完成一定控制目的各种电器连接的电路图。要读懂一幅控制电路图除了要具备各种电机、电器的必要知识外，还要注意以下几点：

1）应了解机械设备和工艺过程，掌握生产过程对控制电路的要求。

2）要掌握控制电路构成的特点，通常一个系统的总控制电路分为主电路和控制电路两部分。其中主电路的负载是电动机、照明或电加热等设备，通过的电流较大。要用接通和分断能力较大的电器（接触器、断路器等）来操作。此外，在主电路中需设有各种保护电器如熔断器、热继电器等，以保证电源和负载的运行安全。控制电路则为实现生产工艺过程、对负载的运行情况如起动、停车、制动、调速、反转等进行控制，一般是通过按钮、行程开关等主令电器发出指令，控制接触器吸引线圈的工作状态来完成的。需要时，还要配合其他辅助控制电器如中间继电器、时间继电器等。

3）为表达清楚，识图方便，在一份总电路图中，同一电器的各个部件经常不画在一起，而是分布在不同地方，甚至不在一张图上。例如，一个接触器的主触点在主电路图中，而它的吸引线圈和辅助触点在控制电路图中，但同一电器的不同部件都用同一文字符号标明。

4）电路图中的所有电器的触头的状态均为常态，即吸引线圈不带电、按钮没按下的情况等。

5）一般控制电路，其各条支路的排列常依据生产工艺顺序的先后，由上至下排列。

10.2.2 继电接触器控制的基本电路

控制电路都是用若干个基本电路和一些保护措施组合而成的。因此，掌握一些常用基本电路，是学习继电接触控制系统的关键，下面介绍几个电动机控制的基本电路。

1. 三相异步电动机点动控制电路

点动控制常用于吊车、横梁的位置移位，刀架、刀具的调整等。图 10-11 所示为一种三相异步电动机的点动控制电路，左边为主电路，主电路由刀开关 QS、熔断器 FU、接触器 KM 的主触点和电动机构成。右边点画线框内为控制电路，控制电路由按钮 SB 和接触器 KM 的线圈串联构成。

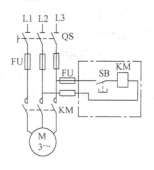

图 10-11　三相异步电动机的点动控制电路

工作时，首先合上刀开关 QS，这时电动机不会运转，当按下按钮 SB 时，接触器线圈 KM 通电产生电磁力，KM 的三个动合主触点吸合，使电动机与三相电源接通，起动运转。松开按钮 SB，接触器 KM 的线圈断电失磁，主触点断开恢复常态，电动机断电停止运转。这就实现了电动机的点动控制。熔断器 FU 的作用是电源短路保护。

上述控制电路还具有短路保护、过载保护和零压保护的功能。当负载侧发生短路时，熔断器 FU 的熔丝立即熔断，起到保护电源电路的作用。当电动机过载时，热继电器 FR 的热元件发热变形，将控制回路热继电器 FR 的动断触点断开，使接触器 KM 线圈断电，主触点断开，电动机停止运行。热继电器的两个热元件，分别串接在任意两相线中，当任意一相中的熔丝熔断后作单相运行，仍会有一个或两个热元件中通有过载电流，使热继电器 FR 的动断触点断开，能可靠地保护电动机。也可以采用三相结构的热继电器，将三个热元件分别串接在三相中。当电源突然断电或电压下降到某一值时，接触器线圈的电流减小，使衔铁释放，而使主触点断开，电动机从电源上切除，这就实现了零压（或失电压）保护。零压保护的目的，是当电源电压恢复正常时，电动机不能自行起动，必须重新按下起动按钮才能起动，可避免电动机突然自起动造成事故。

2. 三相异步电动机的直接起、停控制电路

图 10-12 为三相异步电动机的直接起、停控制和过载、断相保护电路。与图 10-11 所示三相异步电动机点动控制电路比较，该电路增加了接触器 KM 的一个动合（常开）辅助触头，停车按钮 1SB 和热继电器 FR。

控制电路结构的特点是：热继电器 FR 的发热元件接在主电路中，反映负载电流，它的动断（常闭）触点 FR 与接触器 KM 的吸引线圈串联接在控制电路中，控制接触器 KM 的工作。

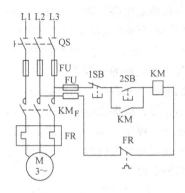

图 10-12　三相异步电动机的起、停控制电路

工作时，首先合上刀开关 QS，按下起动按钮 SB，接触器 KM 吸合，其三个主触点闭合使电动机起动，同时其辅助触点也闭合，旁路起动按钮 2SB。当松开起动按钮 2SB 后，接触器仍能通过自己的辅助触点自保持供电，这种环节为"自锁"环节。

当需要停车时，按下停车按钮 1SB，切断控制回路，使接触器 KM 的吸引线圈断电，KM 的主触点与辅助触点均返回断开状态，电动机断电停车。

电动机过载或断相时，主电路电流增大，当电流增大到热继电器的整定值（动作电流值）时，热继电器动作，它的动断（常闭）触点 FR 切断控制电路，接触器线圈断电，主触点断开主电路，电动机停车，得到保护。

该电路还具有失电压保护。电动机在运转时，若电源电压降低或突然停电，会使接触器 KM 失去应有电磁力而返回常态，切断主电路和控制电路，电动机停车。当电源恢复正常时，由于起动按钮和接触器辅助触点均处于断开状态，电动机不会自行起动，保证了设备和人身安全。

3. 三相异步电动机的异地控制

异地控制又称多地点控制，即多个地点均可控制一台电动机起动或停止。该电路应用较多，例如，给水泵的异地水位控制等。现以锅炉房的鼓风机为例来说明两地控制，其电路如图 10-13 所示。

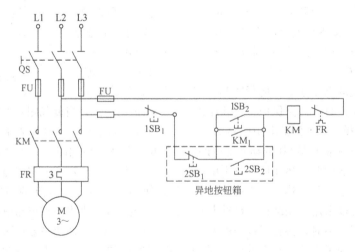

图 10-13　三相异步电动机的异地控制电路

图中控制按钮 $1SB_1$ 和 $1SB_2$ 设于控制箱内，$2SB_1$ 和 $2SB_2$ 设于异地按钮箱。起动按钮 $1SB_2$ 和 $2SB_2$ 相并联，只要其中一只按下，都能起动鼓风机转动。停止按钮 $1SB_1$ 和 $2SB_1$ 相串联，只要将其中一只按下，就能停止鼓风机转动。

4. 三相异步电动机带电气联锁的正反转控制电路

在工地看到卷扬机的上下运动、车间刨床的反复运动等。它们都由电动机来拖动，这就要求电动机做正反向运转。根据三相异步电动机的工作原理，要改变三相异步电动机的转向，只须将电动机接到电源的三根电源线中的任意两根对调，改变通入电动机的二相电流相序即可。

如图 10-14a 所示的是三相异步电动机的正反转电路的主电路。接触器 KM_F 控制电动机正转；L1 与 L3 两根连线对调为接触器 KM_R 控制电动机反转的线路。控制线路图 10-14b、图 10-14c 控制主电路图中接触器 KM_F、KM_R 工作状态，如果控制线路使主电路接触器 KM_F、KM_R 同时工作，即 6 个主触点同时闭合，则将造成主电路的电压源短路。所以，为了避免这种事故的发生，控制电路回路中要引入正反转的电气联锁控制或机械互锁，这样电动机就不会发生正反转同时工作，即正转运行时，反转不工作。

在图 10-14b 所示控制电路中，引入电气联锁，在正转控制回路串入反转接触器 KM_R 的一个动断辅肋触点，在反转控制回路中串入一个正转接触器 KM_F 的动断辅助触点。这两个动断触点称为电气联锁触点。其工作原理：按下正转起动按钮 SB_F，正转线圈 KM_F 通电，主触点 KM_F 闭合，同时，动断辅助触点 KM_F 打开，反转线圈 KM_R 断电；同理，按下正转起动按钮 SB_R，反转线圈 KM_R 通电，主触点 KM_R 闭合，正转线圈 KM_F 断电。

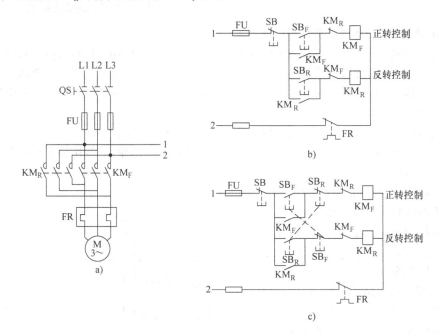

图 10-14　三相异步电动机的正、反转控制电路

a）正反转主电路　b）带电气联锁的正反转控制电路　c）带机械互锁和电气联锁的正反转控制电路

可见，控制电路图 10-14b 中的电气联锁触点能保证两个接触器 KM_F、KM_R 不会同时工作。但是此种控制电路的缺点是正反转不能直接切换，必须先按下停止按钮 SB 后，再按下起动按钮 SB_F 或 SB_R。即当正转过程中要求反转时，必须先按停止按钮 SB 让电气联锁触点闭合后，才能按反转起动按钮使电动机工作。

由于控制电路图 10-14b 的正反转切换操作不方便，将图 10-14b 中的起动按钮改为具有机械互锁功能的起动按钮，如图 10-14c 所示。这个电路的优点是：如果要使正转运行的电动机反转，不必先按停止按钮 SB，只要直接按下反转起动按钮 SB$_R$ 即可。反之亦然。

5. 多台电动机顺序起停控制

在生产中，往往需要多台电动机配合工作，根据工艺流程要求，它们的起动和停车，必须遵照规定顺序。例如，某些大型机床，必须先将液压泵起动，为主轴提供循环润滑油后，才能起动主轴电动机。

图 10-15 所示为主轴电动机和液压泵电动机联锁控制电路。接触器 1KM 控制油泵电动机 M1，它的一个动合辅助触点 1KM$_5$ 串联在主轴电动机控制电路中，起联锁作用，所以只有 1KM$_5$ 动作，油泵电动机起动，1KM$_5$ 闭合，控制主轴电动机的接触器 2KM 才有可能起动。在液压泵电动机运转的前提下，主轴电动机可以起动、停车。液压泵电动机停车，主轴电动机也随之停车。

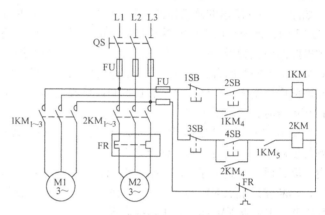

图 10-15　三相异步电动机的顺序控制

6. 三相异步电动机的限位与行程控制

（1）行程开关　行程开关也称为限位开关，用于控制机械设备的行程及进行终端限位保护，是一种根据运动部件的行程位置而切换电路的电器。行程开关广泛用于起重机、机床、生产线等设备的行程控制、限位控制和程序控制中的位置检测。行程开关的种类很多，主要分为机械式和电子式两大类。

机械式行程开关有直动式、滚轮式和微动式等。图 10-16a 所示为直动式结构图，行程开关的符号如图 10-16b 所示。直动式行程开关，其动作原理与按钮相同，但其触点的分合速度取决于生产机械的运行速度。

滚轮式行程开关的分合速度不受生产机械运动速度的影响，但其结构较为复杂。

微动式行程开关也是一种常用的机械式行程开关，其特点为开关动作灵敏，触点切换速度不受操作按钮压下速度的影响。

（2）行程控制电路　生产中，行程控制的例子很多，例如，在一些机床上要求刀具或工件自动往复。采用装有行程开关的控制电路，可以实现这些限位控制。机床工作台的反复循环运动控制电路如图 10-17 所示。行程开关与挡块位置关系如图 10-17a 所示，控制电路如图 10-17b 所示。

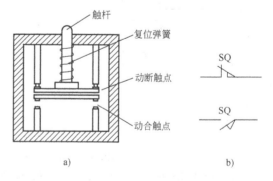

图 10-16　行程开关的结构与图形符号

a）结构　b）图形符号

本控制电路与电动机正反转控制电路工作原理相似，只是用复合式行程开关 1SQ 和 2SQ 代替图 10-17b 中的复合式按钮 SB$_F$ 和 SB$_R$。用电动机的正反转拖动工作台前进、后退往复运动。

行程开关 1SQ 和 2SQ 分别控制工作台前进、后退的行程，行程开关 3SQ 和 4SQ 分别为前进和后退终点限位保护开关。

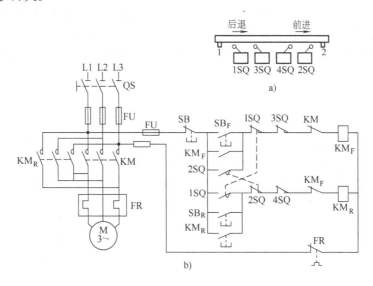

图 10-17　行程开关控制电路图

机床工作台控制电路工作原理如下：按下起动按钮 SB_F，电动机正转，工作台前进至规定位置时，挡块 1 撞压行程开关 1SQ，它的动断触点打开，动合触点闭合，电动机反转，工作台后退。当工作台后退至规定位置时，挡块 2 撞压行程开关 2SQ，它的动断触点打开，动合触点闭合，电动机又起动正转，如此往复循环运动。需要停车时，按下停车按钮 SB 即可。

假如 1SQ 或 2SQ 控制失灵时，挡块撞压终端限位开关 3SQ 或 4SQ，切断控制电路，使电动机停车，防止工作台滑出床身。

7. 时间控制

（1）时间继电器　时间继电器是反映时间的自动控制电器。时间继电器有电磁式和电子式两种，前者是在电磁式控制继电器上加装空气阻尼（如气囊）或机械阻尼（钟表机械）组成，后者是利用电子延时电路实现延时动作。时间继电器的共同特点是从接受信号到触点动作有一定延时，延时长短可根据需要预先设定。时间继电器的图形符号，如图 10-18 所示。

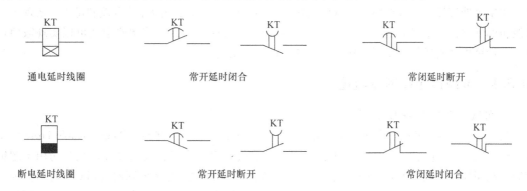

图 10-18　时间继电器的图形符号

（2）三相异步电动机的顺序与时间控制电路　生产中，很多加工和控制过程是以时间为依据进行控制的。例如，工作加热时间控制，电动机按时间先后顺序起、停控制，电动机 Y-△ 起动控制等，这类控制都是利用时间继电器实现的。

钻床切削自动循环控制电路原理，如图 10-19 所示。该电路可实现刀架进给电动机的起动、停车、正反转运动及其运动状态的自动转换。其中，SQ_1、SQ_2 是行程开关的触点，控制钻床的始点和终点；KT 为时间继电器，用于延时控制；KV 为速度继电器。自动循环控制过程请自行分析。

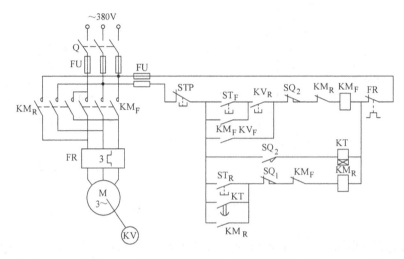

图 10-19　钻床切削自动循环控制电路原理图

10.3　可编程序控制器

接触器控制是传统的工业控制模式，它把继电器触头及线圈按一定的控制逻辑关系连接成控制线路，控制接触器通断，然后由电动机或电磁装置带动机构运动。但由于继电器本身占一定体积并消耗电能，经常会出故障，加上接线固定，使变更控制逻辑比较困难。所以应用在复杂的控制系统中可靠性、灵活性都比较差。

现代控制系统中普遍采用可编程序控制，它采用可编程序控制器把复杂的继电器控制逻辑转换为由中央处理器、输入变换器、输出变换器及用户程序进行处理的开关量控制逻辑，实现了硬件逻辑的软件化。不仅克服了传统继电-接触器控制的弊端，而且在控制器中还可以实现数值运算、与计算机联网通信、模拟量输入、模拟量输出等功能。

10.3.1　可编程序控制器概述

1. 可编程序控制器的发展简述

自 1969 年美国 DEC 公司研制出世界上第一台可编程序逻辑控制器（Programmable Logic Controller）以来，经过几十年的发展与实践，其功能和性能已经有了很大的提高，从当初用于逻辑控制和顺序控制领域扩展到运动控制和过程控制领域。可编程序逻辑控制器（PLC）也可称为可编程序控制器（Programmable Controller），由于个人计算机也简称 PC，为了避免混淆，可编程序控制器被称为 PLC 。

可编程序控制器是一种数字运算操作的电子系统，专为工业环境应用而设计。它采用可编程序的存储器，用来在其内部存储执行逻辑运算、顺序控制、定时、计数和算术运算等操作的指令，并通过数字式、模拟式的输入/输出，控制各种机械或生产过程。可编程序控制器及其有关外围设备，都应按易于与工业控制系统连成一个整体、易于扩充其功能的原则来设计。

PLC 通常在两个方向上发展：一是向体积更小、速度更快、功能更强、价格更低的方向发展，使 PLC 的使用范围不断扩大，达到了遍地开花的程度；二是向大型化、网络化、多功能方向发展，不断提高其功能，以便与现代网络相连接，组建大型的控制系统。

2. 可编程序控制器的特点

现代工业生产是复杂多样的，它们对控制的要求也各不相同。可编程序控制器由于具有以下特点而深受工程技术人员的欢迎。

1）可靠性高，抗干扰能力强。这往往是用户选择控制装置的首要条件。PLC 的生产厂家在硬件和软件上采取了一系列抗干扰措施，使它可以直接安装于工业现场并稳定可靠地工作。

2）模块化结构，扩展能力强。由于 PLC 产品均成系列化生产，品种齐全，多数采用模块式的硬件结构，可根据现场需要进行不同功能的扩展和组装，一种型号的 PLC 可用于控制从几个 I/O 点到几百个 I/O 点的控制系统。

3）编程方便，易于使用。梯形图是一种图形编程语言，与多年来工业现场使用的电器控制图非常相似，理解方式也相同，近年来又发展了面向对象的顺控流程图语言，也称功能图，使编程更简单方便，非常适合现场人员学习。

4）控制系统设计、安装、调试方便。PLC 中含有大量的相当于中间继电器、时间继电器、计数器等的"软元件"。又用程序（软接线）代替硬接线，与外部设备连接方便。采用统一接线方式的可拆装的活动端子排，提供不同的端子功能适合于多种电气规格。设计人员只要有 PLC 就可进行控制系统设计及在实验室进行模拟调试。

5）功能完善。除基本的逻辑控制、定时、计数、算术运算等功能外，配合特殊功能模块还可以实现点位控制、PID 运算、过程控制、数字控制等功能，为方便工厂管理又可与上位机通信，通过远程模块还可以控制远方设备。

由于具有上述特点，使得 PLC 的应用范围极为广泛，可以说只要有工厂、有控制要求，就会有 PLC 的应用。

10.3.2 可编程序控制器的组成与性能指标

1. 可编程序控制器的组成

PLC 是以微处理器为核心的一种特殊的工业用计算机，其结构与一般的计算机相类似，如图 10-20 所示，只是一台增强了 I/O 功能的可与控制对象方便连接的计算机。其完成控制的实质是按一定算法进行 I/O 变换，并将这个变换物理实现，应用于工业现场。

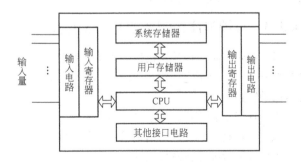

图 10-20　PLC 的组成

（1）输入寄存器　输入寄存器可按位进行寻址，每一位对应一个开关量，其值反映了开关量的状态，其值的改变由输入开关量驱动，并保持一个扫描周期。CPU 可以读其值，但不可以写或进行修改。

（2）输出寄存器　输出寄存器的每一位都表明了 PLC 在下一个时间段的输出值，而程序循环执行开始时的输出寄存器的值，表明的是上一时间段的真实输出值。在程序执行过程中，CPU可以读其值，并作为条件参加控制，还可以修改其值，而中间的变换仅仅影响寄存器的值。只有最后的修改才对输出接点的真实值产生影响。

（3）存储器　存储器分为系统存储器和用户存储器。系统存储器存储的是系统程序，它是由厂家开发固化好了的，用户不能更改，PLC要在系统程序的管理下运行。用户存储器中存放的是用户程序和运行所需要的资源，I/O寄存器的值作为条件决定着存储器中的程序如何被执行，从而完成复杂的控制功能。

（4）CPU单元　CPU单元控制着I/O寄存器的读、写时序以及对存储器单元中程序的解释执行工作，是PLC的大脑。

（5）其他接口单元　其他接口单元用于提供PLC与其他设备和模块进行连接通信的物理条件。

2. PLC的性能指标及分类

（1）存储容量　这里专指用户存储器的存储容量，它决定了用户所编制程序的长短。大、中、小型PLC的存储容量变化范围一般为2KB～2MB。

（2）I/O点数　I/O点数，即PLC面板上的I/O端子的个数。I/O点数越多，外部可连接的I/O器件就越多，控制规模就越大。它是衡量PLC性能的重要指标之一。

（3）扫描速度　扫描速度是指PLC执行程序的快慢，是一个重要的性能指标，体现了计算机控制取代继电器控制的吻合程度。从自动控制的观点来看，决定了系统的实时性和稳定性。

（4）指令的多少　它是衡量PLC能力强弱的指标，决定了PLC处理能力、控制能力的强弱。限定了计算机发挥运算功能、完成复杂控制的能力。

（5）内部寄存器的配置和容量　它直接对用户编制程序进行操作，在可靠性、适应性、扫描速度和控制精度等方面都对PLC做了补充。

（6）扩展能力　扩展能力包括I/O点数的扩展和PLC功能的扩展两方面的内容（即模块式和集中封装式系统的可扩展性）。

（7）特殊功能单元　特殊功能单元种类多，也可以说PLC的功能多。典型的特殊功能单元有模拟量、模糊控制、联网功能等。

不同的分类标准会造成不同的分类结果，PLC常用的分类方法有如下两种：按其I/O点数一般分为微型（32点以下）、小型（128点以下）、中型（1024点以下）、大型（2048点以下）、超大型（从2048点以上可达8192点及以上）5种。按结构可分为箱体式、模块式和平板式三种。

10.3.3 可编程序控制器的基本工作原理

PLC本质上是一种计算机控制系统，它在系统软件的支持下，通过执行用户程序由硬件完成系统控制任务。由于它用于工业现场的控制系统，CPU在分析逻辑后确定执行任务，其工作方式有自己的特点。

CPU连续执行用户程序、任务的循环序列称为扫描。如图10-21所示，CPU的扫描周期包括读输入、执行程序、处理通信请求、执行CPU自诊断测试及写输出等内容。

PLC可被看成是在系统软件支持下的一种扫描设备。它一直周而复始地循环扫描并执行由系统软件规定好的任务。用户程序只是扫描周期的一个组成部分，用户程序不运行时，PLC也在扫描，只不过在一个周期中去除了用户程序和读输入、写输出这几部分内容。

循环扫描有如下特点：

1）扫描过程周而复始地进行，读输入、写输出和用户程序是否执行是可控的。

2）输入映像寄存器的内容是由设备驱动的，在程序执行过程中的一个工作周期内输入映像寄存器的值保持不变，CPU 采用集中输入的控制思想，只能使用输入映像寄存器的值来控制程序的执行。

3）程序执行完后的输出映像寄存器的值决定了下一个扫描周期的输出值，而在程序执行阶段，输出映像寄存器的值既可以作为控制程序执行的条件，同时又可以被程序修改用于存储中间结果或下一个扫描周期的输出结果。此时的修改不会影响输出锁存器的现在输出值，这是与输入映像寄存器完全不同的。

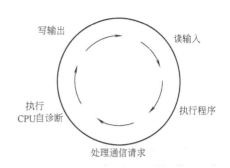

图 10-21　循环扫描周期

4）对同一个输出单元的多次使用、修改次序会造成不同的执行结果。由于输出映像寄存器的值可以作为程序执行的条件，所以程序的下一个扫描周期的集中输出结果是与编程顺序有关的，即最后一次的修改决定了下一个周期的输出值，这是编程人员要注意的问题。

5）各个电路和不同的扫描阶段会造成输入和输出的延迟，这是 PLC 的主要缺点。各 PLC 厂家为了缩小延迟采取了很多措施，编程人员应对所使用型号的 PLC 的延迟时间的长短很清楚，它是进行 PLC 选型时的重要指标。

由于 PLC 采用循环扫描的工作方式，而且对输入和输出信号只在每个扫描周期的固定时间集中输入/输出，所以必然会产生输出信号相对输入信号滞后的现象。扫描周期越长，滞后现象越严重。对慢速控制系统这是允许的，当控制系统对实时性要求较高时，这就成了必须面对的问题，所以编程者应对滞后时间有一个具体数量上的了解。从 PLC 输入端信号发生变化到输出端对输入变化做出反应，需要一段时间，这段时间就称为 PLC 的响应时间或滞后时间。对一般的工业控制系统，这种滞后现象是完全允许的。同时可以看出，输入状态要想得到响应，开关量信号宽度至少要大于一个扫描周期才能保证被 PLC 采集到。

10.3.4　可编程序控制器的编程语言

PLC 是通过程序对系统进行控制的。作为一种专用计算机，为了适应其应用领域，一定有其专用的语言。不同的 PLC 产品的指令系统各异，但主要指令基本一致，下面以西门子（SIE-MENS）PLC 产品 S7-200 为例，简单地介绍其结构特点及指令系统。西门子（SIEMENS）公司的 PLC 产品包括 LOGO、S7-200、S7-1200、S7-300、S7-400 等。西门子 S7 系列 PLC 体积小、速度快、标准化，具有网络通信能力，功能更强，可靠性高。S7 系列 PLC 产品可分为微型 PLC（如 S7-200），小规模性能要求的 PLC（如 S7-300）和中、高性能要求的 PLC（如 S7-400）等。

中、小型 PLC 的编程语言多为梯形图语言和指令语句表语言。

1. 梯形图

梯形图是一种比较通用的编程语言，它是在继电接触器控制电路的基础上演变而来的。要想实现由电气控制电路向 PLC 控制的梯形图的程序转化，还要了解二者的符号对照关系。表 10-2 是 PLC 与电气控制系统的电气符号对照表。两者的图形符号虽然相似，但元件构造有本质区别。PLC 的内部器件，如计数器、定时器、控制继电器等均是用数字电路构成的所谓软器件，如以高电平状态作为常开触点，以低电平状态作为常闭触点。用户程序的执行过程就是按控制要求以电平的变化完成各种操作，使某些软器件起动、连接的过程。

表 10-2　PLC 与电气符号对照表

类　　别	项　　目	
	电气符号	PLC 符号
动合触点		
动断触点		
线圈		

现以三相笼型异步电动机起、停控制电路为例，说明实现 PLC 控制系统的基本过程及梯形图的编写方法。采用 PLC 构成的电动机起、停控制电路的主电路仍为图 10-22a，只是控制电路用 PLC 编程实现。其做法如下：

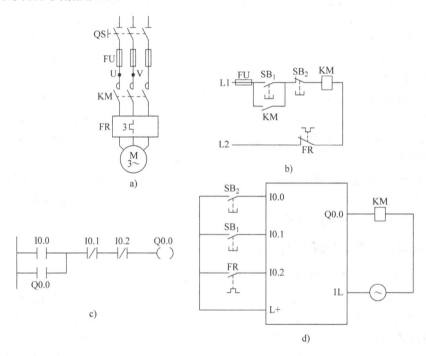

图 10-22　采用 PLC 构成的电动机起、停控制电路
a）电动机起、停控制主电路　b）电动机起、停继电接触控制电路
c）PLC 控制电路梯形图　d）PLC 输入/输出接线图

图 10-22b 为继电器控制电路，当 SB₁ 闭合时，继电器 KM 线圈得电，KM 自锁触头闭合，锁定 KM 线圈得电，电动机连续运行；当 SB₂ 断开时，KM 线圈失电，KM 自锁触头断开，解除锁定。电动机停转。

输入设备、输出负载和 PLC 对应的 I/O 口的接线关系如图 10-22d 所示。图中 I0.0、I0.1、I0.2 为 PLC 输入继电器，Q0.0 为 PLC 输出继电器。在 PLC 的输入端口 I0.0 接起动按钮 SB₁，I0.1 接停止按钮 SB₂，在输出端口 Q0.0 接接触器线圈 KM，这些外部输入、输出器件均配备相应的外部驱动电源。用编程器将图 10-22c 的梯形图写入 PLC 程序存储区内，PLC 即可按照这一控制程序工作。PLC 则不断地反复对输入端口采样，当按下 SB₁ 时，内部常开触点 I0.0 闭合，内部输出继电器线圈 Q0.0 接通，其常开触点 Q0.0 闭合产生自锁，使接触器 KM 线圈通电，电动机运转。当按下按钮 SB₂ 时，内部常闭触点 I0.1 断开，输出继电器线圈 Q0.0 断电，电动机停转。

上例表明，图中的继电器并不是实际的继电器，它实质上是存储器中的每一位触发器。该触发器为"1"态，相当于继电器接通；该位触发器为"0"态，相当于继电器断开。因此 PLC 是将控制要求以程序形式写入存储器，这些程序就相当于继电接触控制的各个器件、触点及接线。当需要改变控制要求时，只需修改程序和少量外部接线。这些继电器在 PLC 中也称"软继电器"。

画梯形图的要求如下：

1）梯形图按从左至右、自上而下的顺序编写。PLC 将按此顺序执行程序。

2）梯形图的最左边竖线称为起始母线，每一逻辑行必须从起始母线画起，每一逻辑行的最右边为继电器线圈、计数器、定时器或专门指令作为结束。不能将继电器线圈、计数器、定时器直接与起始母线相连。

3）每一逻辑行内的触点可以串联，也可以并联，但输出继电器线圈之间只可以并联不能串联。同一继电器、计数器、定时器的触点，可多次反复使用。

4）梯形图中与 I/O 设备相连的输入触点和输出线圈不是物理触点和线圈，用户程序的执行是根据 PLC 内的 I/O 状态寄存器的内容，与现场开关的实际状态有时并不相同。输入映像寄存器并不能完全看成是现场所接的开关或按钮，特别是现场 PLC 输入端接常闭按钮时，编程时要特别注意。

5）整理梯形图（注意避免因 PLC 的周期扫描工作方式可能引起的错误）。

2. 指令语句表语言

指令语句表与计算机汇编语言相似，是用 PLC 指令助记符按控制要求组成语句表的一种编程方式。S7－200 系列 PLC 的编程指令比较丰富，由于篇幅限制，在此只简单介绍基本逻辑指令，详细的编程指令请参见 S7－200 可编程控制器系统手册。

S7－200 系列的基本逻辑指令与 FX 系列和 CPM1A 系列基本逻辑指令大体相似，编程和梯形图表达方式也相差不多。表 10-3 列出了 S7－200 系列的基本逻辑指令。

表 10-3　S7－200 系列的基本逻辑指令

指令名称	指令符	功能	操作数
取	LD bit	读入逻辑行或电路块的第一个常开接点	
取反	LDN bit	读入逻辑行或电路块的第一个常闭接点	
与	A bit	串联一个常开接点	Bit:
与非	AN bit	串联一个常闭接点	I，Q，M，SM，T，C，V，S
或	O bit	并联一个常开接点	
或非	ON bit	并联一个常闭接点	
电路块与	ALD	串联一个电路块	
电路块或	OLD	并联一个电路块	无
输出	= bit	输出逻辑行的运算结果	Bit：Q，M，SM，T，C，V，S
置位	S bit，N	置继电器状态为接通	Bit：Q，M，SM，V，S
复位	R bit，N	使继电器复位为断开	

例如对图 10-23c 所示的梯形图，用指令语句表编写的程序如下：

语句号	指令助记符	操作数（器件号）
0	LD	I0. 0
1	O	Q0. 0
2	LD	I0. 1
3	AN	I0. 2
4	=	Q0. 0

上例表明，指令语句表就像是描述绘制梯形图的文字，每条语句由指令助记符和操作数（器件号）两部分构成。所谓指令助记符就是各条指令功能的英文名称简写。目前各 PLC 生产厂家采用的指令助记符不统一，但编程方法是一致的。

10.3.5　可编程序控制器在电动机控制中的应用

在各行业广泛使用的电气设备和生产机械中，其自动控制系统大多以各类电动机或其他执行电器为被控对象，生产过程和工艺要求不同，对控制系统要求也不同，但无论控制系统的规模有多大，都是由一些基本的控制环节组成的。本节以广泛使用的三相笼型异步电动机为例，介绍电动机控制的基本控制环节及采用 PLC 实现对异步电动机的控制。

例 10-1　用 S7 - 200 PLC 实现三相异步电动机正、反转控制电路。设 SB2、SB3 分别为正、反转起动按钮，SB_1 为停机按钮，KM1 、KM2 分别为正、反转接触器。还要采用热继电器对电动机进行过载保护，另外要求正、反转控制有电气互锁控制。

解　根据要求，PLC 外部 I/O 接线图及电动机的主电路如图 10-23a 所示。

电动机正、反转控制电路梯形图，如图 10-23b 所示。

电机正 - 反转的指令语句表如下所示：

电动机正传：

语句号	指令助记符	操作数（器件号）
0	LD	I0. 0
1	O	Q0. 0
2	AN	I0. 2
3	AN	I0. 3
4	AN	Q0. 1
5	=	Q0. 0

电动机反转：

语句号	指令助记符	操作数（器件号）
0	LD	I0. 1
1	O	Q0. 1
2	AN	I0. 2
3	AN	I0. 3
4	AN	Q0. 0
5	=	Q0. 1

本节在简单介绍了电动机基本控制环节的基础上，介绍了用 PLC 实现对异步电动机的控制，

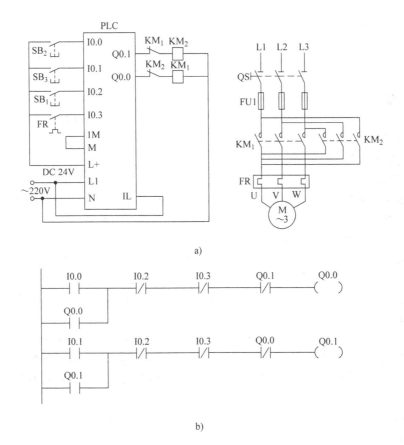

图 10-23 三相笼型异步电动机正反转起停控制电路

a) PLC 外部 I/O 接线图及电动机的主电路 b) 电动机正、反转控制电路梯形图

同时给出了相应的梯形图。当然，在实际设计控制线路时，应注意自锁、互锁和联锁的关系。自锁是实现长期运行的措施，互锁是可逆线路中防止两电器同时通电，以免产生事故的保证，而联锁则是实现几种运动体之间的互相联系又互相制约的关系。这些关系实质上是逻辑上"与""或""非"的关系。控制环节就是讨论各电器之间如何实现互相联系、互相制约的各触点的组合规律，即逻辑关系。实现这些"与""非""或"关系的控制环节是基本的控制环节。

小　　结

1. 继电接触控制是采用继电器、接触器及按钮等电器实现对控制对象的自动控制。接触器是用来控制电动机或其他用电设备主电路通断的电器；继电器和按钮则是控制接触器吸引线圈或其他控制电路通断的电器。

2. 异步电动机的基本控制电路有点动控制、单向连续运行控制、正反转控制、行程和顺序控制等电路。

3. 异步电动机的继电接触控制电路通常具有短路保护、过载保护和欠电压（零压或失电压）保护等。即熔断器实现短路保护和严重过载保护；热继电器实现过载保护；接触器实现失（欠）电压保护。

4. 可编程序控制器是一种把计算机技术和自动化技术融为一体的智能工业装置，实质上是一种面向工业控制的计算机系统。

思 考 题

一、判断题

1. 接触器的主触点只有常开触点，辅助触点则分为常开、常闭两种触点。

2. 接触器的额定电流是指吸合线圈的额定工作电流。

3. 热继电器不能作短路保护。

4. 主令控制器是用来接通或断开多路主电路和控制线路的一种手动电器。

5. 失电压保护是在电源因故消失后又重新恢复时保证电动机自动起动的保护环节。

6. 热继电器也可作为三相异步电动机出现单相运行故障时的保护。

7. 用两个接触器可以实现异步电动机正、反转的控制。

8. 异步电动机正反转控制时要求两个接触器线圈按一定顺序先后通电。

9. 反正转控制电路既可采用电气互锁，也可采用机械互锁，还可采用双重互锁。

10. 多地点控制线路可实现在两个及以上地点对同一电动机进行起、停和调速控制。

二、选择题

1. 接触器的额定电压是 (   ) 工作电压；额定电流是 (   ) 工作电流。

(a) 线圈；线圈　　　(b) 线圈；触点　　　(c) 触点；触点　　　(d) 触点；线圈

2. 在三相异步电动机的正反转控制电路中，正转接触器与反转接触器间的互锁环节功能是 (   )。

(a) 防止电动机同时正转和反转　　　　(b) 防止误操作时电源短路

(c) 实现电动机过载保护

3. 为使某工作台在固定的区间作往复运动，并能防止其冲出滑道，应当采用 (   )。

(a) 时间控制　　　　　　　　(b) 速度控制和终端保护

(c) 行程控制和终端保护

4. 在继电—接触器控制电路中，自锁环节触点的正确连接方法是 (   )。

(a) 接触器的动合辅助触点与起动按钮并联

(b) 接触器的动合辅助触点与起动按钮串联

(c) 接触器的动断辅助触点与起动按钮并联

5. 电气原理图的主电路通常画在图的 (   ) 或 (   ) 部分。

(a) 右边；上面　　　(b) 右边；下面　　　(c) 左边；上面　　　(d) 左边；下面

6. 电气原理图分为 (   ) 和 (   ) 两部分。

(a) 图形；文字符号　　　　　　(b) 主电路；控制电路

(c) 主电路；保护电路　　　　　(d) 元件；导线

7. 在机床电力拖动中要求液压泵电动机起动后主轴电动机才能起动。若用接触器 KM_1 控制油泵电动机，KM_2 控制主轴电动机，则在此控制电路中必须 (   )。

(a) 将 KM_1 的动断触点串入 KM_2 的线圈电路中

(b) 将 KM_2 的动合触点串入 KM_1 的线圈电路中

(c) 将 KM_1 的动合触点串入 KM_2 的线圈电路中

8. 多地点控制电路中，两个以上起动按钮应 (   )，两个以上停止按钮应 (   )。

(a) 串联；并联　　　(b) 并联；并联　　　(c) 串联；串联　　　(d) 并联；串联

9. 正反转控制电路中，若互锁触头失去互锁作用，将可能发生（　　）。

（a）不能起动　　　　（b）不能停车　　　　（c）电源短路　　　　（d）电源开路

10. 正反转控制电路中，互锁触点是常（　　）触点；应串接到（　　）接触器线圈支路中。

（a）开；另一　　　　（b）开；同一　　　　（c）闭；另一　　　　（d）闭；同一

11. 异步电动机 Y-△ 减压起动控制电路中，Y 和 △ 联结的接触器之间应设（　　）进行保护。

（a）互锁触点　　　　（b）联锁触点　　　　（c）延时触点　　　　（d）常开触点

12. 异步电动机电源反接制动控制电路中，控制制动的接触器应在（　　）时接通。

（a）按下起动按钮　　（b）按下停止按钮　　（c）起动接触器释放　　（d）起动接触器动作

13. 接触器线圈通电，其常闭触点（　　），常开触点（　　）。

（a）闭合；断开　　　（b）闭合；闭合　　　（c）断开；断开　　　（d）断开；闭合

14. 热继电器作为缺相保护装置时，其发热元件至少需要（　　）个。

（a）1　　　　　　　（b）2　　　　　　　（c）3　　　　　　　（d）4

15. 热继电器工作时，其发热元件与被保护设备的（　　）电路（　　）联。

（a）主；串　　　　　（b）主；并　　　　　（c）控制；串　　　　（d）控制；并

16. 热继电器工作时，其常（　　）触点与主接触器的线圈（　　）联。

（a）开；串　　　　　（b）开；并　　　　　（c）闭；串　　　　　（d）闭；并

17. 熔断器（　　）联于被保护的电路中，主要起（　　）保护作用。

（a）串；缺相　　　　（b）串；短路　　　　（c）并；缺相　　　　（d）并；短路

18. 异步电动机连续运行控制电路中，主接触器常（　　）触点与起动按钮并联起失电压保护作用。

（a）开主　　　　　　（b）开辅助　　　　　（c）闭主　　　　　　（d）闭辅助

19. 异步电动机连续控制电路中，主接触器常开辅助触点与（　　）按钮并联起（　　）保护作用。

（a）停止；过载　　　（b）停止；失电压　　（c）起动；过载　　　（d）起动；失电压

20. 异步电动机连续控制电路中，主接触器常开辅助触点与起动按钮并联起（　　）保护作用。

（a）短路　　　　　　（b）过载　　　　　　（c）短路和过载　　　（d）失电压和欠电压

习　题

1. 在线圈额定电压相同的前提下，交流电器与直流电器能否相互代用？为什么？

2. 交流接触器衔铁吸合前后，电磁吸力的大小有何不同？线圈中电流的大小有何不同？

3. 交流电磁机构的铁心采用硅钢片做成，且在其端部必须装短路铜环，它们的作用是什么？

4. 三相异步电动机过载保护装置为什么至少采用两个发热元件的热继电器？在电力拖动控制电路中，用熔断器代替热继电器可否？为什么？

5. 什么叫自锁、互锁、联锁控制环节？它们在控制电路中分别起什么作用？

6. 什么叫多地点控制环节？它是怎样实现的？试绘图说明之。

7. 试画出三相异步电动机既能连续工作，又能点动工作的继电接触器控制电路。

8. 根据图 10-24 接线做实验，将开关 Q 合上后按下起动按钮 SB_2，发现有下列现象，分析和处理故障：

（1）接触器 KM 不动作；（2）接触器 KM 动作，但是电动机不转动；（3）电动机转动，但是一松手电动机就不转；（4）接触器动作，但是吸合不上；（5）接触器触头有明显的颤动，噪声很大；（6）接触线圈冒烟甚至烧坏；（7）电动机不转动或者转动得极慢，并有"嗡嗡"声。

9. 控制要求：有两台电动机 M_1、M_2，

（1）开机时先开 M_1，M_1 开机 20s 之后才允许 M_2 开机。

（2）停机时，先停 M_2，M_2 停机 10s 后 M_1 自动停机。

（3）如不满足电动机起、停顺序要求，电路中的报警电路应发报警信号（如红灯指示或电铃报警等）。

画出控制电路原理图。

10. 图 10-25 为两台笼型三相异步电动机同时起、停和单独起、停的单向运行控制电路。

（1）说明各文字符号所表示的元器件名称。

（2）说明 Q 在电路中的作用。

（3）简述同时起、停的工作过程。

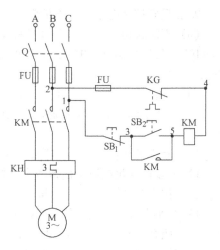

图 10-24 习题 8 图

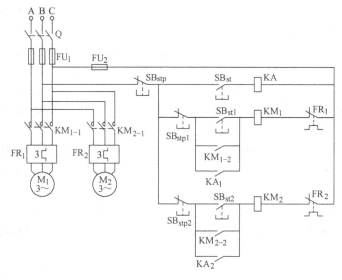

图 10-25 习题 10 图

11. 根据下列 5 个要求，分别绘出控制电路（M_1 和 M_2 都是三相笼型异步电动机）：

（1）电动机 M_1 起动后，M_2 才能起动，M_2 并能独立停车。

（2）电动机 M_1 起动后，M_2 才能起动，M_2 并能点动。

（3）M_1 先起动，经过一定延时后，M_2 再自行起动。

（4）M_1 先起动，经过一定延时后，M_2 再自行起动，M_2 起动后，M_1 立即停车。

（5）起动时，M_1 起动后 M_2 才能起动；停止时，M_2 停止后 M_1 才能停止。

12. 请分析图 10-26 所示电路的控制功能，并说明电路的工作过程。

13. 三相笼型异步电动机在什么前提下可采用 Y-△法起动？这样做的目的是什么？在起动加速过程中，如果始终不能转换为三角形联结，会有什么后果？故障主要出在哪些元件上？

14. 小型梁式吊车上有三台电动机：横梁电动机 M_1，带动横梁在车间前后移动；小车电动机 M_2，带动提升机构的小车在横梁上左右移动；提升电动机 M_3，升降重物。三台电动机都采用点动控制。在横梁一端

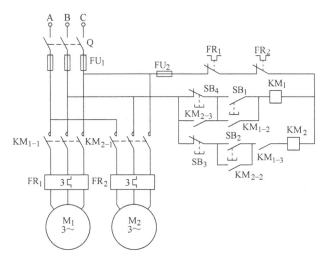

图 10-26　习题 12 图

的两侧装有行程开关作终端保护用，即当吊车移到车间终端时，就把行程开关撞开，电动机停下来，以免撞到墙上而造成重大人身和设备事故。在提升机构上也装有行程开关作提升终端保护。根据上述要求试画出控制电路。

15. 比较 PLC 控制系统和继电器控制系统的优缺点。

16. 简述 PLC 常用编程语言的特点。

17. 梯形图与传统的继电器控制电器图相比，常开触点、常闭触点和线圈是如何表示的？

18. 梯形图和继电器图的主要区别是什么？

部分习题参考答案

第一篇　电路基础

第 1 章

3. a) $U = 60\text{V}$ 　　b) $U = 20\text{V}$ 　　c) $U = -20\text{V}$

4. a) $U = 6\text{V}$ 　　b) $U = 6\text{V}$

5. $I_1 = 3\text{A}$，$I_2 = -6\text{A}$，$U = 6\text{V}$

6. $I_1 = -5\text{A}$，$I_2 = 1\text{A}$，$I_3 = 9\text{A}$，$I_4 = -13\text{A}$，$I_5 = 7\text{A}$，$U = 116\text{V}$

8. 2.4W，9.6W

9. $R = 806.7\Omega$，$P > 15\text{W}$

10. a) $R_{ab} = 6\Omega$ 　　b) $R_{ab} = 6\Omega$ 　　c) $R_{ab} = 2.5\Omega$ 　　d) $R_{ab} = 3\Omega$

11. $U_1 = 1.44\text{V}$，$U_2 = 181.8\text{V}$

12. $I = 3.3\text{A}$

13. a) $U = -7\text{V}$；b) $U = 13\text{V}$

14. $I_1 = -1\text{A}$，$I_2 = 3\text{A}$，$U = 9\text{V}$

15. $I = -8\text{A}$，$U = 38\text{V}$，$P = -304\text{W}$（提供功率）

16. $I_1 = 12\text{A}$，$I_2 = 6\text{A}$，$I_3 = -4\text{A}$，$I_4 = -10\text{A}$，$I_5 = 6\text{A}$，$I_6 = -2\text{A}$

17. $I_1 = -1\text{A}$，$I_2 = -1\text{A}$，$I_3 = -1\text{A}$，$I_4 = -4\text{A}$

19. $U_{AB} = -8\text{V}$

20. $V_a = 7\text{V}$，$V_b = 4\text{V}$，$V_c = -4\text{V}$，$V_d = -6\text{V}$，$V_e = -11\text{V}$，$U_{ab} = 3\text{V}$

21. $V_a = 70\text{V}$，$V_b = -26\text{V}$，$V_c = 10\text{V}$，$V_d = 14\text{V}$，$R = 20\Omega$

22. S 断开 $V_b = 14.8\text{V}$；S 闭合 $V_b = 11\text{V}$

23. $V_A = 28\text{V}$，$I_2 = 4\text{A}$

24. $U_{AB} = 0\text{V}$

25. $V_A = 5\text{V}$，$V_B = -10\text{V}$，$U_{AB} = 15\text{V}$

26. $R_1 = 18\Omega$，输入二端网络 N_S 的功率为 6W

27. $I = 0$，$U_1 = 15\text{V}$，$U_2 = 7\text{V}$

28. a) $V_A = 13\text{V}$ 　b) $V_A = 9\text{V}$

第 2 章

1. $I = 0.8\text{A}$

2. $I = -0.1\text{A}$，$U = 2\text{V}$

3. $I = 1.8\text{A}$

4. $I = -0.375\text{A}$，$U_{AB} = -8.25\text{V}$

5. $U_S = -12\text{V}$，$R_S = 12.9\Omega$

6. $U = 1\text{V}$

7. $U = 12.4\text{V}$

9. $I = -1.17\text{A}$

10. $I = 1.8\text{A}$, $U = 2\text{V}$

12. $I = -0.1\text{A}$, $U_2 = 2\text{V}$

13. $P = 1.13\text{W}$

14. $I = -0.375\text{A}$, $U_{AB} = -8.25\text{V}$

15. $I = -1.17\text{A}$

16. $I = -1.17\text{A}$

17. $U = 7\text{V}$

18. $U_1 = 1\text{V}$, $U_2 = -9\text{V}$, $U_3 = -2\text{V}$, $U_4 = -22\text{V}$

19. $I = 4\text{A}$, U_{S2}电压源所提供的功率为24W

20. $I = 1.5\text{A}$, U_S电压源所提供的功率为2W

21. $I_1 = 2\text{A}$, $I_2 = -1\text{A}$, $I_3 = 9\text{A}$

22. $I = -6\text{A}$

23. $U = 10\text{V}$

24. a) $U_{ab} = -2\text{V}$, $R_{ab} = 12\Omega$（戴维南定理）；$I_{ab} = 0.167\text{A}$, $R_{ab} = 12\Omega$（诺顿定理）

   b) $U_{ab} = 5.5\text{V}$, $R_{ab} = 5.1\Omega$（戴维南定理）；$I_{ab} = 1.078\text{A}$, $R_{ab} = 5.1\Omega$（诺顿定理）

25. a) $U_{ab} = 9\text{V}$, $R_{ab} = 6\Omega$（戴维南定理）；$I_{ab} = 1.5\text{A}$, $R_{ab} = 6\Omega$（诺顿定理）

   b) $U_{ab} = 6\text{V}$, $R_{ab} = -1\Omega$（戴维南定理）；$I_{ab} = -6\text{A}$, $R_{ab} = -1\Omega$（诺顿定理）

26. $I = -0.375\text{A}$

27. $I = -1.17\text{A}$

28. $I_L = 0.83\text{A}$

29. $P = 28.125\text{A}$

30. $U = -24\text{V}$

31. $U = -6\text{V}$

32. （1）$U_{AB} = 44\text{V}$；　（2）$I_{AB} = 5.5\text{A}$

33. （1）$U_{AB} = -24\text{V}$；　（2）$I_{AB} = -3\text{A}$

34. $I = 1.7\text{A}$

35. $I_L = 0.545\text{A}$

36. $I_3 = 1.33\text{A}$

37. $U_{AB} = 4\text{V}$, $R_0 = 2\Omega$

38. $R_L = 20\Omega$, $P_{max} = 151.25\text{W}$

39. $I = 2.67\text{A}$

40. $R_L = 6\Omega$ 时吸收最大的功率约为1.04W

41. $R_X = 2\Omega$

42. $R_L = 4\Omega$, $P_{max} = 2.25\text{W}$

43. $I_L = 0.75\text{A}$

第 3 章

3. （1）$a = 0.16$, $b = 3.88$　（2）$A_1 = 100$, $\varphi_1 = 30°$；$A_2 = -200$, $\varphi_2 = -90°$

6. a) $I_0 = 14.14\text{A}$　b) $U_0 = 80\text{V}$　c) $I_0 = 2\text{A}$　d) $U_0 = 14.14\text{V}$　e) $I_0 = 10\text{A}$, $U_0 = 141.4\text{V}$

7. （1）$Z = 20\Omega$, $Y = 0.05\text{S}$；（2）$Z = (12.94 + j48.3)\Omega$, $Y = (0.13 - j0.5)\text{S}$；（3）$\dot{I} = 18\sqrt{2}$

$\angle 15°\text{A}$, $i(t) = 16\sin(1000t + 15°)\text{A}$；（4）$\dot{U} = 100\angle 15°\text{V}$, $u(t) = 100\sqrt{2}\sin(100t + 15°)\text{V}$

8. $i_R(t) = 10\sin 2t\,A$, $i_L(t) = 30\sin(2t - 90°)\,A$, $i_C(t) = 40\sin(2t + 90°)\,A$, $L = 83.3\,mH$

9. （1）$\omega = 10\,rad/s$ 时，$Z_{ab} = (11.54 - j12.3)\,\Omega$；（2）$\omega = 0\,rad/s$ 时，$Z_{ab} = \infty$

10. $C = 0.0025\,F$

11. $R = 1375\,\Omega$，$L = 10.25\,H$

12. $Z_X = 220\angle 60°$，$Z_{ab} = 110\,\Omega$ 或 $Z_X = 110\angle 60°$，$Z_{ab} = 110\angle -60°\,\Omega$

13. $I = 10\,A$，$Z_X = 12\angle 45°$，$X_C = 17\,\Omega$

14. $I = 14.14\,A$，$R = 14.14\,\Omega$，$X_C = 14.14\,\Omega$，$X_L = 7.07\,\Omega$

15. $\dot{I} = 0.707\angle 15°\,A$

16. $i_C = 0\,A$

19. 输出电压 u_o 和输入电压 u_i 的相位差为 $56.3°$

20. $i_C = 5\sin(10t - 52.9°)\,A$

21. $f = \dfrac{1}{2\pi RC}$

22. $Z = (4 + j12)\,\Omega$

23. $I = 20\,A$，$P = 2000\,W$，$Q = 0\,var$，$S = 2000\,V\cdot A$

24. （1）$R = 6\,\Omega$，$X_L = 21.2\,\Omega$，$\lambda = 0.273$；（2）$R = 30.6\,\Omega$

25. $L = 0.24\,H$，$\lambda = 0.85$

26. $I = 3.8\,A$，$\lambda = 0.99$

27. （1）$\dot{I}_1 = 3.325\angle -23.72°\,A$，$\dot{I}_2 = 0.4589\angle 36.04°\,A$，$\dot{U} = 6.65\angle 66.28°\,V$；（2）$P_{U_s} = 1.369\,W$，是负载

28. $C = 2.46\,\mu F$

29. （1）$I = 42.9\,A$，$\lambda = 0.68$；（2）$C = 250\,\mu F$

30. （1）1000 盏；（2）500 盏

31. $Z = (2.5 + j2.5)\,\Omega$

32. $L_1 = 111.1\,mH$，$C_2 = 10.2\,\mu F$ 或 $L_1 = 20\,mH$，$C_2 = 55.6\,\mu F$

33. $\omega_0 = \dfrac{1}{\sqrt{LC}}$

34. $\omega_0 = \dfrac{1}{\sqrt{LC}}\,rad/s$

35. Z_1 只能是电容

36. （1）$Q = 100$；（2）$\dot{I} = 0.62\,\mu A$，$\dot{U}_C = 1000\angle -90°\,\mu V$；（3）$\dot{U}_C = 47.56\angle -176.99°\,V$

37. $R = 0.17\,\Omega$，$L = 0.016\,H$，$Q = 240$

38. $C = 5.33\,\mu F$　$\dot{U} = 25\angle 60°\,V$，$\dot{I}_R = 5\angle 60°\,A$，$\dot{I}_L = 0.33\angle -30°\,A$，$\dot{I}_C = 0.33\angle 150°\,A$

39. $Z_L = (8.3 + j3.45)\,\Omega$，$P_{max} = 142.28\,W$

40. $Z_L = (2 - j2)\,k\Omega$，$P_{max} = 95.5\,W$

第 4 章

1. 相电压：$214\angle 0.22°\,V$，$214\angle -119.78°\,V$，$214\angle 120.22°\,V$

　　线电压：$370.66\angle 30.22°\,V$，$370.66\angle -89.78°\,V$，$370.66\angle 150.22°\,V$

　　相电流：$4.28\angle -52.91°\,A$，$4.28\angle -172.91°\,A$，$4.28\angle 67.09°\,A$

2. 线电压：$226.14\angle 29.8°\,V$，$226.14\angle -90.22°\,V$，$226.14\angle 149.78°\,V$

中性线电流：$I_N = 0A$

3. $\dot{I}_A = 21.1 \angle -80.2°A$，$\dot{I}_B = 21.2 \angle -200.2°A$，$\dot{I}_C = 21.2 \angle 39.81°A$；$\dot{U}_{AB} \approx 460 \angle 2.4°V$，$\dot{U}_{BC} = 460 \angle -117.6°V$，$\dot{U}_{CA} = 460 \angle 122.4°V$

4. （1）$40.48 \angle -54.61°A$，$202.4 \angle -1.48°V$　　（2）$23.37 \angle -8.35°A$，$40.48 \angle -38.35°A$，$350.55 \angle 28.52°V$　　（3）$36.43kW$，$38.36kvar$，$52.91kV \cdot A$，0.689

5. $599.97W$，$793.59kvar$，$994.77kV \cdot A$

6. $10.2kW$，$13.3kvar$，$16.77kV \cdot A$　$\lambda = 0.61$

7. $408.21 \angle -28.19°V$，0.89

8. （1）$Z = 36.30 \angle 53.13°$，$10.50 \angle -83.13°A$；（2）$134\mu F$；（3）$6.998A$

9. （1）线电流为 $14.5A$，中性线电流为 $0A$；（2）中性线电流为 $8.56 \angle -57.98°A$；（3）$\dot{I}_A = 27.26 \angle 0°A$，$\dot{I}_B = 27.26 \angle -120°A$，$\dot{I}_C = 0A$，$\dot{I}_N = 27.26 \angle -60°A$

12. （1）$Z = (4 + j3)\Omega$；（2）$\dot{I}_A = 22\sqrt{2} \angle -135°A$，$\dot{I}_B = 22\sqrt{2} \angle 105°A$，$\dot{I}_C = 22\sqrt{2} \angle -60°A$，（3）$\dot{I}_A = 22\sqrt{2} \angle 135°A$，$\dot{I}_B = 74.49 \angle -83.8°A$，$\dot{I}_C = 46.86 \angle -50.1°A$，$\dot{I}_{LN} = 132 \angle 90°A$

13. （1）功率表的读数为 $1567.3W$；（2）$C = 55.17\mu F$

15. （1）功率表 W 约为 $25.6W$，电流表 A_1 为 $66A$，电流表 A_2 为 $0A$；（2）电流表 A_1 为 $66A$，电流表 A_2 为 $40.5A$

第 5 章

1. $u_L(0_-) = 0V$，$i_L(0_+) = 2A$，$i_1(0_+) = 2.5A$，$u_L(0_+) = -2V$

2. $u_C(0_+) = 6V$，$i_C(0_-) = 0A$，$i_1(0_+) = 0.375A$，$i_C(0_+) = -0.75A$

3. $i_L(0_+) = 1.6A$，$u_C(0_+) = 22.4V$，$u(0_+) = 25.6V$

4. $i_1(0_+) = 1.5A$，$i_2(0_+) = 3A$，$i_3(0_+) = -4.5A$

5. （1）$i_1(0_+) = 2A$，$i_L(0_+) = 2A$，$u(0_+) = 4V$，$i_1(\infty) = i_L(\infty) = 0.667A$，$u(\infty) = 1.333V$

7. （1）$i_1(0_+) = 1A$，$u_{L1}(0_+) = 8V$；（2）$i_1(\infty) = 0A$，$u_{L1}(\infty) = 0V$

8. $i_1(t) = (2.25 + 0.25e^{-2t})A$　　$t \geq 0$，$i_L(t) = (1.5 + 0.5e^{-2t})A$　　$t \geq 0$，$u_L(t) = -2e^{-2t}V$　$t \geq 0$

9. $i_1(t) = (2 - e^{-2t})A$　　$t \geq 0$，$i_C(t) = -2e^{-2t}A$　　$t \geq 0$，$u_C(t) = 8(1 + e^{-2t})V$　　$t \geq 0$

10. $i_L(t) = (2 - e^{-\frac{20}{3}t})A$　　$t \geq 0$，$i_1(t) = (-1 + 0.667e^{-\frac{20}{3}t})A$　　$t \geq 0$，$u_L(t) = 33.33e^{-\frac{20}{3}t}V$　$t \geq 0$

11. $i_1(t) = (0.5 + 1.5e^{-10t})A$　　$t \geq 0$，$u_C(t) = 30e^{-10t}V$　　$t \geq 0$

12. $i_L(t) = (8 - 5.5e^{-2.5t})A$　$t \geq 0$，电流 $i_L(t)$ 增大到 $6A$ 时所需的时间为 $0.4s$

$$u(t) = \begin{cases} 3(1 + e^{-2 \times 10^6 t})V & 0 \leq t < 2\mu s \\ -5.89e^{-3 \times 10^6(t - 2 \times 10^{-6})}V & t \geq 2\mu s \end{cases}$$

13. $u_C(t) = (30 + 20e^{-1000t})V$　$t \geq 0$，$i(t) = -0.4(1 + e^{-1000t})A$　$t \geq 0$

14. $i_L(t) = (0.9 - 0.4e^{-5t})A$　$t \geq 0$

15. $i(t) = 5(1 - e^{-10^5 t})mA$　$t \geq 0$

16. $u_{C1}(t) = (15 - 5e^{-0.1t})V$　$t \geq 0$、$u_{C2}(t) = 5(1 - e^{-0.1t})V$　$t \geq 0$

$i(t) = e^{-0.1t}A$　$t \geq 0$

17. $u_{C1}(t) = (-5 + 8e^{-t})V$　$t \geq 0$、$u_{C2}(t) = (1 + 8e^{-t})V$　$t \geq 0$

18. $i(t) = (0.6 + 0.24\mathrm{e}^{-2t})\mathrm{A}$ $\quad t \geqslant 0$

19. $u_{C1}(t) \approx (4.24 - 1.24\mathrm{e}^{-\frac{17}{24} \times 10^{6}t})\mathrm{V}$ $\quad t \geqslant 0$ $\qquad u_{C2}(t) = 5\mathrm{e}^{-4 \times 10^{5}t}\mathrm{V}$ $\quad t \geqslant 0$

20. $u(t) = \begin{cases} 3(1 + \mathrm{e}^{-2 \times 10^{6}t})\mathrm{V} & 0 \leqslant t < 2\mu\mathrm{s} \\ -589\mathrm{e}^{-3 \times 10^{6}(t - 2 \times 10^{-6})}\mathrm{V} & t \geqslant 2\mu\mathrm{s} \end{cases}$

21. $u_C = \begin{cases} -20(1 - \mathrm{e}^{-\frac{100}{7}t})\mathrm{V} & 0 \leqslant t \leqslant 10\mathrm{ms} \\ (-10 + 7.65\mathrm{e}^{-\frac{1000}{64}(t - 10^{-2})})\mathrm{V} & t \geqslant 10\mathrm{ms} \end{cases}$

22. $i_L(t) = 1.73\mathrm{e}^{-0.4(t-2)}\mathrm{A}$ $\quad t \geqslant 2\mathrm{s}$

23. $i_L(t) = 3.46\mathrm{e}^{-2(t-2)}\mathrm{A}$ $\quad t \geqslant 2\mathrm{s}$, $i_2(t) = -3.46\mathrm{e}^{-2(t-2)}\mathrm{A}$ $\quad t \geqslant 2\mathrm{s}$

26. $u(t) = (-60 + 60\mathrm{e}^{-5 \times 10^{4}t})\mathrm{V}$ $\quad t \geqslant 0$

27. $i_L(t) = 0.2\mathrm{e}^{-50t}\mathrm{A}$ $\quad t \geqslant 0$

28. $i(t) = (1 + 1.15\mathrm{e}^{-0.5t})\mathrm{A}$ $\quad t \geqslant 0$

第 6 章

1. $\sqrt{13}\mathrm{V}$

2. （1）$u_C(t) = [200 + 36.94\sqrt{2}\sin(314t + 62.41°)]\mathrm{V}$；（2）$P_U = 400\mathrm{W}$，$P_u = 314.26\mathrm{W}$

3. $U_C = 20.10\mathrm{V}$，$I = 10.05\mathrm{A}$，$P_S = 130\mathrm{W}$

5. （1）$u_S(t) = [168 + \sqrt{2} \times 144.1\sin(\omega t - 33.71°)]\mathrm{V}$，$i(t) = 1.12 + 2\sin(\omega t - 45°)\mathrm{A}$，
（2）$U_S = 221.3\mathrm{V}$ $\quad I = 1.8\mathrm{A}$
（3）$u_S(t)$ 发出的平均功率为 387W

第二篇　电机与控制

第 7 章

2. 0.365A

3. 3.44A

5. 铁损耗为 63W，线圈的功率因数为 0.29。

9. 线圈中必须通入的电流为 1.02A，此时电磁铁的吸力为 47.7kN。

11. （1）铁心线圈的功率因数为 0.114；（2）铁心线圈的等效电阻为 6.25Ω、感抗为 54.6Ω

第 8 章

1. 不可以，因为 $U = 4.44fN\Phi_m$，因为 N 变小，则 Φ_m 变大，$IN = \Phi_m\dfrac{l}{\mu S}$，所以 I 也变得很大，超过变压器原来铜线的额定电流，可能会烧坏变压器。

2. 额定电压为 110/6.3V 的变压器能把 6.3V 的交流电压升高到 110V。如果将磁变压器错接到 220V 的交流电源上，由 $U_1 = 4.44fN_1\Phi_m$，可知 Φ_m 将增大为原来的两倍，$U_2 = 4.44fN_2\Phi_m$，二次电压 U_2 升为 12.6V，但是，由公式 $IN = \Phi_m\dfrac{l}{\mu S}$ 可知，一次线圈中的电流也变为原来的两倍，而原来绕组线圈粗细和材料不变，其额定电流不变，所以将一次线圈错接到 220V 电源上，有可能将变压器烧坏。

3. $I_1 = 8.36\mathrm{A}$，$I_2 = 114\mathrm{A}$

4. （1）$I_{N1} = 15.15\mathrm{A}$，$I_{N2} = 227\mathrm{A}$；　　（2）$U_2 \approx 214.76\mathrm{V}$

5. 此变压器最多能带 250 盏荧光灯。

6. （1）$R' = 200\Omega$；（2）$P = 98.8\text{mW}$；（3）$P = 12\text{mW}$

9. （1）$N_2 = 90$ 匝、30 匝，$I_1 = 0.273\text{A}$；（2）$S_N = 60.06\text{V}\cdot\text{A}$

10. 1A、43.48A、4.3%

11. （1）$I_1 = 2.93\text{A}$，$I_2 = 44\text{A}$，$\lambda = 0.8$；（2）$R'_2 = 900\Omega$，$X'_{12} = 675\Omega$

12. （1）$I_{1N} = 7.58\text{A}$，$I_{2N} = 217.4\text{A}$；（2）$\Delta U\% = 2.61\%$；（3）$\eta = 0.96$

13. $u_2 = 55\sqrt{2}\sin\ (\omega t + 180°)\text{V}$ $i_2 = 400\sqrt{2}\sin\ (\omega t + 150°)\ \text{mA}$

14. 5V 对应二次绕组约为 12 匝；12V 对应二次绕组约为 28 匝；250V 对应二次绕组约为 569 匝。

15. $I_1 = 63\text{mA}$，$I_2 = 0.63\text{A}$，$U_L = 0.45\text{V}$

16. Y – Y 联结时，线电压 300V，相电压 $100\sqrt{3}\text{V}$；Y – △ 联结时，线电压和相电压相等为 $100\sqrt{3}\text{V}$

第 9 章

1. 极数是 4，$s = 0.02$

2. $s_N = 0.03$，$f_2 = 1.5\text{Hz}$

3. $I_{2(st)} = 242\text{A}$、$I_{2(N)} = 40\text{A}$

4. △ 联结时电动机的起动电流为 90A；若起动改为 Y 联结，起动电流为 30A；电动机带负载和空载下起动时，起动电流相同。

6. （1）$n_1 = 1500\text{r/min}$，极对数 $p = 2$；（2）能采用 Y-△ 起动。△ 起动时，$I_{st△} \approx 225\text{A}$；Y 起动时，$I_{stY} = 75\text{A}$；（3）$P_1 \approx 20.51\text{kW}$，$\eta \approx 48.8\%$

7. $I_N = 21.53\text{A}$，$I_{stY} = 50.25\text{A}$，$T_{stY} = 0.53T_N$

对于 $T_{L1} = 0.4T_N$，可以采用 Y – △ 起动法；对于 $T_{L2} = 0.7T_N$，不可以采用 Y – △ 起动法。

10. （1）$T_{st} = 789.3\text{N}\cdot\text{m}$，$I_{st} = 555.8\text{A}$；（2）$T_{stY} = 263.1\text{N}\cdot\text{m}$，$I_{stY} = 185.3\text{A}$

11. （1）$K = 1.56$；（2）$T'_{st} = 70.25\text{N}\cdot\text{m}$

12. （1）$p = 2$，$n_1 = 1500\text{r/min}$；（2）$s_N = 0.027$，$T_N = 85\text{N}\cdot\text{m}$，$T_m = 170\text{N}\cdot\text{m}$；（3）$I_{st} = 83.41\text{A}$，$T_{st} = 51.84\text{N}\cdot\text{m}$

13. （1）$f_{2N} = 1.66\text{Hz}$；（2）$I_{st} = 105\text{A}$，$T_N = 49.2\text{N}\cdot\text{m}$，$T_{st} = 68.9\text{N}\cdot\text{m}$，$T_m = 98.4\text{N}\cdot\text{m}$；（3）$U_{stY} = 220\text{V}$，$I_{stY} = 35\text{A}$，$T_{stY} = 22.97\text{N}\cdot\text{m}$

14. 最低允许降低到 268.7V 电压

参 考 文 献

[1] 闻跃. 基础电路分析 [M]. 2 版. 北京：清华大学出版社，北方交通大学出版社，2003.

[2] 邱关源. 电路 [M]. 5 版. 北京：高等教育出版社，2006.

[3] 姚仲兴，姚维. 电路分析原理 [M]. 北京：机械工业出版社，2005.

[4] 姚海彬. 电工技术（电工学Ⅰ）[M]. 北京：高等教育出版社，1999.

[5] 秦曾煌. 电工技术·电工学：上册 [M]. 7 版. 北京：高等教育出版社，2009.

[6] 颜伟中. 电工学 [M]. 北京：高等教育出版社，2002.

[7] 张年凤，王宏远. 电路基本理论 [M]. 北京：清华大学出版社，北方交通大学出版社，2004.

[8] 张继和，张润敏，梁海峰. 电机控制与供电基础 [M]. 成都：西南交通大学出版社，2000.

[9] 张美玉. 电路题解 400 例及学习考研指南 [M]. 北京：机械工业出版社，2003.

[10] Thomas L Floyd，夏琳，施惠琼. 电路基础 [M]. 6 版. 北京：清华大学出版社，2006.

[11] 刘全忠. 电工学习题精解 [M]. 北京：科学出版社，2002.

[12] 梁贵书，董华英，等. 电路复习指导与习题精解 [M]. 北京：中国电力出版社，2004.

[13] 张文涛. 西门子 S7–200 PLC 应用技术 [M]. 北京：北京航空航天大学出版社，2010.

[14] 蔡杏山，代飚. 西门子 S7–200 PLC 入门知识与实践课堂 [M]. 北京：电子工业出版社，2012.